全国煤炭高职高专(成人)"十二五"规划教材

炼焦工艺及化产回收

张桂红　主　编

李全国　副主编

中国矿业大学出版社

内 容 提 要

本书系统地阐述了以煤为原料高温干馏炼焦及所得到的化学产品回收加工的基本原理、工艺过程、主要设备、生产方法及操作等知识。主要内容有：焦化备煤、炼焦设备、炼焦技术、炼焦生产操作、煤气的初冷、输送及焦油氨水分离、焦炉煤气脱硫脱氨、粗苯的回收与精制、煤焦油加工技术等。

本书可以作为高职煤化工、煤炭利用专业的教学、成人教育、职业培训教材，也可作为从事能源、煤炭利用、洁净煤技术、煤化工等相关领域的技术人员的自学用书和参考用书。

图书在版编目（CIP）数据

炼焦工艺及化产回收/张桂红主编. —徐州：中
国矿业大学出版社，2013.9
ISBN 978 - 7 - 5646 - 1994 - 7

Ⅰ. ①炼… Ⅱ. ①张… Ⅲ. ①炼焦－工艺学②炼焦－
化工产品－回收 Ⅳ. ①TQ520.6②TQ522.5

中国版本图书馆 CIP 数据核字（2013）第 196605 号

书　　名	炼焦工艺及化产回收
主　　编	张桂红
责任编辑	耿东锋　章　毅
出版发行	中国矿业大学出版社有限责任公司
	（江苏省徐州市解放南路　邮编 221008）
营销热线	（0516）83885307　83884995
出版服务	（0516）83885767　83884920
网　　址	http：//www.cumtp.com　**E-mail**：cumtpvip@cumtp.com
印　　刷	徐州中矿大印发科技有限公司
开　　本	787×1092　1/16　**印张** 17.25　**字数** 431 千字
版次印次	2013 年 9 月第 1 版　2013 年 9 月第 1 次印刷
定　　价	28.00 元

（图书出现印装质量问题，本社负责调换）

全国煤炭高职高专（成人）"十二五"规划教材

建设委员会成员名单

主　任：李增全

副主任：于广云　丁三青　王廷弼

委　员：（按姓氏笔画排序）

王宪军　王继华　王德福　刘建中

刘福民　孙茂林　李维安　张吉春

陈学华　周智仁　赵文武　赵济荣

郝虎在　荆双喜　徐国财　廖新宇

秘书长：王廷弼

秘　书：何　戈

全国煤炭高职高专（成人）"十二五"规划教材

煤化工类编审委员会成员名单

主　任：薛　巍

副主任：杜　群

委　员：（按姓氏笔画排序）

王启广　刘春颖　李　振　李建伟

杨庆江　吴　捷　张桂红　陈　玲

邵景景　赵世永　蔡会武

前　言

我国的资源特点是"多煤、缺油、少气",煤炭是我国的主体能源,在一次能源结构中占70％左右。在未来相当长的时期内,煤炭作为主体能源的地位不会改变。煤炭工业是关系国家经济命脉和能源安全的重要基础产业。传统的煤炭工业存在利用率极低、环境污染严重等问题,因此我国必须大力发展煤炭转化技术,改变煤炭直接燃烧的现状。煤炭工业发展"十二五"规划中明确指出:按照调整优化结构、保障合理需求的原则,2015年全国煤炭产量39亿 t,主要增加发电用煤,合理安排优质炼焦煤生产。高温炼焦不仅是煤综合利用的重要途径,也是冶金工业的重要组成成分,在国民经济运行中处于举足轻重的地位。炼焦指的是煤炭的高温干馏转化技术,通过热分解和结焦产生焦炭、焦炉煤气和炼焦化学产品的工艺过程。焦炭是炼铁生产中的主要原料,焦炉煤气是钢铁厂的主要燃料之一,目前虽然高炉大量喷煤,可以取代一部分焦炭作为炼铁的供热、还原剂和增碳的作用,但是不能取代焦炭在高炉中的料柱支撑作用。焦炭除用于炼铁外,还用于机械工业的铸造,在化学工业中用于生产电石,合成氨生产中用于制备氢气。煤在炼焦时,除有 75％左右变成焦炭外,还有 25％左右生成多种化学产品及煤气。来自焦炉的荒煤气,经冷却和用各种吸收剂处理后,可以提取出煤焦油、氨、萘、硫化氢、氰化氢及粗苯等化学产品,并得到净焦炉煤气。煤焦油是焦化工业的重要产品,其产量约占装炉煤的 3％～4％,针状焦技术是提高煤焦油附加价值的最新技术,我国在这方面起步较晚,需要深入研究;氨的回收率约占装炉煤的 0.2％～0.4％,常以硫酸铵、磷酸铵或浓氨水等形式作为最终产品。粗苯回收率约占煤的 1％左右。其中苯、甲苯、二甲苯都是有机合成工业的原料。硫及硫氰化合物的回收,不但是为了经济效益,也是为了环境保护的需要。经过净化的煤气属中热值煤气,其质量约占装炉煤的16％～20％,发热量为 17 500 kJ/Nm³ 左右,是钢铁联合企业中的重要气体燃料。

本教材是根据中国煤炭教育协会的煤炭成人高等教育"十二五"规划教材建设精神,结合国际炼焦及化产回收生产技术的发展现状和应用实际所编写的。本教材本着"突出技能,重在实用,淡化理论,够用为度"的指导思想,与以往版本的同类教材相比,更能体现新理论、新技术、新方法、新工艺、新材料,保证教材的先进性和科学性,可以作为煤化工专业的教学用书和培训用书,也可作为从事煤化工相关领域技术人员的自学用书和参考用书。

本教材共分九章,其中第一章、第二章、第三章、第四章、第五章、第七章、第九章由黑龙江煤炭职业技术学院张桂红编写;第六章、第八章由七台河职业技术学院李全国编写。全书由张桂红统稿。

在本教材编写过程中,参考了大量的相关专著和资料,再次向相关作者表示衷心感谢,同时还要向为本教材提供技术资料的企业和老师、在出版过程中给予支持和帮助的单位和相关人员表示深深的谢意。

由于炼焦及化产回收技术涉及的专业面宽、参考资料多,限于作者的水平和能力,有不妥之处,恩请读者批评指正。

编　者

2012 年 6 月

目　录

第一章 绪 论

【本章重点】煤炭的中高温干馏;焦化厂车间组成及生产工艺;焦化技术的发展。
【本章难点】焦化车间组成及生产工艺;炼焦新技术及新工艺。
【学习目标】了解焦化产品的分类和组成;掌握煤炭的中高温干馏及焦化生产工艺;了解并掌握煤焦化产业的发展现状及新技术。

第一节 炼焦化学工业简介

一、炼焦化学工业

我国是一个"多煤少油"的国家,煤炭在我国一次性能源结构中处于绝对的主要位置。在《中国可持续能源发展战略》研究报告中,20 多位院士一致认为,到 2050 年,煤炭在我国能源结构中所占比例不会低于 50%。可以预见,煤炭工业在国民经济中的基础地位将是长期的和稳固的,具有不可替代性。然而,煤炭工业在为国民经济发展、社会进步和人民生活水平提高提供不可缺少的物质来源的同时,正面临着种种挑战:一方面煤炭行业是国家确定的九大高能耗行业之一,而且我国煤炭企业的能源利用率极低(为 22%),比国外先进水平低 28%;另一方面煤炭资源低水平开发和大量煤炭直接燃烧带来了许多生态环境和社会问题,以煤为主的一次能源消费结构所带来的环境压力愈来愈大。煤炭和石油、天然气一样,本身并不是污染源,煤炭所带来的环境压力主要是由于煤的不合理利用和利用技术落后造成的。解决这一关键问题的根本途径是发展洁净煤技术,改变煤炭直接燃烧的现状,大力发展煤炭转化技术。

煤隔绝空气进行加热,分别得到固体产品、液体产品和气体产品的过程,即为煤的干馏过程。根据煤被加热的最终温度,分为低温干馏(500～550 ℃)、中温干馏(600～800 ℃)和高温干馏(即炼焦过程)(900～1 050 ℃)。通常炼焦指的是高温干馏,通过热分解和结焦产生焦炭、焦炉煤气和炼焦化学产品的工艺过程。焦炭是炼铁生产中的主要原料,焦炉煤气是钢铁厂的主要燃料,目前虽然高炉大量喷煤,可以取代一部分焦炭作为炼铁的供热、还原剂和增碳的作用,但是不能取代焦炭在高炉中的料柱支撑作用,而且随着高炉喷煤量的增加,对焦炭强度的要求越来越高。焦炭除用于炼铁外,还用于机械工业的铸造,在化学工业中用于生产电石,合成氨生产中用于制备氢气。

19 世纪 60 年代炼焦的主要手段是成堆干馏,将优质炼焦煤堆成锥形,表面用砖和煤泥密封进行炼焦。当煤的挥发分较高时,焦炭质量疏松,后来改为在堆煤时进行夯实,采用长方形成堆干馏。后来开始出现用耐火砖砌成的能多次使用的焦炉,即蜂窝式焦炉,并大部分取代了成堆式干馏。之后开始出现炭化室与燃烧室分开,并设蓄热室进行余热回收式焦炉。此时焦炉煤气有了富余,为进行化学产品回收创造了条件。焦炉开始使用硅砖进行砌筑,使结焦时间大为缩短。随后有了煤焦油和氨的回收工艺,由煤焦油蒸馏得到了防腐油。20世纪初由煤气中的氨生产硫酸铵的技术趋于成熟,煤焦油的加工也得到了发展,其产品有苯、甲苯、萘、酚类、蒽等。20世纪20年代,焦炉炭化室高度达 4~4.5 m,60 年代出现炭化室高 6 m 的焦炉,到了 80 年代有炭化室高度 7.85 m 的焦炉,2003 年在德国斯维尔根焦化厂投产的炭化室高 8.43 m 的焦炉,是当今世界上最大、最高的炼焦炉。同时炼焦生产的机械化和自动化水平也大大提高,使炼焦化学工艺趋于成熟。

二、焦化厂的车间组成和生产过程

焦化厂车间组成如表 1-1 所示,一般有煤准备、炼焦、煤气净化、粗苯精制、焦油精制、水净化等主体车间组成。此外尚有辅助车间,如机修、动力、化验车间。煤准备车间包括收煤、贮煤、配煤、煤粉碎各工序,也有不少厂设有选煤工序。炼焦车间由炼焦、熄焦、焦炭分级工序组成。煤气净化的主要任务是将炼焦产生的粗煤气,脱除其中的煤焦油、氨、氰化物、硫化物及萘等,使煤气得以净化,并同时回收其中的粗苯。粗苯和焦油进一步加工,还可以得到苯、甲苯、二甲苯、溶剂油、酚类、萘、蒽类、不同特性沥青等产品。

表 1-1 焦化厂车间组成

序号	系统名称	主要生产设施
1	备煤车间	煤仓,配煤室,粉碎机室,胶带机运输系统,煤制样室
2	炼焦车间	煤塔焦炉,装煤设施,推焦设施,拦焦设施,熄焦塔,筛运焦工段(焦台、筛焦楼)
3	煤气净化车间	冷鼓工段(风机房、初冷器、电捕焦油器等) 脱氨工段(洗氨塔、蒸氨塔、氨分解炉等) 粗苯工段(终冷器、洗苯塔、脱苯塔等)
4	公辅设施	废水处理站,供配电系统,给排水系统,综合水泵房 备煤除尘系统,筛运焦系统化验室等设施,制冷站等

焦化厂车间生产过程如图 1-1 所示,来自备煤车间的配合煤装入煤塔,装煤车按作业计划从煤塔取煤,经计量后装入炭化室内。煤料在炭化室内经过一个结焦周期的高温干馏制成焦炭并产生荒煤气。炭化室内的焦炭成熟后,用推焦车推出,经拦焦车导入熄焦车内,并由电机车牵引熄焦车到熄焦塔内进行喷水熄焦。熄焦后的焦炭卸至凉焦台上,冷却一定时间后送往筛焦工段,经筛分按级别贮存待运。煤在炭化室干馏过程中产生的荒煤气汇集到炭化室顶部空间,经过上升管、桥管进入集气管。约 800 ℃ 左右的荒煤气在桥管内被氨水喷洒冷却至 85 ℃ 左右。荒煤气中的焦油等同时被冷凝下来。煤气和冷凝下来的焦油等同氨水一起经过吸煤气管送入煤气净化车间。煤气净化车间由冷凝鼓风工段、脱硫工段、硫铵工段、终冷洗苯工段、粗苯蒸馏工段等工段组成。荒煤气在煤气净化车间进行冷却、输送、回收煤焦油、氨、硫、苯族烃等化学产品并同时得到净煤气。

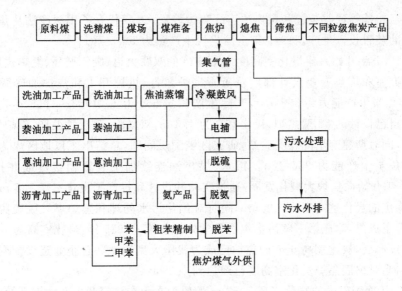

图 1-1　炼焦生产过程示意图

三、焦化产品在国民经济中的作用

（一）焦炭

焦炭是炼焦最重要的产品，大多数国家的焦炭 90%以上用于高炉炼铁，其次用于铸造与有色金属冶炼工业，少量用于制取碳化钙、二硫化碳、元素磷等。在钢铁联合企业中，焦粉还用作烧结的燃料。焦炭也可作为制备水煤气的原料制取合成用的原料气。

（二）煤气和化学产品

煤在炼焦时，除有 75%左右变成焦炭外，还有 25%左右生成多种化学产品及煤气。来自焦炉的荒煤气，经冷却和用各种吸收剂处理后，可以提取出煤焦油、氨、萘、硫化氢、氰化氢及粗苯等化学产品，并得到净焦炉煤气。煤焦油是焦化工业的重要产品，其产量约占装炉煤的 3%～4%，其组成极为复杂，多数情况下是由煤焦油工业专门进行分离、提纯后加以利用；氨的回收率约占装炉煤的 0.2%～0.4%，常以硫酸铵、磷酸铵或浓氨水等形式作为最终产品。粗苯回收率约占煤的 1%左右。其中苯、甲苯、二甲苯都是有机合成工业的原料。硫及硫氰化合物的回收，不但为了经济效益，也是为了环境保护的需要。经过净化的煤气属中热值煤气，发热量为 17 500 kJ/Nm^3 左右，每吨煤约产炼焦煤气 300～400 m^3，其质量约占装炉煤的 16%～20%，是钢铁联合企业中的重要气体燃料，其主要成分是氢和甲烷，可分离出供化学合成用的氢气和代替天然气的甲烷。

第二节　我国焦化工业发展概况及展望

一、我国焦化产业发展历程

我国生产焦炭和应用焦炭的历史，可以追溯到宋代。但是工业规模的焦炭生产，始于 1898 年江西的萍乡和河北的开滦，分别采用圆窑和长方形窑成堆干馏方法，1916 年生产焦炭 26.6 万 t。19 世纪 20 年代开始建室式炼焦炉，同时还采用了捣固炼焦技术，并形成了一定的炼焦规模。20 世纪 30 年代除继续兴建一批焦炉外，焦炉开始采用复热式，并配备了煤焦油、硫酸铵、粗苯等回收装置和煤焦油连续蒸馏装置,40 年代有了用深冷法从焦炉煤气中分离出氢气的装置投入生产。1949 年全国焦炭生产量为 52.5 万 t。

1954～1957 年开始兴建炭化室高度为 4.3 m 的双联火道、废气循环、复热式焦炉,同期组建煤焦研究室和炼焦专业设计部门及负责砌炉监督、烘炉开工和焦炉加热调节的热工站。1957 年焦炭生产能力为 538 万 t,实际生产焦炭 555 万 t。1958～1965 年我国开始建设了一大批自己设计的 58 型焦炉,炭化室高 4.3 m,双联火道、废气循环、焦炉煤气下喷、复热式焦炉,同时期建起了配煤实验站,研究区域配煤问题,总结出了以地区煤为主的配煤原则。新增焦炭生产能力 966 万 t。粗苯、煤焦油连续加工装置相继建成并投入生产。1966～1975 年开始向焦炉大型化发展,通过实验并设计和投产了炭化室高 5.5 m 的大容积焦炉,捣固炼焦的炭化室高度为 3.8 m。同时对焦化污水处理和焦炉煤气脱硫脱氰进行了研究,并取得了成果,建成第一座污水生物化学处理装置。1985 年,炭化室高为 6 m 的焦炉在宝钢建成投产后,炭化室高 6 m 的焦炉已成为我国大型钢铁联合企业建设配套炼焦设施的首选炉型,当时捣固焦炉炭化室高度已经达到 4.3 m。

2004 年,从德国引进的炭化室高 7.63 m 的焦炉在山东济宁和山西太钢开始建设,标志着我国焦炉大型化又有新发展。2005 年,我国开始研发拥有完全自主知识产权的炭化室高 7 m 捣固焦炉和炭化室高 5.5 m 捣固焦炉。此外,干熄焦技术开始应用于生产并逐步得到发展。煤气净化技术也大为提高,焦化污水处理采用三级处理,推焦装煤消烟除尘装置配套建设,炼焦车辆自动对位,生产过程自动化和监视技术也大量采用。焦化生产装置的设计、研究、制造技术已与国际水平相当,开始打入国际市场。焦化技术的研究机构完备,焦化专业技术人员的培养院校实力雄厚。2011 年焦炭生产量超过 3.9 亿 t,我国已成为世界焦炭第一生产大国。

二、焦化技术的现状及发展展望

（一）炼焦技术的现状及发展展望

世界炼焦工业近几十年来取得了长足的发展。大容积焦炉、捣固焦炉、干法熄焦等开发较早的先进工艺技术在工业化实际生产运行中日臻完善。日本的型焦工艺、德国的巨型炼焦反应器、美国的无回收焦炉、乌克兰的立式连续层状炼焦工艺等近几年来开发的新工艺、新技术则加快了工业化进程。

我国炼焦工业近几年发展较快,以宝钢二期工程焦炉为代表的中国焦炉技术,达到国际水平的捣固焦技术及装置、干熄焦技术、配型煤炼焦技术正在加快推广,铸造型焦和热压型焦装置已建成。可以说与国际先进水平的差距正逐渐缩小。然而,长期困扰世界炼焦工业的炼焦煤资源恶化、环境污染严重、焦炉产量和热效率低下等问题远远没有得到解决,这就推动了一批炼焦新工艺、新技术的产生。

1. 焦炉大型化

炭化室加宽加高、提高单孔炭化室产焦量是焦炉的发展方向。自 20 世纪 80 年代以来,国际上建设了许多炭化室高度大于 7 m 的大容积焦炉,德国 1993 年进行了炭化室高为 10 m 的单孔炼焦系统的工业试验,欧盟专家为德国 ThyssenKrupp 公司设计的炭化室高 8.43 m 的焦炉正在建设中。近几年,我国在鞍钢、武钢、安钢、邯钢、湘钢、济钢、莱钢、涟钢等钢铁企业和独立焦化企业新建扩建一批装备水平高的 6 m、7 m 大型顶装炉和 5.5 m、6.25 m 捣固焦炉。至 2009 年底,我国已有 6 m 顶装焦炉 142 座,5.5 m 捣固焦炉 70 座,大型焦炉的产能已达 1 亿 t

以上。兖矿、太钢、马钢、武钢、首钢京唐公司和沙钢先后引进投产的德国 7.63 m 超大容积焦炉共 14 座,年产焦炭能力 1 520 万 t。唐山佳华引进了炭化室高 6.25 m 世界最大的 4 座捣固焦炉也已于去年投产。7.63 m 超大容积焦炉和 6.25 m 世界最大的捣固焦炉的投产对推动我国焦炉大型化起到了积极推动作用。为适应我国焦炉大型化的发展,国内开发了炭化室高 6.98 m、长 17.180 m、宽 0.450 m、有效容积 48 m³ 和炭化室高 6.98 m、长 18.152 m、宽 0.530 m、有效容积 60 m³ 两种大容积顶装焦炉。鞍钢、邯钢和本钢等厂家已有 13 座 7 m 大容积顶装焦炉投产,还有 10 座焦炉将要投产。7 m 级大型焦炉的开发、设计和建成投产将使我国的炼焦技术水平进一步提高。河南也相继投产了国产的 6 m 捣固焦炉和国产的 7.63 m 顶装焦炉。

2. 捣固炼焦技术

捣固炼焦是用高挥发分弱黏结性或中等黏结性煤作为炼焦的主要配煤组分,将煤料碎至一定细度后,用机械捣固成煤饼,送入焦炉炭化室内炼焦。其炼出的焦炭质量大大改善;或在保证焦炭质量不变的情况下,可多用 10%～25% 高挥发分弱黏结性煤。虽然我国煤炭资源比较丰富,但炼焦煤资源相对较少,而强黏结性煤资源更稀缺宝贵。近几年,我国炼焦能力的超常发展,国际市场炼焦精煤价格节节上扬,这些都促使我国采用捣固炼焦技术。2006 年炭化室高 5.5 m 大型捣固焦炉首先在云南投产。河北旭阳、乌海神华、攀钢、涟钢等一大批企业的 5.5 m 捣固焦炉相继投产。唐山佳华炭化室高 6.25 m 世界最大的 4 座捣固焦炉也已于去年投产。我国捣固焦炉的产能已超过 1 亿 t。这相当于每年少用焦煤和肥煤2 700 万～3 300 万 t,大大缓解了我国强黏结性炼焦煤的供应。

3. 干法熄焦(CDQ)技术

干熄焦是利用冷惰性气体(燃烧后的废气)在干熄炉中与红焦直接换热,从而冷却焦炭。采用干熄焦可回收 80% 红焦显热,平均 1 t 红焦可回收 3.9 MPa、450 ℃蒸汽 0.45～0.58 t。平均每熄 1 t 红焦净发电 90～105 kW·h,如采用高压锅炉,平均 1 t 红焦可多发电 14%～18%。采用干熄焦可改善焦炭质量,降低高炉焦比。在保持焦炭质量不变情况下,可多配 15% 弱黏结性煤,节省焦煤资源,降低炼焦成本。干熄焦可减少对环境的污染。避免了生产等量蒸汽燃煤而对大气的污染。对 100 万 t/a 焦化厂而言,每年可减少 8 万～10 万 t 动力煤燃烧对大气的污染,少向大气排放二氧化硫 144～180 t、烟尘 1 280～1 600 t,尤其是每年可减排 10 万～17.5 万 t CO_2,可减少温室效应,保护生态环境。我国目前使用的主要是从日本和俄罗斯/乌克兰引进的单套处理能力为 70～75 t/h 的装置。2005 年,我国实现了干熄焦技术与设备的国产化、大型化和系列化,使每套干熄焦基建投资可节约 6 000 万元左右。大中型钢铁企业从节能、环保、改善焦炭质量和多用弱黏结性煤的角度出发,纷纷兴建干熄焦装置。我国的一些独立焦化厂从节能环保、减排二氧化碳的角度出发,也在认可和采用干熄焦技术。2010 年,完全采用我国自己的干熄焦技术和国产设备建成投产的干熄焦装置已达 150 多套。干熄焦炭对炼铁生产降低焦比、稳产顺行起到了关键作用,炼铁行业对干熄焦炭的稳定供应非常迫切,不但钢铁企业焦化厂纷纷在建干熄焦装置,独立焦化厂逐步采用干熄焦技术也是一个发展方向。

4. 煤调湿(CMC)技术

煤调湿是将炼焦煤料在装炉前去除一部分水分,保持装炉煤水分稳定在 6% 左右,然后装炉炼焦。这项技术以其显著的节能、环保和经济效益受到普遍重视,并得到迅速发展。1996 年中国第一套 CMC 装置在重钢焦化厂投产,采用的是导热油传热方式,系统较为复杂、投资高。目前,鞍山焦耐院正在开发工艺简单、投资少的以蒸汽为热源的 CMC 装置,用蒸汽在列管式调湿机内与煤换热,利用烟道废气带走从煤中析出的水分,将装炉煤的水分稳定在 6% 左右。该工艺可使焦炉生产能力提高 7.7%,焦炉加热煤气消耗量减少 14%,初冷器用水减少 1/3,剩余氨水减少 1/3,相应的氨蒸气用量减少 1/2。现在世界上主要有三种形式(按热源的不同)的煤调湿工艺:导热油煤调湿(回转式干燥机煤调湿)、蒸汽煤调湿(回转式干燥机煤调湿)和焦炉烟道气调湿(流化床煤调湿)。在日本几乎都是采用蒸汽煤调湿,只有日本室兰焦化厂采用焦炉烟道气煤调湿。焦炉烟道气煤调湿的热源是充分利用焦炉烟道废气的余热,节能降耗。我国宝钢、太钢和攀钢已投产的煤调湿装置是采用蒸汽煤调湿装置,采用国产回转式干燥机。济钢、马钢、昆钢已投产的煤调湿装置是采用以焦炉烟道气为热源的流化床煤调湿工艺。

5. 除尘地面站与车载式焦炉烟尘治理技术

我国目前使用的装煤除尘系统主要形式有非燃烧法干式地面站除尘方式、燃烧法干式地面站除尘方式、燃烧法湿式地面站除尘方式以及装煤出焦二合一干式地面站除尘方式。出焦除尘系统主要形式有干式地面站除尘和热浮力罩除尘。近年来,鞍山焦耐院开发设计的干式除尘装煤车已在济钢焦化厂和昆钢焦化厂投入使用,该车是将装有袋式除尘器的干式除尘装置安装在装煤车上,具有投资省、易实施的特点,烟尘捕集率＞85%,除尘效率＞99.5%,烟气出口粉尘浓度＜50 ms/m³,符合国家环保法规的相关要求。

6. 生产过程综合自动化

焦炉生产自动化是一个包含生产控制和管理自动化内容的集成系统。我国目前正在推广的焦炉生产自动化技术包括焦炉加热计算机控制及管理系统、焦炉机械动态自动识别炉号及对位控制系统、集气管压力综合控制系统、焦化厂生产管理计算机网络系统以及焦炉烘炉计算机自动测温与管理系统等。焦炉综合自动化系统的构成为模块化结构,可根据各焦化厂情况和用户要求,一次实现所有功能或逐步实现各项功能。

7. 热回收焦炉

热回收焦炉以其较低的造价、较轻的污染和较好的焦炭质量等特性,正在受到世界各国焦化工作者的关注。美国、德国、澳大利亚、印度、墨西哥、中国等都在积极开发和建设这种热回收焦炉。美国太阳公司建成的热回收焦炉已取得了令人满意的效果。我国首创的捣固装煤热回收焦炉试验炉已建成投产,现正在进一步完善中。这种焦炉适合于在没有煤气用户或缺乏电力的地方采用。

(二)焦炉煤气综合利用现状及发展展望

1. 焦炉煤气净化现状

目前,我国正在生产使用的焦炉煤气净化工艺很多,主要包括冷凝鼓风、脱硫、脱氨、脱苯等,在净化煤气的同时回收焦油、硫黄、硫铵或氨水、粗苯等化工产品。我国煤气净化工艺一般均采用高效的横管初冷器来冷却荒煤气,几种不同的煤气净化技术主要表现在脱硫、脱氨工艺方案的选择上。脱氨工艺主要有水洗氨蒸氨浓氨水工艺、水洗氨蒸氨氨分解工艺、冷法无水氨工艺、热法无水氨工艺、半直接法浸没式饱和器硫铵工艺、半直接法喷淋式饱和器硫铵工艺、间接法饱和器硫铵工艺、酸洗法硫铵等。脱硫工艺主要有湿式氧化工艺(如以氨为碱源的 TH 法、FRC 法、HPF 法及以钠为碱源的 ADA 法、PDS 法)和湿式吸收工艺(如氨硫联合洗涤的 AS 法、索尔菲班法及真空碳酸盐法)等。我国煤气净化工艺已达到国际先进水平。根据煤气用户的不同,可选用不同的工艺流程来满足用户对不同煤气质量的要求。煤气脱硫是我国正在推广的强制性环保措施。引进的脱硫方法由于工艺复杂、投资高,仅在大型焦化广得到应用。比较适合我国国情的是自行开发的改良 ADA 法、HPF法和真空碳酸盐法脱硫工艺。

2. 焦炉煤气综合利用现状

焦炉产生的煤气经过净化后,除部分用于焦炉自身加热外,剩余煤气均不同程度地得到了利用。钢铁联合企业中的焦化厂,绝大部分焦炉均为复热式焦炉,一般采用高炉煤气加热,所产生的焦炉煤气经净化后供给炼铁、炼钢、轧钢等用户。作为城市煤气气源厂的焦化厂,绝大部分焦炉也为复热式焦炉,可采用焦炉煤气加热,也可采用发生炉煤气加热,所产生的焦炉煤气经净化,达到城市煤气标准后供应城市居民用户或工业用户。在中国,产生大量剩余焦炉煤气的主要有两类焦化厂:一是以生产焦炭为主的独立焦化厂,其生产的焦炉煤气既不能供应城市用户,又没有合适的工业用户;二是目前供应城市煤气用户的焦化厂,如北京焦化厂、天津煤气厂、上海焦化厂等,在采用天然气取代焦炉煤气供应城市煤气用户后,焦炉煤气没有合适的用户。这些过剩的煤气迫切希望找到经济、合理、高效的综合利用途径。

焦炉煤气综合利用发展思路:焦炉煤气中含有 $55\% \sim 60\%$ 的 H_2、$23\% \sim 27\%$ 的 CH_4、$5\% \sim 8\%$ 的 CO,低位发热量 $17\ 920\ kJ/m^3$,不仅是优质的气体燃料,还是理想的化工合成原料。因此,焦炉煤气的综合开发利用也应从燃料和化工原料两条思路上考虑。

(1) 开发利用煤气的联合工业用户

焦炉煤气作为洁净的气体燃料,若用于生产水泥、建材、耐火材料,可大大提高产品的质量和品位。如山西焦化厂利用自产的焦炉煤气焙烧高铝矾土,利用焙烧高铝矾土的余热生产蒸汽,供全厂蒸汽用户,不仅提高了产品质量,扩大了市场,还实现了能源的综合利用,降低了生产成本。

(2) 开发以焦炉煤气为原料的化工合成项目

焦炉煤气是制造合成氨的理想原料。氢气是合成氨的直接原料气,焦炉煤气中含有$55\% \sim 60\%$ 的氢气,其他成分如甲烷、一氧化碳等,可经转化、变换、脱碳等工序制得纯氢气,然后氢气与氮气合成氨。焦炉煤气同样是合成甲醇、二甲醚的理想原料,其本身含有生产甲醇和二甲醚的原料气。

(3) 焦炉煤气用于制氢

焦炉煤气是制氢的理想原料,其所含的 $55\% \sim 60\%$ 的氢气可通过变压吸附法生产纯度为 99.9% 或更高的氢气。氢气是化学工业合成的重要原料气之一,还是化学工业中常用的还原剂和氢化剂。在电子工业中,氢是制取半导体材料——硅的重要原料。气象上用于探空气球。氢已成为运载火箭航天器的重要燃料之一。可达到零排放的无污染高效氢燃料电池动力汽车已投入试验运行,世界各大汽车公司已陆续推出该类型汽车样车。氢能的应用范围今后必将不断扩大。

(4) 焦炉煤气甲烷化供城市煤气用户

对目前供应城市煤气用户的独立焦化厂,在天然气进入城市后,也可对焦炉煤气进行甲烷化,将其热值提高后掺入天然气管网供应城市煤气用户。

(5) 焦炉煤气发电

焦炉煤气暂时没有合适用途时,也可用来发电。焦炉煤气用于电厂锅炉时,其热效率可达 90%,利用锅炉生产蒸汽发电,发电后的蒸汽还可供焦化厂生产用。焦炉煤气也可直接用于燃气透平机发电。我国利用航空发动机研制的焦炉煤气透平发电机已在陕西焦化厂及兖州矿务局焦化厂得到成功应用。

(6)焦炉煤气用于直接还原铁

钢铁联合企业中,焦化厂生产的含有大量 H_2 和 CH_4 的焦炉煤气本身就是还原性气体,可直接送入气基竖炉生产海绵铁。由此而促成的高炉—直接还原铁—焦炉的联合流程是高炉流程工艺技术的自身完善,是钢铁生产向短流程过渡的必由之路。

(三)煤焦油加工现状及发展思路

1. 煤焦油加工现状

2001 年我国煤焦油产量为 400 万 t 左右。煤焦油是由多种复杂的混合物组成的,目前已从中成功分离出来的有 500 多种。煤焦油和加工产品是冶金、化工、医药、建材、交通、通讯等领域的重要基础原料,在国内外有着广阔的市场前景。我国煤焦油加工工业是随着炼焦工业而发展起来的,焦油加工部门一般作为焦化厂的一个生产车间而建设。我国目前拥有煤焦油加工装置的企业有 50 多家,焦油加工能力约 270 万 t/a。煤焦油加工水平与世界先进水平相比尚有一定差距。早在 20 世纪 60 年代,国外就开始建设大型的焦油集中加工厂,焦油集中加工的规模已达到 150 万 t/a,单套装置的加工能力达到了 50 万 t/a,提取的产品品种达到了 200 多种。我国现有的焦油加工装置主要分散在各焦化厂,单套装置的加工能力小、产品品种少。目前,处于国内领先地位的是宝钢于 20 世纪 80 年代从日本引进的焦油加工装置,加工规模为 26 万 t/a,单套装置加工能力 13 万 t/a,产品品种 26 种。其余分散在各焦化厂的焦油加工装置,加工能力除鞍钢为 25 万/a、武钢为 20 万 t/a、本钢为 15 万/a外,其他的只有 5 万～10 万 t/a,产品品种 10 余种。

2. 焦油加工的发展思路

(1)发展焦油集中加工

规模经济性作为一般的经济规律同样适用于煤焦油加工业。由于煤焦油本身的特殊性质,欲提取煤焦油中含量<1%的组分,只有对其进行集中加工才具有经济意义。在条件允许的情况下,煤焦油加工的规模越大越好。煤焦油加工的实践表明,焦油加工的起始经济规模应达到 20 万～25 万 t/a。从 20 世纪 70 年代起,世界各国的焦油加工业就向集中加工这个方向发展。实现煤焦油集中加工和单机装置大型化,不但有利于提高工艺装备水平、自动控制水平和余热利用率,还为焦油馏分的深加工创造了最基本的条件。同时,由于集中加工,还可大大减少分散的加工点,可最大限度地采取环保治理措施,减轻对环境的污染。我国目前发展焦油集中加工的条件已基本成熟。可采取各焦化厂之间合并或集中处理的方式,也可采取独立专营的煤焦油产品公司来集中加工各焦化厂的煤焦油。提供原料煤焦油的各焦化厂,可按提供焦油的数量入股,并按提供的焦油数量对盈利部分进行分红。这样不仅可确保集中加工厂的原料焦油来源稳定,还可利用集中加工的优势,提高产品质量及数量,在激烈的市场竞争中取得最佳的经济效益。

(2)发展焦油馏分集中加工

在焦油集中加工的基础上,我国宜进一步实施焦油馏分的集中深加工,各焦油加工企业不宜搞小而全的馏分深加工。焦油馏分集中加工的发展思路应是同一区域或相近区域内的几个焦油加工企业,将同一馏分分别集中到一起加工,一个焦油加工企业集中精力发展一种或两种馏分的深加工,这样,馏分深加工的规模则相当于几个焦油加工企业规模的总和。宜实行集中加工的馏分包括酚油、萘、洗油、原油等。实现馏分的进一步集中深加工,可最大限度地提高同一化合物在馏分中的集中度,大幅度提高馏分加工的深度,生产出更多高附加值、更具市场竞争力的产品。

(3)选择适合于国情的焦油加工工艺路线

目前焦油加工的工艺路线主要有两条:一是以日本为代表的以生产碳素原料(制品)为主要目的的加工路线;二是以德国为代表的以最大限度提取单体产品为主要目的的加工路线。在选择焦油加工工艺路线时,不但受冶金生产状况的制约,更要受到石油化学工业整体状况(从产品、规模到加工技术)的影响。精细化工的发展远景要求煤焦油加工必须改变产品结构,多从煤焦油已被鉴定出的几百种化合物中分离出贵重产品,以及利用衍生物的方法进行加工。同时,为保证电极工业对优质碳素材料日益增长的需求,还要开发以煤焦油沥青来生产优质的碳素石墨材料和碳素纤维等产品。因此,两种煤焦油加工工艺路线在发展中国家(如中国)应两者兼顾,上海宝钢所建设的煤焦油加工装置就是我国煤焦油加工的一个典型代表。

(四)粗苯加工现状及发展思路

1. 粗苯加工现状

2001 年我国粗苯产量为 110 万 t 左右。同煤焦油加工装置相似,我国粗苯加工工业也是随着炼焦工业而发展起来的。粗苯加工部门一般作为焦化厂的一个生产车间而建设。我国目前拥有粗苯加工装置的企业有 40 多家,加工能力约 70 万 t/a。20 世纪 50 年代初期,德国、英国、美国、法国、日本等就开始发展粗苯集中加工,单套装置的处理能力已达到 8 万~10 万 t/a,并相继采用催化加氢精制代替了传统的硫酸洗涤法。我国的粗苯加工水平与世界先进水平相比,主要表现在单套装置的加工能力小,绝大部分粗苯精制装置采用的仍是 20 世纪 50 年代的酸洗法工艺。处于国内领先地位的是宝钢焦化厂和石家庄焦化厂从国外引进的粗苯加氢精制装置,单套装置处理能力 5 万 t/a。粗苯加工规模最大的为宝钢焦化厂,年加工粗苯 11 万 t,其余分散在各焦化厂的粗苯精制装置加工能力只有 1 万~3 万 t/a。

2. 粗苯加工的发展思路

(1)发展粗苯集中加工

粗苯加工的目的是从粗苯混合液中分离出高纯度的苯、甲苯、二甲苯等产品。提高粗苯集中加工装置的单机处理能力,可以最大限度地利用先进加工工艺,提高产品收得率和质量,并减少分散加工带来的环境污染,获取最佳经济效益和社会效益。粗苯精制的最小经济规模应为 5 万 t/a。

(2)选择适合于国情的粗苯加工工艺

粗苯精制工艺主要有酸洗法和加氢法两种。酸洗法是国内目前普遍采用的一种粗苯加工方法,具有工艺流程简单、操作灵活、设备简单、材料易得、能在常温常压下运行等优点。但与加氢法相比,存在产品质量差、产品收率低、环境保护差(初馏分、再生残渣、酸焦油至今无有效的治理方法)等致命缺点。加氢法是国外已普遍采用的一种粗苯加工方法,其突出的优点是苯类产品的收率高(比酸洗法高 8%~10%)、产品质量高(尤其是含硫低)、环境保护好(几乎没有外排的废渣、废液、废气)和经济效益好。我国粗苯加工工艺的发展方向应该是加氢精制。目前,我国已具备了建设粗苯加氢精制装置的条件。除了主要设备和仪表外,其余国内都可以制造,国内以焦炉煤气为氢源用变压吸附法生产纯氢(99.9%)的技术成熟,已引进投产的莱脱法加氢装置(宝钢)和溶剂法加氢装置(宝钢、石家庄焦化厂)则为我国粗苯加氢精制装置的建设和生产提供了可以借鉴的宝贵经验。

本章测试题

一、判断题(在题后括号内作记号,"√"表示对,"×"表示错,每题 2 分,共 20 分)

1. 煤隔绝空气进行加热,分别得到固体产品、液体产品和气体产品的过程,即为煤的干馏过程。 ( )

2. 焦炭主要是煤炭的低温干馏产物。 ( )

3. 焦炉煤气的主要成分为氢气和甲烷。 ( )

4. 粗苯回收率约占煤的 10%左右。 ( )

5. 煤在炭化室干馏过程中产生的荒煤气汇集到炭化室顶部空间,经过上升管、桥管进入集气管。 ( )

6. 荒煤气在煤气净化车间进行冷却、输送、回收煤焦油、氨、硫、苯族烃等化学产品并同时得到净煤气。 ( )

7. 目前,焦油加工的工艺路线一是以日本为代表的以生产碳素原料(制品)为主要目的的加工路线,二是以德国为代表的以最大限度提取单体产品为主要目的的加工路线。 ( )

8. 煤的干馏分为低温干馏、中温干馏、高温干馏。它们的主要区别在于干馏的最终温度不同。 ( )

9. 精煤通常是指洗选过的煤,它一般不含灰分。 ( )

10. 从矿山开采出来的煤,经拣矸石后一般叫原煤。 ( )

二、填空题(将正确答案填入题中,每空 2 分,共 20 分)

1. 根据煤被加热的最终温度,分为低温干馏、中温干馏和高温干馏,它们的温度范围分别为(   )、(   )和(   )。

2. 通常炼焦指的是(   )干馏,通过热分解和结焦产生(   )、(   )和(   )的工艺过程。

3. 世界炼焦工艺的前沿技术包括日本的(   )工艺、德国的巨型炼焦反应器、美国的(   )、乌克兰的(   )工艺。

三、单选题(在题后供选答案中选出最佳答案,将其序号填入题中,每题 2 分,共 20 分)

1. 焦炭的主要用途是(   )。

A. 高炉炼铁 B. 制造合成气 C. 铸造与有色金属冶炼工业

2. 煤在炼焦时,约有 75%变成(   )。

A. 化学产品 B. 煤气 C. 焦炭

3. 氨的回收常以(   )、磷酸铵或浓氨水等形式作为最终产品。

A. 氯化铵 B. 硫酸铵 C. 碳酸铵

4. 粗苯回收主要成分为苯、甲苯、(   )等。

A. 乙苯 B. 二甲苯 C. 二乙苯

5. 每吨煤约产炼焦煤气( )m^3。

    A. 100～200   B. 200～300   C. 300～400

6. 捣固炼焦的主要优点是可以大量利用( )煤。

    A. 弱黏结性或中等黏结性煤

    B. 不黏煤

    C. 强黏结性煤

7. 干熄焦是利用冷惰性气体(燃烧后的废气)在干熄炉中与红焦直接换热,从而冷却焦炭。采用干熄焦可回收( )红焦显热。

    A. 40%   B. 60%   C. 80%

8. 我国目前使用的装煤除尘系统主要形式有非燃烧法和燃烧法干式地面站除尘方式、燃烧法湿式地面站除尘方式以及( )除尘方式。

    A. 装煤出焦二合一湿式地面站

    B. 装煤出焦二合一干式地面站

    C. 非燃烧法湿式地面站

9. 约800 ℃的荒煤气在桥管内被氨水喷洒冷却至( )左右。

    A. 45 ℃   B. 65 ℃   C. 85 ℃

10. 煤气净化车间由冷凝鼓风( )工段、脱硫工段、硫铵工段、终冷洗苯工段、粗苯蒸馏工段等工段组成。

    A. 冷凝鼓风   B. 初冷   C. 终冷

四、简答题(每题 **10** 分,共 **40** 分)

1. 简述炼焦的定义,炼焦生产的主要产品。

2. 焦化主车间包括哪些?

3. 简述焦化总的工艺流程。

4. 简述炼焦技术的新趋势。

第二章 焦化备煤

一般情况下,运入厂的各单种煤无法达到现代化炼焦炉所需的炼焦煤料的质量标准,所以需把各单种煤按其不同的性质进行配煤、粉碎、混合,制成合格的炼焦煤料。备煤车间的任务就是将运入厂的各单种煤制成符合炼焦质量要求的煤料。备煤车间一般由原料煤的接收装置、贮煤场、配煤室、粉碎机室、煤塔顶层、布料装置、带式输送机通廊和转运站组成。北方地区有时还要设置解冻库和破碎机室。此外还有煤制样室等车间辅助设施。

第一节 煤炭的分类和炼焦用煤

煤炭是炼焦的主要原料,它也是我们日常生活中的重要能源之一,被誉为工业的"食粮"、黑色的"金子",所以我们必须合理地利用煤矿资源。根据成煤的原始物质条件不同,自然界的煤可分为三大类:腐殖煤、残殖煤和腐泥煤。腐植煤在自然界中分布最广,储量最大,而且在煤炭利用和化学加工方面占有主要的位置。

一、煤炭的形成和特征

（一）煤炭的形成

煤炭的形成过程分为两个阶段:泥炭化(腐泥化)作用和煤化作用。

（1）泥炭化作用:大约30多亿年以前,地球上就已经有单细胞低等植物存在了。在整个地质年代中的某些时期内,出于地球的气候温暖、潮湿,而且有丰富的矿物养料,因此植物生长得特别高大和繁茂。这些落群生长的陆生植物,构成了成煤的物质基础。在漫长的地质年代里,地球的造山运动和地壳不断的变动,使有些落群生长的植物随着地壳下沉,后来慢慢地被水淹没,或者被山石覆盖。在多水缺氧的情况下,堆积在水中的植物残骸受一种"厌氧细菌"(不靠空气而靠夺取植物遗体里的养分而生成的微生物)的作用,脱去不稳定的含氧物质(一般以二氧化碳和水的形式除去),使残留物的氧和氢的含量减少,碳含量相对增高。与此同时,植物残骸还受到其他生物的化学作用,产生大量的腐殖酸及沥青类物质。这种既含有植物残骸未被分解的族组成部分(如根、茎、叶、树皮等),又含有腐殖酸,而且碳含量比植物残骸高、水分比较大的物质称为泥炭。

（2）煤化作用:在泥炭形成的过程中,往往出现植物生死交替和地壳不断变动的情况。

如果地壳垂直下沉的速度与泥炭堆积的速度差不多,泥炭层就会不断地变厚;如果地壳垂直下沉的速度比泥炭堆积的速度大,随着时间的推移。泥炭层的上面就会被沙土覆盖而形成顶板,顶板愈厚,泥炭受压力和地热的作用愈大,地热和压力的作用,使得大分子缩合和构化程度提高,C/H 原子比增大,氢和氧含量减少,久而久之泥炭全部转变成变质程度不同的煤。

（二）煤炭的元素组成

煤中除了一些稀有元素和矿物质外,其主要化学成分是:

(1) 碳(C)是煤的主要组成部分,以和氢、氧、氮、硫构成化合物的形态存在。

(2) 氢(H)是煤的第二重要组成,位于炭环原子网周围,它的含量随煤变质程度的加深而减少。

(3) 氧(O)是煤中的重要元素之一,是反应能力最强的元素,在煤中存在的总量和形态直接影响着煤的性质。煤在变质过程中不断放出二氧化碳和水,故煤中含氧量随变质程度的加深而迅速降低。从泥炭到无烟煤,含氧量由 30%～40%逐渐降到 2%～5%。

(4) 氮(N)是构成煤有机物的次要元素,主要由成煤植物的蛋白质转化而来,其含量通常在 0.8%～1.8%。

(5) 硫(S)是煤中的杂质,通常分为有机硫和无机硫,总称全硫,煤含硫量一般在 1.5%以下,但高的也可达 7%～8%。

二、煤炭的分类

（一）我国原有的煤炭分类方案

由中国科学院、原煤炭部、原冶金部等单位共同研究,于 1956 年 12 月提出的方案,1958年 4 月经原国家技术委员会正式颁布试行。该分类方案的分类指标是煤的干燥无灰基挥发分(V_{daf})和胶质层最大厚度(Y)。从褐煤到无烟煤之间的所有煤种,共分为 10 大类,24 小类。此次分类方案存在烟煤部分大类类别过少,烟煤与褐煤划分界线不清等问题,后来对煤炭进行了新的分类。

（二）我国现在的煤炭分类方案

1974 年,我国有关部门开始对煤炭进行新的分类研究,经有关部委、科研机关和高等院校的专家、教授多次会议论证,并对全国主要煤矿、煤产地煤质资料进行了全面分析研究,基本上取得了一致意见。于 1985 年 1 月 19 日通过了煤炭分类国家标准,并于 1989 年 10月 1 日起正式实施。该分类方案的分类指标是反映煤化程度的煤的干燥无灰基挥发分(V_{daf})、干燥无灰基氢元素含量(H_{daf})、目视比色透光率(P_M)、恒湿无灰基高位发热量($Q_{gr,maf}$)和反映黏结性的黏结指数(G)、胶质层最大厚度(Y)、奥亚膨胀度(b)。

（三）分类原则

1. 编码原则

煤炭的数码由两位阿拉伯数字组成。十位上的数字反映了煤炭挥发分的高低:无烟煤为0,表示 $V_{daf} \leqslant 10\%$;烟煤用 1～4,低挥发分烟煤 $V_{daf} > 10\% \sim 20\%$,中挥发分烟煤 $V_{daf} > 20\% \sim 28\%$,高挥发分烟煤 V_{daf} 在 37%,数码越大,煤化程度越低;褐煤为 5,表示 $V_{daf} > 37\%$。个位上数字的意义与煤的种类有关,不同煤种意义不同。无烟煤个位数字表示煤化程度,由 1 到 3 煤化程度依次降低;烟煤个位数字表示黏结性,不黏结或微黏结煤 G 为 0～5、弱黏结煤 G 为 5～20、中等偏弱黏结煤 G 为 20～50、中等偏强黏结煤 G 为 50～65、强黏结煤 $G > 65$,由 1 到 6 黏结性依次增强;褐煤个位上的数字表示煤化程度,数字大,煤化程度高。

2. 代表符号

煤炭的代表符号由煤炭名称前两个汉字的汉语拼音首字母组成。如气煤(Qi Mei)的代表符号为QM。煤炭分类总表见表2-1;无烟煤分类见表2-2;烟煤分类见表2-3;褐煤分类见表2-4。

表 2-1   煤炭分类总表

类别	序号	数码	分类指标	
			$V_{daf}/\%$	$P_M/\%$
无烟煤	WY	01,02,03	≤10.0	
烟煤	YM	11,12,13,14,15,16, 21,22,23,24,25,26 31,32,33,34,35,36 41,42,43,44,45,46	>14.0%	
褐煤	HM	51,52	>37.0%	≤50%

注:1. $V_{daf}>37.0\%$、$G≤5$,再用透光率 P_M 来区分烟煤和褐煤(在地质勘探中 $V_{daf}>37.0\%$,在不压饼的条件下测定的焦渣特征 1~2 号的煤,再用 P_M 来区分烟煤和褐煤)。

2. 凡 $V_{daf}>37.0\%$,$P_M>50\%$者,为烟煤,$P_M>30\%~50\%$的煤,如恒湿无灰基高位发热量 $Q_{gr,mad}>24$ MJ/kg,则为长焰煤。

表 2-2   无烟煤的分类

类别	序号	数码	分类指标	
			$V_{daf}/\%$	$P_M/\%$
无烟煤一号	WY1	01	0~3.5	0~2.0
无烟煤二号	WY2	02	>3.5~6.5	>2.0~3.0
无烟煤三号	WY3	03	>6.5~10.0	>3.0

注:在已确定无烟煤小类的生产矿、厂的日常工作中,可以只按 V_{daf} 分类;在地质勘探工作中,为新区确定小类或生产矿、厂和其他单位需要重新核定小类时,应同时测定 V_{daf} 和 H_{daf} 按上表分小类,如两种结果有矛盾,以按 H_{daf} 划小类的结果为准。

表 2-3   烟煤的分类

类别	序号	数码	分类指标			
			$V_{daf}/\%$	G	y/mm	$b^{(2)}/\%$
贫煤	PM	11	>10.0~20.0	≤5	—	
贫瘦煤	PS	12	>10.0~20.0	>5~20	—	
瘦煤	SM	13,14 24	>10.0~20.0 >20.0~28.0	>20~65 >50~60	—	—
焦煤	JM	15,25	>10.0~28.0	>65[①]	≤25.0	(≤150)

类别	序号	数码	分类指标			
			$V_{daf}/\%$	G	y/mm	$b^{(2)}/\%$
肥煤	FM	16	>10.0~20.0	>85①	>25.0①	—
		26	>20.0~28.0	>85①		
		36	>28.0~37.0	>85①		
1/3焦煤	1/3JM	35	>28.0~37.0	>65①	<25.0	(≤220)
气肥煤	QF	46	>37.0	>85①	>25.0	>220
气煤	QM	34	>28.0~37.0	>50~65	≤25.0	(≤220)
		43	>37.0	>35~50		
		44	>37.0	>50~65		
		45	>37.0	>65①		
1/2中黏煤	1/2ZN	23	>20.0~28.0	>30~50	—	
		33	>28.0~37.0	>30~50		
弱黏煤	RN	22	>20.0~28.0	>5~20	—	
		32	>28.0~37.0	>5~30		
不黏煤	BN	21	>20.0~28.0	≤5	—	
		31	>28.0~37.0	≤5		
长焰煤	CY	41	>37.0	≤5	—	
		42	>37.0	>5~35		

注:1. 对 G>85 的煤,再用 Y 值或 b 值来区分肥煤、气肥煤与其他煤类。当 Y>25.0 mm 时,应划分为肥煤或气肥煤;如 Y≤25.0 mm,则根据其 V_{daf} 的大小而划分为相应的其他煤类。按 b 值划分类别,当 V_{daf}≤28.0%时,暂定 b>15.0%的为肥煤;当 V_{daf}>28.0%时,暂定 b>22.0%的为肥煤或气肥煤。如按 b 值和 Y 值划分的类别有矛盾时,以 Y 值划分的类别为准。

2. 当烟煤的黏结指数测值 G≤85 时,用干燥无灰基挥发分 V_{daf} 和黏结指数 G 来划分煤类。当黏结指数测值 G>85 时,则用干燥无灰基挥发分 V_{daf} 和胶质层最大厚度 Y 或用干燥无灰基挥发分 V_{daf} 和奥亚膨胀度 b 来划分煤类。

3. 当 G>85 时,用 Y 和 b 并列作为分类指标。当 V_{daf}≤28.0%时,b 暂定为 15.0%;V_{daf}>28.0%时,b 暂定为 22.0%,当 b 值和 Y 值有矛盾时,以 Y 值为准来划分煤类。

表 2-4   **褐煤的分类**

类别	符号	数码	分类指标	
			$P_M/\%$	$Q_{gr,mad}/(MJ \cdot kg^{-1})$
褐煤一号	HM1	51	0~30	—
褐煤二号	HM2	52	>30~50	<24

三、煤的黏结性与结焦性

(一)烟煤的热解过程

将烟煤隔绝空气进行加热,随温度的升高,烟煤发生错综复杂的变化。大体经历以下几个阶段:

（1）干燥和预热（常温～200 ℃）。水分蒸发，吸附在煤的气孔和表面上的二氧化碳和甲烷等气体逐渐析出。

（2）开始分解（200～350 ℃）。不同变质程度的煤开始分解的温度不同。此阶段的分解产物主要是化合水、二氧化碳、一氧化碳、甲烷等气体及少量焦油蒸气。

（3）生成胶质体（350～450 ℃）。烟煤进一步分解，生成气态、液态和固态产物。由于气体产物不能立即析出，形成气、液、固三相共存的塑性体。开始出现塑性体的温度，称作煤的软化温度，它随煤的变质程度加深而升高，塑性体有一定黏度，其中气体产物不能自由析出，因此出现膨胀现象。不同煤生成的塑性体数量、质量不同，膨胀情况也不同。

（4）塑性体固化与半焦形成（450～550 ℃）。随温度升高，塑性体中的液态产物逐渐分解呈气态析出，一部分与塑性体中固态产物相互凝聚、固化，生成固体的半焦。不生成塑性体或塑性体很少的，半焦多呈粉状；塑性体较多的，半焦呈块状。固化温度与软化温度之差，称为塑性体温度间隔。它愈宽，处于塑性体状态的时间愈长，说明塑性体热稳定性愈好，塑性体中气、液、固三相之间的作用愈充分，块状半焦内的结合情况愈好。

（5）半焦收缩（550～650 ℃）。半焦进一步析出气体而收缩，同时生成裂纹。析出的气体以甲烷和氢气为主。

（6）生成焦炭（650～900 ℃）。半焦继续析出气体，因而半焦继续收缩，出现的裂纹逐渐扩大、加深、延长。析出的气体主要是氢气，且数量愈来愈少，最终生成比半焦结构致密的焦炭。不同煤生成的焦炭不同，半焦呈粉状的，焦炭也呈粉状；半焦呈块状的，焦炭呈块状。煤化度低的煤炼出的焦炭，裂纹多，焦炭块小抗碎强度差；煤化度高的煤炼出的焦炭，裂纹少，焦块大但不耐磨；只有中等煤化度的煤生成的焦炭，抗碎耐磨，块度适中。

（二）煤的黏结性

煤的黏结性就是烟煤在干馏时黏结其本身或外加惰性物的能力。它是煤干馏时所形成的胶质体显示的一种塑性。在烟煤中显示软化熔融性质的煤叫黏结煤，不显示软化熔融性质的煤叫非黏结煤。黏结性是评价炼焦用煤的一项主要指标，也是评价低温干馏、气化或动力用煤的一个重要依据。煤的黏结性是煤结焦的必要条件，与煤的结焦性密切相关。炼焦煤中以肥煤的黏结性最好。

（三）煤的结焦性

煤的结焦性是烟煤在焦炉或模拟焦炉的炼焦条件下，形成具有一定块度和强度的焦炭的能力。结焦性是评价炼焦煤的主要指标。炼焦煤必须兼有黏结性和结焦性，两者密切相关。煤的黏结性着重反映煤在干馏过程中软化熔融形成塑性体并固化黏结的能力。测定黏结性时，加热速度较快，一般只测到形成半焦为止。煤的结焦性全面反映煤在干馏过程中软化熔融直到固化形成焦炭的能力。测定结焦性时加热速度一般较慢。炼焦煤中以焦煤的结焦性最好。

四、炼焦主要用煤

我国新的煤分类方案中的 14 种煤，除了无烟煤、不黏煤、长焰煤、褐煤等 4 种以外，其他 10 种煤均可以配煤炼焦。一般都是以气煤（QM）、肥煤（FM）、焦煤（JM）、瘦煤（SM）、1/3 焦煤（1/3JM）、气肥煤（QF）等为主。其他几种只能少量配入。各种煤的性质不同，在炼焦中的作用也不同。

（1）气煤（QM）变质程度低，挥发分含量较高，黏结性低，炼焦时焦饼收缩较大并形成大量的垂直炉墙的纵裂纹。配煤中气煤比例高时,焦炭块小、强度低。适当地配入气煤可使推焦容易,煤气和化学产品产率提高。

(2) 肥煤(FM)是中等变质程度的煤,黏结性很高,单独成焦时,由于塑性体的热阻大,焦炭有较多的平行于炭化室墙面的横裂纹,在焦根部有"蜂窝焦",焦炭的抗碎强度和焦煤炼出的焦炭相似,但耐磨性稍差。高挥发分的肥煤炼出的焦炭的耐磨强度就更差一些。配煤中有肥煤时,可以适当配入黏结性差的煤。但肥煤比例不宜过高,使配煤出现"过肥"现象时,焦炭块小,强度不好。

(3) 焦煤(JM)是能单独成焦的最好的炼焦煤,焦炭块度大、裂纹少、耐磨性好,在配煤中起到提高焦炭强度的作用。

(4) 瘦煤(SM)黏结性不高,配煤中适当配入瘦煤,可以降低半焦收缩,焦炭块度较大,但配入量过多时,使配煤的黏结性过低,焦炭的耐磨性下降,焦炭质量不好。

(5) 1/3焦煤(1/3JM)是过渡性煤种,它是介于焦煤、肥煤、气煤之间的煤。单独也可以成焦,焦炭强度接近于肥煤,耐磨强度比肥煤低,比气肥煤、气煤要高。1/3焦煤由于有较高的黏结性,是配煤炼焦的骨架煤之一。

(6) 气肥煤(QF)是挥发分和黏结性都较高的较特殊的煤种。单独成焦时,焦炭强度低于肥煤,但又高于气煤,同时煤气发生量大,化学产品产率也高。在配煤中可以增加化学产品。

(7) 贫煤(PM)加热时不产生或只产生极微量的塑性体,没有黏结性,不能单独炼焦,但可以少量配入作为瘦化剂。配入贫煤时最好经过精细地粉碎。

(8) 无烟煤(WY)是变质程度最深的煤。所含的挥发分最低,加热时不产生塑性体,加热至高温也不结成焦炭。因此,不将其划入炼焦用煤的范围内。有时在瘦煤缺乏地区,当配煤中煤料较肥时,可少量配入无烟煤作瘦化剂,配入时需经过细粉碎。

第二节 来煤的接收与储存

一、来煤的接收

焦化厂的原料主要是煤,原料煤一般采用铁路、公路、水运三种运输方式进厂,用不同的卸煤设备卸下,由带式输送机送入贮煤场或配煤室。若洗煤厂与焦化厂距离较近,洗煤厂的洗精煤可用带式输送机直接送焦化厂。铁路来煤的主要接收装置是翻车机室和火车受煤坑;公路来煤的主要接收装置是汽车收煤坑;水运来煤采用卸船机卸煤,三种接收装置将来煤卸下后都送入贮煤场或配煤槽。此外,吊桥也是常用的接收、卸车设备,一般安装在贮煤场,既是卸车设备,又是贮运设备。大型焦化厂一般采用以翻车机为主,辅以螺旋卸车机收煤坑作为收煤装置,中小型焦化厂采用螺旋卸车机配收煤坑作为收煤装置。

为了使焦炉生产正常,保证焦炭质量,必须保证炼焦装炉煤料质量稳定。但是,由于煤本身具有复杂的结构组成和理化性质,即使同一变质程度的煤,甚至同一矿井出来的煤性质也不完全一样,质量也有波动。因此,如何将各地送来的大量洗精煤按质按量送到指定地点贮存起来,是一个十分重要的工作。为此来煤接收必须做到:

（一）焦化厂对来煤一定要有严格的验收制度

具体做法是：首先加强煤场管理工作，要有专门的煤场管理人员。管理人员的职责是：核对来煤种类，对进厂的原煤或精煤按煤种分别卸车、运送和堆放。煤场要定点、编号，建立"来煤登记簿"，专门记录来煤的牌号、产地、来煤的日期、数量、洗选后的质量以及来煤堆放的位置。必要时在煤堆上插上木牌，以免搞错。另外，由于煤场不断变动，必须建立健全交接班制度。交班时应当面交清来煤的情况。来煤管理人员应直接与工长、过磅工、化验工联系，掌握煤的数量和质量情况。

（二）焦化厂对来煤应取样分析

为了检查来煤是否符合技术标准，对每批来煤应按规程取样分析。焦化厂实验室对来煤的分析数据应和发送单位的分析单对照，如果超过允许的差别，应提出意见。不合乎技术标准的煤应另行堆放，对于氧化了的煤不应接收和应用。

各种煤的卸煤和贮煤场地必须清洁，如果更换场地，对该煤场必须彻底清扫，以避免不同牌号的煤互混。按上述各点，有秩序地接收外地来煤，就可以保证各种煤性质的相对稳定，这是保证配煤质量稳定的第一步工作。

二、来煤的贮存

为了保证焦炉连续、均衡地生产和焦炭质量的稳定，备煤车间需设置具有一定容量的贮煤场（在某些大型钢铁联合企业，焦化厂不单独设贮煤场，原料煤贮在综合料场）。洗精煤经卸车后就运往贮煤地，贮煤场地有室内煤场和室外煤场两种类型。室内煤场有多种，一种为数排并列的圆形或矩形贮槽，贮槽下面是排料口，贮槽上面是铁道。来煤直接由火车卸入槽中，槽上盖有铁箅，使大块煤留在箅子上，破碎后才落下，以免堵塞排料口。槽下有胶带运输机，煤经排料口下的卸煤机卸到胶带运输机上。此类煤场布置紧凑，煤可以避免风吹雨打，但其基建投资大，容量较小，也不能进行均匀化作业，因此较少采用。另一种为机械化室内煤场，即在室外煤场上面加干煤棚。煤同样可以避免风吹雨打，煤含水量容易控制，同时能进行均匀化作业，减少煤的损耗，对煤的配合、焦炉加热和焦炭质量均有好处，虽然基建投资较大，存在一定的运行管理费用，对煤场容量也有一定影响，但由于其突出的优点，在南方雨水多或对煤的水分要求严格（如捣固炼焦）的情况下，在资金较充裕时，都倾向采用此办法。目前，还有的大型企业采用巨型储配煤槽（每个储槽容量为 5 000～10 000 t）的储煤方式，并可以上储下配。其占地少，又可以防止煤尘污染和煤料损失。但投资较高，还未被普遍采用。

一般工厂的贮煤场是机械化的露天煤场。原料煤卸到贮煤场后，煤场管理的好坏将直接影响焦炭质量，因此此煤场管理有以下要求：

煤场应有足够的容量以保证一定的储备量，使焦炉连续均衡地生产，并稳定焦炭质量。贮煤场的容量与多方面的因素有关，如离煤源的远近、煤矿生产情况、交通运输条件等。当煤源近，煤矿生产稳定，运输条件好时，可适当少存一些。一般国内大中型焦化厂应提供10～15 t 的储备量。当实际储量接近允许最低储量时，就要采取应急措施，以免影响生产。按上述标准确定的称为贮煤场操作容量，即在正常操作条件下，贮煤场所能贮存的煤量。考虑到各种煤堆的分割、煤场机械的运转和检修、煤场的清底和平整等需要，煤场的操作容量一般为总容量的 60%～70%，即操作系数为 0.6～0.7。贮煤场的长度，应能提供各种堆、取、贮的可能条件，即每种煤尽可能有 3 堆，条件限制时，也应有两堆以上以便堆贮与取用分开。为了提供煤场机械检修的场地,煤场总长度比煤堆有效长度长 10 m 左右。煤在贮煤场贮存期间,进一步脱水,可以使配煤水分降低,因此如果煤场距离洗煤厂较近,煤场应有足够储量,有利于降低配煤水分。保证不同煤种单独存放。

对同一种煤,为消除和减少由于不同矿井或煤层来煤所造成的该煤种的煤质差别,在贮煤场存放过程中应实行质量混匀化。通常采用"平铺直取"的操作方法,即存煤时,沿该煤种整个场地逐层平铺堆放;取煤时,沿该煤堆一侧由上而下直取。防扬尘与排水。

当焦化厂所在地区风力较大时,为防止粉尘过大污染大气及煤的损失,卸煤时应有喷水设施,煤堆应喷水或喷覆盖剂。有的企业正试验用防尘网栏防大风扬尘;煤场还应考虑防雨排水系统,及时排除煤场积水,并应对排水进行处理,防止污染环境。

三、煤的氧化

煤在贮存过程中必然与空气接触,空气中存在氧,这是煤发生氧化的外部原因。而煤本身在与氧接触时将发生化学反应,这是煤氧化的根本原因。氧化到一定程度,则可能发生自燃,自燃是随煤氧化程度的加深在一定条件下的必然结果。低变质程度的煤,气孔率高,吸附的氧多,因此氧化得快。变质程度越低,存放时间越长,大气和煤堆温度越高,氧化越快。新从矿井采出的煤氧化最快。以褐煤为例,其变质程度低,新从矿井采出的褐煤,存放半个月,块煤就产生很多裂纹,加一点力,就能变成碎块。

煤氧化后,对煤的性质有很大影响,主要表现在以下几方面:

(1)使煤的结焦性变坏。岩相组成均一的煤氧化后,使胶质层厚度降低,岩相组成不均的煤氧化后胶质层厚度降低不大,但炼出的焦炭转鼓指标及性质变差。因此,可以用胶质层厚度及转鼓指标、熔融性来判断氧化对煤结焦性的影响。

(2)使煤的燃点降低。氧化越深,燃点降低越多,因此,可以用燃点降低情况来判断煤的氧化程度。

(3)使煤的挥发分。碳、氢及发热量降低,而氧增加。自燃是煤氧化到一定程度造成的,因此减轻煤的氧化,即可防止煤的自燃。防止氧化的措施很多,如控制煤的贮存日期;执行来煤先到先用、后到后用的原则,避免存放时间过长;定期检查煤堆温度,发现煤温高于指标时即进行处理;避免煤堆内空气的流通;消除煤场残煤等。一般来说,只要能按前面介绍过的贮煤原则进行工作,就可以减轻煤的氧化,从而保证煤的结焦性不致因氧化严重而变坏。

(4)原料煤的贮存期限变短。炼焦用煤贮存期限,随煤的变质程度不同而异,也随煤的堆放类型不同而不同。变质程度大的煤要比变质程度小的煤贮存期长一些;冬季贮存期比夏季长;压实的与不压实的贮存期也不样;南方与北方也有所不同。

四、煤的解冻与破碎

(一)煤的解冻

我国北方地区,冬季寒冷,含水精煤往往在运输中冻结,造成卸车困难,不仅多耗劳动力而且延长卸车时间,造成车辆积压和影响车辆的周转。为此,需在焦化厂建解冻库,冻车解冻后再卸车。常见的解冻库有两种:一是红外线解冻库;二是热风式解冻库。

1. 红外线解冻库

煤气红外线解冻库的工作原理是用煤气红外辐射器所产生的红外线作为热源,以热辐射的形式进行解冻的一种装置,该装置发射的红外线被车体吸收后,热量经车帮和车底传到车辆内部而使冻煤层解冻。

2. 热风式解冻库

热风式解冻库的工作原理是将煤气燃烧炉产生的 600～800 ℃热废气经与部分冷空气以及库内循环回来的废气混合,使气体温度降到 180～200 ℃后,由鼓风机送入密闭的解冻库内,依靠对流传热方式解冻库内车辆的冻煤。

（二）破碎机室

破碎机主要用于破冻块或用于破碎大块原煤。其位置一般设在贮煤场和配煤室之间。北方地区的焦化厂冬季寒冷,一般设破碎机室,南方地区焦化厂一般不设。

破碎机室的主要设备是双齿辊破碎机。在冻煤季节,由贮煤场运来的含有冻块的煤,在进入破碎机前,先经除铁装置把混在煤中的杂铁吸出,再经破碎机上倾角为 45°的箅条筛,把粒度小于 80 mm 的煤筛出,使之不经过破碎机而直接流到下部带式输送机上,借以减小破碎机的负荷。筛上块度大于 80 mm 的冻、块煤入破碎机破碎,破碎后的煤与筛下煤一并汇集经带式输送机运走。在无冻煤的季节,箅条筛可以翻动,煤料不经过筛分和破碎,直接流到下部带式输送机上。

第三节　来煤的粉碎及配煤工艺

一、配煤的意义和原则

早期炼焦只用单种煤,随着炼焦工业的发展,炼焦煤储量明显不足。随着高炉的大型化,对冶金焦质量提出了更高的要求,单种煤炼焦的矛盾也日益突出,如膨胀压力大,焦饼收缩量小,容易损坏炉墙,并造成推焦困难等。针对此种现象,结合我国煤源丰富,煤种齐全,但炼焦煤储量较少的现状,走配煤之路势在必行。所以单种煤炼焦已不可能,必须采用多种煤配合炼焦。

配煤炼焦就是将两种或两种以上的单种煤,均匀地按适当的比例配合,使各种煤之间取长补短,生产出优质焦炭,并能合理利用煤炭资源,增加炼焦化学产品。

不同的煤种其黏结性不同,从结焦性来说主焦煤最好,但我国焦煤储量少,不能满足焦化工业的需要,同时储量丰富的其他煤种又不能得到充分利用。因此,我国从 20 世纪 50 年代就开始了炼焦配煤的研究和生产实践,建立了以气、肥煤为基础煤种,适当配入焦煤,使黏结成分、瘦化成分比例适当,并尽量多配高挥发分弱黏结煤的配煤原则。

我国大多数地区煤炭有以下几个特点:

（1）肥煤、肥气煤黏结性好,有一定的储量,但灰分和硫分较高,大部分煤不易洗选。

（2）焦煤黏结性好,在配煤中可以提高焦炭强度,但储量不多,且大部分焦煤灰分高、难洗选。

（3）弱黏结性煤储量较多,灰分、硫分较低,且易洗选。

因此在确定配煤比时,应以肥煤和肥气煤为主,适当配入焦煤,尽量多利用弱黏结性煤。按此原则确定的配煤方案,结合我国煤炭资源的实际,打破了过去沿袭前苏联以焦、肥煤为主,少量配入气、瘦煤的配煤传统,为合理利用资源和不断扩大炼焦煤源开辟了新的途径。

各焦化厂在确定配煤比时,应以配煤原则为依据,结合本地区的实际情况,尽量做到就近取煤,防止南煤北运及对流,避免重复运输,尽可能缩短运输距离,降低炼焦成本。此外应考虑焦炉炉体的具体情况,回收车间的生产能力,备煤车间的设备情况等,如炉体损坏严重时,配煤的膨胀压力应小些,回收车间生产能力大时,可多配入高挥发分的煤。

总之,制定配煤比应遵循上述原则,因地制宜,根据单种煤的特性,通过配煤试验,拟定初步配煤方案,然后进行试生产。若更换煤种,更改配煤比或遇炉体严重损坏时,都可通过配煤试验进行调整,以其试验结果指导生产,炼出符合质量要求的焦炭。

二、原料煤的粉碎

配合煤是由各种不同牌号和不同粒度的煤料组成的,炼焦前必须经过粉碎处理,使煤质和粒度组成较为均匀,才能保证焦炭质量。煤的粉碎细度(小于 3 mm 粒级占煤料的百分数)对焦炭质量有很大影响,煤料的细度是配煤质量指标之一,应根据煤质和炼焦工艺等因素综合考虑。生产中,在确定煤料细度时,应从煤料的质量均匀性和生产操作两方面考虑。从煤料的均匀性来看,煤料粉碎得越细越好。但如果煤料细度小,则因存在有较大颗粒的弱黏结性煤及灰分而使焦炭裂纹增多,均匀性变坏。如果煤料粉碎粒度不均匀,则在运输过程中容易产生偏析现象,不同粒度的煤粒将按大小逐渐分层,颗粒大的和比重大的煤粒易集中在一起。由于参与配煤的各种煤硬度不同,大颗粒的煤往往又是硬度较大的煤,因而这种偏析现象,将使不同煤种逐渐分开,使煤料的均匀性变坏。在炼焦时,黏结性必然不好,焦炭质量降低。因此,从煤料的均匀性来看,煤料细度大一些好。从生产操作来看,煤料细度越大煤的堆比重越低,焦炉生产能力越低,在装入焦炉时,细的煤粉易被煤气带出,又容易堵塞上升管、集气管,影响焦炉的正常生产,而且使集气管中的焦油增多,影响回收的操作。因此,从生产操作方面来看,煤料的细度不宜太大。

散装煤的顶装焦炉,煤料的粉碎细度一般控制在小于 3 mm 的组分在 73%~83% 范围内。捣固炼焦时,一般为 90% 左右。在此范围内,煤料的粉碎细度可以满足焦炭质量和焦炉操作的要求。煤料的过细粉碎会降低装炉煤的黏结性和体积密度,从而降低焦炭的质量。

三、装炉煤的粒度分布原则

为实现粒度分布最优化以选择适当的粉碎工艺,应遵循以下原则:

1. 装炉煤的细粒化和均匀化

装炉煤的大部分粒度应小于 3 mm,以保证各组分间混合均匀,从而在炼焦时,煤粒子间能相互作用,相互填充空隙,以保证得到结构均匀的焦块。

2. 装炉煤的粉碎

装炉煤中含活性组分多的以及黏结性好的煤,应粗粉碎,防止黏结性降低。含惰性组分多的以及黏结性低的煤应细粉碎,以减少裂纹中心。但也不能过细,否则增加了粒子比表面积,不仅气相产物易于析出,减小了液相产物的生成率,而且使胶质体量相对减薄,影响了黏结性,也就影响了焦炭质量。

3. 控制装炉煤粒度的上下限

一般粒度下限均为 0.5 mm,粒度上限随堆密度的提高而降低。如图 2-1 所示为不同堆密度的煤料有不同的最佳粒度上限。图 2-1 中,在散装煤的堆密度为 0.75 t/m³ 时,控制粒度上限为 5 mm 较好,如只控制煤粒细度为 85%,所得焦炭强度比控制粒度上限为 5 mm 时要低 2.5%,而当堆密度为 0.9 t/m³ 时,粒度上限为 3 mm 较好。

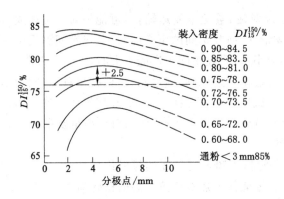

图 2-1　配合煤的粒度上限与堆密度、焦炭强度的关系

四、备煤工艺

选择配煤工艺流程的目的是为了扩大炼焦煤源和改善焦炭质量。各种工艺流程的区别主要在于煤料的粉碎加工方式,备煤工艺流程可分为以下几种:

1. 先配煤后粉碎的工艺流程

这种工艺流程是将组成炼焦煤料的各单种煤先按规定的比例配合,然后进行粉碎。这种工艺流程简单、设备少、操作方便,适用于煤料黏结较好、煤质较均匀的情况,我国大部分焦化厂采用这种流程。这种流程不能按不同煤种控制不同的粉碎粒度,当煤质条件差、岩相不均匀时不宜采用,如图 2-2 所示。

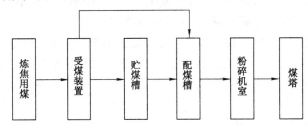

图 2-2　先配煤后粉碎工艺流程

2. 先粉碎后配煤的工艺流程

这种工艺流程是将组成炼焦煤料的各单种煤先根据其性质进行不同细度的分别粉碎,然后按规定的比例配合,最后进行混匀,所以该流程又称为分别粉碎流程。这种工艺流程长,工艺复杂,需多台粉碎机,配煤以后要有混合装置,所以投资大、操作复杂。由于各单种煤的结焦性和粉碎性各不相同,该流程可以按各单种煤的性质分别控制不同的粉碎度,保证煤料的最佳粒度范围,有助于提高焦炭质量。为了简化这种流程,可采取只对一部分单种煤进行单独粉碎,然后再与其他煤配合、粉碎的方法。一般进行预粉碎的煤种粉碎性差,如气煤,所以往往只对气煤进行预粉碎。这样可以改善煤料的粒度分布,对于不同的配煤比选择适宜的预粉碎细度和配合煤细度有助于提高焦炭质量。有实验表明:对气煤预粉碎炼焦后,焦炭抗碎强度指标 M40 提高 2% 以上,耐磨性指标 M10 降低 0.5% 以上。图 2-3 为这种流程示意图。

选择粉碎流程。按参与配煤炼焦的各煤种和岩相组成的硬度的不同以及要求粉碎的

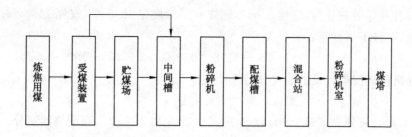

图 2-3　先粉碎后配煤的工艺流程

粒度不同,将粉碎与筛分相结合。煤料经过筛分装置,大颗粒的筛上物进入粉碎机再粉碎。这样既消除了大颗粒,也防止了黏结性好的煤种的过细粉碎,从而改善了结焦过程。单种组分,如无烟煤、焦粉等,先粉碎后再配入到煤料中,再进行混合粉碎也属于这种流程。图2-4为往煤料中配入焦粉的生产流程,图2-5为往煤料中配入无烟粉煤生产铸造焦的生产流程。

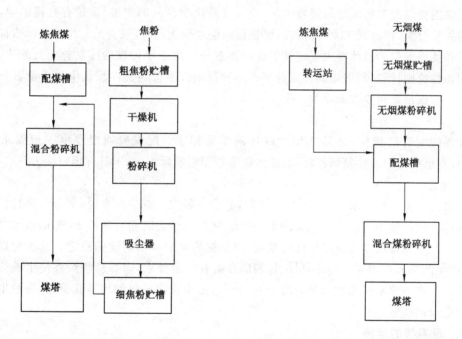

图 2-4　往煤中配焦粉工艺流程　　　　　图 2-5　往煤中配无烟煤粉工艺流程

五、配合煤的质量指标

配合煤的质量指标(灰分、硫分、挥发分、胶质层厚度、水分等)必须满足用户对焦炭的质量指标要求。对于生产冶金焦炭的配煤来说,配合煤的质量指标及其对应的焦炭质量指标可按如下方法近似计算。

1. 灰分

配煤的灰分取决于单种煤的灰分及其配比。当配煤比确定后,该配煤比的灰分可按相加性原则计算。配煤的灰分等于单种煤的灰分(干基)与其在配煤中的重量百分比乘积之和。例如,由气、肥、焦、瘦4种煤,按下述配比进行配煤:气煤40%,肥煤25%,焦煤20%,

瘦煤 15%；各种煤的灰分为：气煤 5.4%，肥煤9.5%，焦煤 12.8%，瘦煤 11.2%；则配合后的煤其灰分 A_d 按下式计算：

$$A_d=(5.4\times40+9.5\times25+12.8\times20+11.2\times15)\div100=8.77\%$$

配煤的灰分指标是按焦炭规定的灰分指标计算得来的

$$配煤灰分＝焦炭灰分\times全焦率$$

例如，焦炭的灰分要求低于 12.5%（规定值），全焦率 74%，则配煤的灰分：

$$A_d=12.5\times74\%=9.25\%$$

即要求配煤的灰分应低于 9.25%。一级冶金焦要求配煤的灰分≤9%。

2. 硫分

配煤中的硫分取决于单种煤的硫分及配比，其计算方法也是按相加性原则计算，即配煤的硫分等于单种煤的硫分与其在配煤中的重量百分比乘积之和。一级冶金焦要求配煤的硫分≤0.66%。

3. 挥发分

配煤的挥发分对焦炭的最终收缩量、裂纹度及化学产品的产量、质量有直接影响，一般配煤的挥发分 V_r 控制在 32% 以下，以保证得到块度较大，强度较高的焦炭。具体指标应根据煤源和使用部门的具体要求确定。配煤的挥发分取决于单种煤的挥发分及其配比，它也是按相加性原则计算，即配煤的挥发分等于单种煤的挥发分与其在配煤中的重量百分比乘积之和。一级冶金焦要求配煤的挥发分≤26%。

4. 胶质层

配煤的胶质层指标，是其结焦性好坏的重要标志。配煤胶质层厚度一般要求大于14 mm，它也是按相加性原则计算，但最终收缩量则需实际测定，不具有相加性。

5. 水分

配煤的水分一般要求在 7%～10% 之间，并应当稳定。对生产来说，水分高将延长结焦时间，降低产量，增加耗热量。配煤的水分每增加 1%，结焦时间需延长 20 min，故水分不能太高。生产中配煤的水分应尽量保持稳定，以免影响焦炉加热制度的稳定。其次配煤水分过高，产生的酚水量增加。此外，对配煤的磷分也有一定要求，因高磷焦炭将使生铁的冷脆性变大。生产中要求配煤的磷分应低于 0.05%，由于我国各煤种均属低磷煤，一般生产中不需测定煤的磷分。

六、原料煤的运输

焦化厂的原料煤一般都采用带式输送机运输，根据生产规模的不同，选用不同胶带宽度和胶带运行速度的带式输送机。

第四节　备煤机械及操作

一、翻车机及操作

翻车机是大型焦化厂收煤的主要设备，与其他卸煤设备相比，翻车机机械化程度较高，卸车速度快，卸煤卸得较干净。翻车机由转子、平台和压车机构，托辊及传动装置几部分所组成，其结构如图 2-6 所示。

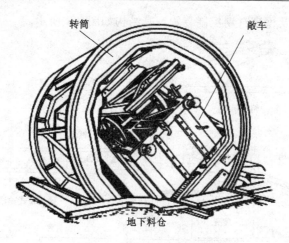

转筒　　　　　　　敞车

地下料仓

图 2-6　转筒翻车机结构图

（一）翻车前的准备

（1）检查电动机、制动器、减速机、齿轮等完好状况及润滑工作。

（2）与集中操作室联系好，使各胶带运输机工做好准备并启动，得到许可后再翻车作业。

（3）接通总电源开关。

（二）作业中的操作

（1）翻车时要先响铃以示警告，确认一切正常时，再翻车作业。

（2）翻车时必须等重车全部进入翻车机平台，停稳之后。启动电动机（并开动通风机），使翻车机进入带负荷运转。

（3）翻车机作业时，司机要精神集中，随时观察其运转情况，发现问题及时停机。

（4）车辆翻空后，发出推车信号。推车时应掌握推车速度，避免发生冲击以损坏车辆。

（5）转子未在零位时，决不准向平台送车。进入平台上的车辆两侧门、钩、环等零件，不能超过宽度限度。

（6）转子回到零位时应注意台车上的轨道与基础外轨道是否对齐。

（7）翻车机工作时，司机应随时注意电压表、电流表等仪表的动作是否在规定范围内，发现有异常现象及时停车汇报。

（三）作业结束后应做的工作

作业结束后，应做好清扫工作，并切断总电源，做好记录。

二、堆取料机及操作

目前，堆取料机的取料机构是斗轮，所以这种机械又叫斗轮式堆取料机。斗轮式堆取料机是一种新型高效率的连续堆取机械，适用于年产 60 万 t 以上规模的焦化厂的贮煤场。并与卸煤机械（如翻车机、螺旋卸车机和链斗卸车机）配合工作，在贮煤场完成煤料的储煤、取煤等倒运工作。

（一）斗轮式堆取料机的主要机构

斗轮式堆取料机结构形式虽有几种，但主要由取料机构、回转机构、变幅机构、走行机构、悬臂胶带机、尾部胶带机等部分组成。其操作在司机室内进行，机架全部为金属结构，并设有各种安全装置及程序自动控制装置。其结构如图 2-7 所示。

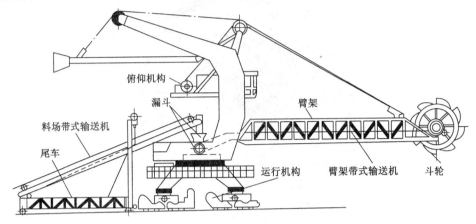

俯仰机构
漏斗
臂架
料场带式输送机
尾车
运行机构
臂架带式输送机
斗轮

图 2-7　堆取料机结构图

(二) 斗轮式堆取料机的操作

斗轮式堆取料机是贮煤场的主要机械。其使用的好坏,对生产任务的完成和安全都有直接影响。所以,每个司机都应具备一定的操作和维护知识,才能做到安全操作,使其发挥最大作用。

1. 工作方式

(1) 堆料

① 定点堆料法:行走、回转机构固定在一定位置采用升降悬臂架幅度±16°,是常用堆料方法之一。

② 行走堆料法:升降、回转机构固定在一定位置,采用慢速行走堆料,是使煤料均匀化方法之一,要求堆料区域大。

③ 水平堆料法:行走、升降机构固定在一定位置,采用回转布料,此方法很少采用。一般使用在煤堆封堆之前填补煤堆峰谷、平整煤堆。

④ 行走定点堆料法:根据本机慢速行走超载的缺陷情况,煤料要求均匀化,采用行走、定点两种相结合的堆料法。

其操作顺序:在一定区域内,先定点堆料,煤层高达 3 m 时,慢速行走 6 m 再定点堆料,依次重复循环作业。

(2) 取料

① 水平回转取料法:行走、升降机构固定在一定位置,采用回转正取 15°～90°,倒取 165°～90°区域内取料。是常用取料方法之一,此法取料均匀。

② 行走取料法:回转,升降机构固定在一定位置,采用慢速行走取料。此法操作危险性大,很少采用。一般在取挡煤墙边角死煤时使用。

③ 定点垂直升降取料法:行走、回转机构固定在一定位置,采用垂直升降悬臂架,此法很少采用,一般在处理塌方煤料时,结合其他取料时采用。

(3) 行车要求

操作按钮:零位→1 挡取料慢速(行距 350～400 mm)→2 挡慢速(速度为 5 m/min)→3

挡快速(速度为 30 m/min)。快速行车时悬臂架必须在 15°以内,停止时,快挡迅速复零位。

2. 操作方法

(1)作业前的准备

① 清除大车行走轨道上的障碍物,松开夹轨器。

② 检查配电箱开关是否合闸,尾车架是否放在适宜的堆、取料位置。

③ 检查悬臂架的头、尾部导料板收料装置是否放在正确的位置,斗轮液压电机、电动滚筒是否漏油、缺油。

④ 检查回转机构的液压系统、机械传动装置等的零件是否松动,平衡架卷扬钢丝绳,卷扬滚筒和滑轮是否磨损、缺油和出槽。

⑤ 操作台的开关是否在零位。一切准备工作就绪,才能开车作业。

(2)作业中的操作

① 正司机察看副司机和胶带工就位准备情况,操作总电源合闸并发出开车预备铃。

② 空载试车时操作顺序:补油泵→悬臂胶带机→回转→斗轮。大车行走:慢速挡→快速挡。

③ 堆料时先把操作台上的选择开关转到"堆料"位置。尾车上的进料输送机升降机构提升至高于悬臂胶带机,煤料经此卸到正向运转的悬臂胶带,并由此卸至煤堆。悬臂胶带机和斗轮臂一起靠回转机构回转一定角度,它与走行机构配合,使斗轮式堆取料机能在整个煤场有效范围内堆料和取料。斗轮臂架靠变幅机构改变仰俯角,以适应煤堆高度的变化,并靠配重平衡重量的变化。堆料应按规格化规定,在堆料区域内顺序循环堆放,封堆前填补煤堆峰谷,要求煤堆平整,底脚分明。堆料时斗轮不能碰煤堆。

④ 取料时将选择开关转到"取料"位置。尾车与前车摘钩,尾车后退,进料输送机下降,再插入门座下,此时它不起作用。驱动斗轮,由斗轮挖取的煤料,卸至逆向运转的悬臂胶带机上,并由此送到出料胶带机。取料应根据进槽煤数量,取料开面合理,层次分明,每层宽度不超过 1.5 m。取 90°煤料时要取净,不留边角料。在有塌方预兆时应提高斗轮臂,垂直煤臂超过 5 m 时不得 90°取料。

⑤ 塌方煤料处理:一般塌方造成斗轮闷死,但悬臂胶带机尚能继续运转时,应将斗轮停止,但胶带机必须继续运转,待斗轮倒转两斗后再启动斗轮,然后采用定点垂直升降和水平回转两种相结合的取料法,取清塌方煤料。大塌方造成斗轮闷死,悬臂胶带机也不能运转时,应立即将操作按钮复零位,切断电源。将胶带机头部积煤挖清,然后通电启动胶带机,运走积煤(若胶带机仍不能启动,可解除联锁,胶带机向堆料方向运行,清除下胶带积煤,然后再向取料方向运转)。在有专人指挥下提升斗轮臂(严禁启动斗轮及行走、回转机构),提升时要防止平衡架变形,待斗轮倒转两斗后,方可继续生产。

⑥ 清除挡煤墙边角煤料时,采用慢速行走法取料,慢速行走时间不能超过 5 min。

⑦ 回转时按回转按钮,当回转机构需换向时先按停止按钮,待回转机构停止后,方可按反向回转按钮。

⑧ 司机要随时观察操作台上电流表、电压表和油压表。取料作业时,在回转半径之内,严禁与推土机同时作业。

⑨ 堆料作业时,由于尾车较长时间停留在上升位置,油缸因泄漏而下降一段距离。因此应随时检查,发现下降后,可随时按补油按钮,启动油泵,使尾车上升原位。

⑩ 堆取料机作业时,禁止加油、清扫和维修。遇到中间停电,必须将操作按钮复零位。滑线电缆盖板平时禁止打开,必要时应切断电源后,方可打开。

（3）作业后的工作

① 悬臂架回转在安全行车角度15°之内,然后行驶停放在固定停车位置。斗轮距地面200~1 000 mm。

② 尾车、导料板、收料装置等,放置在取料位置。

③ 铲清斗轮,中心溜槽积煤并进行全车的清扫工作。

④ 离开机械之前应切断总电源,操作按钮复零位,关好门窗,夹紧夹轨钳。

⑤ 认真填写运行记录。

三、粉碎机

焦化厂常用的细粉碎机械有锤式粉碎机、反击式粉碎机和笼式粉碎机。锤式粉碎机的主要优点是:生产能力大,操作维修方便。大中型焦化厂一般都使用锤式粉碎机。反击式粉碎机的优点是:设备结构简单,重量轻、耗电量少。缺点是:转子线速度较大,故造成扬尘量较大。小型焦化厂可采用此类粉碎机。笼式粉碎机的优点是:煤粉碎细度较细,粒度均匀,对水分大的煤适应性强。缺点是:生产能力低、耗电量多、设备较重、检修工作量大。适用于生产规模较小的捣固炼焦。

由于锤式粉碎机使用广泛,下面主要介绍锤式粉碎机。锤式粉碎机主要由转子、锤子及固定支架、算条及调节装置和外壳组成。其结构如图2-8所示。物料的粉碎主要依靠高速回转的锤头所产生的动能(冲击作用)来完成。焦化厂用的均是轻型锤头,其圆周速度通常为25~60 m/s。锤式粉碎机的生产能力与所处理物料的物理性质、所需破碎比的大小、转子的转速、锤头的重量和个数及物料的均匀程度等因素有关。正常操作中,产品的细度主要利用调节算子和锤头的间距大小及更换锤子的办法来控制。粉碎过程中粉碎的煤一部分经篦条缝隙被压出,但主要部分是经窗孔排出,粉碎机的回转闸门可以放出混入煤中的杂铁,当粉碎细度要求不高时,可以开放该闸门,减少粉碎机负荷,提高生产能力。煤的粉碎细度和水分直接影响粉碎机的生产能力,当细度提高和水分增加时,生产能力急速下降,电力消耗大大增加。当粉碎细度一定时,水分增高,篦条间距就要增加,以防篦条堵塞。据许多厂操作经验,增大算条间距,算条不易堵塞,粉碎机生产能力提高,但粉碎细度有所降低。锤式粉碎机处理煤量大,生产效率高,结构简单,有较高的破碎比,细度容易调节,单位电耗较小,但当水分较高时,算条间隙易被堵塞,造成排料困难。此外,锤头和算条间距小,煤在粉碎过程中尚有磨碎现象,因此小于0.5 mm的煤粉较多。与反击式粉碎机相比,由于没有反击装置,物料的粉碎主要靠锤头打击,反击和相互撞击少,故效率较反击式粉碎机低。当物料没有破碎到要求粒度时,只能利用锤头和下部算条的挤压和研磨作用进行破碎,故锤头磨损较大,对铁块、石头等硬物比较敏感,容易造成设

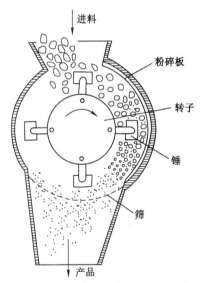

图 2-8 锤式粉碎机

备损坏。由于锤头和箅条的间隙较小,不能充分利用整个转子的能量,故单位电耗虽较笼式粉碎机小,但仍比反击式粉碎机稍大。

四、配煤盘

配煤盘设在配煤槽下部,用来控制下煤量,以保证各种煤料按规定的配煤比配合。配煤盘是由圆盘、加减筒、刮煤板及减速传动装置等组成,如图 2-9 所示。煤从配煤槽放料口落下,通过装在放料口下部的加减筒,落至旋转的配煤盘上。在圆盘的边上,有逆圆盘转动方向的刮煤板,该刮煤板固定不动,随着圆盘的转动,此刮煤板连续刮下圆盘上一定数量的煤,并使其依次落在配煤胶带上。煤槽出口落至圆盘上的煤量由加减筒来控制。加减筒可上下移动,往上提使下煤量增加,往下降使下煤量减少。加减筒的变化对下煤量

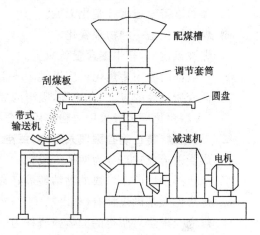

图 2-9 配煤盘

的影响大,一般在配煤比有较大变动时才使用它。刮煤板角度的变动可改变刮煤板外缘至圆盘中心的距离,从而改变落在配煤胶带上的煤量。刮煤板外缘愈接近圆盘中心,下煤量愈多,反之愈少。一般进行小量调节时,可用改变刮煤板角度来实现。如果采用自动配煤,配煤盘落下的煤经称量胶带机称量,通过计算机与设定配煤量进行对比,以偏差值为信号,改变配煤盘转速来增减配煤量,使其达到稳定配煤的目的。

配煤盘是最常用的配煤设备。其优点是调节手段多,操作方便,维护简单,对黏结性煤适应性强;缺点是设备笨重、耗电量大、刮煤板上易挂杂物影响配煤准确度。目前,还有的企业采用电磁振动给料器和计量胶带配煤技术,其计量可采用电子秤或核子秤,并实现PLC 自动配煤。特别是有些企业采用配煤专家系统,大大提高了配煤的精确度,对稳定焦炭质量起到很好的作用。

五、胶带运输机

在焦化生产中用于输送煤料、焦炭的主要设备是固定式胶带运输机。胶带运输机不仅可以用来输送散状物料,并且也能输送成件物料;不仅可作水平输送,而且也可用作倾斜输送或水平与倾斜的综合输送设备。胶带运输机输送散状物料时具有输送连续、均匀,生产率高,运行平稳可靠,动力消耗少,运行费用低,维护与保养方便,易于实现自动控制等优点。但是一般用于倾斜输送时倾角较小(根据焦化厂不同的输送物料),普通胶带运输机其倾角最大值为 18°～21°。但是如果场地受限可以采用大倾角胶带运输机,此时角度最大可以达到 90°。

本章测试题

一、判断题(在题后括号内作记号,"√"表示对,"×"表示错,每题 2 分,共 20 分)

1. 配煤中气煤比例高时,焦炭块小、强度低,但是可以增加化学产品量。 （ ）

2. 焦化厂常用的细碎机械是锤式粉碎机、反击式粉碎机和笼式粉碎机。 （ ）

3. 露天煤场气煤的贮存天数一般不超过 80 d。　　　　　　　（　　）

4. 煤场内煤堆内部温度应控制在 30 ℃左右。　　　　　　　（　　）

5. 煤的堆密度与水分变化无关。　　　　　　　　　　　　　（　　）

6. 煤的风化是一种物理变化。　　　　　　　　　　　　　　（　　）

7. 煤被氧化后，煤中碳含量就减少。　　　　　　　　　　　（　　）

8. 一般国内大中型焦化厂应提供 10～15 d 的储备量。　　　　（　　）

9. 低变质程度的煤，气孔率高，吸附的氧多，因此氧化得快。　（　　）

10. 大型焦化厂一般采用先粉碎后配合的配煤工艺。　　　　　（　　）

二、填空题（将正确答案填入题中，每空 2 分，共 20 分）

1. 煤炭的形成过程分为两个阶段：（　　）作用和（　　）作用阶段。

2. 炼焦煤中以（　　）煤的黏结性最好，以（　　）煤的结焦性最好。

3. 炼焦四大基础煤种有（　　）、（　　）、（　　）和（　　）。

4. 煤完全燃烧后所得的固体残渣称为（　　）。

5. 由高等植物形成的煤称为（　　）。

三、单选题（在题后供选答案中选出最佳答案，将其序号填入题中，每题 2 分，共 20 分）

1. 1 个标准大气压大约等于（　　）Pa。

A. 1 000　　　　　　B. 10 000　　　　　　C. 100 000

2. 配煤中挥发分对炼焦化学产品和煤气产率影响（　　）。

A. 较大　　　　　　B. 较小　　　　　　C. 无

3. 煤炭中含有的主要元素为（　　）。

A. 碳、氢　　　　　　B. 氧、氮　　　　　　C. 硫

4. 散装煤的顶装焦炉，煤料的粉碎细度一般控制在小于（　　）的组分在 73%～83%范围内。捣固炼焦时，一般为（　　）左右。

A. 3 mm　70%　　　B. 5 mm　80%　　　C. 3 mm　90%

5. 下列不是防止煤炭自燃的措施的是（　　）。

A. 执行来煤先到先用、后到后用的原则，避免存放时间过长

B. 定期检查煤堆温度，发现煤温高于指标时即进行处理，并避免煤堆内空气的流通

C. 定期洒水降温

6. 配煤胶质层厚度一般要求大于（　　）；配煤的水分一般要求在 7%～10% 之间；配煤的挥发分 V_r 控制在（　　）以下。

A. 14 mm　32%　　　B. 16 mm　42%　　　C. 18 mm　52%

7. 普通胶带运输机其倾角最大值为（　　）。

A. 15°～18°　　　　　B. 18°～21°　　　　　C. 21°～24°

8. 配煤盘的工作原理是改变（　　）至圆盘中心的距离，从而改变落在配煤胶带上的煤量。

A. 刮煤板内缘　　　B. 刮煤板外缘　　　C. 都不对

9. 低等植物形成的煤称为（　　）。

A. 腐殖煤　　　　　　B. 残殖煤　　　　　　C. 腐泥煤

10. 配合煤细度过低，会造成焦炭强度（　　）。

A. 高   B. 低   C. 不变

四、简答题(每题 10 分,共 40 分)

1. 简述下列符号的意义:V_{daf}、$Q_{gr,maf}$、G、Y、b。

2. 简述备煤三大主要工艺。

3. 简述煤氧化的本质及对煤的性质的影响。

4. 配煤炼焦定义。

第三章 炼焦设备

【本章重点】焦炉炉体构造及特性；焦炉炉型；护炉设备；煤气设备；炼焦机械。
【本章难点】焦炉炉体构造；焦炉炉型；炼焦机械。
【学习目标】掌握焦炉炉体构造及炉型；了解焦炉的护炉设备和煤气设备；掌握炼焦的机械设备。

第一节 焦炉炉体

现代焦炉虽有多种炉型，但无非是因火道结构、加热煤气种类及其入炉方式、蓄热室结构及装煤方式的不同而进行的有效排列组合。焦炉结构的变化与发展，主要是为了更好地解决焦饼高向与长向的加热均匀性，节能降耗，降低投资及成本，提高经济效益。

为了保证焦炭、煤气的质量及产量，不仅需要有合适的煤配比，而且要有良好的外部条件，合理的焦炉结构就是用来保证外部条件的手段。为此，需从焦炉结构的各个部位加以分析，现代焦炉炉体如图 3-1 所示，最上部是炉顶，炉顶之下为相间配置的燃烧室和炭化室，炉体下部有蓄热室和连接蓄热室与燃烧室的斜道区，每个蓄热室下部的小烟道通过废气开闭器与烟道相连。烟道设在焦炉基础内或基础两侧，烟道末端通向烟囱，故也称焦炉由三室两区一基础组成，即炭化室、燃烧室、蓄热室、斜道区、炉顶区和基础部分。

一、燃烧室和炭化室

焦炉由多个燃烧室和多个炭化室组成，相间排列。炭化室是装煤和炼焦的地方，燃烧室是煤气燃烧的地方，通过与两侧的隔墙向炭化室提供热量。炭化室位于两侧燃烧室之间，顶部有 3~4 个加煤孔，并有 1~2 个导出干馏煤气的上升管，如图 3-2 所示。它的两端为内衬耐火材料的铸铁炉门。整座焦炉靠推焦车一侧称为机侧，另一侧称为焦侧。顶装煤的焦炉，为顺利推焦，炭化室的水平面呈梯形，焦侧宽度大于机侧，两侧宽度之差称锥度，一般焦侧比机侧宽 20~70 mm，炭化室愈长，此值愈大，大多数情况下为 50 mm。捣固焦炉由于装入炉的捣固煤饼机，焦侧宽度相同，故锥度为零或很小。装炉煤在炭化室内经高温干馏变成焦炭。燃烧室墙面温度高达 1 300~1 400 ℃，而炭化室墙面温度约 1 000~1 150 ℃，装煤和出焦时炭化室墙面温度变化剧烈，且装煤中的盐类对炉墙有腐蚀性。现代焦炉均采用硅砖砌筑炭化室墙。硅砖具有荷重软化点高、导热性能好、抗酸性渣侵蚀能力强、高温热稳定性能好和无残余收缩等优良性能。砌筑炭化室的硅砖采用沟舌结构，以减少荒煤气窜漏和增加砌体强度。

燃烧室位于炭化室两侧，其中分成许多火道，煤气和空气在其中混合燃烧，产生的热量传给炉墙，间接加热炭化室中的煤料，对其进行高温干馏。燃烧室数量比炭化室多一个，长度与炭化室相等，燃烧室的锥度与炭化室相等但方向相反，以保证焦炉炭化室中心距相等。

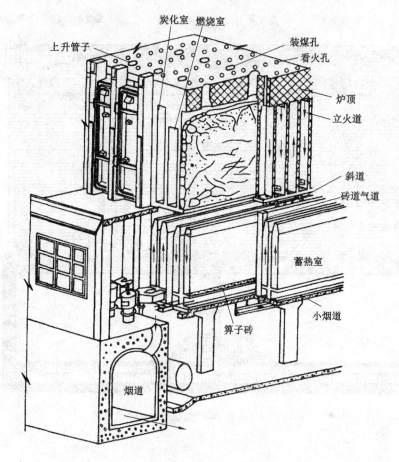

图 3-1 焦炉炉体结构模型图

一般大型焦炉的燃烧室有 26～32 个立火道,中小型焦炉仅为 12～16 个。燃烧室一般比炭化室稍宽,以利于辐射传热。

燃烧室中立火道的形式因焦炉炉型不同而异。立火道由立火道本体和立火道顶部两部分组成。煤气在立火道本体内燃烧。立火道顶是立火道盖顶以上部分。从立火道盖顶砖的下表面到炭化室盖顶砖下表面之间的距离,称加热水平强度,它是炉体结构中的一个重要尺寸。如果该尺寸太小,炉顶空间温度就会过高,致使炉顶产生过多的沉积炭;反之,则炉顶空间温度过低,将出现焦饼上部受热不足,因而影响焦炭质量。另外,炉顶空间温度过高或过低,都会对炼焦化学产品质量产生不利影响。

二、蓄热室与小烟道

为了回收利用焦炉燃烧废气的热量预热贫煤气和空气,在焦炉炉体下部设置蓄热室。蓄热室通常位于炭化室的正下方,其上经斜道同燃烧室相连,其下经废气盘分别同分烟道、贫煤气管道和大气相通。蓄热室构造包括顶部空间、格子砖、箅子砖和小烟道以及主墙、单墙和封墙。下喷式焦炉,主墙内还设有直立砖煤气道,如图 3-3 和图 3-4 所示。

现代焦炉蓄热室均为横蓄热室(其中心线与燃烧室中心线平行),以便于单独调节。蓄热室墙一般用硅砖砌筑,在蓄热室中放置格子砖,以充分回收废气中的热量。格子砖要反复承受急冷急热的温度变化,故采用黏土质或半硅质材料制造。现代焦炉的格子砖一般采

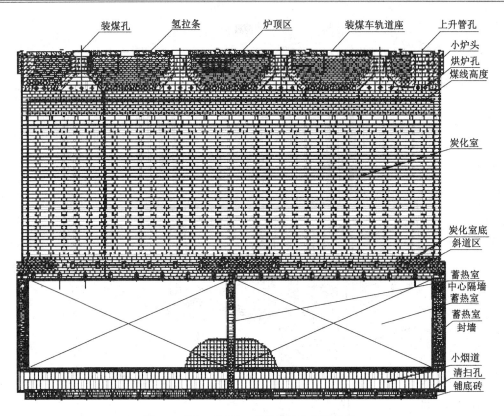

图 3-2　JN43 及 JN60 型焦炉炭化室结构图

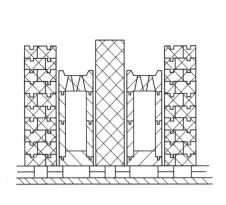

图 3-3　焦炉蓄热室结构

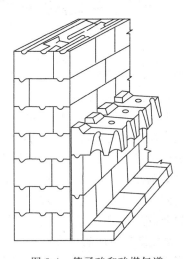

图 3-4　箅子砖和砖煤气道

用异型薄壁结构,以增加蓄热面积和提高蓄热效率。蓄热室下部有小烟道,其作用是向蓄热室交替导入冷煤气和空气,或排出废气。小烟道中交替变换的上升气流(被预热的煤气或空气)和下降气流(燃烧室排出的高温废气)温度差别大,为了承受温度的急剧变化,并防止气体对小烟道的腐蚀,须在小烟道内衬以黏土砖。

三、斜道区

连通蓄热室和燃烧室的通道称为斜道。它位于蓄热室顶部和燃烧室底部之间,用于导入空气和煤气,并将其分配到每个立火道中,同时排出废气。如图 3-5 为 58 型焦炉斜道区的结构图。燃烧室的每个立火道与相应的斜道相连,当用焦炉煤气加热时,由两个斜道送入空气和导出废气,而焦炉煤气由垂直砖煤气道进入。当用贫煤气加热时,一个斜道送入煤气,另一个斜道送入空气,换向后两个斜道均导出废气。斜道口布置有调节砖,以调节开口断面的大小,并有火焰调节砖以调节煤气和空气混合点的高度。

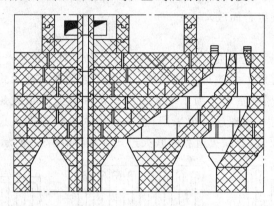

图 3-5 58 型焦炉斜道区结构

不同类型焦炉的斜道区结构有很大差异。斜道区布置着数量众多的通道(斜道和垂直砖煤气道等),它们彼此距离很近,并且上升气流和下降气流之间压差较大,容易漏气,所以斜道区设计要合理,以保证炉体严密。为了吸收炉组长向产生的膨胀,在斜道区各砖层均留膨胀缝。膨胀缝之间设置滑动缝,以利于膨胀缝之间的砖层受热自由滑动。斜道区承受焦炉上部的巨大重量,同时处于 1 100~1 300 ℃ 的高温区,所以也用硅砖砌筑。

四、基础平台与烟道

基础位于炉体的底部,它支撑整个炉体、炉体设施和机械的重量,并把它传到地基上去。焦炉基础的结构形式随炉型和煤气供入方式的不同而异。焦炉基础有下喷式和侧喷式,下喷式焦炉基础是一个地下室,由底板、顶板和支柱组成;侧喷式焦炉基础是无地下室的整片基础。

大型焦炉的基础均用钢筋混凝土浇灌而成,小型焦炉的基础一般不需配筋,只有当地基的土质不均匀时,才配少量钢筋。为减轻温度对基础的影响,焦炉砌体的下部与基础平台之间均砌有 4~6 层红砖。整个焦炉及其基础的质量全部加在其下的地层上,该地层即地基。焦炉的地基必须满足要求的耐压力,因此当天然的地基不能满足要求时,应采用人工地基。例如,中、小型焦炉可采用砂垫层加强地基,提高耐压力;大型焦炉一般均采用钢筋混凝土柱打桩,即采用桩基提高耐压力。

五、炉顶

位于焦炉炉体的最上部。设有看火孔、装煤孔和从炭化室导出荒煤气用的上升管孔等。炉顶最下层为炭化室盖顶层,一般用硅砖砌筑,以保证整个炭化室膨胀一致。为减少炉顶散热,在炭化室顶盖层以上采用黏土砖、红砖和隔热砖砌筑。炉顶表面一般铺缸砖,以增加炉顶面的耐磨性。在多雨地区,炉顶面设有坡度,以便排水。炉顶厚度按保证炉体强度和降低炉顶温度的要求确定,现代焦炉炉顶一般为 1 000～1 700 mm。

第二节 焦炉特性

现代焦炉已定型,但因装煤方式、加热煤气种类、空气及加热用煤气的供入方式和气流调节方式、燃烧式火道结构及实现高向加热均匀性的方法等分成许多形式。每一种焦炉形式均由以上分类的合理组合而成。

一、火道形式

燃烧室是焦炉加热系统的主要部分,其加热是否均匀对焦炉生产影响很大。焦炉的发展和炉型的改进很大程度上是改进加热系统,因此燃烧室有多种形式,根据上升气流与下降气流连接方式不同,燃烧室可分为水平火道式焦炉和直立火道式焦炉,水平火道式焦炉由于气流流程长、阻力大,故现已不再采用;直立火道式焦炉根据火道的组合方式,又可分为两分式、四分式、过顶式、双联火道和四联火道式 5 种,如图 3-6 所示。

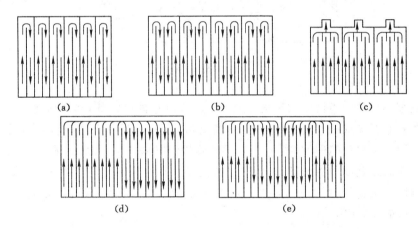

图 3-6 各类火道结构示意图

(1) 两分式火道燃烧室是将燃烧室内的火道分成两半,彼此以水平集合烟道相连。在一个换向周期内,一半立火道走上升气流,另一半立火道走下降废气。换向后,则气流向反方向流动。它的最大优点是结构简单,异向气流接触面小;主要缺点是由于在直立火道顶部有水平集合烟道,所以燃烧室沿长度方向的气流压力差太大,气流分配不均匀,从而使炭化室内煤料受热不均匀,尤其当焦炉的长度加长或采用低热值煤气加热时更为严重,同时削弱了砌体的强度,因此断面形状和尺寸的确定应合适。两分式火道目前在中小焦化厂广泛使用。

(2) 双联式火道燃烧室中,将燃烧室设计成偶数个立火道,每两个火道分为一组,一个火道走上升气流,另一个火道走下降废气。换向后,气流呈反向流动。这种燃烧室由于没有水平集合烟道,因此具有较高的结构稳定性和砌体严密性,而且沿整个燃烧室长度方向气流阻力小,分配比较均匀,因此炭化室内煤料受热较均匀。但异向气流接触面多,焦炉老龄时易串漏,结构较复杂,砖型多。双联式火道目前被我国大型焦炉广泛采用。

（3）四联式火道燃烧室中，立火道被分成四个火道或两个为一组，边火道一般两个为一组，中间立火道每四个为一组。这种布置的特点是一组四个立火道中相邻的一对立火道加热，而另一对走废气。在相邻的两个燃烧室中，一个燃烧室中一对立火道与另一燃烧室走废气的一对立火道相对应，或者相反。这样可保证整个炭化室炉墙长向加热均匀。

（4）过顶式燃烧室中，两个燃烧室为一组，彼此借跨越炭化室顶部且与水平集合烟道相连的 6～8 个过顶烟道相连接，形成一个燃烧室全部火道走上升气流，另一个燃烧室全部火道走下降废气。换向后，气流呈反向流动。这种燃烧室中的火道，沿长度方向分 6～8 组，每组 4～5 个火道。每组火道共用一个短的水平集合烟道与过顶烟道相连，因此气流分配较均匀，但炉顶结构复杂，且炉顶温度高。

二、解决高向加热均匀性的方法

沿燃烧室长度和高度方向的加热均匀性，是获得质量均匀的焦炭、缩短结焦时间及降低焦炉耗热量的重要手段。在煤料结焦过程中最重要也是最困难的是沿炭化室高度方向加热均匀性问题。高度越高，加热均匀性越难达到。当火道中煤气在正常过剩空气系数条件下燃烧时，由于火焰短而造成沿高度方向的温差很大，一般在 $50\sim200\ ℃$ 之间，所以沿高度方向加热是否均匀，主要取决于火焰长度。加热不均匀将引起结焦时间延长和产品产量、质量降低等不良后果。近年来，为了实现燃烧室高向加热均匀性，在不同结构的焦炉中，采取了不同措施。根据结构不同，主要有以下四种方法，如图 3-7 所示。

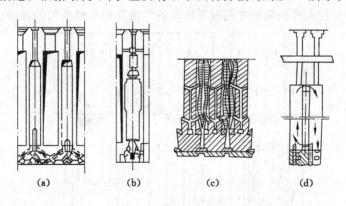

图 3-7　各种解决高向加热均匀性的方法

（1）高低灯头

高低灯头系双联火道中单数火道为低灯头、双数火道为高灯头（灯头即为焦炉煤气喷嘴），火焰在不同的高度燃烧，使炉墙加热有高有低，以改善高向加热均匀性。奥托式焦炉即采用高低灯头法。但此种方法仅适用于焦炉煤气加热，并且效果也不显著。而且由于高灯头高出火道底面一段距离才送出煤气，故自斜道出来的空气，易将火道底部砖缝中的石墨烧尽，造成串漏。奥托式、JN60—82、JNX60—87 型焦炉即用此法。

（2）分段燃烧

分段燃烧是将空气和贫煤气（当用焦炉煤气加热时，煤气则从垂直砖煤气道进入火道底部）沿火道墙上的通道，在不同的高度上通入火道中燃烧，一般分为上、中、下三点，使燃烧分段。这种措施可以使高向加热均匀，但炉墙结构复杂，需强制通风，空气量调节困难，加热系统阻力大。上海宝钢引进的新日铁 M 型焦炉即采用此法。

（3）按炭化室高度采用不同厚度的炉墙

即靠近炭化室下部的炉墙加厚，向上逐渐减薄，以保证加热均匀。但是，炉墙加厚，传热阻力增大，结焦时间延长，故现在已不采用。

（4）废气循环

这是使燃烧室高向加热均匀最简单而有效的方法，故现在被广泛采用。由于废气是惰性气体，将它加入煤气中，可以降低煤气中可燃组分浓度，从而使燃烧反应速度降低，火焰拉长，因而保证高向均匀加热。双联火道焦炉可在火道隔墙底部开循环孔，依靠空气及煤气上升时的喷射力，以及上升气流与下降气流因温差造成的热浮力作用，将下降气流的部分废气通过循环孔抽入上升气流。根据国内有关操作数据表明，燃烧室上下温差可降低至40 ℃。目前，我国的大型焦炉均采用此法。

为确保高向加热均匀，应使煤气流与空气流以平行方向进入火道，且平稳地流动，使煤气与空气缓慢混合，则火焰拉长，上下加热均匀。

废气循环因燃烧室火道形式不同可有多种方式，如图 3-8 所示，其中蛇形循环可以调整燃烧室长向的气流量；双侧式常在炉头四个火道中采用，为防止炉头第一个火道因炉温较低、热浮力小而易产生的短路现象，一般在炉头一对火道间不设废气循环孔，双侧式结构，可以保证炉头第二火道上升时，由第三火道的下降气流提供循环废气，隔墙孔道式可在过顶式或两分式焦炉上实现废气循环，下喷式可在过顶式焦炉上通过直立砖煤气道和下喷管实现废气循环。现代大容积焦炉常同时采用几种实现高向加热均匀的方法。

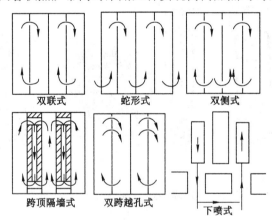

图 3-8　各种废气循环方式

三、煤气入炉方式

煤气入炉可分为侧入式、下喷式两种方式。

（1）侧入式

侧入式焦炉加热用的富煤气由焦炉机、焦两侧的水平砖煤气道引入炉内，空气和贫煤气则从废气开闭器和小烟道从焦炉侧面进入炉内。国内小型焦炉富煤气入炉多采用侧入式；国外一些大中型焦炉也采用煤气侧入式，如卡尔·斯蒂尔焦炉、ⅡBP 焦炉等。此种煤气入炉方式由于无法调节进入每个立火道的煤气量，且沿砖煤气道长向气流压差大，从而使进入直立砖煤气道的煤气分配不均，因而不利于焦炉的长向加热，但因焦炉不需设地下室而简化了结构，节省了投资。

（2）下喷式

下喷式焦炉加热用的富煤气由炉体下部通过下喷管垂直地进入炉内，空气和贫煤气则从废气开闭器和小烟道从焦炉侧面进入炉内。如58—Ⅱ型、JN60—82型等炉型均采用此法。采用下喷式可分别调节进入每个立火道的煤气量，故调节方便，且易调准确，有利于实现焦炉的加热均匀性。但需设地下室以布置煤气管系，因此投资相应加大。

第三节　焦炉分类及炉型举例

一、焦炉分类

现代焦炉分类方法很多，可以按照装煤方式、加热用煤气种类、空气和加热用煤气的供入方式、燃烧室火道形式以及拉长火焰方式等进行分类。按装煤方式有顶装焦炉和侧装焦炉。侧装焦炉又称捣固焦炉。捣固焦炉是先将炉煤用捣固机捣成煤饼，然后从焦炉机侧将煤饼送入炭化室内。顶装焦炉是将装炉煤从炉顶经装煤孔装入炭化室，它又可以分为装煤车装煤焦炉、管道化装煤焦炉和埋刮板装煤焦炉。各国主要采用装煤车装煤焦炉炼焦。后两种焦炉用于预热煤炼焦。按加热用煤气分类有：复热式焦炉和单热式焦炉。复热式焦炉既可以用贫煤气（热值较低）加热，又可以用富煤气（热值较高）加热，这种焦炉多用于钢铁厂和城市煤气。单热式焦炉又可分为单用富煤气加热的焦炉和单用贫煤气加热的焦炉。按空气和加热用煤气的供入方式分类有侧入式焦炉和下喷式焦炉。侧入式焦炉加热用的富煤气由焦炉机、焦两侧的水平砖煤气道引入炉内，空气和贫煤气则从交换开闭器和小烟道从焦炉侧面进入炉内。下喷式焦炉加热用的煤气（或空气）由炉体下部垂直进入炉内。按气流调节方式分类有上部调节式焦炉和下部调节式焦炉。上部调节式焦炉从炉顶更换调节砖（牛舌砖）来调节空气和贫煤气量。下部调节式焦炉是更换小烟道顶部的调节砖来调节煤气量和空气量。按火道结构形式分类有：水平火道和直立火道两大类。目前水平火道焦炉已不再采用；直立火道又可分为两分式、四分式、跨顶式和双联式等。按拉长火焰方式进行分类可分为多段加热式焦炉、高低灯头式焦炉。

二、炉型举例

我国使用的焦炉炉型，在1953年以前主要是恢复和改建新中国成立前遗留下来的奥托式、考贝式、索尔维式等老焦炉。1958年以前建设了一批原苏联设计的ПВР和ПК型焦炉。1958年以后，我国自行设计建造了一大批适合我国实际情况的各种类型的焦炉。主要有大型的双联火道焦炉JN43及JN60系列焦炉；中型焦炉：两分下喷复热式焦炉；小型焦炉：66型、70型及红旗3号等炉型。改革开放初期我国又引进和自行设计建造了一批具有世界先进水平的新型焦炉，它们是由日本引进的新日铁M型焦炉（上海宝钢焦化厂），鞍山焦耐院为宝钢二期工程设计的6 m高的下调式JNX60—87型焦炉及58型焦炉的改造型下调式JNX43—83等。进入21世纪以来，我国焦炉炉型总体趋势是往大型、环保、节能的方向发展，现在比较先进的炉型有7.63 m大型焦炉和6.25 m捣固焦炉。我国焦炉主要炉型参数如表3-1所示。

表 3-1 我国主要焦炉炉型参数

| 炉型 | 炭化室有效容积 /m³ | 炭化室尺寸/mm | | | | | | | 立火道 | | 加热水平 /mm |
		全长	有效长	全高	有效高	平均宽	锥度	中心距	中心距 /mm	个数	
JN43—58 型	21.7	14 080	13 350	4 300	4 000	407	50	1 143	480	28	600
JN55 型	35.4	15 980	15 140	5 500	5 200	450	70	1 350	480	32	900
JN60	38.5	15 980	15 140	6 000	5 650	450	60	1 300	480	32	905
新日铁 M 型	37.6	15 700	14 800	6 000	5 650	450	60	1 300	500	30	755
JNDK55—05F	44.7	15 980	14 380	5 500	5 370	554	20	1 350	480	32	800
JND625	51.4	17 000	16 170	6 250	6 170	530	40	1 500	480	34	850
7.63 m	76.25	18 560	18 000	7 540	7 180	603	50	1 650	498	36	1 210

（一）JN 型焦炉

JN 型焦炉种类繁多,有两分式、下喷式、侧入式及捣固式等不同类型,具有代表性的有 JN43 型焦炉、JN55 型焦炉和 JN60 型焦炉。

1. JN43—58 型焦炉

JN43 型焦炉已形成系列,包括 JN43—58—1 型焦炉(又称 58 型焦炉)、JN43—58—2 型焦炉(又称 58—2 型焦炉)和 JN43—80 型焦炉。58 型焦炉是 1958 年在总结了我国多年炼焦生产实践经验的基础上,吸取了国内外各种现代焦炉的优点,由我国自行设计的大型焦炉。其结构特点是:双联火道带废气循环,焦炉煤气下喷,两格蓄热室的复热式焦炉。58 型焦炉经过长期生产实践,多次改进,现已发展到 58—Ⅱ型,如图 3-9 所示。燃烧室属于双联火道带废气循环式结构,它由 28 个立火道组成,成对火道的隔墙上部有跨越孔,下部有循环孔,但为防止炉头火道低温或吸力过大等原因而造成短路,机、焦侧两端各一对边火道不设循环孔。

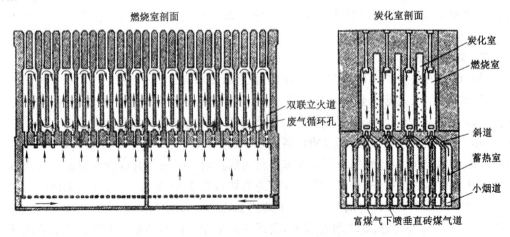

图 3-9 58—Ⅱ型焦炉结构示意图

58—Ⅱ型焦炉的炭化室尺寸分为两种宽度,即平均宽为 407 mm 和 450 mm 两种形式,与其相应的燃烧室宽度为 736 mm 和 693 mm(包括炉墙),炉墙用厚度 100 mm 的带舌槽的硅砖砌筑。相邻火道的中心距为 480 mm，隔墙厚度为 130 mm。立火道底部的两个斜道出口设置在燃烧室中心线的两侧，各火道的斜道出口处，根据需要的气体量设有可调节的厚度不同的调节砖(牛舌砖)。

灯头砖布置在燃烧室的中心线上，因下喷式焦炉各火道的焦炉煤气量是通过下喷管的孔板或喷嘴来调节的，故各火道的烧嘴的口径一致并砌死。燃烧室的炉头由于温度变化剧烈，又经常受磨损，容易产生裂缝和变形，58—Ⅱ型焦炉采用了直缝和高铝砖结构。实践表明：它配合安装大保护板，并加以经常性的维修(如喷浆、抹补)，可减少炉头漏气和避免拉裂炉墙。

58—Ⅱ焦炉每个炭化室底部有两个蓄热室，一个为煤气蓄热室，另一个为空气蓄热室。它们同时和其侧上方的两个燃烧室相连(一侧连单数火道，一侧连双数火道)，炉组两端各有两个蓄热室只和端部燃烧室相连(同双前单)。燃烧室正下方为主墙，主墙内有垂直砖煤气道，焦炉煤气由地下室煤气主管经此道送入立火道底部与空气混合燃烧。

由于主墙两侧气流异向，中间又有砖煤气道，压差大容易串漏，故砖煤气道系用内径 50 mm 的管砖，管砖外用带舌槽的异型砖交错砌成厚 270 mm 的主墙。炭化室下部为单墙，用厚 230 mm 的标准砖砌筑。蓄热室洞宽为 321.5 mm，内放 17 层九孔薄壁型格子砖。为使蓄热室长向气流均匀分布，采用扩散式算子砖，根据气体在小烟道内的压力分布，配置不同孔径的扩散或收缩孔型。蓄热室隔墙均用硅砖砌筑，由于小烟道内温度变化剧烈，故在其内表层衬有黏土砖。格子砖也为黏土砖，上下层对孔干排在蓄热室内。

58—Ⅱ焦炉的气体流动途径如图 3-10 所示。图中所示为第一种交换状态。用焦炉煤气加热时，走上升气流的蓄热室全部预热空气，焦炉煤气经地下室的焦炉煤气主管 1-1、2-1、3-1 旋塞，由下排横管经垂直砖煤气道，进入单数燃烧室的双号火道和双数燃烧室的单号火道，空气则由单数蓄热室进入这些火道与煤气混合燃烧。废气在火道内上升经跨越孔由与它相连的火道下降，经双数蓄热室、废气盘、分烟道、总烟道，最后由烟囱排入大气。用高炉煤气加热时，高炉煤气由废气盘的煤气叉部进入蓄热室预热，气流途径与上述相同，只是两个上升蓄热室中，一个走空气，另一个走煤气。

综上所述，蓄热室与燃烧室及立火道的相连关系是：面对焦炉的机侧，燃烧室也是从左至右，立火道编号由机侧到焦侧，则每个蓄热室与同号燃烧室的双数火道和前号燃烧室的单数火道相连，简称"同双前单"。所以，同一燃烧室的相邻立火道和相邻燃烧室的同号立火道都是交错燃烧的。58—Ⅱ型焦炉采用焦炉煤气下喷，调节准确方便，对改变结焦时间适应性强，垂直砖煤气道比水平砖煤气道容易维修，气体流动途径比国外一些双联火道焦炉简单，便于操作。

2. JN55 型焦炉

JN55 型焦炉炉体结构特点是，每个炭化室下面有两个宽度相同的蓄热室，在蓄热室异向气流之间的主墙内设垂直砖煤气道，单墙和主墙均用带沟舌的异型砖砌筑，以保持其严密性。斜道区用硅砖砌筑。燃烧室由 16 对双联火道组成。立火道底部设有废气循环孔，可使焦饼上下加热均匀。由于打开炭化室炉门时炉头下部比上部散热多，以及在炉头一对火道内设废气循环容易产生短路，故机、焦侧炉头第一对火道下部不设废气循环孔。机、焦侧边火道的宽度减小为 280 mm(中部各火道宽度为 330 mm)，以减小边火道的热负荷，从而提高边火道温度。焦炉煤气喷嘴均为低灯头。沿炭化室高向炉墙厚度一致。炉头采用直

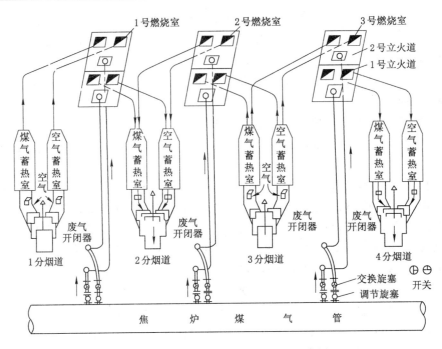

图 3-10 58—Ⅱ焦炉气体流动途径示意图

缝结构。炉顶厚度为 1 174 mm。每个炭化室设有 4 个装煤孔和 2 个上升管孔。炭化室盖顶砖以上为黏土砖、红砖和隔热砖。炉顶表面层采用红砖砌筑。

3. JN60 型和 JNX60 型焦炉

JN60 型焦炉为双联火道、焦炉煤气下喷、废气循环、复热式顶装焦炉。炉体结构特点是:蓄热室主墙宽度为 290 mm,采用三沟舌结构,单墙宽度为 230 mm,采用单沟舌结构。斜道宽度为 120 mm。边斜道出口宽度为 120 mm,中部斜道出口宽度为 96 mm。这样,既可大量减少砖型,又可提高边火道温度。有些焦炉采用高低灯头结构。炭化室墙的厚度上下一致,均为 100 mm。炭化室墙面采用宝塔砖结构。炉头采用硅砖咬缝结构,炉头砖与保护板咬合很少。燃烧室由 16 对双联火道组成。在装煤孔和炉头处的炭化室盖顶用黏土砖砌筑,以防止急冷急热而过早地断裂。其余部分均用硅砖,以保持炉顶的整体性及严密性。炉顶装煤孔和上升管孔的座砖上加铁箍。炉头先砌并设灌浆孔,以使炉顶更为严密。炉顶由焦炉中心线至机、焦两侧炉头有 50 mm 的坡度,以便排水。焦炉中心线处的炉顶厚度为 1 250 mm ,机焦侧端部的炉顶厚度为 1 200 mm。

JNX60—87 型是 1987 年专为宝钢二期焦炉而设计的下调式焦炉。它的外形和基本尺寸与 JN60 型焦炉相同,亦为双联火道,焦炉煤气下喷,废气循环、复热式顶装焦炉。其不同之处是蓄热室分格。其优点是气流分布均匀,热工效率高;火道温度调节是在地下室通过蓄热室箅子砖上的可调节孔调节,因此调节简便、准确、容易。其缺点是蓄热室结构复杂、砌筑困难;如格子砖堵塞,则不易更换,因此未推广使用。在总结了宝钢二期焦炉生产经验的基础上,与现场实际相结合,又新设计了 JNX60—2 型下调式焦炉在宝钢三期焦炉上使用。其设计上作了许多改进,选用了新材质,改善了炉头加热和操作环境。

（二）新日铁 M 型焦炉（仅宝山钢铁总厂使用）

新日铁 M 型焦炉炭化室高有 5.5 m、6 m、6.5 m 等不同型号。我国宝钢所建新日铁 M 型焦炉炭化室高 6 m、平均宽 450 mm、长 15 700 mm。其炉体结构如图 3-11 所示：沿高向分段加热，蓄热室分格，空气和贫煤气全下喷式供入。蓄热室沿机焦侧长向分为 16 格，其中两端各 1 个小格，中部 14 个大格，每格对应两个立火道，贫煤气和空气相间配置。在正常情况下，空气由管道强制送入分格蓄热室（送风机出故障时则由交换开闭器的风门吸入）。富煤气下喷供入炉内。每个蓄热室下有两个小烟道，一个与煤气蓄热室相连，另一个与空气蓄热室相连。小烟道在机、焦侧相通无中心隔墙。小烟道顶无算子砖，当用自然风供给空气时，无法调节沿焦炉机、焦侧长向的空气分配。M 型焦炉蓄热室与两个燃烧室连通的斜道长度相等，阻力相同，便于炉内温度和压力制度的管理。燃烧室除边火道设置焦炉煤气低灯头外，其余各火道从机侧起高低灯头相间排列。高低灯头均竖立在立火道中央，四面不靠立火道墙。沿燃烧室长向的每个立火道隔墙中都有两个孔道，一个处于上升气流，另一个处于下降气流，每个孔道在不同高度上各开两个孔，与上升或下降气流立火道相通。用贫煤气加热时，贫煤气和空气由立火道底斜道口和立火道隔墙孔道的两个孔喷出，构成三段加热。用富煤气加热时，富煤气由高低灯头喷出，空气由斜道口和立火道隔墙孔道的两个孔喷出而构成三段加热。三段加热可拉长火焰，但炉体结构复杂，仅燃烧室部分用的异型砖就多达 529 种。

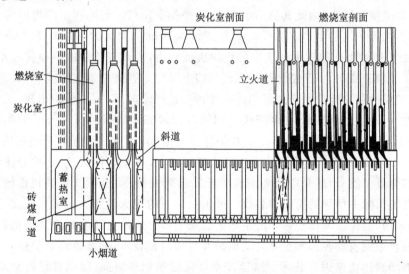

图 3-11　新日铁 M 型焦炉结构示意图

新日铁 M 型焦炉用贫煤气加热时，贫煤气经下喷管进入单数蓄热室的煤气小格，空气经空气下喷管进入单数蓄热室的空气小格，预热后进入与该蓄热室相连接的燃烧室的单数火道（从焦侧向机侧排列）燃烧。燃烧后的废气经跨越孔从与单数火道相连的双数立火道下降，经双数蓄热室各小格进入双数交换开闭器，再经分烟道、总烟道，最后从烟囱进入大气。换向后，气流方向相反。用焦炉煤气加热时，对于第一种换向状态，焦炉煤气由焦炉煤气下喷管经垂直砖煤气道进入各燃烧室的单数火道，空气经单数交换开闭器上的风门进入单数蓄热室的各小格，预热后进入与该蓄热室相连接的燃烧室的单数立火道，与煤气相遇燃烧，燃烧产生的废气流动途径与贫煤气加热时相同。新日铁 M 型焦炉与我国 JN43 型焦炉不同,它是采用同位燃烧方式,而 JN43 型焦炉是相间燃烧方式。

(三)JNDK55—05F 型捣固焦炉

2005 年,我国自行开发设计了 5.5 m 捣固焦炉,并于 2006 年建成投产。5.5 m 捣固焦炉的出现使捣固焦炉炭化室的高度从 4.3 m 提高到了 5.5 m,现已基本取代 4.3 m 捣固焦炉,而成了我国捣固焦炉的第一主力炉型,也使我国的捣固炼焦技术从中小型向大型化快速挺进。

JNDK55—05F 型焦炉,是目前为止我国单孔装煤量最大的捣固焦炉,实现了焦炉大型化和捣固炼焦技术相结合的优点,在吸收了 4.3 m 捣固机械的成熟技术和 6 m、7.63 m 大型焦炉机械的成熟技术基础上,开发技术先进并适应新型捣固焦炉要求的新型捣固焦炉机械。JNDK55—05 型捣固焦炉采用双联火道、废气循环加热方式。炉门采用空冷式弹簧门栓、弹簧刀边、滑板相对位置可调。炭化室高 5.5 m,平均宽为 554 mm,炭化室中心距 1 350 mm,炉顶厚度 1 454 mm,每孔炭化室的装煤量(干)40.6 t,焦炉周转时间 25.5 h,捣固煤饼 15 100 mm×5 370 mm×500 mm,煤饼高宽比 5 370/500=10.74。捣固机为 24 锤全固定式,捣固一个煤饼的时间为 5～6 min,煤饼堆比重 1.0 t/m³(干),每孔年产焦炭量 1.01 万 t。与同样生产规模的 4.3 m 捣固焦炉相比,护炉铁件等工艺设备以及焦炉机械的重量有所降低,仅占其 90%,这样就节省了一次性投资。并且整个装备水平大幅度提高,与现有 6 m 大型焦炉相比,护炉铁件等工艺设备、焦炉机械的技术更先进、更完善。由于焦炉孔数少,焦炉机械台数少,因此其劳动生产率高,操作费用低。与同样生产规模的 4.3 m 捣固焦炉相比,炼焦车间的生产定员可减少 45.2%(4.3 m 捣固焦炉 440 人;5.5 m 捣固焦炉 241 人)。由于焦炉生产单位重量焦炭的焦炉表面积小,因此其焦炉的热损失就小,焦炉的热工效率高。JNDK55—05F 型焦炉的表面热损失可比 4.3 m 捣固焦炉减少 13.5%。焦炉每次出焦、装煤过程是焦炉生产过程中阵发性污染最严重时间,减少焦炉出焦、装煤次数是减少阵发性污染的关键手段,在生产规模相同时,2×55 孔炭化室 550 mm 的焦炉昼夜出焦、装煤 101.5 孔,而炭化室 500 mm 的焦炉昼夜出焦 117.3 孔。阵发性环境污染发生频率将增加 15%。采用高度自动化的地面固定式捣固站、装煤车和推焦机,这种分体组合操作灵活、可靠,降低了投资,这是中冶焦耐自主开发的先进技术,这项技术受到德国专家的青睐。它代替了国际上惯用的捣固—装煤—推焦三合一的庞大设备。这项捣固技术先进、可靠、安全和实用,会使新型捣固焦炉的生产更加安全、可靠,而且还会带来显著的经济效益。采用焦炉加热系统自动控制和炉号自动识别及自动对位技术,显著提高焦炉的自动控制水平。采用新型清洁快速熄焦技术。这项技术可以缩短熄焦时间,降低并稳定焦炭水分,改善焦炭质量,减少熄焦水消耗以及减少熄焦粉尘对环境的污染,除尘效果达到国际标准。采用薄层给料,连续捣打技术,显著提高大型捣固焦炉生产的可靠性。5.5 m 捣固焦炉的投用是我国捣固焦炉大型化发展的重要里程碑,其成功应用不仅扩大了炼焦煤资源,提高了焦炭的质量,而且减少了污染。经济效益和环境效益显著。

(四)JND625 型捣固焦炉

2006 年,中冶焦耐开发设计了世界最高的 6.25 m 捣固焦炉,并已于 2009 年 3 月 3 日在河北唐山佳华工程成功投产。它使我国捣固炼焦大型化技术达到了世界先进水平。JND625—06型复热式捣固焦炉为双联火道、废气循环、焦炉煤气下喷、高炉煤气侧入。炭化室长×宽×高=17 000 mm×520 mm×6 250 mm,锥度 40 mm,炭化室有效容积 51.4 m³,每孔装煤量(干)45.6 t,炼焦周转时间 24.5 h,加热水平高度 850 mm,焦炉极限负荷(SUGA 值)>11 kPa,煤饼高宽比=6 000/470=12.77。JND625—06 型捣固焦炉的主要工艺特点为:捣固、装煤、推焦三位一体,由胶带输送机向 SCP 车送煤;采用带双 U 型导烟管的装煤烟气转换 CGT 车,并将装煤烟气导至 $n+2$ 号和 $n-1$ 号炭化室(采用5—2串序);机侧操作台设刮板机、操作台外侧设胶带机以运送塌饼煤料;单侧上升管、单集气管、双吸气管均设置于焦侧;推焦除尘采用地面站,同时用于处理机焦侧炉门冒出的烟尘;预留 2×140 t/h 干法熄焦装置,采用新型清洁快速湿法熄焦。

(五)7.63 m 焦炉

7.63 m 焦炉是德既有废气循环又含燃烧空气分段供给的"组合火焰型"焦炉,年产焦炭 200 万 t,焦炉炭化室高 7.63 m,2×60 孔复热式,单集气管,每座焦炉 3 个吸气管。焦炉炉体结构的特点主要为:焦炉炉体为双联火道、分段加热、废气循环,焦炉煤气下喷,蓄热室分格的复热式超大型焦炉。此焦炉具有结构先进、严密、功能性强、加热均匀、热工效率高、环保优秀等特点;焦炉蓄热室为煤气蓄热室和空气蓄热室,上升气流时,分别只走煤气和空气,均为分格蓄热室。每个立火道独立对应两格蓄热室构成一个加热单元。蓄热室底部设有可调节孔口尺寸的喷嘴板,喷嘴板的开孔调节方便、准确,并使得加热煤气和空气在蓄热室长向上分布合理、均匀;蓄热室主墙和隔墙结构严密,用异型砖错缝砌筑,保证了各部分砌体之间不互相串漏;由于蓄热室高向温度不同,蓄热室上、下部分别采用不同的耐火材料砌筑,从而保证了主墙和各分隔墙之间的紧密接合;分段加热使斜道结构复杂,砖型多,但通道内不设膨胀缝,使斜道严密,防止了斜道区上部高温事故的发生;燃烧室由 36 个共 18 对双联火道组成。分 3 段供给空气进行分段燃烧,并在每对火道隔墙间下部设循环孔,将下降火道的废气吸入上升火道的可燃气体中,用此两种方式拉长火焰,达到高向加热均匀的目的。由于采用分段加热和废气循环,炉体高向加热均匀,废气中的氮氧化物含量低,可以达到先进国家的环保标准;跨越孔的高度可调,可以满足不同收缩特性的煤炼焦的需要,采用单侧烟道,仅在焦侧设有废气盘,可节省一半的废气盘和交换设施,优化烟道环境。目前,7.63 m 焦炉在我国兖矿、太钢均有使用,主要问题在于我国大部分地区煤炭挥发性较高;1 210 mm 的加热水平设计使煤顶空间温度长期保持在 950 ℃左右的高温,炉顶石墨化严重,这是 7.63 m 焦炉中国化亟待解决的技术难题。

三、焦炉炉型发展展望

为了适应钢铁工业的发展及能源结构的变化,提高炼焦工业的竞争能力,焦炉结构的创新十分必要,探讨的方向有以下几点:

(一)增大炭化室的几何尺寸

由于焦炉高向加热均匀性问题的解决,国内外已开始设计和建造炭化室高 $5\sim8$ m 的焦炉。焦炉大型化确实有许多优点:基建投资省;劳动生产率高;占地面积少;维修费用低;热损失低,热工效率高;由于装炉煤料的堆密度增加,有利于改善焦炭质量或在保持焦炭质量不变的情况下,多使用黏结性差的煤炼焦,对扩大炼焦煤源有利;减少环境污染。由于在同样的生产能力下,6 m 焦炉的出炉次数比 4 m 焦炉少 36%,因而大大减少推焦、装煤、熄焦时散发的污染物。另外,在现代焦化厂的设计中,约 1/3 的投资用于环保,因此从某种意义上讲,焦炉大型化,减少了出炉次数,既降低了污染程度,也节约了用于环保措施的费用。因此,各国都在积极研究炼焦巨型反应器。德国考伯斯公司设计了炭化室高 7.85 m,平均宽 550 mm,长 18 m,有效容积 70 m³ 的焦炉。另外,考伯斯公司已设计出两种建造 8 m 高焦炉的方案,见表 3-2。

表 3-2   德国考伯斯公司 8 m 高焦炉的参数

项　目	方案 1	方案 2	项　目	方案 1	方案 2
炉孔数/个	94	78	每孔炭化室生产能力/t·昼夜$^{-1}$	64	77
炭化室平均宽/mm	460	382	炭化室长/mm	16 560	16 560
结焦时间/h	15	10.4	昼夜推焦数	150	180
炼焦温度/℃	1 450	1 450	操作人员	9	9
炭化室一次装煤量/t·孔$^{-1}$	40	33.5			

（二）采用下喷及下调式焦炉结构

在研究发展大容积焦炉的同时,必须解决焦炉高向、长向加热均匀性的问题,其目的是使焦炉炉体结构具有良好的热工性能。

采用下喷和下调式焦炉结构是改善焦炉长向加热和高向加热均匀性最有前途的办法,过去一些侧喷式焦炉,由于长向加热是通过炉顶看火孔更换立火道底部的调节砖或改变斜道口断面来实现的,因此调节操作难度很大,而且操作条件恶劣,劳动强度大。另一方面侧喷式焦炉的横砖煤气道容易拉裂,气体容易串漏,而且维修困难。这些缺点,在下喷及下调式焦炉是不存在的。所以,德国、日本等国均已建成下喷及下调式焦炉。

（三）研制大容积高效焦炉

前面所介绍的大容积焦炉指的是炭化室的几何尺寸或容积比较大的水平室式焦炉。而大容积高效焦炉(有的称为大能力焦炉)指的是这样的焦炉,它采用了高导热性能的炉墙砖,减薄炉墙砖的厚度以加大向炭化室内煤料的传热速度以及通过采用较高的火道温度以提高炼焦速度等措施,从而使生产能力提高。这样的水平室式大容积高效焦炉是以提高火道温度,改善砌筑焦炉的耐火材料的导热性,改进焦炉结构和提高焦炉效率为标志的。对大容积高效焦炉,德国煤矿研究所首先进行了系统的研究。为了达到高效的目的,必须提高火道温度,增大自墙传给煤料的热流量,才能缩短结焦时间。从现有的水平室式焦炉的结构特点出发,增大热流量的方法有:提高火道温度;减薄炉墙砖的厚度;使用高导热性能的炉墙砖等。

（四）高效生产与环保型焦炉

SCOPE21(Super Coke Oven for Productivity and Environment Enhancement toward the 21st Century),即"面向 21 世纪的高效生产与环保型的超级焦炉"。实际上,SCOPE21 就是将当今世界炼焦行业的各种先进技术,如流化床煤干燥、快速加热煤预热、DAPS(煤炭水分降至 2%,预先压块成型技术)、管道密闭装煤、高密度硅砖、低 NO$_x$ 排放、密闭推焦、CDQ(干熄焦)、焦炭闷炉改性等集成优化在一个炼焦系统上,以取得最佳节能减排效果。

第四节　护　炉　设　备

焦炉砌体的外部应按装护炉设备,如图 3-12 所示。这些设备包括:炉拄、保护板、纵横拉条、弹簧、炉门框、抵抗墙及机焦侧操作台等。

一、护炉设备的作用

护炉设备的主要作用是利用可调节的弹簧的势能,连续不断地向砌体施加足够的、分布均匀合理的保护性压力,使砌体在自身膨胀和外力作用下仍能保持完整性和严密性,并有足够的强度,从而保证焦炉的正常生产。护炉设备对炉体的保护分别沿炉组长向(纵向)和燃烧室长向(横向)分布,纵向为两端抵抗墙,弹簧组,纵拉条;横向为两侧炉柱、上下横拉条、弹簧、保护板和炉门框等。

1. 炉体横向膨胀及护炉设备的作用

炉体横向(即燃烧室长向)不设膨胀缝,烘炉期间,随炉温升高炉体横向逐渐伸长。投产后的 2～3 a 内,由于二氧化硅继续向鳞石英转化,炉体继续伸长。此外,以后周期性地装煤出焦,导致炉体周期性地膨胀、收缩。正常情况下,年伸长量大约在 5 mm 以下。横向膨胀时,每个结构单元沿蓄热室底层砖与基础平面间滑动层作整体移动。靠机焦两侧护炉设备所施加的保护性压力保证砌体在膨胀过程中完整、严密。但是,无论烘炉还是生产期间,炉体上下各部位温度不同,致使膨胀量不同,而硅砖又近乎刚体,故砌体升温过程中出现砖缝拉裂是不可避免的。为此,要保持砌体的完整性和严密性,除在筑炉时,充分考虑耐火泥的烧结温度和保证砖缝饱满外,要求护炉设备在机焦两侧能够提供给砌体横向保护性压力,应同各部位的膨胀量相适应。横向护炉设备的组成,装配如图 3-13 所示。

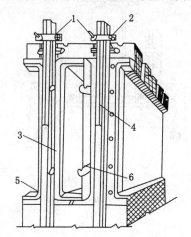

图 3-12 护炉设备装配简图
1——拉条;2——弹簧;3——炉门框;
4——炉柱;5——保护板;6——炉门挂钩

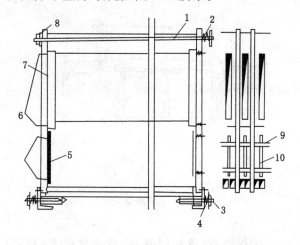

图 3-13 炉柱、横拉条和弹簧装配示意图
1——上部横拉条;2——上部大弹簧;3——下部横拉条;
4——下部小弹簧 5——蓄热室保护板;6——上部小弹簧;
7——炉柱 8——木垫;9——小横梁

2. 炉体纵向膨胀及护炉设备的作用

焦炉砌体的纵向伸长是靠两端的抵抗墙以及炉顶的纵拉条来制约,由于这种保护性压力的制约,使焦炉烘炉时,砌体内预留的膨胀缝收缩直至密合,吸收砌体的膨胀。一般情况下,抵抗墙只产生有限的向外倾斜,砌体在纵向膨胀时对两端抵抗墙产生向外的推力。与此同时,抵抗墙和纵拉条的组合结构通过弹簧组给砌体以保护性压力。当此力超过各层膨胀缝的滑动面摩擦阻力时,砌体内部发生相对位移使膨胀缝变窄。膨胀缝所在区域的上部

负载越大,膨胀缝层数越多,滑动面越大越粗糙,甚至在滑动面上误抹灰浆,则摩擦阻力越大,抵抗墙所受推力就越大,则纵拉条的断面应愈大,弹簧组提供的负荷吨位也应愈高。纵拉条失效是抵抗墙向外倾斜的主要原因。这不仅有损于炉体的严密性,而且还会使炭化室墙呈扇形向外倾斜。

3. 护炉设备的其他作用

在结焦过程中煤料膨胀以及推焦时焦饼压缩所产生的侧压力,使燃烧室整体受弯曲应力,在伸长的一侧产生拉应力。炉墙内从炭化室侧到燃烧室侧的温差,也使炭化室墙产生内应力。因此,护炉设备的作用也在于用保护性压力来抵消这些应力。此外,开关炉门时炉体受到强大的冲击力,推焦时焦饼产生的摩擦力等,都需要护炉设备将砌体箍紧,炉体才能具有足够的结构强度。另外,炉柱还是机焦侧操作台和集气管等设备的支架。

二、保护板、炉门框及炉柱

保护板、炉门框及炉柱的主要作用是将保护性压力均匀合理地分布在砌体上,同时保证炉头砌体、保护板、炉门框和炉门刀边之间的密封。因此,要求其紧靠炉头且弯曲度不能过大。

目前,我国焦炉用的保护板分为大、中、小三种类型,如图3-14、图3-15和图3-16所示,并以此配合相应的炉门框。

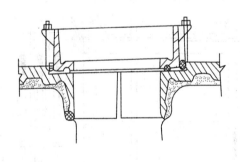

图 3-14　大保护板装配图

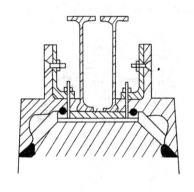

图 3-15　中保护板装配图

大保护板(或炉门框)的弯曲度过大,则炉门很难对严,当弯曲度超过 30 mm 时,应当更换。炉门框因高温作用而弯曲,使其周围成为焦炉的主要冒烟区,至今尚未有妥善解决的办法,随炭化室高度增加,问题更显突出。增大断面系数虽能提高冷态刚度,但长期高温作用下仍不免变形。采用中空炉门框要周边保持相同厚度,使加工困难,且长期使用会造成内外温差加大,也有损强度。炉门框与炉头或保护板间的密封,过去采用石棉绳,石棉最高工作温度约为530 ℃,且没有弹性。当炉门框稍有变形就会出现缝隙,致使炉头冒烟。冒出荒煤气的温度超过 530 ℃时,石棉绳损坏加快,冒烟量增大,从而造成恶性循环。国外有用陶瓷纤

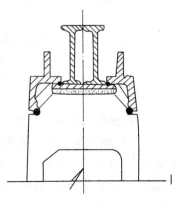

图 3-16　小保护板装配图

维毡代替石棉绳的介绍,因其工作温度高,强度大,有弹性,因而具备高温密封材料的基本要求,据有关资料介绍,近几年来陶瓷纤维用于 200 多个炉门框,尚无漏气现象。

炉体的膨胀:一是砖本身的线膨胀,这个膨胀压力很大,因此在炉体升温时,必须控制升温速度,防止急剧膨胀;二是由于砌体热胀冷缩使砖和砖缝产生裂纹,被石墨填充,造成炉体不断伸长而产生的膨胀力,后者是可以控制的。炉柱的作用就是将弹簧的压力通过保护板传给炉体,使砖始终处于压缩状态,从而可以控制炉体伸长,使炉体完整严密。炉柱还起着架设机、焦侧操作台、支撑集气管的作用。大型焦炉的蓄热室单墙上还装有小炉柱,小炉柱经横梁与炉柱相连,借以压紧单墙,起保护作用。

如前所述,护炉设备的保护性压力,是上下两个大弹簧的弹力拉紧横拉条而作用到炉柱上,然后由炉柱分配到沿炉体高向的各个区域。所以当护炉设备正常时,炉柱应处于弹性变形状态;横拉条受力应低于其许可应力与实际有效截面积的乘积;弹簧应处于弹性变形状态且工作负荷低于其许可负荷。炉柱属于静不定梁,目前设计上按均匀载荷的两端铰链支座梁处理。根据砌体所需的保护性压力,炉柱载荷按 1.5 t/m 的平均值计算。炉柱选用双工字钢(或槽钢)焊制,材质一般用 A3,根据结构尺寸所作的强度核算(方法见焦化设计参考资料),其最大允许的正面拉应力为 112.78 kPa,弯曲度应不超过 25 mm。

生产上测量炉柱弯曲度通常用三线法,如图 3-17 所示。在两端抵抗墙上,相应于炉门上横铁、下横铁、箅子砖的标高处,分别设置上、中、下 3 个测线架。将两端抵抗墙上同一标高的测线架分别用直径 1.0～1.5 mm 钢丝联结起来,用松紧器或重物拉紧,并将此三条钢丝调整到同一垂直平面如 A、B、C 三点,然后测出从炉柱到钢丝的水平距离。图 3-17 中 $A'B'C'$ 表示炉柱,炉柱与三线的水平距离分别为 a、b、c,h 为上线到中线的距离,H 为上线与下线的距离,则炉柱曲度即可按 $\triangle A'MB''$ 与 $\triangle A'C''C'$ 相似的原理导出下式计算:

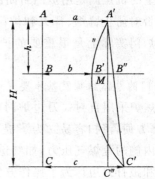

图 3-17 三线法测量炉柱曲度计算

$$y = (a-b) + (c-a)h/H \text{ (mm)} \tag{3-1}$$

$$y_{实} = y - y^0 \text{(mm)} \tag{3-2}$$

式中 y——炉柱曲度,即烘炉或生产中实测按式(3-1)计算值,mm;

$y_{实}$——炉柱实际曲度,mm;

y^0——炉柱自由状态曲度,在安装后、弹簧加压前测定,mm。

炉柱曲度关系到刚性力的合理分布,故可用炉柱曲度作为监督刚性力分布的一个标志。生产实践表明,限定炉柱曲度不大于 25 mm 是保证刚性力合理分布的前提,下部大弹簧在生产中随炉体膨胀需不断放松。

三、拉条及弹簧

1. 拉条

焦炉用的拉条分为横拉条和纵拉条两种,横拉条用圆钢制成,沿燃烧室长向安装在炉顶和炉底。上部横拉条放在炉顶的砖槽沟内,下部横拉条埋设在机、焦侧的炉基平台里。

拉条的材质一般为低碳钢。它在250～350℃时强度极限最大,延伸率最低,随温度的升高,强度显著下降,延伸率增大。为了保证横拉条在弹性范围内正常工作,其任一断面的直径不得小于原始直径的75%。否则,将影响对炉体的保护作用。纵拉条由扁钢制成,一座焦炉有5～6根,设于炉顶。其作用是沿炉组长向拉紧两端抵抗墙,以控制焦炉的纵向膨胀。纵拉条两端穿在抵抗墙内,并设有弹簧组,保持一定的负荷。

2. 弹簧

分大小弹簧两种。由大小弹簧组成弹簧组,安装在焦炉机侧上下和焦侧的下部横拉条上。沿炉柱高向不同部位还装有几组小弹簧。弹簧既能反映出炉柱对炉体施加的压力,使炉柱紧压在保护板上,又能控制炉柱所受的压力,以免炉柱负荷过大。弹簧组的负荷即为炉体所受的总负荷。弹簧在最大负荷范围内,负荷与压缩量成正比。烘炉和生产过程中,弹簧的负荷必须经常检查和调节,弹簧压力超过规定值时,根据炉柱曲度、炉柱与保护板间隙的情况,综合考虑调节。弹簧在安装前必须进行测试压缩量和负荷的关系,然后编组登记,作为原始资料保存,以备检查对照。

四、炉门

炭化室的机焦侧是用炉门封闭的,通过摘、挂炉门可进行推焦和装煤生产操作,炉门的严密与否对防止冒烟、冒火和炉门框、炉柱的变形、失效有密切关系。因此,不属于护炉设备的炉门实际上是很重要的护炉设备。随炭化室高度增大,改善炉门已成为重要课题。

1. 炉门的总体结构及基本要求

现代焦炉采用自封式刀边炉门(图3-18)。其基本要求是结构简单,密封严实,操作轻便,维修方便,清扫容易。为了提高密封性能,目前多从两个方面实行改革,一是降低炉门刀边内侧的荒煤气压力,如气道式炉门衬砖;二是提高炉门刀边的密封性和可调性,如双刀边和敲打刀边。为了操作方便,如今主要在门栓机构上下工夫,如弹簧门栓、气包式门栓、自重炉门。达到清扫容易的有效方法是气封炉门。由于炉门附近沉积的焦油渣大大减少,而且质地松软,故容易铲除,此法还有效地提高了刀边与炉门框间的密封程度。

2. 敲打刀边

刀边用扁钢制成,靠螺栓固定。调节时将螺帽放松,敲击固定卡子,使刀边紧贴炉门框。为了防止刀边在外力撞击下后退,有各种结构的卡子,国外推荐一种带凸轮卡子的刀边,它是用一块带凸轮的卡子卡住刀边,凸轮顶住刀边,当外力加于刀边上时,同刀边接触的凸轮半径将随螺栓转动而增大,从而防止刀边后退。敲打刀边制作、更换和调节方便,价格低廉,对轻度变形的炉门框也能适应,因此为国内外所广泛采用。

3. 弹簧门栓

一般炉门靠横铁螺栓将炉门顶紧,摘挂炉门时用推焦车和拦焦车上的拧螺栓机构将横铁螺栓松开,操作时间较长,而且作用力难于控制。弹簧门栓利用弹簧压力将炉门顶紧,操作时间短,炉门受力稳定,而且还可简化摘挂炉门机构。弹簧负荷因炭化室高度不同而异,2 m左右的为2 t,4 m左右的需5 t。我国6 m高的新建大型焦炉均采用弹簧炉门。

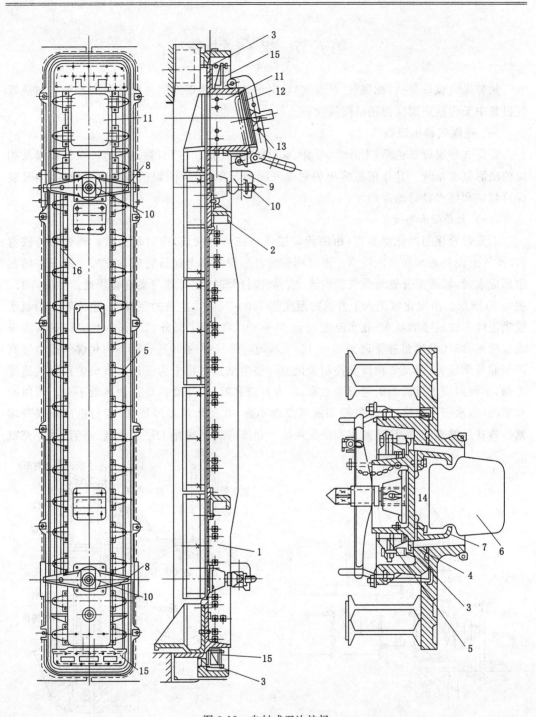

图 3-18 自封式刀边炉门

1——外壳;2——提钩;3——刀边;4——角钢;5——刀边支架;6——衬砖;7——砖横;

8——横贴;9——炉门框挂钩;10——横贴螺栓;11——平煤孔;12——小炉门;13——小炉门压杆;

14——隔热材料空隙;15——支架;16——横铁拉杆

第五节 煤 气 设 备

焦炉煤气设备包括:荒煤气(粗煤气)导出设备和加热煤气供入设备两大系统。加热煤气设备中又包括定期换向用的交换设备。

一、荒煤气导出设备

荒煤气导出设备包括:上升管、桥管、水封阀、集气管、"门"型管、焦油盒、吸气管以及相应的喷洒氨水系统。其作用是将出炉荒煤气顺利导出,不致因炉门刀边附近增大,但又要保持焦油和氨水良好的流动性。

(一)上升管和桥管

上升管直接与炭化室相连,由钢板焊接或铸铁铸造而成,内衬耐火砖。桥管为铸铁弯管,桥管上设有氨水和蒸汽喷嘴。水封阀靠水封翻板及其上面桥管氨水喷嘴喷洒下来的氨水形成水封,切断上升管与集气管的连接。翻板打开时,上升管与集气管联通。如图 3-19、图 3-20 所示。由炭化室进入上升管的温度达 700~750 ℃左右的荒煤气,经桥管上的氨水喷嘴连续不断地喷洒氨水(氨水温度约为 75~80 ℃),由于部分(2.5%~3.0%)氨水蒸发大量吸热,煤气温度迅速下降至 80~100 ℃,同时煤气中约 60%~70%的焦煤气压力过高而引起冒烟冒火,但又要保持和控制炭化室在整个结焦过程中为正压。将出炉荒煤气适度冷却,不致因温度过高而引起设备变形、阻力升高和鼓风、冷凝的负荷油冷凝下来。若用冷水喷洒,氨水蒸发量降低,煤气冷却效果反而不好,并使焦油黏度增加,容易造成集气管堵塞。冷却后的煤气、循环热氨水和冷凝焦油一起流向煤气净化工序经分离、澄清,并补充氨

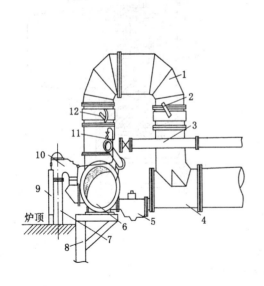

图 3-19　荒煤气导出系统

1——"门"型管;2——自动调节翻板;3——氨水总管;

4——吸气管;5——焦油盒;6——集气管;7——上升管;

8——炉柱;9——隔热板;10——弯头与桥管;

11——氨水管;12——手动调节翻板

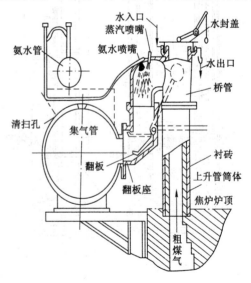

图 3-20　上升管、集气管结构简图

水后,由循环氨水泵打回焦炉。循环氨水用量对于单集气管约为 5 t/(t 干煤),对于双集气管约为 6 t/(t 干煤),氨水压力应保持 0.2 MPa 左右。为保证氨水的正常喷洒,循环氨水必须不含焦油,且氨水压力应稳定。为减少上升管的热辐射,上升管靠炉顶的一侧设有隔热板。近年来一些焦化厂为了进一步改善炉顶的操作条件,采用了上升管加装水夹套或增设保温层(上升管外表加一层厚 40 mm 的珍珠岩保温层)等措施,都取得了较好的效果。前者尚能回收荒煤气的部分热量,后者不仅改善了炉顶的操作条件,而且消除了石墨在上升管壁的沉积。

(二)上升管内沉积物的形成及预防措施

上升管内壁形成沉积物(俗称结石墨)并迅速增厚堵塞荒煤气导出通道,是炉门冒烟冒火的重要原因之一。为清除沉积物,世界各国曾使用多种机械清扫装置或用压缩空气吹扫,但操作频繁,劳动条件恶劣,对炉体有不同程度的不利影响,故近年来致力于预防,并辅之以简易清扫。

(1)沉积物的特征及形成条件。通过对一些厂的实地观察,上升管内壁沉积物层有上薄下厚的一致倾向,底部有向下的弯月面,沉积物层切面呈层状,有类似焦炭光泽但无气孔,且结构较松,类似中温沥青焦。

(2)当上升管内壁温度为 260~270 ℃时,沉积物增长较快,若铸铁上升管用水泥膨胀珍珠岩保温后,内壁温度升高到 460~470 ℃,沉积物少且酥松。综合这些现象,可以认为,沉积物形成的条件为:一是内壁温度低,致使荒煤气中某些高沸点焦油馏分在内壁面上冷凝;二是辐射或对流传热使冷凝的高沸点焦油馏分发生热解和热缩聚而固化,这个温度至少在 550 ℃以上。因此,由于火道温度高、装煤不足、平煤不好等造成的炉顶空间温度升高和荒煤气停留时间延长,均会导致上升管内壁沉积物加速增多。

(3)预防或减少上升管内沉积物形成的措施大体上有加速导出、保温及冷却三种方式。加速荒煤气导出,主要是缩短上升管和强化桥管上的氨水喷洒。上升管保温曾在国内一些小型焦炉上使用,用珍珠岩保温后经实测和计算表明,上升管内壁温度为 460~470 ℃,可大大减少管内壁冷凝量,保温层外表温度约 80 ℃,比未保温时降低 20~30 ℃,有利于改善操作环境。

二、加热煤气供入设备

加热煤气供入设备的作用是向焦炉输送和调节加压煤气。大型焦炉一般为复热式,可用两种煤气加热(贫煤气和富煤气),配备两套加热煤气系统,其结构如图 3-21 所示;中小型焦炉一般为单热式,只配备一套焦炉煤气加热系统。

单热式焦炉及复热式焦炉中的焦炉煤气加热管系基本相同,都有两种不同的布置形式,即下喷式和侧入式。JN43 型等大型焦炉及两分下喷复热式焦炉的煤气管系如图 3-22 所示。由焦炉煤气总管来的煤气,在地下室一端经煤气预热器进入地下室中部的焦炉煤气主管。由此经各煤气支管(其上设有调节旋塞和交换旋塞)进入煤气横管,再经小横管(设有小孔板或喷嘴)、下喷管进入直立砖煤气道,最后进入立火道与斜道来的空气混合燃烧。由于焦炉煤气中含有萘和焦油,在低温时容易析出而堵塞管道和管件,故设煤气预热器供气温低时预热煤气,以防冷凝物析出。气温高时,煤气从旁通道通过。

侧入式焦炉如 66 型焦炉的煤气管系,一般由煤气总管经预热器在交换机端分为机、焦侧两根主管,煤气再经支管、交换旋塞、水平砖煤气道进入各个火道。

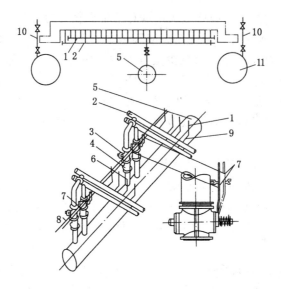

图 3-21 58 型焦炉入炉煤气管道配置图

1——煤气下喷管;2——煤气横管;3——调节旋塞;4——交换旋塞;5——焦炉煤气主管;6——煤气支管;
7——交换扳把;8——交换拉条;9——小横管;10——高炉煤气支管;11——高炉煤气主管

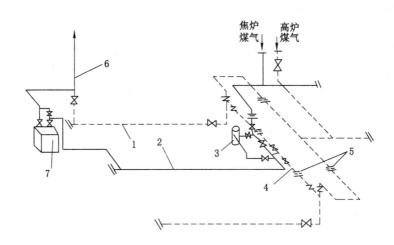

图 3-22 JN43 型(下喷式)焦炉的煤气管系

1——高炉煤气主管;2——焦炉煤气主管;3——煤气预热器;4——混合用焦炉煤气管;
5——孔板;6——放散管;7——水封

三、废气导出及其设备

焦炉废气导出系统有废气盘,机、焦侧分烟道及总烟道翻板。废气盘(交换开闭器)是控制进入焦炉的空气、煤气及排出废气的装置。目前国内外有多种型式的废气盘,大体上可分为两种类型,一种是同交换旋塞相配合的提杆式双砣盘形(JN43 型等大型焦炉采用);另一种为杠杆式交换砣型。

(一)提杆式双砣盘型废气盘

废气盘由筒体、砣盘及两叉部组成。两叉部内有两条通道,一条连接高炉煤气接口管和煤气蓄热室的小烟道;另一条连接进风口和空气蓄热室的小烟道。废气连接筒经烟道弯管与分烟道接通。筒体内设有两层砣盘,上砣盘的套杆套在下砣盘的芯杆外面,芯杆经小链与交换拉条连接。

用高炉煤气加热时,空气叉上部的空气盖板与交换链连接,煤气叉上部的空气盖板关死。上升气流时,筒体内两个砣盘落下,上砣盘将煤气与空气隔开,下砣盘将筒体与烟道弯管隔开;下降气流时,煤气交换旋塞靠单独的拉条关死,空气盖板在废气交换链提起两层砣盘的同时关闭,使两叉部与烟道接通排出废气。

用焦炉煤气加热时,两叉部的两个空气盖板均与交换链连接,上砣盘可用卡具支起使其一直处于开启状态,仅用下砣盘开闭废气。上升气流时,下砣盘落下,空气盖板提起;下降气流时则相反。高炉煤气流量主要取决于支管压力和支管上调节流量的孔板直径,与蓄热室的吸力关系不大。空气流量取决于风门开度和蓄热室的吸力;废气流量则主要取决于烟囱吸力。

提杆式双砣盘型废气盘在采用高炉煤气加热时,不能精确调节煤气蓄热室和空气蓄热室的吸力,这是它的一个不足。

（二）杠杆式废气盘

与提杆式双砣型废气盘相比,杠杆式废气盘用煤气砣代替贫煤气交换旋塞,通过杠杆、卡轴和扇形轮等转动废气砣、煤气砣和空气盖板,省去了贫煤气交换拉条;每一个蓄热室单独设一个废气盘,分为煤气废气盘和空气废气盘,便于调节。

四、交换设备

交换设备是改变焦炉加热系统气体流动方向的动力设备和传动机构,包括交换机和传动拉条。

（一）焦炉加热系统交换工艺

焦炉无论用哪种煤气加热,交换都要经历三个基本过程:关煤气——→废气与空气进行交换——→开煤气,具体表现为:

(1)煤气必须先关,以防加热系统中有剩余煤气,易发生爆炸事故。

(2)煤气关闭后,有一短暂的间隔时间再进行空气和废气的交换,可使残余煤气完全烧尽。交换废气和空气时,废气砣和空气盖板均稍为打开,以免吸力过大而受冲击。

(3)空气和废气交换后,也应有短暂的间隔时间打开煤气,这样可以使燃烧室内有足够的空气,煤气进去后能立即燃烧,从而可避免残余煤气引起的爆鸣和进入煤气的损失。

两次换向的时间间隔即换向周期,换向周期应根据加热制度、煤气种类、蓄热室换热能力而定。换向周期过长,格子砖吸热或放热效果差,使热效率降低,过短则增加交换操作次数,由于交换时有一段时间停止往炉内供煤气,这就会引起频繁的炉温波动,而且每换向一次不可避免地要损失一些煤气。一般中小型焦炉均按 30 min 换向一次。当几座焦炉同用一个加热煤气总管时,为防止换向时煤气压力变化幅度太大,故不能同时换向,一般相差5 min。各种焦炉因结构、加热煤气设备、加热制度不同,它们的交换过程和交换系统也不完全相同,但基本原理是一致的。如图 3-23 所示为 58 型焦炉交换系统图。

（二）交换过程及交换机

交换机分机械传动和液压传动两类,机械传动又有卧式、立式和桃形三种。

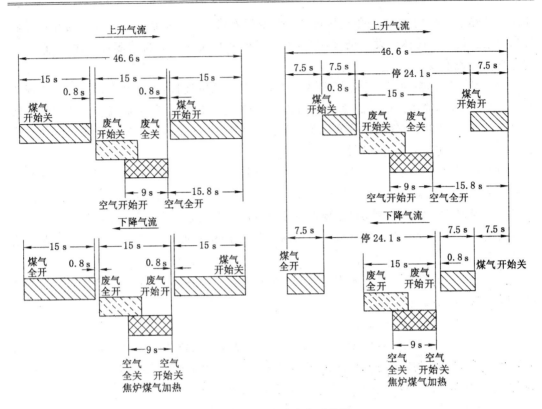

图 3-23　58 型焦炉交换系统图

第六节　焦炉机械

炼焦生产中焦炉机械包括：顶装焦炉用装煤车、推焦车、拦焦车和熄焦车（焦炉四大车），侧装焦炉用装煤推焦车代替装煤车和推焦车，增加了捣固机和消烟车，用以完成炼焦炉的装煤出焦任务。典型配置图如图 3-24 所示。

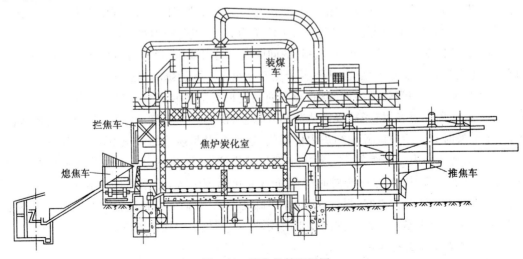

图 3-24　炼焦机械配置图

这些机械除完成上述任务外,还要完成许多辅助性工作,主要有:

(1) 装煤孔盖和炉门的开关,平煤孔盖的开闭;

(2) 炭化室装煤时的平煤操作;

(3) 平煤时余煤的回收处理;

(4) 炉门、炉门框、上升管的清扫;

(5) 炉顶及机、焦侧操作平台的清扫;

(6) 装备水平高的车辆还设有消烟除尘的环保设施。

一、装煤车

装煤车是在焦炉炉顶上由煤塔取煤并往炭化室装煤的焦炉机械。装煤车由钢结构架、走行机构、装煤机构、闸板、导管机构、振煤机构、开关煤塔斗嘴机构、气动(液压)系统、配电系统和司机操作室组成。各类装煤车的主要技术性能如表 3-3 所示。

表 3-3　　　　　　　　　　　各类装煤车技术性能

主要性能型号	JZ—6—1 (TJ 型焦炉)	JZ—1 (5.5 m 焦炉)	JZ—7 (58 型焦炉)	JZ—10 (中型焦炉)	JZ—5—3 (66 型焦炉)	70 型焦炉
煤斗数量	4	4	3	32	2	2
煤斗总容积/m³	54	35	27	13.5	7.3	1.73
轨距/mm	7 780	6 950	5 230	3 900	1 940	1 100
装煤孔距/mm	3 576	3 576	4 280	3 255	3 340	3 340
走行速度/m·min⁻¹	90	96	92	103.5	65	—
走行机构	蜗轮蜗杆传动	蜗轮蜗杆传动	蜗轮蜗杆传动	齿轮传动	齿轮传动	齿轮传动
闸门导套机构	油压式	气动	气动	气动	手动	手动
开煤塔机构	气动	气动	气动	气动	碰撞式	手动
振煤机构	风吹式	风吹式	风吹式	风吹或电振	振煤杆	—
电机总功率/kW	152.8	89.4	66	42	7.5	7.5
质量/t	133	55	35	22.3	7.7	6.5

大型焦炉的装煤车功能较多,机械化、自动化水平较高,一般应具有以下功能:机械式开关高压氨水喷洒;机械式螺旋给料加煤和炉顶面清扫;PLC 自动操作控制。由鞍山焦耐总院研制的具有国际先进水平的干式除尘装煤车,它将烟尘净化系统直接设置在装煤车上,其除尘采用非燃烧、干式除尘净化和预喷涂技术,装煤采用螺旋给料和球面密封导套等先进技术。

为改善环境,一些大型焦炉的装煤车还设置了无烟装煤设施,如图 3-25 所示。点火燃烧的目的是防止抽烟系统爆炸及沉积焦油堵塞管道,再则将烟气中含有的有毒物质烧掉,对环境保护有利。对于五斗煤车的抽气量约为 1 260 m³/min。

燃烧后的烟气经过百叶窗式水洗器除尘并降温至 70 ℃,喷水量为 0.48 t/min,水压为 (24~29)×10⁴ Pa,水洗后气体进入离心式烟雾分离器脱水,污水净化后再循环使用。烟气在抽烟筒吸入时含粉尘量约 10 g/m³,经水洗后可降至 2~3 g/m³,因此降低了装煤时对环境的污染。

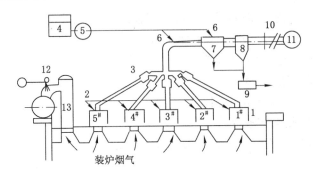

图 3-25　装煤车导烟流程

1—抽烟管；2—水喷嘴；3—燃烧筒；4—给水箱；5—水泵；6—水喷嘴；7—水洗器；8—分离器；
9—排水槽；10—外接管；11—地面系统；12—高压氨水喷嘴；13—上升管

二、推焦车

推焦车的作用是完成启闭机侧炉门、推焦、平煤等操作。主要由钢结构架、走行机构、开门装置、推焦装置、清除石墨装置、平煤装置、气路系统、润滑系统以及配电系统和司机操作室组成。大型焦炉推焦车应具备以下功能：一次对位完成摘挂炉门、推焦和平煤操作；机械清扫炉门、炉门框和操作平台；机械实现尾焦的采集和处理；用压缩空气清扫上升管根部的石墨；推焦电流的显示及记录；PLC 自动操作控制。

各种型号的推焦车主要技术性能见表 3-4。

表 3-4　　　　　　　　　　　各类推焦车主要技术性能

主要性能型号	JZ—6—1（TJ 型焦炉）	JZ—1（5.5 m 焦炉）	JZ—7（58 型焦炉）	JZ—10（中型焦炉）	JZ—5—3（66 型焦炉）	70 型焦炉
推焦量/t	25	21	13	7	3.2	1.9
推焦杆速度/m·min⁻¹	26.2	25.8	27.4	24.5	15.9	10
推焦杆行程/mm	25 740	21 410	18 680	14 385	10 950	7 050
最大推焦力×10³/N	588	490	441	235	196	—
走行机构	长轴传动	长轴传动	长轴传动	单独传动	单独传动	—
走行速度/m·min⁻¹	60	80	80	86	53	20

推焦车在一个工作循环内，操作程序很多，但时间只有 10 min 左右，工艺上要求每孔炭化室的实际推焦时间与计划推焦时间相差不得超过 5 min。为此，推焦车各机构应动作迅速，安全可靠。为减少操作差错，最好采用程序自动控制或半自动控制，为缩短操作循环时间，使车辆服务于更多的炉孔数，今后车辆的发展尽可能采用一点停车，即车辆开到出炉号后不再需要来回移动，就能完成此炉号的推焦和上一炉号的平煤任务，这样不仅可以缩短操作时间，而且可以改善出炉操作。实现一点停车，可以减少车辆的启动次数，减少行走距离，提高设备的利用率，目前一般大型焦炉的推焦车最多能为 80 孔焦炉工作，如改成一点停车则可提高到 130 孔炉室。

三、拦焦车

它是由启门、导焦及走行清扫等部分所组成。其作用是启闭焦侧炉门,将炭化室推出的焦饼通过导焦槽导入熄焦车中,以完成出焦操作。启门机构包括:摘门机构和移门旋转机构。导焦部分设有导焦槽及其移动机构,以引导焦饼到熄焦车上。为防止导焦槽在推焦时后移,还设有导焦槽闭锁装置。

各种型号的拦焦车主要技术性能见表3-5。

表 3-5 各类拦焦车主要技术性能

主要性能型号	JZ—6—1 (TJ 型焦炉)	JZ—1 (5.5 m 焦炉)	JZ—7 (58 型焦炉)	JZ—10 (中型焦炉)	JZ—5—3 (66 型焦炉)	70 型焦炉
走行速度/m·min⁻¹	50	88	88	87.2	68.5	22.5
走行机构	电机驱动	电机驱动	电机驱动	电机驱动	电机驱动	电动
轨距/mm	2 700	2 000	1 600	1 400	1 300	1 000
移门机构	取门机	液压驱动	电动	电动	液压	电动
炉门旋转机构	取门机	液压	电机	电机	—	—
炉门旋转角度	90	90	90	85		
提门机构	取门机	液压	电机	电机	液压	手动
提门工作行程/mm	120	45	45	45	40	40
导焦槽移动机构	液压	液压	液压	液压	手动	固定式
电机总功率/kW	94.2	26	21.8	38.6	7.8	5.7
质量/t	215.6	50	24	18	11.13	4.13

拦焦车工作场地狭窄,环境温度高,烟尘大,故对其结构的要求是稳定性好,一次对位完成摘挂炉门和导焦槽定位,安全可靠,防尘降温,定位次数少。拦焦车在运转过程中,导焦槽的底部应与炭化室的底部在同一平面上,以防焦炭推出时夹框或推焦杆头撞击槽底而损坏。摘门机构除与推焦车相同外,炉门的提起高度和回转角度应完全符合要求。为减轻劳动强度,增设机械清扫炉门、炉门框和操作平台的装置以及尾焦采集装置,并能实现PLC自动操作控制。

四、熄焦车

熄焦车由钢架结构、走行台车、电机车牵引和制动系统、耐热铸铁车厢、开门机构和电信号等部位组成。用以接受由炭化室推出的红焦,并送到熄焦塔通过水喷洒而将其熄灭,然后再把焦炭卸至凉焦台上。操作过程中,由于经常在急冷急热的条件下工作,故熄焦车是最容易损坏的焦炉机械。工艺上要求熄焦车材质上能耐温度剧变,耐腐蚀,故车厢内应衬有耐热铸铁(钢)板。一般熄焦车底倾斜度为28,以保证开门后焦炭能靠自重下滑,但斜底熄焦车上焦炭堆积厚度相差很大,使熄焦不均匀。国内有的焦化厂,调整熄焦塔水喷头的配置数量,或设置倾翻机构,避免车厢内焦炭堆积不均的缺点。

各类熄焦车和电机车的主要技术性能见表3-6。

表 3-6			各类熄焦车和电机车主要技术性能			
主要性能型号	JZ—6—1 (TJ 型焦炉)	JZ—1 (5.5 m 焦炉)	JZ—7 (58 型焦炉)	JZ—10 (中型焦炉)	JZ—5—3 (66 型焦炉)	70 型焦炉
轨距/mm	2 000	1 435	1 435	1 435	1 435	800
车厢有效容积/t	24	21	13	7	3	2×3(m³)
车厢有效长度/m	15.470	15	13.2	10	6.6	2.9
车底倾斜角/度	10~30	28	28	28	28	30
开门机构	液压传动	气动	气动	气动	液压传动	手动
车门最大开度/mm	650	650	650	550~570	350	450
质量/t	87	—	49	—	13.3	5.98
电机车型号	KD—11	KD—4	KD—5	—	—	—
电机车走行速度/m·min⁻¹	190	190	190	190	93	85
轮轴牵引力/N	30 870	27 979	27 979	14 700	—	—

五、捣固站

捣固站是将储煤槽中的煤粉捣实并最终形成煤饼的机械。有可移动式的车式捣固机和固定位置连续成排捣固站两种。可移动式的捣固机上有走行传动机构,每个捣固机上有 2~4 个捣固锤,由人工操作,沿煤饼方向往复移动,分层将煤饼捣实,煤塔给料器采用人工控制分层给料的方式。连续捣固站的捣固锤头多,沿煤饼排开,在加煤时,锤头不必来回移动或在小距离内移动,实现连续捣固,煤塔给料器采用自动控制均匀薄层连续给料。

六、装煤推焦车

捣固焦炉的装煤推焦车完成的任务除了有顶装焦炉推焦车的摘门、推焦外,还增加了推送煤饼的任务,同时取消了平煤操作。相应地车辆上增加了捣固煤饼用的煤槽以及往炉内送煤饼的托煤板等机构,取消了平煤机构。

通常装煤箱的一侧是固定壁,另一侧是活动壁,煤箱前部有一可张开的前臂板,装煤饼时打开,煤饼由此推出。煤饼箱后部有一顶板,装煤时与托煤板一起运动,装完煤抽托煤板时由煤箱侧壁锁紧机构夹住,顶住煤饼,抽完托煤板后,夹紧机构放开,由卷扬机构拉回。煤饼箱下有托煤板,由一链式传动机构带动,在装煤时托着煤饼一起进入炭化室,装完煤后抽出。

七、四大车联锁

焦炉的生产操作是在各机械相互配合下完成的。在焦炉机械水平逐步提高的情况下,装煤车、推焦车、拦焦车和熄焦车之间的工作要求操作协调、联系准确,方能使四大车的操作协调一致,为保证焦炉安全正常生产,四大车应实现联锁,具体要求如下:

(1)装煤车司机能根据装煤情况,发出平煤信号,推焦车司机在平煤时可发出停止平煤的信号,平煤过程中装煤车司机也可发出讯号停止平煤。

(2)推焦车、拦焦车和熄焦车之间,在未对准同一炉号的情况下不能推焦,即在拦焦车未取下炉门和导焦槽未对准炉门框以及熄焦车未运行至接焦位置时不能推焦。推焦过程中,如某一机械出事故,任何一个司机均可发出指令使推焦杆退回。

为达到上述要求,目前我国四大车的联锁控制主要有以下几种方式:

1. 有线联锁控制

在焦炉四大车上均设一条联锁滑线,每车司机室都设有操作信号和事故信号,出焦时每车操作前都用信号联系。各车之间还有联锁装置,推焦前只有当拦焦车打开炉门,导焦槽对准推焦炉号,熄焦车对位,并待熄焦车司机接通推焦车上的继电器时,推焦车方能推焦。当焦侧出现问题不允许继续推焦时,熄焦车司机可切断电源,推焦杆即停止前进。

这种有线联锁装置,可由熄焦车控制推焦杆前进,缺点是线路复杂,操作麻烦,不能保证推焦杆与导焦槽对准同一炭化室,即配合不能达到完全可靠。

2. 载波电话通讯

在每辆车上安装载波电话,直接利用电力线传递载波,进行通话联络和控制操作,这种方式虽然可靠但通话和操作频繁,在紧张的操作中,有时会出现人为的误操作。

3. γ射线联锁信号

在装煤车、拦焦车和推焦车上设有γ射线的发射和接收装置,一般推焦车上发出的γ射线,从炭化室顶部空间通到焦侧的拦焦车上,同时装煤车发出的γ射线也可通到推焦车上,以实现相互之间的对准和联锁。这种联锁装置可以不用附设联锁滑线,而且也减少了设备。γ射线是用钴[60]同位素作射源的,使用期间维修工作量极少。因此是一种比较理想的联锁装置,但应严防泄漏。除此之外,焦炉机械还设有各种信号装置,有气笛、电铃或打点器、信号灯等,以用来联系、指示行车安全。

总之,焦炉机械的发展趋势是逐步实现计算机自动控制,实现焦炉机械远距离或无人操纵的自动化,从而彻底改善焦炉的劳动条件,提高劳动生产率。

本章测试题

一、判断题(在题后括号内作记号,"√"表示对,"×"表示错,每题 2 分,共 20 分)

1. 现代焦炉逐渐往大型、环保、高效的方向发展。（　　）

2. 炭化室是装煤和炼焦的地方,燃烧室是煤气燃烧的地方。（　　）

3. 燃烧室也有锥度,数值与炭化室相同。（　　）

4. 燃烧室的热量传给炉墙,间接加热炭化室中煤料,对其进行高温干馏。（　　）

5. 蓄热室下部有小烟道,其作用是向蓄热室交替导入冷煤气和空气,或排出废气。

（　　）

6. 当用焦炉煤气加热时,由两个斜道送入空气和导出废气,而焦炉煤气由垂直砖煤气道或者水平砖煤气道进入。（　　）

7. 焦炉废气导出系统有废气盘,机、焦侧分烟道及总烟道翻板。（　　）

8. 交换设备是改变焦炉加热系统气体流动方向的动力设备和传动机构,包括交换机和传动拉条。（　　）

9. 焦炉煤气的主要成分为氢气和一氧化碳。（　　）

10. 目前比较流行的焦炉炉型为 7.63 m 大型焦炉。（　　）

二、填空题(将正确答案填入题中,每空 2 分,共 20 分)

1. 解决高向加热均匀性的方法有（　　）、（　　）、不同厚度炉墙和（　　）。

2. 焦炉由三室两区一基础组成,即（　　）、（　　）、（　　）、斜道区、炉顶区和基础部分。

3. 炭化室的水平面呈梯形,焦侧宽度大于机侧,两侧宽度之差称(　　),一般焦侧比机侧宽 50 mm。

4. 从立火道盖顶砖的下表面到炭化室盖顶砖下表面之间的距离,称(　　)。

5. 常见的立火道为(　　)和(　　)立火道。

6. 焦炉无论用哪种煤气加热,交换都要经历三个基本过程:关煤气、(　　)、开煤气。

三、单选题(在题后供选答案中选出最佳答案,将其序号填入题中,每题 2 分,共 20 分)

1. 一般大型焦炉的燃烧室有(　　)个立火道。

A. 20～26　　　　　　B. 26～32　　　　　　C. 32～38

2. 为回收利用焦炉燃烧废气的热量预热贫煤气和空气,在焦炉炉体下部设置(　　)。

A. 蓄热室　　　　　　B. 斜道区　　　　　　C. 小烟道

3. 当用贫煤气加热时,一个斜道送入(　　),另一个斜道送入空气,换向后两个斜道均导出废气。

A. 空气　　　　　　B. 煤气　　　　　　C. 空气与煤气的混合气体

4. 连通蓄热室和燃烧室的通道称为(　　)。

A. 蓄热室　　　　　　B. 斜道区　　　　　　C. 小烟道

5. 大保护板(或炉门框)的弯曲度过大,则炉门很难对严,当弯曲度超过(　　)mm 时,应当更换。

A. 10　　　　　　B. 20　　　　　　C. 30

6. 生产上测量炉柱弯曲度通常用三线法,弯曲度应不超过(　　)mm。

A. 15　　　　　　B. 25　　　　　　C. 35

7. 加热煤气供入设备的作用是向焦炉输送和调节加压煤气。大型焦炉一般为复热式,可用(　　)种煤气加热。

A. 一　　　　　　B. 二　　　　　　C. 都不是

8. 炼焦生产中顶装焦炉机械,即焦炉四大车包括:装煤车、推焦车、(　　)和熄焦车。

A. 倒焦车　　　　　　B. 筛焦车　　　　　　C. 拦焦车

9. 煤气入炉可分为侧入式、(　　)两种方式。

A. 下喷式　　　　　　B. 水平式　　　　　　C. 都不是

10. 双联式火道燃烧室中,将燃烧室设计成偶数个立火道,每两个火道分为一组,一个火道走上升气流,另一个火道走(　　)。

A. 下降空气　　　　　　B. 上升空气　　　　　　C. 下降废气

四、简答题(每题 10 分,共 40 分)

1. 简述加热水平高度的定义及其重要性。

2. 焦炉护炉设备包括哪些?

3. 简述荒煤气导出设备及其作用。

4. 简述 7.63 m 焦炉及 JNDK55—05F 型捣固焦炉的工艺参数。

第四章　炼焦生产操作

【本章重点】炼焦生产中的装煤操作；炼焦生产中的推焦操作；炼焦生产中的熄焦操作；炼焦生产中的筛焦操作。

【本章难点】推焦操作的注意事项及难推焦的处理；干熄焦的工艺流程及优点。

【学习目标】掌握炼焦四大工序的操作；掌握推焦最大电流、推焦串序、周转时间等定义；掌握干熄焦的工艺流程。

炼焦产品是焦炭和化学产品。炼焦生产是将煤装入炭化室中进行加热干馏，经过一定的时间，炼成焦炭，然后将焦炭从炉内推出、进行熄焦和筛焦，同时将从炭化室内产生的挥发物输送到化产车间去分离提制各种化学产品。

第一节　焦炭及室式结焦过程

焦炭广泛用于高炉炼铁，铸造、电石、气化及有色金属冶炼等方面，其中高炉用焦量占焦炭总产量的绝大多数，这些焦炭称为冶金焦，如图 4-1 所示。

图 4-1　冶金焦

一、焦炭在高炉中的作用

高炉是竖形炉子，从上到下有炉喉、炉身、炉腰、炉腹和炉缸五部分[图 4-2(a)]。原料包括铁矿石（或烧结矿）、焦炭和石灰石，交替地由炉顶通过装料装置装入炉内，在炉喉处原料被预热、脱水。由炉缸风口处鼓进的热风与焦炭不完全燃烧生成一氧化碳，并放出热量。燃烧放出的热量是高炉冶炼过程的主要热源，占冶炼所需热量的 $75\%\sim80\%$，反应后生成的 CO 作为高炉冶炼过程的主要还原剂，使铁矿石中的铁氧化物还原，因此，自下而上煤气温度逐渐降低[图 4-2(b)]。从风口开始,由于煤气中 CO_2 与焦炭反应及铁氧化物被高温焦炭直接还原产生大量 CO,所以煤气中 CO 含量逐渐增加,到炉腹以上部位则由于 CO 与铁氧化物间接还原生成 CO_2 而逐渐降低[图 4-2(c)]。焦炭于风口处烧掉,形成空间,炉料因其自重在此空间不断下降,并受炽热的上升气流作用发生了分解、还原、造渣、脱硫等一系列反应,最终变成铁水和炉渣,从炉缸磕口、铁口放出。铁矿石绝大多数是各种铁的氧化物,它和 CO 接触,发生还原反应生成铁,而焦炭和氧气不完全燃烧生成的 CO 是高炉内主要的还原剂。焦炭与氧燃烧反应所放出的热量是高炉冶炼过程热量的主要来源。加入石灰石的目的,在于同石灰石与矿石、焦炭中的高熔点酸性氧化物起反应,形成熔点较低、比重较小的炉渣与铁水分开,从炉缸中放出。在此过程中,有害杂质硫、磷等能除去一大部分。为了使在炉内发生的一系列化学反应完全,要求炉内参与反应的物质相互均匀接触,为此炉料应分布均匀,透气性好。从炉喉到炉缸整个途径中,只有焦炭始终保持固体状态,因此焦块的大小、耐磨强度、抗碎强度及均匀程度将直接影响炉料透气性的好坏。当炉料透气性变坏时,不仅高炉内反应过程恶化,还使气体通过阻力大大增加,会造成炉料下降缓慢、挂料、崩料等高炉不顺行现象。以上说明,焦炭在高炉冶炼过程中起着还原剂、热源、支撑物三大作用。由于焦炭在高炉内还起支撑料柱的骨架作用,保持炉料分布均匀、透气性好,要求焦炭有较高的抗碎强度和耐磨强度,还要有一定的块度,块度越均匀越好。随着高炉越来越大,高炉喷煤技术的使用,对焦炭强度和块度要求就更高。

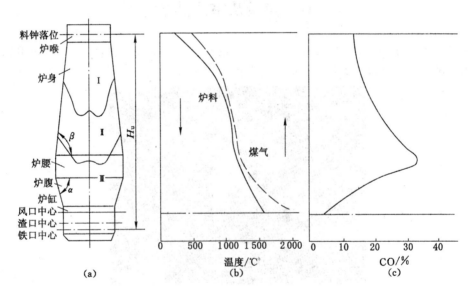

图 4-2 高炉炉型及各部位温度与煤气组成

(a) 炉型;(b) 高炉内温度沿高炉的变化;(c) 煤气中 CO 沿高度的变化;

I ——800 ℃以下区域;II ——800~1 100 ℃区域;III ——1 100 ℃以上区域;

H_u —— 有效高度;α —— 炉腹角;β —— 炉身角

二、焦炭性能

(一)焦炭的化学组成

焦炭的化学组成包括水分、灰分、挥发分、硫分、磷分等。

1. 水分 M_t

刚出炉的焦炭不含水分,湿法熄焦时,焦炭的水分可高达 6% 以上,而采用干法熄焦,焦炭不含水分,因吸附大气中的水汽使其含水约 1%～1.5%,干焦炭比湿焦炭容易筛分。作为冶金焦使用,水分含量的波动会影响高炉的操作,焦炭水分低,使高炉内的反应区上移,提高产量。所以,要控制焦炭水分适量,以免焦粉含量增高。另外焦炭水分要尽量稳定,有利于高炉配料稳定。

2. 灰分 A_d

焦炭的灰分的主要成分是 SiO_2 和 Al_2O_3。灰分使焦炭的强度降低。焦炭灰分每升高 1%,高炉熔剂消耗量约增加 4%,炉渣量约增加 3%,每吨生铁消耗焦炭量增加 1.7%～2.0%,生铁产量降低约 2.2%～3.0%。因此,降低炼焦煤的灰分对提高焦炭的质量具有重要意义。

3. 挥发分 V_{daf}

焦炭的挥发分是焦炭成熟度的标志,焦炭的挥发分与炼焦煤料、炼焦最终温度有关。炼焦煤挥发分高,在一定的炼焦工艺条件下,焦炭挥发分略高。随着炼焦的最终温度升高,焦炭挥发分降低。成熟良好的焦炭挥发分为 0.9%～1.0% 左右。当焦炭的挥发分大于 1.2% 时,则表明炼焦不成熟。成熟度不足的焦炭耐磨性差,影响其强度;焦炭挥发分过低时,说明焦炭过火,焦炭裂纹增多,易碎,焦炭的块度将受到影响。

4. 硫分 S_t

焦炭的硫分是受炼焦煤料影响的,它是生铁中的主要有害杂质,当焦炭含硫量高时,在高炉冶炼中为了脱硫,需多加石灰石,使铁产量降低。

5. 磷分

焦炭的磷分含量很少,焦炭的含磷量多少取决于炼焦煤料,煤中的含磷几乎全部转入焦炭中,一般焦炭含磷量约 0.02%。磷在炼铁过程中,进入生铁中使生铁产生冷脆性。

我国目前焦化企业的冶金焦质量为:水分(M_t)大多数厂控制在 6% 以下;灰分(A_d)11%～15% 之间;挥发分(V_{daf})控制在 0.9%～1.6% 之间;硫分 S_t 一般控制在 0.4%～0.6%,多数大企业控制在 0.5% 以下。

(二)焦炭的物理机械性能

高炉生产对焦炭的基本要求是:粒度均匀,耐磨性和抗碎性强。焦炭的这些物理机械性能主要由筛分组成和转鼓试验来评定。

1. 焦炭的强度

强度是冶金焦和铸造焦物理机械性能的重要的指标。目前评价焦炭强度最通行的方法是采用各种转鼓试验来测定焦炭的强度,通常所指的焦炭强度是在常温下测得的结果,为了与高温下测得的焦炭强度加以区分,常温下测得的焦炭强度又称为焦炭的冷强度。我国采用米贡转鼓法测定焦炭的冷强度。其原理为:将一定量块度大于某一规定值的焦炭试样,放入一个特定结构尺寸的转鼓内,转鼓以恒定的转速转动一定转数,由于转鼓内的提料板作用,焦炭在鼓内产生翻动和上下跌落运动,受这种复杂运动的作用力影响,抗碎能力差的焦块必定碎裂。同时对于耐磨能力差的焦炭,将产生表面焦炭层脱落而生成碎颗粒。这样可用转鼓试验后大于某一块度的焦炭占总的入鼓焦炭的百分比作为焦炭抗碎强度的指标,而用转鼓试验后小于某一较小粒度的焦炭量(或大于)占总的入转鼓焦炭量的百分比作为焦炭的耐磨强度指标。转鼓由电机带动,经减速后以 25 r/min 的转速转动,每次试验共转 100 转。转鼓试验后,将出鼓焦炭分别用 40 mm 和 10 mm 的圆孔筛筛分,对筛分得到的大于 40 mm、40～10 mm、小于 10 mm 三部分分别称重,并计算强度指标。

抗碎强度用 M_{40} 表示,其计算式为:

$$M_{40} = \frac{\text{出鼓焦炭中大于 40 mm 组分的质量}}{\text{入鼓焦炭质量}} \times 100\% \tag{4-1}$$

耐磨强度用 M_{10} 表示,其计算式为:

$$M_{10} = \frac{\text{出鼓焦炭中小于 10 mm 组分的质量}}{\text{入鼓焦炭质量}} \times 100\% \tag{4-2}$$

2. 焦炭的筛分组成与平均粒度

焦炭是外形和尺寸不规则的物料,只能用统计的方法来表示其粒度,即用筛分试验获得的筛分组成及计算的平均粒度进行表征。我国现行冶金焦质量标准规定粒度 ＜25 mm 焦炭占总量的百分数为焦末含量,块度 ＞40 mm 称为大块焦,25～40 mm 为中块焦,＞25 mm 为大中块焦。高炉生产对焦炭的块度要求比较严格,大高炉使用的焦炭一定要作分级处理,其至要对焦炭进行整粒。高炉焦的适宜粒度范围在 25～80 mm 之间,炼焦生产中应尽可能增加该粒度范围内焦炭的产率。对于铸造用焦质量,则要求 ＞80 mm 级为佳。焦炭的筛分组成主要与炼焦配煤的性质和炼焦条件有关,一般气煤炼制的焦炭块度小,而焦煤和瘦煤炼制的焦炭块度大。

焦炭的筛分组成是计算焦炭块度大于 80 mm、80～60 mm、60～40 mm、40～25 mm 等各粒级的百分含量。利用焦炭的筛分组成可以计算出焦炭的块度均匀系数 K,它是评价焦炭块度是否均匀的指标。K 可由下式算出:

$$K = \frac{W(60～80) + W(40～60)}{W(>80) + W(25～40)} \tag{4-3}$$

3. 焦炭反应性(CRI)与反应后强度(CSR)

焦炭强度的 M_{40}、M_{10} 转鼓指数都是焦炭的冷态特性,而焦炭在高炉中恰恰是在高达 1 000 ℃以上的热态下使用。M_{40}、M_{10} 转鼓指数好的焦炭在高炉内不见得就表现出很好的冶炼性能。例如,采用土法生产的焦炭虽然 M_{40}、M_{10} 的指标很好,但在实际冶炼应用时其冶炼性能却不一定好。因此,人们更看重的是焦炭在冶炼热态下的“高温强度”。这是因为焦炭强度在高炉下部被削弱的主要原因是高温下 CO_2 对焦炭的侵蚀作用,焦炭中的 C 为 CO_2 所氧化或 CO_2 被焦炭中的 C 还原成 CO。焦炭中的 C 被用于直接还原而消耗,失去了高温强度而发生粉化,失去了支架的透气作用,使高炉无法运行操作。因此,现代化大高炉要求的优质焦炭应该是在高温下不易被 CO_2 所侵蚀的焦炭。经过长期的生产实践和科学实验,人们研究出,可以用焦炭的反应性(CRI)和反应后强度(CSR)来作为评价焦炭高温强度指标。我国采用的测定方法与日本新日铁相同,都是使实验条件更接近高炉情况。即在 1 100 ℃恒定温度下用纯 CO_2 与直径 20 mm 焦球反应,反应时间为 120 min,试样质量为 200 g,以反应后失重百分数作为反应性指数(CRI)。

$$CRI = \frac{G_0 - G_1}{G_0} \times 100\% \tag{4-4}$$

式中 G_0——参加反应的焦炭试样质量,kg;

G_1——反应后残存焦炭质量,kg。

反应后的焦炭在直径 130 mm、长 700 mm 的 I 型转鼓中以 20 转/min,转动 600 转并经筛分,以大于 1 mm 筛上物质量(g_2)与入鼓试样总重(g_1)的百分数作为反应后强度(CSR)。

$$CSR=\frac{g_2}{g_1}\times100\%\tag{4-5}$$

4. 焦炭的显微结构

焦炭的显微结构是指焦炭气孔壁的显微结构。其碳的结构形式有镶嵌型、粒状流动型和少量区域型所构成,还有少量丝质型、基础型及矿物等组成。

三、焦炭质量标准

冶金焦质量按 GB/T 1996—2003《冶金焦炭》新标准介绍。GB/T 1996—2003《冶金焦炭》代替 GB/T 1996—1994 标准,从 2004 年 4 月 1 日起实施。新标准中的抗碎强度由原标准 M_{25} 又增加了 M_{40},原因 M_{40} 广为炼铁生产企业操作中应用;修改了挥发分指标;增加了反应性和反应后强度指标;增加了范围性附录"冶金焦炭机械强度 M_{40} 和 M_{10} 的测定方法"。因此新标准更具有代表性,同时还可与国际接轨。

四、炭化室内的结焦过程

焦炉的炭化室是带一定锥度的窄长空间,煤料在炭化室内受两侧炉墙传递的热量加热,结焦过程从炭化室的两侧炉墙向炭化室中心逐渐推移,该过程具有以下两个特点:侧向供热,成层结焦,结焦过程中,各层炉料的供热性能随温度的变化而变化;炭化室内物料产生膨胀压力。

表 4-1　　冶金焦炭质量标准(GB/T 1996—2003)

指标		等级	粒度		
			>40	>25	25~40
灰分 A_d/%		一级		≤12.00	
		二级		≤13.50	
		三级		≤15.00	
硫分 S_t/%		一级		≤0.60	
		二级		≤0.80	
		三级		≤1.00	
机械强度	抗碎强度	M_{25}/% 一级		≥92.00	
		M_{25}/% 二级		≥88.00	
		M_{25}/% 三级		≥83.00	
		M_{40}/% 一级		≥80.00	
		M_{40}/% 二级		≥76.00	
		M_{40}/% 三级		≥72.00	
	耐磨强度	M_{10}/% 一级		M_{25}时≤7.0 M_{40}时≤7.5	
		M_{10}/% 二级		≤8.5	
		M_{10}/% 三级		≤10.5	

指标	等级	粒度		
		>40	>25	25~40
反应性 CRI/%	一级	≤30		
	二级	≤35		
	三级	—		
反应后强度 CSR/%	一级	≥55		
	二级	≥50		
	三级	—		
挥发分 V_{daf}/%		≤1.8		
水分 M_t/%		4.0±1.0	5.0±2.0	≤12.0
焦末含量/%		≤4.0	≤5.0	≤12.0

（一）成层结焦过程与炼焦最终温度

炭化室在装煤之前的墙面温度一般约为 1 100 ℃，装煤后常温的煤立即大量吸收墙体的热量，使炉墙表面的温度急剧下降，而紧靠炉墙的煤料快速升温，炭化室中心面的煤料仍处于常温。随着结焦时间的推移，靠近炉墙的煤料在装煤后的 6~7 h 已经成焦。炭化室中心面的煤料的温度仅为 100~200 ℃，也就是说此时从炭化室墙面到中心面之间的物料，处于结焦过程各个阶段的情况都有（如图 4-3 所示），紧靠炉墙处为焦炭层，接着依次分别为半焦层、塑性层、干煤层、湿煤层。在一个炭化室内结焦过程是从两侧炭化室墙面开始，一层层地逐渐向炭化室中心面推移，称为"成层结焦"。到了结焦末期，焦炭层逐渐移至中心面，整个炭化室全部成焦，因此结焦末期炭化室中心面的温度（焦饼中心温度）可以作为焦饼成熟程度的标志，成为炼焦最终温度。

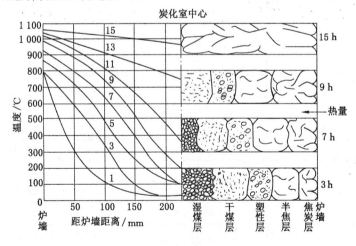

图 4-3 不同结焦时期炭化室内煤料的温度与状态

（二）炭化室的膨胀压力

炭化室内的膨胀压力的产生是因为成层结焦，两个大体上平行于两侧炉墙面的塑性层从两侧向炭化室中心移动,在炭化室内煤料的上层和下层同样也形成塑性层,围绕中心煤料形成的塑性层如同一个膜袋,膜袋内的煤热解产生气体,产生膨胀压力。

各层升温速度与焦炭质量用肉眼观察焦饼可以看到炭化室墙面附近的焦炭熔融良好、结构致密,距离炭化室墙面较远的焦炭熔融性稍差。这是由于各层煤料在塑性温度区间的升温速度不同,对于同一种煤料,提高升温速度则最高流动度增加、塑性温度区间变宽,使塑性体内热解产物之间相互作用改善,从而改善焦炭质量。炭化室墙面附近焦块两端的温度差大,因此焦块的裂纹多而深,该处的焦炭粒度小,而焦饼中心处焦块两端的温度差小,裂纹少而浅,焦块大。另外在焦饼中心处两侧的塑性区汇合时,塑性区厚度最大,塑性区产生热解气体排出的阻力最大,塑性体对两侧炉墙的侧压力也为最大,也即此时的膨胀压力最大。

（三）热解气体析出途径

煤在结焦过程中产生的气态产物大部分是在塑性温度区间产生的,热解生成的气态产物中的一部分从塑性层的内侧干煤层通过顶部流经炉顶空间,这部分气态产物称为"里行气"（如图4-4所示）,约占气态产物的10%～20%。气态产物的大部分及半焦层内产生的气态产物穿过高温焦炭层缝隙,沿焦饼与墙面之间的缝隙流经炉顶空间,这部分气态产物称为"外行气",约占气态产物的75%～90%。气态产物中的碳氢化合物在焦炭缝中发生裂解,生成的石墨沉积在焦炭表面,使焦炭呈银灰色,使化学产品中的酚类及甲苯含量降低。如果墙面温度和炉顶空间温度过高,炭化室墙面和炉顶空间将生成大量石墨。

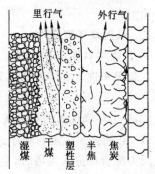

图4-4　热解气态产物析出途径示意图

（四）判断焦饼成熟度的方法

(1) 焦饼成熟时,上升管火焰较短,刚打开时呈金黄色,但是很快成为带蓝色火苗,清晰淡薄的烟气;装煤口处焦饼不冒大火焰,焦饼与炉墙有一道发亮的收缩缝;从机侧向焦侧望去,火焰清晰、淡而薄,可以清楚地看到炉顶空间的砌砖情况。

(2) 焦饼生时,上升管火焰较长,呈红黄色,夹带黑烟;炭化室内焦饼呈紫红色,焦饼与炭化室炉墙缝隙小,缝隙呈黑色;从机侧向焦侧望去,火焰呈紫红色,且从装煤口和上升管喷出较大火焰。

(3) 焦饼过火时,上升管火焰呈天蓝色,且短,但很快消失;装煤口处无火焰冒出炉外,焦饼呈亮红色,光辉射目,收缩缝很大,发亮;从机侧向焦侧望去,顶部焦炭光辉射目,但有短的蓝色火焰,炉顶砌砖呈亮红色。

第二节　装　煤

一、煤塔贮煤

贮煤塔,用作贮存入炉煤料,以保证焦炉稳定生产。贮煤塔按其断面形状可分为方形与圆形两种。无论何种贮煤塔均由上部布料装置、槽身、放煤嘴及震煤装置等部分构成。地处北方焦化厂,天气寒冷时,煤料会在放煤嘴冻结,影响放煤,为此还应有加热防冻设备。

为了保证焦炉连续生产,贮煤塔需有一定容积,其容积大小,应与焦炉生产能力相适应,容积过大、投资增加;容积过小,会给生产操作带来麻烦,往贮煤塔送煤次数增多。特别当遇到送煤系统出故障时,将影响生产。设计贮煤塔容量一般应保证焦炉有 16 h 的用量,由于煤塔四周易积存煤料,尤其是方形煤塔的角部更易挂料,影响煤塔容积有效利用。当贮煤塔中煤料装满后,停止供煤,靠自流和震煤装置能从下部放出的煤量——有效容量,它往往少于设计容量。有效容量与煤塔下部漏斗的倾角、漏斗斗壁光滑程度,震煤装置及效果、水分和放煤制度有关。在较好的情况下有效容积只有设计容积的 60%～70%,也就是说将有 30%～40%配合煤将贮在煤塔内,这一部分煤贮存时间过长就会产生煤氧化变质,不可再装入炭化室内,因为煤质变化不但造成焦炭质量波动,甚至会出现推焦困难,损坏炉体。所以在规程中规定每半年对贮煤塔要进行一次彻底清扫,而且将清扫出的陈煤不准装入炭化室内。

二、从贮煤塔取煤

(一)煤塔取煤操作过程

空装煤车进入煤塔下部在某一排放煤嘴下停稳,打开放煤嘴,当所有煤斗满后,关闭放煤嘴。

(二)煤塔取煤工艺要求及注意事项

(1)必须按照规定的顺序进行,即从煤塔的几排放煤嘴按照规定的顺序循环均匀取煤。这是因为配合煤进入煤塔时,会造成煤粒偏析,连续取某一排会造成有的炭化室粒度大,有的炭化室粒度小,影响焦炭质量;当取煤不按顺序进行时,煤塔中将出现部分新煤部分陈煤的现象,陈煤时间长会发生煤质变化,不仅引起焦炭质量波动,而且易出现煤塔棚料,影响装煤。一组焦炉,为了不使两辆装煤车互相影响,可以考虑两车分片取煤。

(2)打开放煤嘴取煤时,应先小后大。

(3)单斗机的小斗煤只允许分批放在煤车煤斗的上部。这是因为单斗机的小斗煤是推焦车在平煤时带出的余煤,余煤由于受过炭化室高温的影响,部分煤质已经发生变质,若放在煤车煤斗下部,进入炭化室底部,会因为收缩不够,造成推焦困难。为保证装煤均匀,应安装称量装置。装煤车在取煤前后应按规定进行称量。

三、装煤与平煤

装平煤操作虽不是一项复杂的技术问题,但操作好坏确实影响着焦炉生产的管理,产品质量的稳定等。

(一)装平煤原则

1. 装满煤

装满煤就是合理利用炭化室的有效容积装煤不满,炉顶空间增大,空间温度升高,化学产品高温分解,影响产品质量,使炭化室顶石墨增加,造成推焦困难;而且减低焦炉生产能力,增加能耗。装煤太满也不允许:一方面是顶部焦炭加热不足;另一方面会使炉顶空间过小,荒煤气导出困难,造成炉门炉盖冒烟冒火,严重时堵塞炉口,造成推焦困难。装煤会在平煤时带出部分余煤,这是装满煤的标志。余煤由于受炭化室高温的影响部分煤质会发生变质,这部分煤由单斗提升机送到余煤槽中,只允许分批放在煤车煤斗的上部。

2. 装煤均匀

装煤均匀性是影响焦炉加热制度、焦饼成熟均匀的重要因素。由于各炭化室供热量一定,装煤量不均匀会使焦炭成熟不均匀,炉温均匀性变差。因此,不仅要求各炭化室不准有缺角、塌腰等不正常现象,而且规定不同炭化室装煤量与规定装煤量之差不超过 1% 为合格。

3. 少冒烟

装煤时冒烟不仅影响化工产品产率,而且污染环境,影响职工身体健康,所以不仅要研究装平煤操作及缩短操作时间,减少装煤过程中的冒烟,而且在平煤完毕,要立即盖好装煤孔盖,防止冒烟。装煤过程中要采用高压氨水或蒸汽消烟。消烟的原理是借助高压氨水或蒸汽的喷射力在炭化室内产生负压,把荒煤气吸入集气管内,减少煤气外泄。高压氨水在喷射过程容易将煤尘和空气带入集气管中,使焦油含尘量和游离碳增加,甚至发生焦油乳化,造成焦油与氨水分离困难,影响化工产品质量及焦油深加工。吸入的空气使焦炉煤气的含氧量增加,因此在使用高压氨水或蒸汽时应控制适当压力,并采用顺序装煤,装煤时严密装煤孔周围及小炉门部位有间隙,装煤结束后立即关闭高压氨水或蒸汽。高压氨水或蒸汽只允许在装煤时使用,以减少其带来的副作用。

(二)焦炉装煤、平煤操作过程

1. 装煤

装煤车在煤塔下按规定量取完煤后,开到等待装煤的空炭化室上方,同时,关闭上升管盖,打开桥管翻板,开启桥管和上升管的蒸汽或高压氨水阀,放下煤斗套筒,按装煤顺序打开各煤斗闸板开始装煤。当最后一个煤斗的下煤通道即将堵住时,进行平煤操作。推焦车平煤杆带出煤时,关闭煤斗闸板,提起套筒,把残留在装煤孔外的余煤扫入炉内,盖严装煤孔盖,平煤杆抽出,关闭蒸汽或高压氨水阀。装煤车继续取煤,等待下一个炭化室装煤。

2. 平煤

平煤操作大致可分三个阶段:第一阶段从装煤开始到平煤杆进入炉内,该阶段延续时间约 60 s。这阶段内操作关键是选用合理的装煤顺序,因为它将影响整个装煤过程的好坏。第二阶段自平煤开始到煤斗内煤料卸完止,一般不应超过 120 s,它与煤斗下煤速度与平煤操作有关。该阶段是装煤最重要阶段,它将决定是否能符合装煤原则。为此装煤车司机和炉盖工要注意各煤斗下煤情况,及时启动振煤装置和关闭闸板。第三阶段自煤斗卸完煤至平煤结束,该阶段不应超过 60 s,这阶段要平整煤料,保证荒煤气在炉顶空间能自由畅通。不准在平煤结束后再将炉顶余煤扫入炭化室内,以防堵塞炉顶空间。

装煤顺序是装煤操作重要环节,但它往往因装煤孔数量、荒煤气导出方式、煤斗结构,下煤速度,各煤斗容积比以及操作习惯等因素影响,因此各厂各炉操作有所不同。

3. 焦炉装煤、平煤工艺要求及注意事项

(1)禁止将泥土废砖及铁器等杂物扫入炉内。

(2)禁止将清扫煤塔的陈煤和平煤带出回的余煤装到煤斗下部。

(3)禁止装煤不满、过量,不平煤及装煤结束后半小时以上再补充装煤。

(4)禁止对非装煤炉号打开高压氨水(蒸汽);禁止在打开装煤炉号高压氨水(蒸汽)后,而未关闭上升管盖进行装煤操作和过早打开高压氨水(蒸汽)。

(5)为保证装煤均匀,应安装称量装置。装煤车在取煤前后应按规定进行称量。

(6)严禁炉门未对好装煤。

（7）禁止将炉顶余煤扫入空炉底部；装煤结束后不扫余煤、炉盖严禁冒烟。

（8）禁止使用弯曲的平煤杆平煤。

（9）禁止捣固煤饼在炉前倒塌时强行送煤；倒塌的煤料不及时运走。　.

（10）禁止装煤推焦机带炉门捣固煤料，捣固未退回原位时开车。

（11）禁止装煤推焦机煤箱活动壁未关好即放煤。

（12）注意装煤车轨道安全档、轨道接头连接及轨距保持正常状态。

四、装煤特殊操作

（1）装煤时如发生突然停电应立即关闭全部控制开关并将制动器开关回零位。打开上升管，关闭闸板提起闸套，松开走行闸，组织人员将装煤车推到上风侧。

（2）发现磁力开关粘连，应立即拉下总电源。

（3）平煤时如发生突然停电，平煤杆在炭化室中，应将开关回零位并迅速用手摇装置将平煤杆摇回。

（4）平煤时，若后钢绳拉断平煤杆在炭化室中，可将前钢绳倒在后面用或用链式起重机将平煤杆拉出。

（5）平煤时若炉门崩脱，应迅速用钢绳将炉门绑在炉钩上，退出平煤杆，再设法将炉门对上。

第三节　推　　焦

推焦就是把成熟的焦炭推出炭化室的操作。推焦与装煤一样，应按规定的图表和一定的顺序进行。这样才能稳定加热制度，提高产品质量，合理地使用机械设备和延长炉体寿命。

一、推焦操作

（一）推焦操作过程

（1）推焦车、拦焦车按推焦计划确认出炉号。

（2）推焦车、拦焦车用移门机摘开炉门。

（3）拦焦车对好导焦槽，并发出信号。

（4）熄焦车到位，并给出允许推焦信号。

（5）推焦车确认信号无误。

（6）推焦杆对准炭化室推焦。

（7）推焦车的推焦杆、拦焦车的导焦槽收到位。

（8）推焦结束后机焦侧及时关上炉门。

（二）推焦工艺要求及注意事项

（1）现代焦炉生产一般采用"三车联锁"或"四车联锁"，各车辆司机必须严格按规定操作发出信号，推焦车司机必须对信号进行确认后，才能推焦。正确使用"三车联锁"可以有效避免红焦落地及推错炉号的事故。

（2）推焦过程中应注意推焦电流的变化，当电流达到最大值仍推不动时，应停止推焦。

（3）出现"二次焦"必须查明原因，待采取措施后方能继续推焦，否则会造成炉墙变形，损坏炉体。

（4）每次推焦后，应清扫炉门、炉门框、磨板和小炉门，及时清扫尾焦。尾焦原则上不再装入炭化室。

（5）炉门应关严，并及时消除炉门处冒烟冒火。冒烟不仅损失荒煤气和化工产品，而且影响作业环境，造成大气污染。炉门冒火，会使炉门变形，造成冒烟冒火的恶性循环，而且会对炉柱造成损坏。炉门的灭火只准用蒸汽、压缩空气或者湿煤，严禁用水灭火。

（6）敞开炉门时间不宜超过 7 min。敞开炉门时间过长，大量冷空气进入炭化室内，炭化室炉头剥蚀加快，炉头焦炭遇空气燃烧，使焦炭灰分增加，影响焦炭质量；同时造成大量热量散失，增加炼焦耗热量。

（7）推焦车司机要认真记录推焦时间、装煤时间和推焦最大电流。

① 推焦时间：推焦杆接触焦饼表面开始进行推焦操作的时间。

② 平煤时间：平煤杆尖进入炉内开始平煤操作的时间。

③ 推焦最大电流：推焦过程中出现的最大电流（一般为焦饼开始走动时的电流）。推焦时间和装煤时间，是排下一班出炉计划的依据，不得随意填写。准确记录推焦最大电流可以给有关人员提供重要信息，尽量减少二次焦的产生。

（8）禁止推生焦和相邻炭化室空炉时推焦。推焦必须按计划进行，禁止提前推焦。焦炭在炭化室里成熟后，焦炭与炭化室墙之间产生一条收缩缝。如果焦炭生，焦炭收缩不够，焦炭与炉墙之间没有间隙，易造成二次焦。而且焦炭不成熟，焦炭质量也变差。

（9）推焦时，要求相邻炭化室处于结焦中期，结焦中期的炭化室处于半焦状态，半焦的焦饼与炭化室墙无间隙，这样才能保证炭化室不至于因推焦引起的侧向力使炉墙变形损坏。相反，如果空炉无焦炭，在推焦力的作用下，容易使炉墙变形。炭化室一旦变形，就容易再次产生难焦饼推焦，形成恶性循环，加剧损坏。因此，在排乱笺炉号计划和实际操作时，要特别注意这一点。

（10）禁止用变形的推焦杆或杆头推焦。推焦杆平直无弯曲变形才能保证推焦顺畅，但是推焦杆长期在高温下使用，特别是推焦过程中停电或发生事故等原因，会使推焦杆变形。用变形的推焦杆推焦，阻力大，推焦运行不稳定，容易造成困难推焦。推焦杆头在行走过程中有可能刮碰炭化室墙，造成炉墙破损或变形，因此要及时更换变形的推焦杆。

（三）推焦特殊操作

（1）当推焦杆在炭化室内遇到停电时，应立即将开关回零位，一方面查找原因，一方面组织人用手摇装置摇回（由于手摇速度较慢，如果能及时恢复送电，还是考虑电动为主）。

（2）当拦焦车正对着敞开的炉门时，遇突然停电，此时应立即将开关回零位并急速用手摇装置将拦焦车摇走。

（3）当焦炭进入导焦槽，但暂不能顺利推焦，应立即报告当班领导，先收导焦槽（无电时用手摇装置），并将车往前开，用石棉板盖住电机，将炉门挂在旋转架上，在进行下一个炉号推焦时，将导焦槽中的焦炭一并推出。如没有出炉号，则设法将导焦槽内的焦炭扒出。如车开不动，可用其他拦焦车将其推、拉走。导焦槽内红焦要及时清除，防止烧毁设备。

（4）正在摘门时，遇上停电，应急速用手摇移门装置，将炉门对上。

（5）对好导焦槽后，遇上停电，应用手摇装置收回导焦槽，用手摇走行装置，对准炉号，再用手摇移门装置，将炉门对上。

二、推焦计划制定

(一) 周转时间、操作时间、结焦时间和检修时间

1. 周转时间

一个炭化室两次推焦相距的时间,包括煤的干馏时间及推焦装煤等操作时间。对全炉而言,周转时间是全部炭化室都进行一次推焦所需时间。周转时间根据焦炉砖材质、炭化室宽度、炉体及设备状况、操作水平以及焦炭质量等因素来确定。硅砖焦炉一般周转时间如表4-2所示。焦炉在生产过程中周转时间应保持稳定,不应频繁变动。

表 4-2 不同炭化室宽焦炉的周转时间

炭化室宽/mm	周转时间/h
350	12
407	16
450	18~20
500	22

2. 操作时间

连续两炉推焦的间隔时间,包括前一炉号开始摘炉门到推焦、平煤等到下一炉号开始摘门所需的时间,又被称作炭化室处理事件。每炉操作时间一般为 8~12 min。缩短操作时间有利于保护炉体和减少环境污染。操作时间与操作工水平、车辆状况以及各工种之间配合好坏有关。一般熄焦车每操作一炉需要 5~6 min,推焦车需要 10~11 min,装煤车与拦焦车操作一炉时间少于推焦车。因此,对于一般两座焦炉共用熄焦车的情况,其操作时间应以熄焦车能否在规定的时间内完成操作完为准。

3. 结焦时间

煤在炭化室内高温干馏的时间。一般规定为从平煤杆进入炭化室到推焦杆开始推焦的时间间隔。

4. 检修时间

全炉所有炭化室都不出炉的间歇时间。检修时间用于设备维修和清扫。检修时间一般为 1.5~2 h 为宜,过短不利于检修,过长会造成荒煤气发生量不均衡。因此,当检修时间过长时,可以在一个周转时间内安排多次检修时间。

四个时间存在以下关系:

$$周转时间=结焦时间+操作时间=操作时间×炉孔数+检修时间$$

(二) 推焦串序与循环推焦图表

1. 推焦串序

因为在焦炉结构、装煤量、煤料性质和结焦时间一定的情况下,燃烧室加热温度一定,如果不按规定时间推焦,提前或落后,就会使焦炭不成熟或过火。焦炭不成熟时,生焦收缩不好,使焦炭与炉墙间的摩擦力增大;过火时,焦块碎,推焦时容易将焦饼推胀。这些都容易造成推焦困难。因此,推焦操作必须按一定的顺序进行,这个顺序就叫推焦串序。

2. 制定推焦串序的原则

(1) 有利于保护炉体

推焦时,焦饼对两面炭化室墙产生一定的压力,炭化室墙如果受力不均衡就会变形,甚至损坏。而煤料干馏过程中产生膨胀压力,在结焦中期最大。为了使炭化室墙两侧的压力能够互相抵消,就必须使推焦炭化室的两侧相邻的炭化室处于结焦中期。

（2）有利于炉温均匀

在结焦过程中,由于吸热不同,对炉温有一定影响,如果结焦末期和新装煤的炭化室集中在焦炉的某个部分,就会使这部分的炉温集中升高或降低,这就降低了炉温的均匀性和稳定性。

（3）有利于荒煤气的排出

在处于结焦前期和中期的炭化室荒煤气发生较多,使这样的炭化室分散开,才能使荒煤气顺利排出,集气管和炭化室压力能够均匀,这也有利于炉体维护。

（4）有利于出炉工人和热修工人的操作

焦炉移动机械行程较短,节省运转时间和节能。

3. 推焦串序的表示方法:

$m-n$:m 表示连续作业两炭化室的间隔;n 表示相邻两笺号炭化室的间隔。

9—2 串序:9 表示推完一孔炭化室,再推其后第九个炭化室;2 表示推完一个串序后,再推时,从上次串序号后两个炭化室推起。为方便计算,炭化室编号,取消以"0"结尾的数字,如下:

第一串序:1、11、21、31、41、51、61……
第二串序:3、13、23、33、43、53、63……
第三串序:5、15、25、35、45、55、65……
第四串序:7、17、27、37、47、57、67……
第五串序:9、19、29、39、49、59、69……
第六串序:2、12、22、32、42、52、62……
第七串序:4、14、24、34、44、54、64……
第八串序:6、16、26、36、46、56、66……
第九串序:8、08、28、38、48、58、68……

5—2 串序:5 表示推完一孔炭化室,再推其后第五个炭化室;2 表示推完一个串序后,再推时,从上次串序号后两个炭化室推起。

第一串序:1、6、11、16、21、26、31……
第二串序:3、8、13、18、23、28、33……
第三串序:5、10、15、20、25、30、35……
第四串序:2、7、12、17、22、27、32……
第五串序:4、9、14、19、24、29、34……

2—1 串序:就是隔一个推一个,推完全部单号再推双号。

第一串序:1、3、5、7、9、11、13…(所有单数炉号)……
第二串序:2、4、6、8、10、12、14…(所有双数炉号)……

9—2 串序优点:推焦炉号相邻两炭化室都处于结焦中期;集气管内压力分布比较均匀。缺点:空行车距离较长。

5—2 串序优点:空行车距离短;集气管内压力分布也比较均匀。可实现推焦机、拦焦机一点对位操作。缺点:相邻炉号结焦时间分布不好。

2－1 串序优点:空行车距离短;相邻两炭化室都处于结焦中期。有利于实现推焦机、拦焦机一点对位操作。缺点:集气管内压力分布不均匀

以前我国的大型焦炉均采用 9－2 串序,小型焦炉多采用 5－2 串序,宝钢的 M 型焦炉也采用 5－2 串序。近年来新建的大容积焦炉由于车辆结构的改进,2－1 串序现在用得比较多,在 7.63 m 焦炉和一些 7 m 焦炉上都采用的是这种串序;5－2 串序也用的也比较多,主要在顶装 6 m,捣固 5.5 m、6.0 m、6.25 m 上采用,在一些 7 m 焦炉上也有采用;9－2 串序现在基本上用得很少,只有在比较早的顶装 4.3 m 焦炉上采用,主要是 9－2 串序平煤和装煤要两次对位,耗时比较长,机械的利用率比较低。

循环推焦图表是按月编排的,其中规定了焦炉每天每班的操作时间、出炉数和检修时间。每经过一定时间,出炉与检修时间重复一次。重复一次的时间,称为大循环时间。大循环中的一个周转时间称为一个小循环时间。在没有较长时间延迟推焦和结焦时间变动下,推焦图表是保持不变的。具体计算如下:

$$大循环天数×24＝大循环中包括的小循环数×周转时间$$

(三)班推焦计划的编制

1. 正常情况下推焦计划的编制

三班推焦操作应严格执行班推焦计划,每班推焦计划是根据前一班装煤时间和结焦时间编制的。在编制推焦计划时,应保证周转时间与结焦时间之差不超过 15 min,需烧空炉时,周转时间与结焦时间之差不超过 25 min。正常生产时编排计划较简单,但遇有延迟推焦、生产计划调整及特殊炉号处理等情况发生时,就需将这些特殊因素考虑在内进行仔细编排。

2. 乱箅炉号的处理

因各种原因而产生一个或几个延迟推焦的炉号时,就造成所谓的"乱箅"。这时在编排计划时,就应逐步"顺箅",尽量在较短的时间内使其恢复正常。一般恢复正常的方法有两种:一是向前提。即每次出炉时,将乱箅的炉号向前提 1～2 炉,以求逐渐达到其在顺序中原来的位置,这种方法不损失炉数,但调整慢。同时注意炉温,此时容易因结焦时间短而焦炭偏生,造成二次焦。二是向后丢。即在该炉号出炉时不出,使其向后丢,逐渐调整至原来位置,这样调整快,但要损失炉数。一般延迟 10 炉以上可采取向后丢炉的方法调整,但延长的结焦时间不应超过规定时间的 1/4,还应注意防止高温事故。

3. 结焦时间变动及事故状态下推焦计划的编制

采用循环推焦的优点是每天或每班都有检修时间。这样既不破坏结焦时间,又不影响生产任务的完成,还可以减少设备事故的发生,如果因某种原因而发生事故时,也可以采用循环图表法使结焦时间改变到最低程度。事故后的推焦计划与事故持续时间和检修时间有关。现将事故时间分两种情况进行讨论。

第一种情况:事故持续时间小于检修时间时,因事故影响的炉数用攒炉的办法解决,尽量赶回丢失的炉数。在攒炉时一般规定 1 h 内只能多出两炉,否则影响出炉操作质量,甚至易发生机械设备及生产操作事故。

第二种情况:因事故持续时间较长,大于一段检修时间可以采取缩短操作时间和利用、检修时间推焦的办法赶回一定的产量,如事故时间太长,则该丢炉时,必须丢炉。此时容

易、因结焦时间长而焦炭过烧;火道温度过高而发生焦炉高温事故。焦炉事故状态下推焦计划,要由车间负责人批准,并严格实施。

（四）建立清除石墨制度

焦炉在生产过程中,炭化室墙会不断产生石墨,石墨生长速度与配煤种类,结焦时间长短有直接关系,可根据具体情况建立清除炭化室石墨的规章制度。

1. 烧空炉清除石墨

烧空炉就是炭化室推完焦以后,关上炉门不装煤,装煤孔盖和上升管盖开启,让冷空气进入炭化室烧石墨。烧空炉时间与生长石墨程度有关,一般空1～2炉时间。若采用9－2顺序,如1号炭化室烧空炉,推完焦后,不立即装煤,待11、21号炭化室推完焦后,1号炭化室再装煤,这就是烧双空炉。若只推完11号炭化室后,1号炭化室就装煤,这就是烧单空炉。一般经过1～3个小循环,经过几次燃烧后的石墨和墙之间有一定缝隙,石墨本身变得酥脆,然后用人工敲打,就可以清除。烧空炉时注意不能带炉门到下一炉号作业,造成炉门敞开时间过长;也应注意炉顶装煤的联系,防止装不平煤及正推焦时装煤的事故发生。

2. 压缩空气吹扫石墨

推焦机的推焦杆头上安装压缩空气管,当出焦时用压缩空气吹烧炭化室顶部石墨,吹烧一段时间后,再用人工敲打清除石墨,以保持炭化室顶的清洁。

（五）推焦电流监视

当推焦杆刚启动时,焦炭首先被压缩,推焦阻力达最大值,此时指示的电流为推焦最大电流。焦饼移动后,阻力逐渐降低,推焦杆前进速度可较快,终了时要放慢。整个推焦过程中,推焦阻力是变化的,它的大小反映在推焦电流上。为此,推焦时要注意推焦电流的变化,推焦电流过大常表现为焦饼难推而强制推焦,将造成炉墙损坏变形。推焦电流与焦炉类型、炉体状况以及推焦机形式有关。所以,应根据具体情况规定焦炉的最大推焦电流,防止强制推焦而损坏炉墙。推焦机司机不仅应准确记录每个炭化室的推焦时间和装煤时间,还要真实准确记录推焦最大电流。随着焦炉的衰老,推焦电流也随着增大,因此把握推焦电流的变化,在某种程度上可掌握炉墙的损坏情况,为焦炉管理提供了一定的依据,另外,炉墙积石墨情况也影响推焦电流,故推焦电流的变化也为炉墙石墨的沉积情况提供了信息。个别炉号温度不正常,如低温或高温发生时,也易造成推焦电流的升高,因此,推焦电流也为调温工作提供了有用的信息。炉龄较长、炉况较差的焦炉有必要建立推焦电流的登记台账,跟踪每个炭化室连续推焦的电流和每班的平均推焦电流,有关人员可以根据台账分析电流异常的原因,及时查找隐患,采取应对措施,避免困难推焦。

（六）焦炉难推焦的处理

焦炉推焦时推焦电流超过规定的最大电流时称为困难推焦;焦饼一次没有推出,再推第二次焦时也称为二次焦事故。

其原因很多,主要有:加热制度不合理;炉墙石墨沉积过厚;炉墙变形;平煤不良;原料煤的收缩值过小;推焦杆变形;其他异常原因等。

如遇到难推焦炉号时,应立即停止推焦。严禁不查明原因连续推焦,处理时须征得值班负责人准许,并有负责人在场的情况下,方可进行二次推焦。三次以上推焦时必须有车间负责人在场指挥确认方可推焦。焦炉难推焦往往是逐步发展的,如果及时发现并采取措施消除隐患,就可避免出现难推焦现象。如炉墙石墨的增长是由少到多,相应地推焦电流也会由小到大,当发现石墨生长较快,推焦电流变大时,可以除掉石墨。如果是炉温低造成难推焦,应关上炉门,继续焖炉,待焦炭成熟后再推。第二次推焦时,须机侧见到焦饼收缩缝和一段垂直焦缝,焦侧将焦饼中下部进行处理后才能再次推焦。二次焦对炉体损害比较大,是导致炉体变形的主要原因。若某一个炭化室炉墙变形,三班操作都要从推焦、装煤、加热给以特殊管理。这样可以减少难推焦,否则二次焦会不断发生,并造成相邻炭化室炉墙的损坏,甚至向全炉蔓延,加速全炉的损坏。

(七)病号炉的装煤和推焦

焦炉在开工投产后,由于装煤、摘门、推焦等反复不断地操作而引起的温度应力、机械应力与化学腐蚀作用,使炉体各部位逐渐发生变化,炉头产生裂纹、剥蚀、错台、变形、掉砖甚至倒塌。炭化室墙面变形等缺陷而经常推二次焦的炉号,称之病号炉。一座焦炉中有了病号炉就要采取措施尽量减少二次焦发生,防止炭化室墙进一步恶化。其措施有:

(1)少装煤

根据病号炉炭化室炉墙变形的部位、变形程度,在变形部位适当少装煤。周转时间同其他正常炉一样,病号炉少装煤后,推焦仍可按正常顺序进行,不乱签。但缺点是损失焦炭产量。这种方法一般在炭化室墙变形不太严重的炉号上可以采用。

(2)适当提高病号炉两边火道温度

将炉墙变形的炭化室两边立火道温度提高,保证病号炉焦炭提前成熟,有一定焖炉时间,焦炭收缩好,以便顺利出焦。但改变温度给调火工和三班煤气工带来许多不便,一般不宜采用。

(3)延长病号炉结焦时间

若炭化室墙变形严重时,即使少装煤也解决不了推二次焦问题的话,还可以在少装煤的同时延长病号炉的结焦时间。这样在排推焦计划时,病号炉另排,不能列入正常顺序中。最好按病号炉的周转时间单独排出循环图表,每天病号炉推焦时间写在记事板上,防止漏排、漏推而发生高温事故。

三、推焦操作情况的考核

考核推焦情况的指标是推焦系数,即计划推焦系数 K_1;执行推焦系数 K_2;推焦总系数 K_3。

(1)计划推焦系数 K_1

$$K_1 = \frac{M - A_1}{M} \qquad (4-6)$$

式中　M——班计划推焦炉数;

　　　A_1——计划与规定结焦时间相差 ± 5 min 以上的炉数。

(2)推焦执行系数 K_2

$$K_2 = \frac{N - A_2}{N} \qquad (4-7)$$

式中　N——班实际推焦炉数;

　　　A_2——实际与规定结焦时间相差 ± 5 min 以上的炉数。

(3)推焦总系数 K_3

$$K_3 = K_2 \cdot K_1 \qquad (4-8)$$

式中　K_1 是考核计划表中计划结焦时间与循环图表中规定结焦时间的偏离情况；K_2 是推焦执行系数，用以评定班推焦计划实际执行的情况；推焦总系数 K_3 是用以评价焦化厂和炼焦车间在遵守规定的结焦时间方面的管理水平。

第四节　熄　　焦

熄焦是将赤热焦炭（950～1 110 ℃）冷却到便于运输和贮存温度（250 ℃以下）的操作过程。目前的熄焦方法有湿法熄焦和干法熄焦两种。湿法熄焦除传统的喷淋式熄焦外，还有低水分熄焦、稳定熄焦和压力熄焦等。

一、湿法熄焦

湿法熄焦设施由熄焦车、熄焦塔、喷洒管、泵房、粉焦沉淀池、粉焦抓斗、焦台等组成。为使熄焦正常，既不产生红焦也不使焦炭水分过大，应做好熄焦车的接焦操作、熄焦塔的洒水操作和焦台凉焦及放焦操作。

（一）熄焦操作过程

湿法熄焦是直接向红焦洒水将其熄灭至常温状态。整个操作分为接焦、熄焦、凉焦三个过程。

1. 接焦过程

熄焦车在出炉号对位时，来回移动一次，确认与拦焦车导焦槽对好后，才允许发送推焦信号。接焦前，熄焦车放焦闸门要紧闭，启闭风压不应低于 0.4 MPa。接焦时行车速度应与推焦速度相适应，使焦炭在车内均匀分布，便于均匀熄焦，防止红焦落地。

2. 熄焦过程

接焦完毕，熄焦车迅速将车开往熄焦塔内进行熄焦，接近熄焦塔时，车应减速，启动熄焦水泵开关，熄焦水喷出后，前后活动车身，均匀熄焦。

3. 凉焦过程

熄焦水泵停止喷水后，稍等片刻进行沥水，然后将熄焦车开到凉焦台，打开放焦闸门按顺序放焦，使焦炭凉焦时间大致相同。熄焦后的焦炭卸在凉焦台上，停留 30～40 min，使水分蒸发并继续冷却。尚未熄灭的红焦用补充水熄灭。放焦有人工放焦和机械化放焦两种。现在多采用机械化放焦。

（二）熄焦有关参数

大中型焦炉洒水时间：90～120 s。

小型焦炉洒水时间：可大于 120 s。

熄焦用水量：2 m^3/t 干焦。

熄焦消耗水量：0.4 m^3/t 干焦。

洒水时间要求控制，时间过长，会造成焦炭水分过大；时间不够，会出现红焦，影响焦炭质量；最佳洒水时间应根据实际情况而定。

（三）湿法熄焦工艺要求及注意事项

（1）看清计划，禁止飞车接焦。必须在熄焦车停稳后，才允许给出信号，防止红焦落地。司机还要注意车停止后发生溜车现象。

（2）雾气大时，要与拦焦车司机配合对位。在冬季要特别注意这一点。

（3）作业前要观察熄焦水池水位和熄焦水量。防止出现接红焦后,熄焦塔不下水而烧坏熄焦车。由于熄焦水循环利用,时间一长,未沉淀的粉焦会堵塞熄焦泵头或喷洒管孔,如果发现熄焦水量不足或喷洒不均匀,要组织疏通熄焦泵头或喷洒管。

（4）熄焦要求熄透,不准往晾焦台放红焦。在熄焦时要求前后活动车身,均匀熄焦。若还不能熄透,要求清理熄焦泵头和喷洒管或延长熄焦时间。

（5）熄焦车轨道包括熄焦塔下轨道应定期检查,保持轨道水平,以免影响接焦和熄焦效果。熄焦车轨道长时间使用后,会发生下沉,出现不平,造成电源接触不良。

（6）往晾焦台放焦应严格按顺序进行,有利于保证水分稳定。应该在不同区域均匀放焦,让焦炭水分进一步蒸发冷却,降低焦炭水分。

（7）禁止将红焦放在胶带上。红焦会严重损伤或烧坏胶带,特别是在突然停止运转时,会造成火灾事故,在撵炉时要派专人负责进行补充熄焦。

（8）严禁同时接两炉焦炭。

（9）熄焦车风泵压力小于 0.4 MPa,严禁接焦。

（四）熄焦过程的特殊操作

（1）熄焦车在接焦过程中,如果突然停电,应迅速鸣事故笛,制止推焦,并组织人员处理。

（2）在接焦开始,发现熄焦车门未关严,应制止推焦,并鸣事故笛,并用风动设施压住车门,将红焦卸在晾焦台,用水熄灭。

（3）在接焦开始,发现熄焦车门未关严,应用风动设施压住车门,待推完焦后,将焦炭卸在晾焦台,用水熄灭,严禁去熄焦塔熄焦。

（4）熄焦车进入熄焦塔,如遇停电(包括磨电刷脱落),应立即鸣事故笛通知停水,关闭窗户,切断总电源,走行开关回零位。

（五）熄焦设备及辅助设施

湿法熄焦设备及辅助设施包括熄焦塔、喷洒装置、水泵、粉焦沉淀池、粉焦抓斗及晾焦台等。熄焦塔为内衬缸砖的钢筋混凝土构筑物,为了使熄焦时的水蒸气减少对地面和炉区的污染,熄焦塔应有一定的高度,一般为 20～25 m,大型焦炉 36 m。最新设计的熄焦塔高58 m,塔内安装了多层捕尘板,蒸汽中的粉尘在捕尘板上附着集结,可使粉尘排放达到环保要求。塔的上部安装有若干排喷洒管,其数量、排列、喷洒孔径等参数,根据每孔焦炭量及熄焦车参数来定。为防止焦粉沉积,喷洒管设有清扫设施。

熄焦后的水经过沉淀池将焦粉沉淀下来,清水继续使用,蒸发消耗的水,可用净化水补充。沉淀池的大小能满足粉焦完全沉降并便于粉焦抓斗在池中操作,一般长 10 m,宽 4～5.5 m,深度设计要保证 2 天以上的粉焦沉积量。目前,有的厂采用高效喷头进行喷水熄焦,高效喷头提高了熄焦水的雾化效果,同时在水雾外表形成一层水膜,喷水更加均匀,同时还起到了扑集焦粉的效果。焦台宽度一般取焦饼高度的 2 倍,倾角一般与熄焦车底板倾角相同,为 28°。台面为缸砖、铸石板或耐磨铸铁板,焦炭在焦台上的晾焦时间一般为 0.5 h。

二、干法熄焦

干熄焦起源于瑞士,从 20 年代到 40 年代开始研究开发干熄焦技术,进入 60 年代,实现了连续稳定生产,并逐步向大型化、自动化和低能耗方向发展。干法熄焦是利用冷的惰性气体(燃烧后的废气),在干熄炉中与赤热红焦直接接触换热而冷却红焦。吸收了红焦热量的惰性气体将热量传给干熄焦系统的废热锅炉产生蒸汽,被冷却的惰性气体再由循环风机鼓入干熄炉冷却红焦。干熄焦废热锅炉产生的中压(或高压)蒸汽用于发电。

（一）工艺流程

从炭化室中推出的 950～1 110 ℃的红焦经过拦焦车的导焦栅落入运载车上的焦罐内,运载车由电机车牵引至干熄焦装置提升机井架底部(干熄炉与焦炉炉组平行布置时需通过横移牵引装置将焦罐牵引至干熄焦装置提升机井架底部),由提升机将焦罐提升至井架顶部,再平移到干熄炉炉项。焦罐中的焦炭通过炉顶装入装置装入干熄炉。在干熄炉中,焦炭与惰性气体直接进行热交换,冷却至 250 ℃以下。冷却后的焦炭经排焦装置卸到胶带输送机上,送筛焦系统。通过废热锅炉冷却到 180 ℃的惰性气体由循环风机通过干熄炉底的供气装置鼓入炉内,与红焦炭进行热交换,出干熄炉的热惰性气体温度约为 850～980 ℃。热惰性气体夹带大量的焦粉经一次除尘器进行沉降,气体含尘量降到 10 g/m³ 以下,进入干熄焦锅炉换热,在这里惰性气体温度降至 200 ℃以下。冷惰性气体由锅炉出来,经二次除尘器,含尘量降到 1 g/m³ 以下后,温度又降至 180 ℃,由循环风机送入干熄炉循环使用。整个工艺如图 4-5 所示。锅炉产生的蒸汽或并入厂内蒸汽管网或送去发电。干熄焦装置包括焦炭运行系统、惰性气体循环系统和锅炉系统。

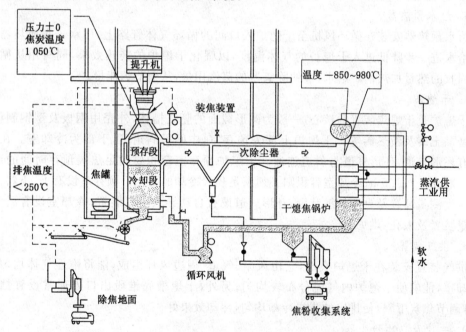

图 4-5　干熄焦工艺流程图

（二）干熄焦装置

干熄焦装置的主要设备包括:电机车、焦罐及其运载车、提升机、装料装置、排焦装置、干熄炉、鼓风装置、循环风机、废热锅炉、一次除尘器、二次除尘器等。

1. 电机车与焦罐车

电机车是牵引机车,车上备有行走装置和空压机等,用来牵引焦罐车（或熄焦车）和开闭熄焦车车门。为确保行车安全和对位准确,其刹车系统有三种制动方式,即气闸刹车,电动机反转制动和电磁吸轨器,同时采用变频调速系统。大型干熄焦装置一般采用旋转焦罐,使罐内焦炭粒度分布均匀,焦罐带有密封盖,以防红焦同空气接触烧损,由于条件限制也可以采用方型焦罐。电机车与焦罐车正常情况下采用定点接焦方式。

2. 提升机

提升机运行于干熄焦构架上,将装满红焦的焦罐提升并移至干熄炉炉顶。

3. 装入装置

装入装置包括加焦漏斗、干熄炉水封盖和移动台车。装入装置靠电动杆驱动。装焦时加焦漏斗与加焦口联动,能自动打开干熄炉水封盖,配合提升机将红焦装入干熄炉,装完焦后复位。装料设备上设有集尘管,装焦时防止粉尘外逸。

4. 排焦装置

排焦装置安装于干熄炉底部,将冷却后的焦炭排到胶带输送机上。目前,排焦装置一般采用连续排焦,由电磁振动给料器控制切出速度,采用旋转密封阀将切出的焦炭在密闭状态下连续排出,由于该装置耐温、耐磨、气密性好,排焦时粉尘不外逸。

5. 循环风机

循环风机是干熄焦装置循环系统的心脏,要求耐温、耐磨并且运行绝对可靠。

6. 给水预热器

给水预热器安装在循环风机至干熄炉入口间的循环气体管路上,用水—水换热器后的锅炉给水进一步降低进入干熄炉的气体温度,以强化干熄炉的换热效果,同时用从循环气体中回收的热量加热锅炉给水,节约除氧器的蒸汽用量,从而节约能量。

7. 干熄炉

干熄炉是干熄焦装置的核心,一般为圆形截面的竖式槽体,外壳用钢板及型钢制作,内衬耐磨黏土砖及断热砖等。干熄炉上部为预存室,中间是斜道区,下部为冷却室。在预存室外有环形气道,环形气道与斜道连通。干熄炉预存室容积要满足焦炭预存时间的要求,预存一般在 1~1.5 h;冷却室容积则必须满足焦炭冷却的要求。预存室设有上、下料位计,设有压力测量装置及自动放散装置;环形气道设有自动导入空气装置;冷却室设有温度、压力测量装置及人孔、烘炉孔等。

8. 供气装置

供气装置安装在干熄炉底部,它由风帽、气道、周边风环组成,能将惰性气体均匀地供入冷却室,能够使干熄炉内气流分布较均匀;另外,干熄槽底锥段出口处通常设置挡棒装置,可调节焦炭下料,使排出的焦炭冷却均匀,冷却效果好。

9. 一次及二次除尘器

一次除尘器采用重力沉降槽式除尘,用于除去 850~980 ℃惰性气体中所含的粗粒焦粉,外壳由钢板焊制,内衬高强黏土砖。二次除尘器采用多管旋风除尘器,将循环气体中的焦粉进一步分离出来。一次及二次除尘器设有防爆阀和人孔;一次除尘器上设有温度压力测量装置、自动放散装置;一次及二次除尘器下部设有排粉焦管道;一次除尘器下的排粉焦管道设有水冷却套管。

三、低水分熄焦

低水分熄焦工艺是国外开发的一种熄焦新技术,可以替代目前在工业上广泛使用的常规喷淋式湿熄焦方式,它能够控制熄焦后的焦炭水分,从而得到水分较低且含水量相对稳定的焦炭。在低水分熄焦过程中,熄焦水先以正常流量的 40%～50%喷洒到熄焦车内红焦上(约 10～20 s)以冷却顶层的红焦,之后熄焦水以正常水量呈柱状水流喷射到焦炭层上,大量的水流迅速穿过焦炭层到达熄焦车倾斜底板。水流在穿过红焦层并在底层产生大量蒸汽快速膨胀并向上流动通过红焦炭层,由下至上地对车内焦炭进行熄焦。根据单炉焦炭量和控制水分的不同,整个熄焦过程约需 50～90 s。熄焦后焦炭的水分可控制在 2%～4%。低水分熄焦工艺一般采用高位水槽供水,这样可使每次熄焦的供水压力和供水量都保持恒定,达到均匀熄焦和保持焦炭水分稳定的目的。

低水分熄焦工艺适合于采用一点定位的熄焦车。一点定位熄焦车的优点在于焦炭在熄焦车厢内的分布和焦炭表面的轮廓对每炉焦炭都是一样的,这样可以通过调节熄焦水的流量及其分布获得含水量稳定的焦炭,由于大部分焦炭是靠水蒸气熄焦,所以焦炭水分比较低。低水分熄焦工艺已成功地将一点定位熄焦车内红焦厚度高达 2.4 m 的焦炭层均匀熄灭,并将熄焦后的焦炭水分控制在 2%以下,常规的喷洒熄焦工艺对于较厚的焦炭层不可能达到这样的效果。低水分熄焦工艺在熄焦过程中,焦炭处于沸腾状态,因而对焦炭具有一定的整粒作用。在熄焦末期,焦炭层表面几乎是水平的。

低水分熄焦工艺特别适用于原有湿熄焦系统的改造。经特殊设计的喷嘴可按最适合原有熄焦塔的方式排列。管道系统由标准管道及管件构成,可安装在原有熄焦塔内。在采用一点定位熄焦车有困难的情况下,也可沿用传统的多点定位熄焦车,但获得的焦炭水分将比一点定位熄焦车略高约 0.5%。

四、稳定熄焦

稳定熄焦是德国发明的一种湿法熄焦工艺,适用于用一点定位熄焦车,在熄焦过程中焦炭处于沸腾状态,可通过控制熄焦水的喷洒量与喷洒时间从而将焦炭的水分控制在 3%～3.5%的范围内,与低水分熄焦有异曲同工之处,所不同的是熄焦车的结构和熄焦水与焦炭层的接触方式。稳定熄焦采用的一点定位熄焦车的盛焦装置,为一不漏水的方形罐体,悬空内衬的耐磨板在罐体的斜底与耐磨板间形成一夹层空间,设在斜底下端放焦口的挡板为内外两层,内层挡板用于将焦炭挡在罐体内,外层挡板则与罐体的外壳间形成密封,防止熄焦过程中熄焦水外泄。在罐体的外部两端各设有一个与罐底夹层相通的注水口。在熄焦过程中,大量的熄焦水从两个注水口直接注入罐底夹层内,并通过内衬耐磨板上均匀排列的开口进入焦炭层底部,与红焦接触后产生的大量蒸汽由下而上穿过焦炭层将焦炭熄灭。仅在熄焦刚开始时,设在熄焦塔内位于焦罐上方的喷洒管喷洒少量的水,用于熄灭顶层焦炭。熄焦时间和熄焦水流量均可在控制室内调节。稳定熄焦工艺在我国尚无成功应用。

第五节　焦炭筛分与整粒

筛焦工段是焦化厂炼焦车间的一个组成部分。筛焦工段的任务是将湿法熄焦或干法熄焦后的焦炭送往筛焦楼并按用户要求筛分成不同粒度后,送往贮焦槽准备外运,或直接送往炼铁厂,或直接送往贮焦场堆放。

一、焦炭的分级与筛焦系统

从焦台运送出来的混合焦炭块度大小不匀,必须通过对焦炭进行筛分分级来将不同块度的焦炭区分开来以满足不同用户的要求：

    ① ＞80 mm：用于铸造；

    ② 60～80 mm：用于铸造；

    ③ 40～60 mm：用于大型高炉；

    ④ 25～40 mm：用于高炉、耐火竖窑；

    ⑤ 10～25 mm：用于烧结机燃料、小高炉、发生炉；

    ⑥ 5～10 mm：用于铁合金；

    ⑦ 0～5 mm：用于烧结。

为了适应不同用户的要求，必须将焦炭通过筛分进行分级。我国钢铁企业的焦化厂，习惯上以大于 25 mm 的焦炭产量计算冶金焦率。现代大型高炉要求焦炭粒度均匀，因此需用切焦机把大于要求粒度的焦块破碎成较小粒度的焦炭，这种工艺称为焦炭整粒。整粒后的焦炭提高了焦炭强度和均匀性，有利于改善高炉料的透气性，降低焦比。

二、筛焦工段的工艺流程及主要设备

筛焦工段的工艺流程如图 4-6 所示。筛焦工段一般由焦台、切焦机室、筛焦楼、贮焦槽、露天焦场、焦试样室以及相应的带式输送机通廊和转运站等设施所组成。

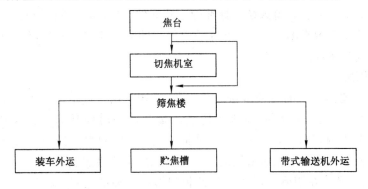

图 4-6　筛焦工艺流程

（一）焦台

焦台的主要作用是凉焦。熄焦后的焦炭在焦台上经蒸发水分并对剩余红焦补充熄焦后送往筛焦楼。焦炭在焦台上的停放时间一般按 0.5 h 考虑。焦台的放焦设备有手动和机械两种，手动闸门放焦时，不仅放焦不匀，而且劳动强度大，所以近年来在设计中很少采用。而机械放焦装置，设备结构简单，制造容易，在生产时可减轻工人劳动强度，故各类焦台普遍采用机械放焦机。

（二）切焦机室（整粒）

现代化大型高炉要求入炉焦炭的粒度均匀，通常控制在 25～80 mm 之间。对于钢铁联合企业，如果这一粒级焦炭的自然产量不能满足要求，就需对大块焦炭进行整粒。对于生产城市煤气为主的焦化厂，焦炭全部为商品焦，可根据市场对焦炭块度的需求对大块焦炭进行整粒。整粒在切焦机室进行。切焦机室内安装切焦机，其上部是算条筛。工艺流程为：带式输送机把混合焦送到切焦机室，混合焦通过算条筛，粒度大于 80 mm 的大块焦进入切焦机破碎后，与算条筛的筛下物混合，由带式输送机送入筛焦楼筛分。由于整粒会增加粒度小于 25 mm 的碎焦和粉焦的产率,造成焦炭价值降低,故只在厂方要求时才设置切焦机室。

(三)筛焦楼

筛焦楼是筛焦工段的重要组成部分。其任务是将混合焦按用户要求筛分成不同粒度的焦炭。

1. 筛焦楼的结构及工艺流程

筛焦楼上部用于安装筛分设备,下部是混凝土贮槽,贮槽的储量较小,只起到临时贮存、缓冲系统操作的作用。带式输送机将从焦台上卸下的混合焦送到筛焦楼上,筛分设备把混合焦分成不同粒度的焦炭,分别贮入各自的贮槽中。在贮槽下部设置一排或二排卸料口,卸料口安装闸门,可将各级焦炭或装车、或通过带式输送机外运。

2. 筛分设备

筛分设备种类繁多,按其结构主要分为:辊动筛、振动筛和箅条筛三种。焦炭筛分设备有共振筛、辊轴筛、振动筛、圆筒筛和箅条筛等,各有其特点。辊轴筛:其优点是运行可靠,操作调节方便。其缺点是结构复杂,筛片磨损快,检修更换筛片劳动强度较大,噪声大,筛分效率低(65%~85%)。辊动筛一般在老的大、中型焦化厂使用较多,近年来已很少使用。

(1)振动筛:结构简单,噪声大,筛分效率不高 70%~85%,易堵筛;已较少采用。

(2)共振筛:结构简单,耗电少,筛分效率高(90%),使用寿命长,不易堵,成本低,噪音小,已普遍采用。

(3)箅条筛筛分效率较低,但筛分能力大,价格较便宜。

3. 焦炭存贮

为保证生产能顺利进行,生产出来的焦炭必须及时运出或存放。存放方式有两种:一是存放在贮焦场;另一是贮在槽子里。贮焦场的优点是投资省,其缺点是装卸不方便,块焦破损率较高,容易造成环境污染。贮焦槽的优点是装卸机械化率高,不易造成环境污染,但基建投资大。

三、筛焦工艺要求及注意事项

(1)为保证焦炭按规定分级,应制定焦筛定期更换制度,并设专人定期检查焦筛。

(2)运焦系统各岗位设备必须设有联系信号及联锁装置。开停设备时必须严格按照顺序进行或经集中控制室统一操作。

(3)保持胶带通廊、转运站、筛焦楼下铁道等处清洁。

本章测试题

一、判断题(在题后括号内作记号,"√"表示对,"×"表示错,每题 2 分,共 20 分)

1. 周转时间＝结焦时间＋操作时间＝操作时间×炉孔数＋检修时间。　　　（　　）

2. 在推焦过程中要时刻关注推焦电流的变化。　　　（　　）

3. 炭化室的结焦过程为成层结焦。　　　（　　）

4. 湿法熄焦是采用惰性气体进行热交换熄焦。　　　（　　）

5. 筛焦的作用是为了将焦炭分成不同的粒度级别,供不同的工业应用。　　　（　　）

6. 焦炭的耐磨强度用 M_{40} 表示。　　　（　　）

7. 平煤时如发生突然停电,平煤杆在炭化室中,应将开关回零位并迅速用手摇装置将平煤杆摇回。 （　　）

8. 当遇到难推焦时,应该立即停止推焦,解决问题后再进行推焦。 （　　）

9. 装平煤原则:装满煤、装煤均匀、少冒烟。 （　　）

10. 干法熄焦相对于湿法熄焦可以有效地回收焦炭的显热。 （　　）

二、填空题(将正确答案填入题中,每空 2 分,共 20 分)

1. 焦炭在高炉冶炼过程中起着（　　）、（　　）和（　　）三大作用

2. 炭化室煤料结焦时五个状态层:干煤层、湿煤层、（　　）、（　　）和（　　）。

3. 炼焦生产的主要操作为（　　）、（　　）、（　　）、（　　）。

三、单选题(在题后供选答案中选出最佳答案,将其序号填入题中,每题 2 分,共 20 分)

1. 焦炭的抗碎强度用（　　）表示。

A. M_{40}　　　　　　　　B. M_{10}　　　　　　　　C. M_{20}

2. 焦炭粒度大于（　　）mm 的为冶金焦。

A. 15　　　　　　　　　　B. 25　　　　　　　　　　C. 35

3. 下列不是焦炉常用推焦串序的是（　　）串序。

A. 5—2　　　　　　　　　B. 2—1　　　　　　　　　C. 7—2

4. （　　）是推焦执行系数,用以评定班推焦计划实际执行的情况。

A. K_1　　　　　　　　　B. K_2　　　　　　　　　C. K_3

5. 下列不是湿法熄焦的是（　　）。

A. 传统的喷淋式熄焦　　B. 低水分熄焦　　　　　C. 都不是

6. 低水分熄焦工艺熄焦后焦炭的水分可控制在（　　）%。

A. 1~2　　　　　　　　　B. 2~4　　　　　　　　　C. 4~6

7. 焦炭分析包括化学分析和（　　）分析。

A. 水分　　　　　　　　　B. 元素　　　　　　　　　C. 硫分

8. 焦炉推焦时推焦电流超过规定的最大（　　）时称为困难推焦。

A. 电阻　　　　　　　　　B. 电压　　　　　　　　　C. 电流

9. 推焦要求准时和（　　）。

A. 快推　　　　　　　　　B. 稳推　　　　　　　　　C. 都不是

10. 干法熄焦是利用（　　）,在干熄炉中与赤热红焦直接接换热而冷却红焦。

A. 冷的惰性气体或者燃烧后的废气

B. 冷的惰性气体

C. 燃烧后的废气

四、简答题(共 6 题,共 40 分)

1. 什么是炼焦生产?（5 分）

2. 简述炭化室膨胀压力产生的原因。（5 分）

3. 简述装煤特殊操作。（8 分）

4. 简述推焦特殊操作。（8 分）

5. 简述病号炉的装煤和推焦。（5 分）

6. 简述乱筮炉号的处理。（9 分）

第五章　炼焦技术

第一节　煤气燃烧及炼焦热耗

一、煤气及其燃烧

焦炉加热所使用的煤气，通常有焦炉煤气和高炉煤气，此外还有发生炉煤气。

（一）煤气性质

1. 煤气组成（见表 5-1）

表 5-1　　　　　　　　　　　各种煤气的组成

名称	组成（体积/%）								低热值 /kJ·m⁻³
	H_2	CH_4	CO	C_mH_n	CO_2	N_2	O_2	其他	
焦炉煤气	55～60	23～27	5～8	2～4	1.5～3.0	3～7	0.3～0.8	H_2S 等	17 000～17 600
高炉煤气	1.5～3.0	0.2～0.5	26～30	—	9～12	55～60	0.2～0.4	灰	3 600～4 400
发生炉煤气	12～15	0.5～2.0	25～30	—	2～5	46～55	—	灰	4 500～5 400

2. 煤气发热值

它是指单位体积的煤气完全燃烧所放出的热量（kJ/m^3）。发热值有高、低之分。燃烧产物中水蒸气冷凝至 0 ℃液态水时的发热值称高发热值；燃烧产物中水蒸气呈气态时的发热值称低发热值。在热工设备中，因燃烧后废气温度较高，水蒸气不可能冷凝，所以有实际意义的是低发热值。各种燃料的发热值可用仪器直接测得，煤气的发热值可由组成按加和性计算。

3. 煤气密度

单位体积煤气的质量，称为煤气密度（kg/m^3），也可按加和法计算。焦炉煤气、高炉煤气（大型）、高炉煤气（中型）的密度分别为：$0.451\ kg/m^3$、$1.331\ kg/m^3$ 和 $1.297\ kg/m^3$。

4. 煤气的加热特性

（1）焦炉煤气

焦炉煤气可燃成分浓度大,发热值高,理论燃烧温度达 $1\,800\sim2\,000$ ℃,着火温度是 $600\sim650$ ℃,由于 H_2 占 $1/2$ 以上,故燃烧速度快、火焰短,煤气和废气的密度低,分别约为 $0.451\ kg/m^3$ 和 $1.21\ kg/m^3(a=1.25)$;因 CH_4 占 $1/4$ 以上,而且含有 C_mH_n,故火焰光亮,辐射能力强。此外,用焦炉煤气加热时,加热系统阻力小,炼焦耗热量低,增减煤气流量时,焦炉燃烧室温度变化比较灵敏。焦炉煤气在回收车间净化不好时,煤气中萘、焦油较多,容易堵塞管道和管件,煤气中氨、氰化物、硫化物对管道和设备腐蚀严重。

(2) 高炉煤气

高炉煤气不可燃成分约占 70%,发热值低,理论燃烧温度低,为 $1\,400\sim1\,500$ ℃,着火温度大于 700 ℃。煤气中可燃成分主要 CO,且不到 30%,故燃烧速度慢、火焰长,高向加热均匀,可适当降低火道温度。用高炉煤气加热时,由于废气和煤气密度较高,约分别为 $1.4\ kg/m^3(a=1.25)$ 和 $1.3\ kg/m^3$,废气量也多,故耗热量高,加热系统阻力大,约为焦炉煤气加热时的 2 倍以上。使用高炉煤气时,必须经蓄热室预热至 $1\,000$ ℃以上,才能满足燃烧室温度的要求,故要求炉体严密,以防煤气在燃烧室以下部位燃烧。由于高炉煤气中含 CO 多,毒性大,故要求管道和设备严密,并使交换开闭器、小烟道和蓄热室部位在上升气流时也要保持负压。

(二) 煤气燃烧

煤气的燃烧是指煤气中的可燃成分和空气中的氧在足够的温度下所发生的剧烈氧化反应。燃烧需要有三个条件,即可燃成分、氧和一定的温度,缺少一个条件也不会引起燃烧。

1. 燃烧反应

完全燃烧时,可见到火苗明亮,没有烟。如果火苗暗红并带有黑烟就是燃烧不完全。在焦炉加热中,应当使煤气完全燃烧,这样才能有效地利用煤气的热能,提高热效率,降低耗热量。

2. 煤气爆炸

爆炸就其本质而言,与燃烧基本一致,不同点在于燃烧是稳定的连锁反应,在必要的浓度极限条件下,主要依靠温度的提高,使反应加速;而爆炸是不稳定的连锁反应,在必要的浓度极限条件下,主要依靠压力的提高,使活性分子浓度急剧提高而加速反应。可燃气体的爆炸极限介于燃烧极限之间。焦炉煤气、氢气和苯蒸气的操作下限很低,故管道、管件、设备不严时,漏入空气中,遇到火源,就容易着火爆炸。相反,高炉煤气、发生炉煤气、氢气和一氧化碳爆炸上限较高,当管道、设备不严并出现负压时,容易吸入空气形成爆炸性可燃混合物。此外,当管道内煤气低压或流量过低时,也易产生回火爆炸。对于这些,均应采取适当措施,预防事故发生。各种气体的燃烧极限见表 5-2。

表 5-2　　　　　　　　　　　各种气体的燃烧极限

可燃气体	H_2	CO	CH_4	C_2H_6	C_6H_6	焦炉煤气	高炉煤气	发生炉煤气
燃烧极限/%	$9.5\sim65.2$	$15.6\sim70.9$	$6.3\sim11.9$	$4.0\sim14.0$	$1.41\sim6.75$	$6.0\sim30.0$	$46.0\sim68.0$	$20.7\sim73.7$

二、空气过量系数

为使燃烧时可燃物能够充分利用,要求与氧完全作用,当燃烧产物中只有 CO_2、H_2O、

N_2 和 O_2 等,不再含有可燃成分时,这样的燃烧叫完全燃烧,否则是不完全燃烧。引起不完全燃烧的根本原因是空气供给不足、燃料和空气混合不好或高温下燃烧产物中的 H_2O 和 CO_2 分解产生了 CO 和 H_2 等。通常热分解造成的不完全燃烧可以忽略不计。

空气和煤气的混合靠燃烧室的结构来保证。因此,为了保证燃料完全燃烧,实际供给的空气量必需大于燃烧所需的理论空气量,两者的比值叫空气过剩系数,以"α"来表示:

$$\alpha = \frac{实际空气量}{理论空气量} \tag{5-1}$$

α 的选择对焦炉加热十分重要。α 过小煤气燃烧不完全,可燃成分随废气排出,造成浪费;α 过大产生的废气量大,废气带走的热量也增多。故 α 值过大或过小均会增加煤气耗量。同时,α 值的大小对焦饼高向加热均匀性有很大影响,特别是对没有废气循环的焦炉更为显著。因此必须通过实际生产正确控制 α 值。正常情况下,α 值应保证煤气完全烧焦炉煤气时,$\alpha = 1.2 \sim 1.25$,烧高炉煤气时,不带废气循环的焦炉 $\alpha = 1.15 \sim 1.20$,带废气循环的焦炉由于 α 对火焰高度不起主导作用,故 α 值可以略大些。实际生产中 α 值会随煤气温度、热值及大气温度变化等因素而变化,故需经常检查并及时调节。

三、炼焦耗热量

焦炉的炼焦耗热量是指 1 kg 入炉煤炼成焦炭需要供给焦炉的热量,单位是 kJ/kg 煤。炼焦耗热量指标除了作为用来加热焦炉的煤气消耗量的计算依据以外,还是评定焦炉结构完善、热工操作和管理水平好坏以及决定炼焦消耗定额高低的一项主要指标。由于应用的方面不同,采用的计算基准各异,所以炼焦耗热量的计算方法不同。

（一）耗热量计算

1. 湿煤耗热量

是指 1 kg 湿煤炼焦成焦炭应供给焦炉的热量,用 Q_1 表示,按下式计算:

$$Q_1 = \frac{V_0 Q_{DW}}{G} \text{ kJ/kg · 湿煤} \tag{5-2}$$

式中　V_0——标准状态下的实际加热煤气量,m^3/h;

　　　　Q_{DW}——干煤气的低位发热量,kJ/m^3;

　　　　G——装入焦炉的湿煤量,kg/h。

在计算中,上述各项所取数值的时间应是一致的,当焦炉操作条件一定时,湿煤耗热量随入炉煤水分的变化而改变。由于各焦炉装入煤水分不同,所以湿煤耗热量相互之间缺乏可比性,其数值的大小,也不能真实地反映出焦炉热工操作的水平。

2. 绝对干煤耗热量

是指装入的 1 kg 干煤炼成焦炭所消耗的热量,但不包括装入的湿煤中水分蒸发和加热所需的热量,用 Q_2 表示。

$$Q_2 = \frac{Q_1 - 51 M_{ar}}{100 - M_{ar}} \text{kJ/kg · 干煤} \tag{5-3}$$

式中　M_{ar}——装炉煤的全水分,%;

　　　　Q_1——湿煤耗热量,kJ/kg · 湿煤;

　　　　51——1 kg 湿煤中1%水分所消耗的热量,kJ/kg · 湿煤。

数值 51 的来源如下:装入的湿煤水分在炼焦过程中,将变成水蒸气与荒煤气一起离开焦炉。故 1 kg 水带走的热量 $= 2490 + 2 \times 600 = 3690$(kJ/kg)

式中　2 490——水的蒸发潜热,kJ/kg;

　　　2——水蒸气在 0～600 ℃温度内的平均比热,kJ/(kg·℃);

　　　600——水蒸气离开炭化室的平均温度,℃。

当焦炉热效率为 72.5%时,在炼焦过程中,1 kg 水所消耗的热量应为:3 690/0.725≈5 100(kJ/kg),则 1%水分所消耗的热量为:5 100/100=51(kJ/kg)。应当指出,数值 51 与实际是有差异的,它取决于炼焦过程中荒煤气离开炭化室的温度和焦炉的热效率,而这些数值因各种焦炉是不同的,即使对同一座焦炉,随着生产条件的改变也是变化的,所以它只是一个近似值。

3. 相当干煤耗热量

是以 1 kg 干煤为基准计算的炼焦实际消耗的热量,包括入炉煤水分的加热和蒸发所消耗的热量。

4. 7%水的湿煤耗热量

为统一计算基准,便于比较,将实际湿煤耗热量换算为水分含量相同(7%)的湿煤的耗热量。计算方法如下:

(1)用焦炉煤气加热时:

$$Q = Q_1 - 29(M_{ar} - 7) \tag{5-4}$$

(2)用贫煤气加热时:

$$Q' = Q_1 - 33(M_{ar} - 7) \tag{5-5}$$

式中　Q 和 Q'——含 7%水的湿煤耗热量,kJ/kg;

　　　Q_1——湿煤耗热量,kJ/kg;

　　　29——焦炉煤气加热时每增减 1%水分时耗热量的变化,kJ/kg;

　　　33——贫煤气加热时每增减 1%水分时耗热量的变化,kJ/kg;

　　　M_{ar}——实际煤水分的百分比;

　　　7——标准煤水分的百分比。

(二)影响耗热量的因素

用炼焦耗热量作为焦炉热工评价指标,虽没有热效率那样全面而且随着炉体老化耗热量还发生变化,但耗热量是基本反映焦炉的能耗情况。计算方法简单,所以仍将它作为焦炉热工的考核指标。影响炼焦耗热量的因素很多,主要有以下几方面。

1. 焦饼中心最终温度和标准温度

根据焦炉的热平衡可知,焦炭带走的热量是很多的,一般占支出热量的 30%～40%。若以焦饼最终平均温度为 1 000 ℃计,则焦饼温度每增加 50 ℃,焦炭带走的热量增加 5%左右,则炼焦耗热量约增加 6%。因此,应当在保证焦炭质量和顺利推焦的前提下使焦饼中心最终温度维持在最低值。要降低焦饼中心温度,就要降低标准温度,而降低标准温度的前提是炉温必须均匀稳定,否则降低温度后,会使部分焦炭成熟不好从而降低焦炭质量并容易造成推焦困难。

2. 炉顶空间温度

从炉顶排出的荒煤气带走的热量也是较多的。当结焦时间、装入煤料一定时,荒煤气出口温度每降低 10 ℃,耗热量降低 20 kJ/kg 左右,因此降低炉顶空间温度对耗热量的降低也是有利的。

3. 空气系数

加热煤气与空气合适的比例,对降低耗热量有较大意义。空气系数过小,使燃烧不完全,部分可燃气体损失,对耗热量影响很大,当空气系数过大时,废气带走的热量增多,导致耗热量增加。若废气中含有 1%CO 时,则相当于 3%～4% 的焦炉煤气或 6%～7% 的高炉煤气未经燃烧,耗热量增加 5%～6%。空气系数每增加 0.1,在使用高炉煤气加热时,耗热量将增加 30～40 kJ/kg;在使用焦炉煤气加热时,耗热量将增加 20～25 kJ/kg。空气系数不仅影响着耗热量,同时对焦炉高向加热和产品质量均有直接关系,所以控制合适的空气系数并调节均匀很重要。

4. 废气温度

在结焦条件一定的情况下,废气出口温度降低 25 ℃,可使焦炉的热效率提高 1%。耗热量降低 25～35 kJ/kg。废气温度的高低与火道温度、蓄热室格子砖的蓄热面积、气体在蓄热室内的分布情况及交换周转等有关。交换周期越长,格子砖热效率越低,但交换时间若过短,则交换频繁对操作不利,并增加了交换时的煤气损失,因此交换周期一般采用 20 min 或 30 min。

5. 装入煤水分

与含标准水分 7% 的湿煤相比,配煤水分每变化 1%,耗热量相应变化 29～33 kJ/kg。当配入水分较高的煤泥或下大雨使配煤水分急剧上升时,耗热量会增加较多。配煤水分的变化,不仅对耗热量影响很大,而且还影响焦炉加热制度的稳定和焦炉炉体的寿命。水分的波动也会引起煤料堆密度的变化而影响焦炉生产能力。同时,在水分波动频繁时,调火工作跟不上,易造成焦炭过火或不熟,还可能引起焦饼难推。故规定和稳定配煤水分是焦炉正常操作的主要条件之一。

6. 周转时间

一般大型焦炉的周转时间,当炭化室宽为 450 mm 的在 18～20 h,耗热量是最低的。周转时间每改变 1 h,耗热量将增加 1%～1.5%。

7. 炉体、设备严密程度和炉体绝热

若炉体不严,从蓄热室封墙漏入空气,或蓄热室单主墙窜漏,炭化室墙串漏,煤气旋塞或砣不严,都会造成加热煤气的损失,增加耗热量,因此必须加强对炉体和煤气设备的维护。另外,炉体表面绝热好坏,不但影响散热的大小,还将影响操作环境。

8. 加热煤气种类

用高炉煤气加热的耗热量要比用焦炉煤气加热时高 10%～20%。尽管烧高炉煤气时的小烟道温度比烧焦炉煤气时低,但烧高炉煤气时所产生的废气量大,废气从烟囱带走的热量也多,同时因炉体和设备不严密而造成的漏失量也多,多次交换时上升气流蓄热室中的贫煤气直接流入烟道中,这些都增加了炼焦耗热量。从炼焦耗热量上看,用焦炉煤气加热时的耗热量要比用贫煤气加热时少,因为焦炉煤气是优质的气体燃料,所以对复热式焦炉来说,如条件允许,应尽可能地烧贫煤气。这对能源的合理利用,环境保护以及社会、经济综合效益等都有好处。

第二节　炼焦温度的确定及测量

一、标准温度与直行温度

焦炉燃烧室的火道数量较多,为了均匀加热和便于检查、控制,每个燃烧室的机、焦侧各选择一个火道作为测温火道,其温度分别代表机、焦两侧温度,这两个火道称为测温火道或标准火道。其所测得实际温度称直行温度。

标准温度是指机、焦侧测温火道平均温度的控制值,是在规定结焦时间内保证焦饼成熟的主要温度指标。在确定焦炉的标准温度时,虽然可用有关公式进行计算,但因为运算比较复杂而且与实际有较大的出入,一般参考已投产的同类型焦炉的生产实践资料来定。然后根据实际测量的焦饼中心温度进行校正。各种类型焦炉的标准温度可参考表5-3。

标准温度除与炉型有关外,还与配煤水分、加热煤气种类有关。当配煤水分(高于6%时)每增加1%,标准温度应增加5~7℃。在同一结焦时间内火道温度每改变10℃,焦饼中心温度相应改变25~30℃。在任何结焦时间下,对于硅砖焦炉,确定的标准温度应使焦炉各立火道的温度不超过1 450℃。因为燃烧室的最高温度在距立火道底1 m左右处,而且比立火道底温度高100~150℃。并考虑到炉温波动,测量仪表的误差及测量的误差等因素,故立火道底部温度应控制在比硅砖荷重软化点(1 650℃)低150~200℃,即不超过1 400℃才是安全的。对于黏土砖焦炉,虽然其耐火度与硅砖差不多,但因荷重软化点比硅砖低得多,而且当炉温较高时炭化室墙面容易产生卷边、翘角等现象而损坏炉体。因此,在生产实践中,直行平均温度不宜超过1 100℃。

表 5-3　　　　　　　　　各种类型焦炉的标准温度

炉型	炭化室平均宽度/mm	结焦时间/h	标准温度/℃		锥度/mm	测温火道号数	加热煤气种类
			机侧	焦侧			
JN60—87 (蓄热室分格)	450	18	1 295	1 355	60	8,25	焦炉
JN60—83	450	18	1 295	1 355	60	8,25	焦炉
5.5 m 大容积	450	18	1 290	1 355	70	8,25	焦炉
JN43—80	450	18	1 300	1 350	50	7,22	焦炉
58 型(450 mm)	450	18	1 300	1 350	50	7,22	焦炉
58 型(407 mm)	407	16	1 290	1 340	50	7,22	焦炉
两分下喷	420	16	1 300	1 340	40	6,17	焦炉
66 型	350	12	1 290	1 310	20	3,12	焦炉

测量直行温度是为了检查焦炉沿纵长方向各燃烧室温度的均匀性和全炉温度的稳定性。直行温度的测温火道一般选在机、焦两侧的中部,同时还应考虑到单双数火道均能测到,避开装煤车轨道和纵拉条等因素。测温位置在下降气流立火道底部喷嘴和鼻梁砖之间的三角区。在换向后5 min(或10 min)开始测量,一般从焦侧交换机端开始测量,由机侧返回,在两个交换时间内测完全炉直行温度。测温顺序应固定不变,测量速度应均匀。直行

温度每 4 h 按规定时间测量一次,每次将测量结果按机焦侧在交换后不同时间测量的温度分别加相应的冷却温度较正值,换算成交换后 20 s 的温度值,分别计算机、焦侧的全炉平均温度。直行温度的均匀性和稳定性,采用均匀系数和安定系数来考核。将一昼夜所测得的各燃烧室机焦侧的温度分别计算平均值,求出各机、焦侧测温火道与昼夜平均温度的差值,如果中间某火道该差值大于 20 ℃即为不合格火道,边炉大于 30 ℃的为不合格火道。

均匀系数 K_1 表示焦炉沿纵长方向各燃烧室昼夜平均温度的均匀性。

$$K_1 = (M + A_{机}) + (M - A_{焦})/2M \qquad (5\text{-}6)$$

式中　M——焦炉燃烧室数侧温个数(检修炉和缓冲炉除外);

　　　$A_{机}$——机侧不合格火道数,个;

　　　$A_{焦}$——焦侧不合格火道数,个。

安定系数 K_2 表示焦炉直行温度的稳定性。

$$K_2 = (2N - B_{机} - B_{焦})/2N \qquad (5\text{-}7)$$

式中　N——昼夜测温次数,次;

　　　$B_{机}$——机侧平均温度与标准温度相差±7 ℃以上次数,次;

　　　$B_{焦}$——焦侧平均温度与标准温度相差±7 ℃以上次数,次。

二、横排温度

同一燃烧室的各火道温度,称为横排温度。炭化室宽度由机侧往焦侧逐渐变宽,对于顶装焦炉,装煤量也逐渐增加,为保证焦饼沿炭化室长向同时成熟,每个燃烧室各火道温度,应当由机侧向焦侧逐渐增高,要求从机侧第 2 火道至焦侧第 2 火道的温度应均匀上升。因炭化室锥度不同,机、焦侧温度差也不同。生产中以机、焦侧测温火道的温度差来控制。从生产实践中得出,机、焦侧温度差与炭化室锥度的关系大致如表 5-4。显然,标准火道的选择和装平煤方法及机、焦侧火焰高度等对机、焦侧温度差均有影响。焦炉的合适温度差需要测量焦饼中心温度来进行校正。对于捣固炼焦,煤饼宽度机、焦侧相同,煤饼与焦侧炉门衬砖有一定空隙(约 150～250 mm),也就是说焦侧装煤量往往少于机侧,另外由于煤饼是由机侧推往焦侧,煤饼将一部分热量带往焦侧,机侧炉门敞开时间长散热量大,所以机侧耗热量大于焦,因此机侧标准温度应高于焦侧约 10 ℃左右。

表 5-4　　　　　　　　　　机、焦侧温度差与炭化室锥度的关系

炭化室锥度/mm	机焦侧标准温度差/ ℃
20	15～20
30	25～30
40	30～40
50	40～50
60	50～60
70	55～65

测量横排温度是为了检查沿燃烧室长向温度分布的合理性。由于同一燃烧室相邻火道测量的时间相差极短,而且只需了解燃烧室各火道温度的相对均匀性,所以不必考虑校正值。为了避免交换后温度下降对测温的影响,每次按一定顺序进行测量。单号燃烧室从

机侧开始测温,双号燃烧室从焦侧开始测温。所有测量同时在交换后 5 min 开始,每次测 4～6 排,6～9 min 测完。为评定横排温度的好坏,将所测温度绘成横排温度曲线,并以机、焦侧标准温度差为斜率在其间引直线,该直线称为标准线。偏离标准线 20 ℃ 以上的火道数为最少,将此线延长到横排温度系数考核范围,可绘出 10 排平均温度曲线或全炉横排平均温度曲线。边燃烧室、缓冲燃烧室及半缓冲燃烧室不计入 10 排或全炉横排温度考核范围。对单个燃烧室而言,实测火道温度与标准线之差超过 20 ℃ 以上者为不合格火道。对 10 排平均温度曲线,实测火道温度与标准线之差超过 10 ℃ 以上者为不合格火道。对全炉平均温度曲线,实测火道温度与标准线之差超过 7 ℃ 以上者为不合格火道。

燃烧室的横排温度均匀性用横排系数 K_3 来考核。每个燃烧室横排温度曲线

$$K_3 = (M - N)/M \tag{5-8}$$

式中　M——考核火道数,个;

　　　N——不合格火道数,个。

横排系数 K 是调节各燃烧室横排温度的依据。10 排平均温度和全炉平均温度横排曲线可用来分析斜道调节砖及煤气喷嘴(或烧嘴)的排列是否合理,蓄热室顶部吸力是否合适。全炉横排温度的测量,每季度应不少于一次,焦炉煤气加热时,测量次数应酌情增加。

三、边火道温度

从焦炉加热与砌体完整性来看,边火道处于最不利的部位。往往由于供热不足或提前摘炉门等原因,造成边火道温度过低,使炉头部位的焦炭不能按时成熟,且易造成推焦困难,使装煤后炭化室炉头部位墙面温度降到硅砖晶形转化点以下,逐渐造成砌体损坏。因此要保持合理的边火道温度值。一般要求边火道最好不低于标准火道温度 100 ℃。正常结焦时间下最低不低于 1 100 ℃。边火道温度在交换 5 min 后开始测量,由交换机室端焦侧开始,从机侧返回,每次测量顺序保持一致。测量完毕后,分别计算机焦侧的边火道平均温度(边燃烧室除外)。因为边火道受外界影响较大,所以在计算边火道温度均匀系数时,以每个边火道温度与平均温度差大于 50 ℃ 为不合格,边燃烧室不计系数。

边火道温度均匀系数用 K_4 表示。边火道温度至少每半月测量一次。

$$K_4 = (M - N)/M \tag{5-9}$$

式中　M——测温火道数,个;

　　　N——不合格火道数,个。

四、蓄热室顶部温度

为防止因蓄热室高温而将格子砖烧熔,应严格控制蓄热室温度,对于硅砖蓄热室,其顶部温度应控制在 1 320 ℃ 以下,对于黏土砖蓄热室,其顶部温度应控制在 1 250 ℃ 以下。除黏土砖蓄热室焦炉外,在一般情况下蓄热室的高温事故应不容易发生。但是,当炭化室窜漏,荒煤气被抽到蓄热室内燃烧;砖煤气道煤气漏入蓄热室内燃烧;立火道煤气燃烧不完带到蓄热室燃烧以及废气循环发生短路等,仍可能引起蓄热室高温事故。当结焦时间过短或过长以及炉体衰老时容易出现上述情况,故应加强对蓄热室温度及窜漏情况的检查监督。蓄热室温度在正常情况下与炉型、结焦时间、空气系数和除炭空气量等有关。对于双联火道焦炉来说,蓄热室顶部温度为立火道温度的 87%～90%,大约差 150 ℃。蓄热室顶部温度的测量是为了检查蓄热室温度是否正常,并及时发现蓄热室有无局部高温、漏火、下火等现象。

蓄热室顶部温度测点一般选在蓄热室温度最高处。当用焦炉煤气加热时,测量上升气流蓄热室,交换后立即测量,因为此时蓄热室温度最高;当用高炉煤气加热时,测量下降气流蓄热室,在交换前 5～10 min 开始测量。分别计算机、焦侧的平均温度(端部蓄热室除外),并找出最高和最低温度。一般情况下,蓄热室顶部温度每月测量一次,在标准温度接近极限温度或蓄热室下火、炉体衰老等情况下,应酌情增加测量次数。对黏土砖蓄热室焦炉,测量次数也应适当增加。

五、小烟道温度

小烟道温度即废气排出温度,它决定于蓄热室格子砖型式、蓄热面积、炉体状态和调火操作等。当其他条件相同时,小烟道温度随着结焦时间缩短而提高。为了避免焦炉基础顶板和交换开闭器过热以及提高焦炉热效率,当用焦炉煤气加热时,小烟道温度不应超过 450 ℃;当用高炉煤气加热时不应超过 400 ℃。分烟道温度不得超过 350 ℃。为保持烟囱应有的吸力,小烟道温度不应低于 250 ℃。

小烟道温度反映了蓄热室的热交换情况和下降气流废气量的分配。通过测量小烟道温度还可以发现因炉体不严密而引起的漏火、下火等情况。小烟道温度的测点在下降气流交换开闭器测温孔处。在用焦炉煤气加热时,测量前将 500 ℃水银温度计插入上升气流交换开闭器测温孔(温度计插入深度为小烟道全高的 3/5,全炉一致),在下降气流转为上升气流交换前 5～10 min 开始读数。为减少测量误差,按先读数后拔温度计顺序操作。在用高炉煤气加热时,插拔温度计均应在下降气流时进行。小烟道温度一般每季度测量一次。

六、炉顶空间温度

炉顶空间温度是指炭化室顶部空间荒煤气温度。炉顶空间温度宜控制在(800±30)℃,且应不超过 850 ℃。炉顶空间温度与炉体结构、装煤、平煤、调火操作以及配煤比等因素有关。它对化学产品产率与质量以及炉顶石墨生长有直接影响。

七、焦饼中心温度

焦饼中心温度是焦炭成熟的指标。一般生产中焦饼中心温度达到(1 000±50)℃时焦饼已成熟。对于某些厂因配煤或用户有特殊要求时,焦饼中心最终温度可根据实际需要确定。焦饼温度的均匀性是考核焦炉结构与加热制度完善程度的重要方面,因此,焦饼各点温度应尽量一致。炉顶空间温度指炭化室顶部空间的荒煤气温度。

测量焦饼中心温度是为了确定某一结焦时间下合理的标准温度,以及检查焦饼沿炭化室长向和高向成熟的均匀情况。焦饼中心温度是焦炭成熟的指标,焦饼各点温度应尽量一致。焦饼中心温度是从机、焦两侧装煤孔沿炭化室中心垂直插入不同长度的钢管用高温计或热电偶进行测量。钢管直径一般为 50～60 mm,长度有三种:从炉顶面至距炭化室底600 mm,从炉顶面至距焦线下 600 mm 以及这两点的中间。所用钢管要直,表面要求光滑,钢管缩口处焊成密实尖端,不能漏气。测量时选择加热正常的炉号,打开上升管盖,首先在装煤孔处测量煤线,然后换上特制带孔的装煤孔盖,将准备好的钢管插入其中,要求所有的钢管均垂直地位于炭化室中心线上,发现插偏的应重新插管。通常,推焦前 4 h 开始测量,每小时测量一次,至推焦前 2 h,每半小时测量一次,推焦前 30 min 测量最后一次。最后一次测量的机、焦侧中部两点温度的平均值即为焦饼中心温度,计算出机、焦侧焦饼上下温度差值。在最后一次测量焦饼中心温度的同时测量与被测炭化室相邻的两燃烧室的横排温度,并记录当时的加热制度。拔出焦饼管后测量焦线。焦炭推出后测炭化室墙面温度。在正常生产条件下,焦饼中心温度每季度测量一次。当更换加热煤气,改变结焦时间,配煤比变动较大,需要调整标准火道温度及机、焦侧温差时,应测量焦饼中心温度。该方法使用于顶装煤炼焦。对于捣固炼焦,由于焦饼管很难插入煤饼,可以在导焦栅处用红外侧温方法进行。

第三节　压力制度及其测量

一、集气管压力

集气管内沿长向各点压力是不相同的,65 孔焦炉集气管两端与中部(即吸气管附近)压差约为 80 Pa,因此样边炭化室底部压力比吸气管下的炭化室底部压力大,其压差近似于集气管中压差,即吸气管正下方的炭化室压力(结焦末期)在全炉各炭化室中为最小。炭化室内气体的压力,在结焦周期内的变化是很大的。靠近炭化室墙处煤料在装煤后约半小时,温度升到 400~500 ℃形成胶质层,阻碍着气体的逸出,此时其压力最高可达几百帕,甚至超过一千帕;当墙面附近煤层形成半焦后则压力迅速下降,直至出焦,其压力基本不变。因此,集气管压力是根据吸气管正下方炭化室底部压力在结焦末期不低于 5 Pa 来确定的。在未测炭化室底部压力前,集气管的压力可用下面近似公式进行估算。

$$P = 5 + 12H \qquad (5\text{-}10)$$

式中　P——集气管压力,Pa;

　　　H——从炭化室底到集气管测压点的高度,m;

　　　12——当荒煤气平均温度 800 ℃时,每米高度产生的浮力,Pa。

集气管的压力初步确定后,再根据吸气管正下方炭化室底部压力在推焦前半小时是否达到 5 Pa 而进行调整。调整时应当考虑到集气管压力的波动值,就是当集气管压力最低时也能保证吸气管正下方炭化室底部压力在结焦末期不低于 5 Pa 新开工的焦炉集气管压力应比正常生产时大 30~50 Pa,以便使砖缝尽快地被石墨密封。生产一周后,通过对燃烧室的检查,如炭化室无明显窜漏,集气管压力可恢复到正常生产时的压力。集气管的压力在冬天和夏天应保持不同的数值,其差值为 10~20 Pa。在冬天集气管压力应大些,夏天可小些。差值的大小与冬夏的平均温差、炭化室底面到集气管测点间的距离有关。如果冬夏平均温差为 35 ℃,那么每米高度浮力冬夏变化约为 1.5 Pa。

炭化室底部压力是确定集气管压力的依据,在任何操作条件下,结焦末期炭化室底部压力应高于同标高处的大气压力。炭化室底部压力的测量是在机、焦侧吸气管正下方炭化室炉门上的测压孔进行。测压管一般采用长 1 m,直径约 13 mm 的不锈钢管,插入部分管端距炉门衬砖表面约 20 mm。为保证钢管不被焦炭堵塞,插入部分管端用硅酸铝纤维绳塞住,外露端与测压表连接,要求钢管与炉门连接处保持严密。测量在推焦前 30 min 进行。测量时,检查上升管蒸汽或高压氨水系统是否关严,上升管盖关严;当集气管采用分段管理时,应将关闭的桥管翻板打开。测量前用金属钎子将测压管透好。当测得结果小于(或大于)5 Pa 时,应将集气管压力提高(或降低),使炭化室底部压力保持在 5 Pa 以内,此时的集气管压力即为该炼焦条件下应保持的集气管压力。

二、看火孔压力

在实际操作中,是以控制看火孔压力为基准来确定燃烧系统的各点压力。在各种周转时间下,看火孔压力均应保持-5~5 Pa。如果看火孔压力过大,不便于观察火焰和测量温度,而且炉顶散热也多,使上部横拉条温度升高;如果压力过小即负压过大时,冷空气被吸入燃烧系统,使得火焰燃烧不正常,加热系统阻力增大。看火孔压力的确定应考虑以下因素:

(1)边火道温度。因边火道温度与压力制度有一定的关系,特别是贫煤气加热时影响较大。如果边火道温度较低,在1 100 ℃以下时,可控制看火孔压力偏高些(10 Pa或更高些),这样蓄热室顶吸力也有所降低,可减少由封墙漏入的冷空气,使边火道温度提高(主要指炭化室高6 m焦炉)。

(2)炉顶横拉条的温度。如果横拉条平均温度在350~400 ℃时,可降低看火孔压力,让看火孔保持负压(0~5 Pa),以降低拉条温度。对双联火道的焦炉,同一燃烧室的各同向气流看火孔压力是接近的,只要控制下降气流看火孔压力为零即可。燃烧系统的压力主要根据看火孔压力来确定。看火孔压力于交换后5 min在上升气流测温火道测量。测量点在看火孔盖下150~200 mm处。将测量胶管的一端与斜型微压计的正端相连,另一端与插入立火道的金属管相连。测量时注意防止装煤孔盖与看火孔盖烫坏胶皮管。

三、蓄热室顶部吸力

蓄热室顶部吸力P_2与看火孔压力P_1是相关的。当结焦时间和空气过剩系数一定时,上升气流蓄热室顶部的吸力与看火孔压力的关系式如下:

$$P_2 = P_1 - H(\rho_空 - \rho)g + \Delta P \tag{5-11}$$

式中 g——重力加速度,m/s²;

P_1——看火孔压力,Pa;

P_2——蓄热室顶部压力,Pa;

ΔP——蓄热室顶至看火孔的气体阻力,Pa;

H——蓄热室顶至看火孔的距离,m;

ρ——蓄热室顶至看火孔平均温度下炉内气体密度,kg/m³;

$\rho_空$——环境温度下空气的密度,kg/m³。

由上式可以看出,蓄热室顶部至看火孔之间的距离越大,燃烧室和斜道阻力越小,则上升气流蓄热室顶部的吸力就越大。一般大型焦炉蓄热室顶部的吸力大于30 Pa,中、小型焦炉不低于20 Pa。由上面公式还可以看出,看火孔压力一定,结焦时间延长(即供给焦炉的气量减少)时,燃烧室和斜道的阻力必然减小,上升气流蓄热室顶部的吸力必然增大。这样,通过封墙漏入的空气量就要增加,特别是贫煤气加热时对炉头温度影响很大。为了避免上述情况发生,在实际操作中宁可使看火孔正压增加,也不改变蓄热室顶部的吸力。

蓄热室顶部吸力是调火必须进行的重要工作之一。由于燃烧系统内压力在换向间隔时间内是变化的,但各蓄热室顶部吸力随结焦时间的变化大致相同。为了便于比较,在测量全炉蓄热室顶部吸力时,先测量标准蓄热室吸力,然后测量其他各蓄热室与标准蓄热室的相对吸力。标准蓄热室在机、焦侧各选择相邻的两个,要求与其对应的燃烧室温度正常,燃烧系统阻力正常,而且不应有漏火、下火等异常现象。同时为了测量方便,标准蓄热室一般选择在一座焦炉炉组的中部,但最好避开吸气管正下方。测量前先检查加热制度是否正常,并将风门开度、废气砣提升高度调整到一致。将斜型微压计置放在标准蓄热室附近并调好水平和零点,检查测压管是否漏气、是否畅通。首先调节标准蓄热室顶部吸力达到要求,使得在两个交换间隔时间内的标准蓄热室上升相同,下降气流吸力也相同。每次测量标准蓄热室吸力距交换后的时间应相同,一般交换后 3 min 开始测量。将斜型微压计的负端测压管插入标准蓄热室的测压孔,正端测压管插入需测量的蓄热室测压孔,斜型微压计的读数即为各蓄热室与标准蓄热室的顶部的吸力差,由此可以计算出各蓄热室顶部吸力。测量后记录当时的加热制度、标准蓄热室顶部吸力以及各蓄热室与标准蓄热室的吸力差。在测量过程中,焦炉的加热制度必须稳定,与标准蓄热室相关的炭化室不要处于推焦或初装煤阶段。遇大风或暴雨天气时,一般不进行蓄热室顶部吸力的测量。

四、分烟道吸力

分烟道吸力的波动会直接影响蓄热室顶部吸力,在交换的初期至交换末期,因受蓄热室废气温度变化的影响,蓄热室顶部吸力总是由大到小变化,为保持蓄热室顶部吸力不变,就应调节分烟道吸力,即控制的分烟道吸力大小应尽量使蓄热室顶部吸力稳定。

第四节 炼焦技术新发展

一、捣固炼焦技术

捣固炼焦是利用弱黏结性煤炼焦的最有效的方法。与煤预热、配型煤炼焦技术相比,固炼焦技术的综合效果最好。

(一)捣固炼焦的原理及简介

一般采用高挥发分弱黏结性或中等黏结性煤作为炼焦的主要配煤组分。将煤粉碎至一定细度后,用机械捣固成煤饼,送进焦炉炭化室内炼焦。装炉煤料捣固成煤饼后装炉,其体积密度可以提高到 950～1 150 kg/m³,质量增加 27%。炼出的焦炭比顶装焦炉生产的焦炭 M_{40} 提高 1%～6%,M_{10} 降低 2%～4%,反应后强度(CSR)提高 1%～6%。在相同焦炭质量下,可多用 20%～25%的高挥发分弱黏结性煤,可使入炉煤料中高挥发分弱黏结性煤的配入量高达 70%～80%。捣固炼焦最早起源于盛产高挥发分弱黏结性煤的德国南部萨尔地区、法国东部的洛林地区、波兰南部及捷克东部地区。自 1882 年德国首次使用捣固炼焦以来,至今已有近 120 年的历史。20 世纪 70 年代,德国开发了定点连续给料、多锤连续捣固的捣固装煤推焦机,使这一古老炼焦技术有了新的突破,获得了新生。德国迪林根中央焦化厂于 20 世纪 80 年代初建设了 2×45 孔、炭化室为 6.25 m 的世界最大的捣固焦炉。1919 年,我国第一座考伯斯式捣固焦炉在鞍钢投产。1956 年,我国自行设计的第一座炭化室高3.2 m 的捣固焦炉投产。1970 年,炭化室高 3.8 m 的捣固焦炉建成投产。1995 年,青岛煤气厂使用引进德国摩擦传动、薄层给煤、连续捣打的捣固机。至 1997 年,我国先后在大连、抚顺、北台和淮南等市建成了 18 座捣固焦炉,炭化室高大多为 3.2 m,总产能为212 万 t/a。在本世纪初,设计开发了炭化室高 4.3 m 的捣固焦炉。2005 年 8 月,景德镇焦化煤气总厂将炭化室高 4.3 m、宽 450 mm 的 80 型顶装焦炉改造成捣固焦炉。2006 年2 月,邯郸裕泰实业有限公司将炭化室高 4.3 m、宽 500 mm 的顶装焦炉改造成捣固焦炉,拉开了我国 4.3 m 顶装焦炉改造成捣固焦炉的序幕。2006 年年底,5.5 m 的捣固焦炉在云南曲靖建成投产,在全国掀起了建设 5.5 m 捣固焦炉的热潮。2009 年 3 月,国内第一座炭化室高 6.25 m 捣固焦炉在唐山佳华煤化工有限公司二期焦化工程顺利出焦,标志中国焦炉机械的装备技术水平已经达到国际先进水平。

（二）捣固炼焦的工艺流程

捣固炼焦的工艺流程如图 5-1 所示。

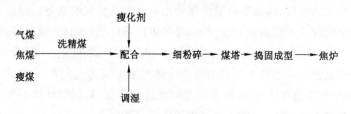

图 5-1　捣固炼焦工艺流程

（三）捣固炼焦的技术要求

1. 煤质要求

捣固炼焦采用高挥发分弱黏结性煤或中等黏结性煤为配煤的主要组分,要求挥发分在 30％ 左右,黏结性指标 Y 值 11～14 mm。按国际煤炭分类以 633#、634# 最适合于捣固。如用 60％～70％ 的高挥发分气煤或 1/3 焦煤,配以适量的焦、瘦煤,则其捣固炼焦的效果特佳。

2. 煤料粉碎

为了确保捣固煤饼的稳定性,捣固煤料的粉碎度应保持在粒度≤3 mm 的占 90％～93％,其中粒度＜0.5 mm 的应在 40％～50％ 之间。

3. 煤料水分

捣固煤料的水分是煤粒之间的黏结剂,水分少于 8％时,煤饼松散,不能黏结在一起;水分过大时,煤饼发软容易塌落,合适的水分应在 8％～11％,最好控制在 9％～10％。因此,在配煤之前,对煤料的水分应进行控制。

4. 煤料的捣固

煤料在煤箱内用捣固锤捣成煤饼。煤饼的尺寸应与焦炉炭化室尺寸相当,其长度应较炭化室有效长度小 250 mm 左右,高度应保证炭化室的顶部空间 200～300 mm,宽度应较炭化室机侧宽度窄 40～60 mm,如果装煤设备有自动对位设施,煤饼可以宽一些。

（四）捣固设备

它包含料仓、给料机、捣固机和捣固煤箱。欧洲传统的模式是上述四个设备与推焦机组合在一起,称为捣固装煤推焦机。炭化室高 4 m 的机械约重 450 t 左右,炭化室高 6 m 的机械约 1 350 t。国内现有的模式均为分离式的,即料仓、给料机和捣固机组合成一个固定的地面捣固站,捣固煤箱与推焦机组合成装煤推焦机(称为移动机械)。目前,我国采用的捣固机有 2 锤、3 锤、4 锤、6 锤为一组,也有 2×72 孔焦炉用的 18 锤为一组的捣固机,称为微移动捣固机,走行采用液压传动的微移动,捣固一个煤饼仅需要 4～5 min。

二、配合煤的调湿

（一）煤调湿的原理及简介

装炉煤水分控制工艺(简称煤调湿或 CMC),是将炼焦煤料在装炉前除掉一部分水分,保持装炉煤水分稳定的一项技术。CMC 与煤干燥的区别是:煤干燥没有严格的水分控制措施,干燥后的水分随来煤水分的变化而改变,煤调湿技术有严格的水分控制措施确保入炉煤水分恒定。CMC 技术以其显著的节能、环保和经济效益受到普遍重视,并得到迅速发展。许多研究工作表明,装炉煤堆密度随煤料水分而变化,在一定范围内堆密度随水分的降低而增加,同时可以提高煤料的加热速度,所以降低装炉煤的水分可提高焦炭的质量。但是,装炉煤水分太低将会造成因发生的煤尘太多而使装煤困难,并严重污染环境。因此,通过煤调湿工艺将装炉煤水分控制在约 6% 为好。装炉煤调湿技术是新日铁公司于 20 世纪 80 年代首先开发应用的一项炼焦煤预处理新技术。该技术可利用炼焦余热对装炉煤进行适度干燥,严格控制煤料水分,确保装炉煤水分稳定在约 6%,从而提高入炉煤的堆密度,对装煤操作不至于造成困难,但是焦油的喹啉不溶物有所增加,这可以通过焦油离心过滤解决。

(二)煤调湿的工艺流程

目前,煤调湿的工艺有同时利用焦炉烟道气和荒煤气显热的流程、单独利用焦炉烟道气显热的流程和利用蒸汽为热源的流程等。利用焦炉烟道气和荒煤气显热的流程:该流程以导热油为热媒体。热煤油在循环泵的作用下,通过烟道换热器吸收烟道气显热,温度升至约 160 ℃,再进入上升管换热器吸收荒煤气显热,温度提高至约 210 ℃,进入多管回转式干燥机与装炉煤进行间接热交换,热煤油温度降至约 110 ℃后循环使用。干燥机直径为3.6 m,长约 22 m,不同直径的管组在筒内分 5 层排列,热煤油从一侧进入干燥机在管组内流动,通过同侧旋转接头排出干燥机,煤料在筒内随着筒体转动穿过充满热煤油的管组被干燥,从另一侧排出。装炉煤从 10%~11% 的水分被干燥到约 6.5%;温度升高到约 80 ℃排出干燥机送入煤塔。由于调湿煤具有较高的温度,所以从干燥机出口至煤塔尚有水分继续蒸发,至装炉时煤水分降至约 6%。单独利用焦炉烟道气显热的流程如图 5-2 所示:该流程是将焦炉烟道气由风机引出送入多层、圆盘、立式干燥机内与从干燥机顶部进入的湿煤进行直接热交换。换热后的烟

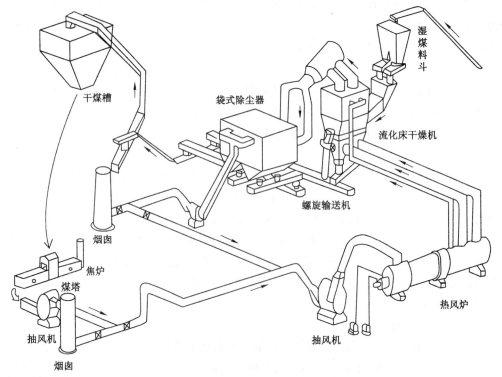

图 5-2 煤调湿炼焦工艺流程

气从干燥机的侧壁排出,通过袋式除尘器后由烟囱放散。换热后水分被干燥至约 6.0% 的调湿煤从干燥机下部排出,由带式输送机送至煤塔。利用蒸汽为热源的流程:该流程的热源是蒸汽。随着干熄焦(CDQ)技术的不断发展和完善,在焦化厂应用越来越多,CDQ 产生的高压蒸汽去发电机组发电后可作为煤调湿的热源。低压蒸汽由管道输送到干燥机,通过干燥机端部的蒸汽入口进入干燥机的多层管内,与从另一侧进入的湿煤进行间接热交换,放热后的蒸汽成为冷凝水,通过旋转接头排出干燥机返回 CDQ 装置。同时,进入干燥机内的湿煤被加热到约 80 ℃水分干燥到约 6.5% 排出干燥机,调湿煤由带式输送机运送到煤塔,在运输过程中水分蒸发约 0.5%,进入煤塔装炉煤的水分为约 6.0%。

（三）煤调湿技术的利用效果

采用煤调湿将入炉煤的水分降至约 6%,使炼焦耗热量降低。如果按正常入炉煤水分为 11%,则采用煤调湿后水分降低了 5%,以 1 kg 干煤为基准炼焦耗热量降低约 300～350 kJ。由于装炉煤水分降低,堆密度增加约 7.7%,焦炭的产量将有所增加。同时,由于入炉煤的堆密度增加和炭化室装煤初期升温速度的提高都促使焦炭品质的提高,焦炭的粒级分布更趋均匀,粉焦率减少约 2%,焦炭强度提高约 1.5%。由于煤调湿,使入炉煤的水分稳定在约 6%,给焦炉调温也创造了有利条件,因此还有利于延长焦炉的使用寿命。由于配煤水分的降低,剩余氨水量减少,减轻了酚氰污染物的污染。

三、配型煤炼焦

（一）配型煤炼焦的基本原理和简介

在散状装炉煤料中配入一部分冷压型煤后混合装炉炼焦称为配型煤炼焦。该技术的主要优点在于:提高了装炉煤的堆密度:一般粉煤堆密度为 0.7～0.75 t/m³,而型煤密度 1.1～1.2 g/cm³,配入 30% 型煤后装炉煤料的堆密度可达 0.8 t/m³ 以上;增大了装炉煤的塑性温度区间;增强了装炉煤内的膨胀压力;可以利用黏结剂的改质作用扩大炼焦煤种。该法始于 20 世纪 50 年代,当时前联邦德国采用在煤塔下部将装炉煤无黏结剂冷压成型后,直接放入装煤车装炉炼焦。由于型煤强度低,装入炉内已大量破碎,效果不大。至 60 年代初,日本采用加黏结剂冷压成型的型煤进行配型煤炼焦工业试验,取得了提高焦炭质量,扩大弱黏结性煤用量的明显效果。自 1971 年在新日铁八幡钢铁厂建成第一套配型煤装置以来,该技术在日本得到广泛采用。在此期间,日本住友金属工业公司和住友炼焦公司又开发了住友配型煤炼焦工艺。至 70 年代末期,在日本采用配型煤炼焦工艺生产的焦炭已占焦炭总产量的 40% 左右。80 年代,中国、韩国、前苏联和南非等国也相继采用了该项技术,并在装备、工艺和黏结剂的选择等方面得到了发展。

（二）配型煤炼焦的工艺流程

配型煤炼焦工艺,主要有新日铁流程、住友流程和宝钢流程。以下介绍宝钢流程如图 5-3 所示。流程中粉煤和型煤采用同一煤料,成型后型煤与粉煤同步输送至贮煤塔。即经过配合、粉碎的煤料,送入成型工段的配料槽。煤从槽下定量给出并送至双轴卧式混捏机,同时,在双轴卧式混捏机中喷入黏结剂(其用量为型煤量的 6%～7%)和蒸汽。煤在混捏机中被喷入的蒸汽加热至 100 ℃左右,并与软化熔融的黏结剂充分混捏后,进入双辊成型机挤压成型。成型后,型煤(约占总煤量的 30%)与成型工段配料槽中定量给出的粉煤(约占总煤量的 70%)同步输送到贮煤塔。

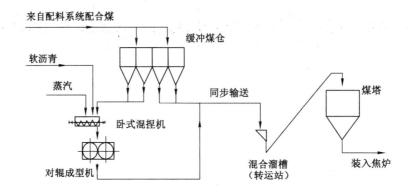

图 5-3　宝钢配型煤炼焦工艺流程

（三）配型煤炼焦的生产操作

1. 型煤配比

一般来说，型煤配比为 50% 左右时煤料的堆密度最高；型煤配比低于 30% 时，配型煤的效果随型煤配入比的增加和煤料散密度的提高而增大，焦炭强度也随之得到改善。型煤配比超过 30% 时，焦炭强度反而下降。

2. 原料煤性质

黏结性强的原料煤成型炼焦效果不如黏结性弱的原料煤。而对弱黏结性煤而言，煤化度高的低挥发分煤较煤化度低的高挥发分煤配型煤炼焦的效果好。对于用常规炼焦工艺即可生产出强度合格焦炭的原料煤，采用配型煤炼焦的效果不明显。

3. 型煤强度和密度

型煤的强度差，输送过程中容易碎烈，装炉前产生的粉率（<10 mm 级含量百分比）增多，影响焦炭质量的改善。一般要求型煤的压溃强度在 80 kg/球以上，粉率含量不大于 20%。型煤的密度也与焦炭质量密切相关。试验表明，当型煤的密度从 1.1 g/cm³ 提高到 1.2 g/cm³ 时，焦炭的强度指标 DI_5^{150} 改善 2%，但是，型煤的密度超过 1.2 g/cm³，焦炭质量改善的效果反而有所下降。因此，新日铁的成型煤工艺对型煤密度指标的要求为 1.12~1.13 g/cm³。

4. 配型煤炼焦对膨胀压力和推焦电流的影响

配型煤炼焦时煤饼对炉墙产生的膨胀压力，随型煤配比的增加而提高。根据活动墙试验炉数据表明，型煤配比从 0 增加到 40%，膨胀压力从 0.006 MPa 提高到 0.012 MPa，已接近 0.014 MPa 的危险压力。推焦电流也随型煤配比的增加而提高，配入 30% 的型煤较粉煤炼焦的推焦电流约升高 10%，但强黏结性的成型煤料，推焦电流会急剧上升。因此，应密切注意配型煤炼焦时型煤配比和原料煤性质对膨胀压力和推焦电流产生的影响。一般型煤配比以约 30% 为宜。

（四）配型煤炼焦技术的利用效果

1. 对焦炭及化工产品产量的影响

装炉煤料的散密度和结焦时间是影响焦炭产量的直接因素。装炉煤料的散密度随型煤配比的增加而提高，但随型煤配比的增加结焦时间也相应延长。所以，配型煤炼焦对增产焦炭的效果不明显。由于型煤添加了黏结剂，焦油和煤气的产率比常规粉煤装炉有不同程度的改变。当软沥青添加量为 6.5％的型煤按 30％配比混合炼焦时,配型煤炼焦比常规粉煤炼焦,按每吨干煤折算的焦油产量可增加 7～8 kg,每吨煤煤气产量约减少 4～5 m³。

2. 焦炭质量的提高

在配煤比相同的条件下,配型煤炼焦生产的焦炭与常规粉煤炼焦生产的焦炭比较,抗碎强度 M_{40} 增加 0.5％～1％,耐磨强度 M_{10} 降低 2％～4％,DI_{15}^{150} 提高 2％～5％,反应性降低 5％～8％,反应后强度提高 5％～12％。焦炭筛分组成有所改善,大于 80 mm 级产率有所下降,80～25 mm 级显著增加(一般可增加 5％～10％),小于 25 mm 级变化不大,因而提高了焦炭的粒度均匀系数。

3. 煤用量情况

在保持焦炭质量不变的情况下,配型煤炼焦较常规粉煤炼焦,强黏结煤用量可减少 10％～15％ 。

四、预热煤炼焦

(一)预热煤炼焦的基本原理及简介

装炉煤在装炉前用气体载热体或固体载热体将煤预先加热到 150～250 ℃后,再装入炼焦炉中炼焦,称为预热煤炼焦。预热煤炼焦,可以扩大炼焦煤源,增加气煤用量,改善焦炭质量,提高焦炉的生产能力,减轻环境污染。

(二)预热煤炼焦的工艺流程

预热煤炼焦比较成功的工艺有三种:一种是德国的普列卡邦法,一种是英国西姆卡夫法,另一种是美国的考泰克法。本书重点介绍德国的普列卡邦法:

普列卡邦工艺流程如图 5-4 所示,湿煤由料斗下部的转盘给料器定量排出,然后由旋转布料器把湿煤送入干燥器下部,被来自预热器的约 300 ℃热废气加热干燥后,水分降到

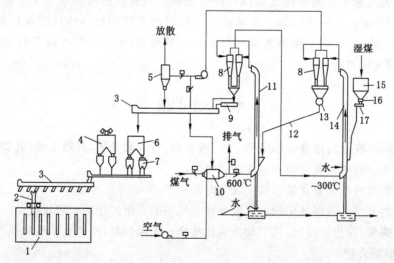

图 5-4 普列卡邦法煤预热工艺流程图

1——焦炉;2——小车;3——链板运输机;4——湿煤仓;5——湿式除尘器;6——热煤仓;7——计量槽;
8——分离器;9——混合器;10——燃烧炉;11——预热管;12——下降管;13——星型给料器;
14——干燥管;15——料斗;16——转盘给料器;17——旋转布料器

2％,干燥后的煤从旋风分离器内排出,经星形给料器和下降管送到预热管下部。在此被从燃烧炉来的约 600 ℃的热气体流化,加热到 200 ℃后,输送到旋风分离器,在此将预热煤和热气流分离。

（三）预热煤炼焦技术的利用效果

1. 增加气煤用量、改善焦炭质量

预热煤炼焦所得焦炭与同一煤料的湿煤炼焦相比,预热煤装炉后,炭化室内煤料的堆密度比装湿煤时的堆密度提高 10％～13％,而且沿炭化室高度方向煤料的堆密度变化不大(预热煤为 2％左右,而湿煤则达 20％),这就使沿焦饼高度方向的焦炭的物理机械性能(如气孔率、强度、块度等)得到了显著改善。

2. 增大焦炉的生产能力

由于预热煤炼焦的周期缩短,装入炭化室内的煤量增多,所以焦炉的生产能力显著提高,一般能提高 20％～25％。

3. 不降低焦炭质量的情况下,可多配用弱黏结性煤

预热煤炼焦所得焦炭的反应性变化不大,但反应后强度明显提高。配合煤质量愈差,预热煤炼焦对提高焦炭质量的效果愈明显。

4. 减少炼焦耗热量

由于干燥和预热设备大多数采用了效率较高的热交换设备,如沸腾炉等流态化设备,使预热煤炼焦比传统的湿煤炼焦耗热量低约 4％左右。

5. 其他

使用了密闭的装炉系统,取消了平煤操作,消除了平煤时带出的烟尘,减少了空气污染。另外,预热煤炼焦时炉墙温度变化大为减小,所以延长了硅砖炉墙的使用寿命。

预热煤炼焦有如此多的优点,尤其是在炼焦煤日益短缺的情况下,更显得这些优点的突出。因此,此炼焦工艺越来越受到国内外的重视。但就目前的技术水平来看,在预热煤运输和装炉等方面存在一些问题。如运输必须密封和充填惰性气体以防煤粒氧化以至引起爆炸;装炉时烟尘增大,夹带进入集气管的烟尘量增加,给集气管系统和煤气净化、冷凝系统的操作带来困难等。

本章测试题

一、判断题(在题后括号内作记号,"√"表示对,"×"表示错,每题 2 分,共 20 分)

1. 高炉煤气的主要成分为一氧化碳和甲烷。 （　　）

2. 焦炉煤气可燃成分含量比高炉煤气的高。 （　　）

3. 煤气的燃烧是指煤气中的可燃成分和空气中的氧所发生的物理反应。 （　　）

4. 高炉煤气、发生炉煤气、氢气和一氧化碳爆炸上限较高,要防止出现负压吸入空气形成爆炸性可燃混合物。 （　　）

5. 炼焦耗热量是评定焦炉结构完善、热工操作和管理水平好坏以及决定炼焦消耗定额高低的一项主要指标。 （　　）

6. 一般要求边火道最好不低于标准火道温度 500 ℃。正常结焦时间下最低不低于1 100 ℃。 （　　）

7. 测量焦饼中心温度是为了确定某一结焦时间下合理的标准温度,以及检查焦饼沿炭化室长向和高向成熟的均匀情况。　　　　　　　　　　　　　　　　　(　　)

8. 集气管压力是根据吸气管正下方炭化室底部压力在结焦末期不低于 10 Pa 来确定的。
　　　　　　　　　　　　　　　　　　　　　　　　　　　　　　　　　(　　)

9. 装炉煤在装炉前用气体载热体或固体载热体将煤预先加热到 150～250 ℃后,再装入炼焦炉中炼焦,称为预热煤炼焦。　　　　　　　　　　　　　　　　　　　(　　)

10. 测量直行温度是为了检查焦炉沿纵长方向各燃烧室温度的均匀性和全炉温度的稳定性。　　　　　　　　　　　　　　　　　　　　　　　　　　　　　　　(　　)

二、填空题(将正确答案填入题中,每空 2 分,共 20 分)

1. 炼焦新技术主要包括(　　)、(　　)、(　　)和(　　)四大技术。

2. 煤气发热值是指单位体积的煤气完全燃烧所放出的热量,它的单位为(　　)。

3. 由于高炉煤气中含 CO 多,毒性大,故要求(　　)严密,并使交换开闭器、小烟道和蓄热室部位在上升气流时也要保持(　　)。

4. 焦炉的炼焦耗热量是指(　　)入炉煤炼成焦炭需要供给焦炉的热量。

5. 燃烧极限,是指可燃物能够着火燃烧的(　　)范围。焦炉煤气、氢气和苯蒸气的(　　)很低,故管道、管件、设备不严时,漏入空气中,遇到火源,就容易着火爆炸。

三、单选题(在题后供选答案中选出最佳答案,将其序号填入题中,每题 2 分,共 20 分)

1. 使用高炉煤气时,必须经蓄热室预热至(　　)以上,才能满足燃烧室温度的要求。

A. 1 000 ℃　　　　　　　　　B. 800 ℃　　　　　　　　　C. 600 ℃

2. 燃烧产物中水呈(　　)时的发热值称低发热值。

A. 液态　　　　　　　　　　　B. 汽态　　　　　　　　　　C. 固态

3. 同一燃烧室的各火道温度,称为(　　)温度。

A. 横排　　　　　　　　　　　B. 直行　　　　　　　　　　C. 都不是

4. 焦炉沿纵长方向各燃烧室昼夜平均温度的均匀性用(　　)表示。

A. $K_{均}$　　　　　　　　　　　B. $M_{均}$　　　　　　　　　　C. $Q_{均}$

5. 煤调湿技术用符号(　　)表示。

A. DMC　　　　　　　　　　　B. BMC　　　　　　　　　　C. CMC

6. 焦饼中心温度是焦炭成熟的指标。一般生产中焦饼中心温度达到(　　)时焦饼已成熟。

A. (1 000±50)℃　　　　B. (800±50)℃　　　　C. (600±50)℃

7. 各种周转时间下,看火孔压力均应保持(　　)Pa。

A ±3　　　　　　　　　　　　B. ±5　　　　　　　　　　　C. ±7

8. 炉顶空间温度是指炭化室顶部空间荒煤气温度。炉顶空间温度宜控制在(800±30)℃,且应不超过(　　)。

A. 1 050 ℃　　　　　　　　　B. 950 ℃　　　　　　　　　C. 850 ℃

9. 空气过剩系数取值一般为(　　)。

A. 1.2　　　　　　　　　　　　B. 1.4　　　　　　　　　　　C. 1.3

10. 捣固煤料的粉碎度应保持在粒度≤(　　)mm 的占 90%～93%。

A. 3　　　　　　　　　　　　　B. 5　　　　　　　　　　　　C. 4

四、简答题(共 **4** 题,共 **40** 分)

1. 影响炼焦耗热量的因素有哪些?

2. 简述捣固炼焦技术的定义及优点。

3. 简述配型煤炼焦技术的定义及优点。

4. 简述煤调湿技术的定义及优点。

第六章　煤气的冷却和输送以及焦油氨水的分离

焦炉煤气从炭化室经上升管逸出时的温度为 $650\sim750\ ℃$。此时煤气中含有煤焦油气、苯族烃、水汽、氨、硫化氢、氰化氢、萘及其他化合物,为回收和处理这些化合物,首先应将煤气冷却,原因如下:

① 从煤气中回收化学产品和净化煤气时,多采用比较简单易行的冷凝法、冷却法和吸收法,在较低的温度下($25\sim35\ ℃$)才能保证较高的回收率。

② 含有大量水汽的高温煤气体积大(例如 $0\ ℃$ 时 $1\ m^3$ 干煤气,在 $80\ ℃$ 经水蒸气饱和后的体积为 $2.429\ m^3$,而在 $25\ ℃$ 经水汽饱和的体积为 $1.126\ m^3$,前者比后者大 1.16 倍),显然所需输送煤气管道直径、鼓风机的输送能力和功率均增大,这是不经济的。

③ 在煤气冷却过程中,不但有水汽冷凝,且大部分煤焦油和萘也被分离出来,部分硫化物、氰化物等腐蚀性介质溶于冷凝液中,从而可减少回收设备及管道的堵塞和腐蚀。

煤气的初步冷却分两步进行:第一步是在集气管及桥管中用大量循环氨水喷洒,使煤气冷却到 $80\sim90\ ℃$;第二步再在煤气初冷器中冷却。在初冷器中将煤气冷却到何种程度,随化学产品回收与煤气净化所选用的工艺方法而异,经技术经济比较后确定。例如,若以硫酸或磷酸作为吸收剂,用化学吸收法除去煤气中的氨,初冷器后煤气温度可以高一些,一般为 $25\sim35\ ℃$;若以水作吸收剂,用物理吸收法除去煤气中的氨初冷后煤气温度要低些,一般为 $25\ ℃$ 以下。

第一节　煤气在集气管及初冷器的冷却

一、煤气在集气管内的冷却

(一)冷却的机理

煤气在桥管和集气管内的冷却,通常是将 $75\ ℃$ 左右的循环氨水(在 $150\sim200\ kPa$ 表压下)经过喷头强烈喷洒形成细雾状液滴,与桥管进口 $650\sim750\ ℃$ 煤气在直接接触条件下进行的。细雾状液滴为气、液两相提供了很大的接触面积。起初,两相间温差很大,既存在对流传热,又有辐射传热,联合传热系数很大。因此,煤气向氨水的传热速率将会很高,煤气温度会迅速下降。但入口高温煤气中水蒸气分压却远低于氨水温度下的饱和蒸汽压,氨水则会快速汽化。于是,在气、液两相间形成了煤气向氨水快速传热而降温、氨水向煤气快速传质而增湿过程。由于煤气的平均比热容远低于水的汽化潜热以及水的比热容,所以煤气温度虽急剧降低,而氨水温升却不多。

煤气急剧降温,与氨水间温差减小,煤气增湿,煤气中水蒸气分压增大。气、液两相间传热和传质速率会降低。煤气降温的极限是与氨水温度相等;煤气增湿的极限是煤气中水蒸气分压与氨水最终温度下的饱和蒸汽压相等。此时氨水温度就是增湿达到饱和的煤气露点温度。

由于气、液两相在桥管和集气管的接触时间很短,两相间达不到上述平衡关系,煤气的温度一般冷却到比露点温度高 $1\sim3$ ℃。

煤气急剧降温,放出的是显热,传递给了氨水;部分氨水汽化,又以潜热的形式被蒸汽带回了气相。因此,增湿后煤气的总含热量比高温进口煤气的总含热量低不了多少。根据实测数据计算,煤气从 $650\sim750$ ℃降温到 $80\sim85$ ℃所放出的热量中,约 10% 经管壁散失在大气中。由此不难得知,煤气在桥管和集气管中的冷却,主要是降温,而排放热量的冷却作用则是在煤气初冷器中完成的。

不过,煤气温度从 $650\sim750$ ℃降温到 $80\sim85$ ℃的过程中,有 60% 左右的煤焦油蒸汽冷凝下来;煤气中夹带的粉尘大都被冲洗下来,并形成焦油渣。

综上所述,煤气在桥管和集气管中的冷却过程,主要是降温、增湿以及初步净化作用。从集气管排出的物料,除湿煤气外,还有未汽化的循环氨水以及冷凝的部分煤焦油和焦油渣。在进一步冷却煤气之前,应当先把它们分离。上升管、桥管和集气管如图 6-1 所示。

(二)煤气露点与煤气中水汽含量的关系

煤气的冷却及所达到的露点温度同下列因素有关:进集气管前煤气中的水蒸气含量(主要决定于煤料的水分)和温度、循环氨水量、进口温度以及集气管压强、氨水喷洒效果等,其中以煤料水分影响最大,在一般生产条件下,煤料水分每降低 1%,露点温度可降低 $0.6\sim0.7$ ℃。显然,降低煤料水分,对煤气的冷却很重要。煤气露点与煤气中水汽含量之间的关系如图 6-2 所示。

由于煤气的冷却主要是靠氨水的蒸发,所以,氨水喷洒的雾化程度好,循环氨水的温度较高(氨水液面上水汽分压较大),氨水蒸发量大,煤气即冷却得较好,反之则差。

(三)煤气在集气管内冷却的技术要求

1. 集气管技术操作指标

集气管技术操作的主要数据(中国沿海地区数据)如下:

集气管前煤气温度/℃　 $650\sim750$　　煤气露点/℃　 $79\sim83$

离开集气管的煤气温度/℃　 $80\sim85$　　循环氨水量/(m³·t⁻¹干煤)　 $5\sim6$

循环氨水温度/℃　 $72\sim78$　　　　　蒸发的氨水量(占循环氨水量)/%　 $2\sim3$

离开集气管氨水的温度/℃　 $74\sim79$　　冷凝煤焦油量(占煤气中煤焦油量)/%　约 60

由上述数据可见,煤气虽然已显著冷却,但集气管内不仅不发生水蒸气的冷凝,相反由于氨水蒸发,使煤气中水分增加。但煤气仍未被水汽所饱和,经冷却后煤气温度仍高于煤气的露点温度。

2. 技术要求

(1)集气管在正常操作过程中用氨水而不用冷水喷洒,因冷水温度低不易蒸发,使煤气

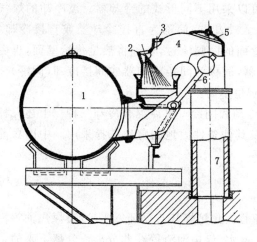

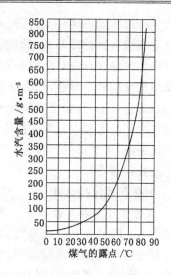

图 6-1　上升管、桥管和集气管

1——集气管；2——氨水喷嘴；3——无烟装煤用蒸汽入口；

4——桥管；5——上升管盖；6——水封阀翻板；7——上升管

图 6-2　煤气露点与煤气中
水汽含量的关系（总压 101.33 kPa）

冷却效果不好，所带入的矿物杂质会增加沥青的灰分。此外，由于水温很低，使集气管底部剧烈冷却、冷凝的煤焦油黏度增大，易使集气管堵塞。氨水呈碱性，能中和煤焦油酸，保护了煤气管道。氨水又有润滑性，便于煤焦油流动，可以防止煤气冷却过程中煤粉、焦粒、煤焦油混合形成的煤焦油渣因积聚而堵塞煤气管道。

　　（2）进入集气管前的煤气露点温度主要与装入煤的水分含量有关，煤料中水分（化合水及配煤水分，约占干煤质量的 10%）形成的水汽在冷却时放出的显热约占总放出热量的 23%，所以降低煤料水分，会显著影响煤气在集气管冷却的程度，当装入煤全部水分为 8%～11% 时，相应的露点温度为 65～70 ℃。为保证氨水蒸发的推动力，进口水温应高于煤气露点温度 5～10 ℃，所以采用 72～78 ℃ 的循环氨水喷洒煤气。

　　（3）对不同形式的焦炉所需的循环氨水量也有所不同，生产实践经验确定的定额数据为：对单集气管的焦炉，每 1 t 干煤需 5 m³ 循环氨水，对双集气管焦炉需 6 m³ 的循环氨水。近年来，国内外焦化厂已普遍在焦炉集气管上采用了高压氨水代替蒸汽喷射进行无烟装煤，个别厂还采用了预热煤炼焦，设置了独立的氨水循环系统，用于专设的焦炉集气管的喷洒，则它们的循环氨水量又各不同。

　　（4）集气管冷却操作中，应经常对设备进行清扫，保持循环氨水喷洒系统畅通，氨水压力、温度、循环量力求稳定。

二、煤气在初冷器的冷却

　　出炭化室的荒煤气在桥管、集气管用循环氨水喷洒冷却后的温度仍高达 80～85 ℃，且包含有大量煤焦油气和水蒸气及其他物质。由于煤焦油气和水蒸气很容易用冷却法使其冷凝下来，而且将它们先从煤气中除去，对回收其他化学产品，减少煤气体积，节省输送煤气所需动力，都是有利的，所以让煤气由集气管沿吸煤气主管流向煤气初冷器进一步冷却，煤气在沿吸煤气主管流向初冷器过程中，吸煤气主管还起着空气冷却器的作用，煤气可降温 1～3 ℃。

煤气冷却和煤焦油气、水蒸气的冷凝,可以采用不同形式的冷却器。被冷却的煤气与冷却介质直接接触的冷却器,称为直接混合式冷却器,简称为直接冷却器或直接冷却(直冷);被冷却的煤气与冷却介质分别从固体壁面的两侧流过,煤气将热量传给壁面,再由壁面传给冷却介质的冷却器,称为间壁式冷却器,简称为间接冷却器或间接冷却(间冷)。由于冷却器的形式不同,煤气冷却所采取的流程也不同。

煤气冷却的流程可分为间接冷却、直接冷却和间冷—直冷混合冷却三种。上述三种流程各有优缺点,可根据生产规模、工艺要求及其他条件因地制宜地选择采用。中国目前广泛采用的是间接冷却。

(一)煤气的间接冷却

1. 立管式冷却器间接冷却工艺流程

如图 6-3 所示为立管式煤气初冷工艺流程。焦炉煤气与循环氨水、冷凝煤焦油等沿吸煤气主管先进入气液分离器,煤气与煤焦油、氨水、煤焦油渣等在此分离。分离下来的氨水和煤焦油一起进入机械化(煤)焦油氨水澄清槽(习惯称机械化焦油氨水澄清槽,下同),利用密度不同经过静置澄清分成三层:上层为氨水(密度为 $1.01 \sim 1.02$ kg/L),中层为煤焦油(密度为 $1.17 \sim 1.20$ kg/L),下层为煤焦油渣(密度为 1.25 kg/L)。沉淀下来的煤焦油渣由刮板输送机连续刮送至漏斗处排出槽外。煤焦油则通过液面调节器流至煤焦油中间槽,由此泵往煤焦油储槽,经初步脱水后泵往煤焦油车间。氨水由澄清槽上部满流至氨水中间槽,再用循环氨水泵送回焦炉集气管以冷却荒煤气。这部分氨水称为循环氨水。

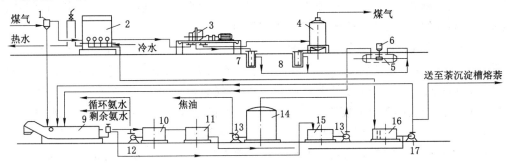

图 6-3 立管式煤气初冷工艺流程

1——气液分离器;2——煤气初冷器;3——煤气鼓风机;4——电捕焦油器;5——冷凝液槽;
6——冷凝液下泵;7——鼓风机水封槽;8——电捕焦油器水封槽;9——机械化氨水澄清槽;
10——氨水中间槽;11——事故氨水槽;12——循环氨水泵;13——焦油泵;14——焦油贮槽;
15——焦油中间槽;16——初冷冷凝液中间槽;17——冷凝液泵

经气液分离后的煤气进入数台并联立管式间接冷却器(初冷器),用水间接冷却,煤气走管间,冷却水走管内。从各台初冷器出来的煤气温度是有差别的,汇集在一起后的煤气温度称为集合温度,这个温度依生产工艺的不同而有不同的要求:在生产硫酸铵系统中,要求集合温度低于 35 ℃,在水洗氨生产系统中,则要求集合温度低于 25 ℃。随着煤气的冷却,煤气中绝大部分煤焦油气、大部分水汽和萘在初冷器中被冷凝下来,萘溶解于煤焦油中。煤气中一定数量的氨、二氧化碳、硫化氢、氰化氢和其他组分溶解于冷凝水中,形成了冷凝氨水。

煤焦油和冷凝氨水的混合液称为冷凝液。冷凝氨水中含有较多的挥发铵盐(NH_3 与

H_2S、HCN、H_2CO_3 形成的铵盐，如 NH_4HS、NH_4CN、NH_4HCO_3 等），固定铵盐［如 NH_4Cl、NH_4CNS、$(NH_4)_2SO_4$ 和 $(NH_4)_2S_2O_3$ 等］的含量较少。当其溶液加热至 100 ℃ 即分解的铵盐为挥发铵盐，需加热到 220～250 ℃ 或有碱存在的情况下才能分解的铵盐叫固定铵盐。循环氨水中主要含有固定铵盐，在其单独循环时，固定铵盐含量可高达 30～40 g/L。为降低循环氨水中固定铵盐的含量，以减轻对煤焦油蒸馏设备的腐蚀和改善煤焦油的脱水、脱盐操作，大多采用两种氨水混合的分离流程，混合氨水固定铵盐含量可降至 1.3～3.5 g/L。如图 6-4 所示，冷凝液自流入冷凝液槽，再用泵送入机械化焦油氨水澄清槽，与循环氨水混合澄清分离。分离后所得剩余氨水送去蒸氨，蒸氨废水还应经生化处理后才能外排。

　　由管式初冷器出来的煤气尚含有 1.5～2 g/m³ 的雾状煤焦油，被鼓风机抽送至电捕焦油器除去其中绝大部分煤焦油雾后，送往下一道工序。

　　当冷却煤气用的冷却水为直流水时（水源充足的地区），初冷器后的热水直接排放（或用作余热水供热）。如为循环水时，则将热水送到凉水架冷却后循环使用，冷却后的温度随地区、季节不同而异，在冬季自然冷却，在夏季靠轴流风机强制冷却，一般至 25～33 ℃ 左右，再送回初冷器。

　　上述煤气间接初冷流程适用于生产硫酸铵工艺系统，当水洗氨生产时，为使初冷后煤气集合温度达到 20 ℃ 左右，宜采用两段初冷。

　　两段初冷可采用如图 6-4 所示具有两段初冷功能的初冷器，其中前四个煤气通道为第一段，后两个煤气通道为第二段。在第一段用循环冷却水将煤气冷却到约 45 ℃，第二段用低温水将煤气冷却到 25 ℃ 以下。

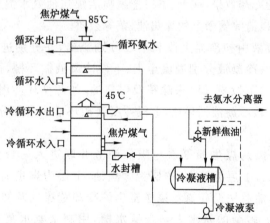

图 6-4　横管式煤气初冷工艺流程

　　也可采用初冷器并串联实现煤气两段初冷。例如用"二串一"，即煤气先通过作为第一段的两台并联的初冷器，再汇合通过作为第二段的一台初冷器，简称为"二串一"，第一段用循环水冷却，第二段用低温水冷却，可将煤气冷却到 25 ℃ 以下。或用"三串一"工艺。

　　2. 横管式初冷器间接初冷工艺流程

　　横管式煤气初冷器冷却，煤气走管间，冷却水走管内。水通道分上下两段，上段用循环水冷却，下段用制冷水冷却，将煤气温度冷却到 22 ℃ 以下。横管式初冷器煤气通道，一般分上、中、下三段，上段用循环氨水喷洒，中段和下段用冷凝液喷洒，根据上、中、下段冷凝液量和热负荷的计算可知:上段和中段冷凝液量约占总量的 95%,而下段冷凝液量仅占总量的 5%;从上段和中段流至下段的冷凝液由 45 ℃降至 30 ℃的显热及喷洒的冷凝液冷却显热,约占总热负荷的 60%;下段冷凝液的冷凝潜热及冷却至 30 ℃的显热,约占总热负荷的 20%;下段喷洒冷凝液的冷却显热,约占总热负荷的 20%。由此可见,上段和中段喷洒的氨水和冷凝液全部从下段排出,显著地增加了下段负荷。为此推荐如图 6-4 所示的横管式煤气初冷工艺流程。

该流程上段和中段冷凝液从隔断板经水封自流至氨水分离器,下段冷凝液经水封自流至冷凝液槽。下段冷凝液主要是轻质煤焦油,作为中段和下段喷洒液有利于洗萘。喷洒液不足时,可补充煤焦油或上段和中段的冷凝液。该流程最突出的优点是横管式初冷器下段的热负荷显著降低,低温冷却水用量大为减少。

新建焦化厂一般采用半负压回收系统横管式初冷器间接冷却煤气工艺流程,如图 6-5 所示。从焦炉来的煤焦油氨水与煤气的混合物约 80 ℃入气液分离器,煤气与煤焦油氨水等在此分离。分离出的粗煤气并联进入三台横管式初冷器,当其中任一台检修或吹扫时,其余两台基本满足正常生产时的工艺要求。初冷器分上、下两段,在上段用循环水将煤气冷却到 45 ℃,然后煤气入初冷器下段与制冷水换热,煤气被冷却到 22 ℃,冷却后的煤气并联进入两台电捕焦油器,当一台电捕焦油器检修或冲洗时,另一台电捕焦油器基本满足正常生产时的工艺要求。捕集煤焦油雾滴后的煤气送煤气鼓风机进行加压,煤气鼓风机一开一备,加压后煤气送往脱硫及硫回收工段。

为了保证初冷器的冷却效果,在上、下段连续喷洒煤焦油氨水混合液。此外,在其顶部用热氨水不定期冲洗,以清除管壁上的煤焦油、萘等杂质。

初冷器的煤气冷凝液由初冷器上段和下段分别流出,并分别进入各自的初冷器水封槽,初冷器水封槽的煤气冷凝液分别溢流至上、下段冷凝液循环槽,再分别由上、下段冷凝液循环泵送至初冷器上、下段喷淋洗涤除萘及煤焦油,如此循环使用。下段冷凝液循环槽多余的冷凝液溢流至上段冷凝液循环槽,上段冷凝液循环槽多余部分由泵抽送至机械化焦油氨水澄清槽。

从气、液分离器分离的煤焦油氨水与煤焦油渣并联进入三台机械化焦油氨水澄清槽。澄清后分离成三层,上层为氨水,中层为煤焦油,下层为煤焦油渣。分离的氨水并联进入两台循环氨水槽,然后用循环氨水泵送至焦炉冷却荒煤气及初冷器上段和电捕焦油器间断吹扫喷淋使用。多余的氨水去剩余氨水槽,用剩余氨水泵送至脱硫工段进行蒸氨。分离的煤焦油靠静压流入机械化焦油澄清槽,进一步进行煤焦油与煤焦油渣的沉降分离,煤焦油用煤焦油泵送至酸碱油品库区煤焦油槽。分离的煤焦油渣定期送往煤场掺入煤中炼焦。

半负压横管式间接初冷工艺与上述间接初冷工艺流程的主要区别之一是将电捕焦油器置于鼓风机之前。这样配置的优点是:煤气初冷过程中生成的煤焦油雾,可在电捕焦油器中彻底清除,为鼓风机对煤气加压以及其后的化学产品回收创造良好的条件。若将鼓风机放在初冷器与电捕焦油器之间,本来已经液化成雾滴的煤焦油,则因煤气被压缩而又升温过程中,又汽化为蒸汽,在管道和以后工序中遇到冷却则又会冷凝,造成堵塞。一般新建焦化厂均采用这种配置的工艺。

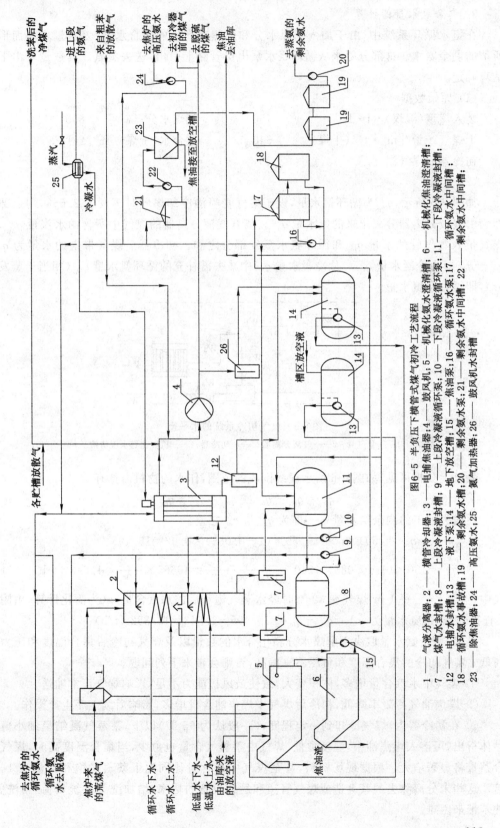

图6-5 半负压下横管式煤气初冷工艺流程

1——气液分离器；2——横管冷却器；3——电捕焦油器；4——鼓风机；5——机械化焦油澄清槽；6——机械化氨水澄清槽；7——上段冷凝液循环泵；8——煤气水封槽；9——上段冷凝液循环泵；10——下段冷凝液循环泵；11——下段冷凝液循环泵；12——电捕水封槽；13——液下泵；14——地下放空槽；15——除焦油器；16——焦油泵；17——循环氨水泵；18——剩余氨水泵；19——剩余氨水槽；20——剩余氨水槽；21——剩余氨水槽；22——剩余氨水中间槽；23——高压氨水；24——高压氨水；25——氨气加热器；26——鼓风机水封槽

3. 剩余氨水量的计算

在氨水循环系统中,由于加入配煤水分和炼焦时产生的化合水,使氨水量增多而形成所谓的剩余氨水。这部分氨水从循环氨水泵出口管路上引出,送去蒸氨。其数量可由下列估算确定。

（1）原始数据

装入煤量(湿煤)/(t·h⁻¹)	150	配煤水分/%	8.5
干煤气产量/[m³·t⁻¹(干煤)]	340	化合水(干煤)/%	2
初冷器后煤气温度/℃	30		

（2）计算

如图 6-6 所示,q_{m_8} 为循环氨水量,设于集气管喷洒冷却煤气时蒸发了 2.6%,剩余部分即为由气液分离器分离出来的氨水量 q_{m_2}。离开气液分离器的煤气中所含的水汽量 q_{m_3},即煤气带入集气管的水量 q_{m_1} 和循环氨水蒸发部分之和。初冷器后煤气带走的水量为 q_{m_4},$q_{m_3}-q_{m_4}$ 即为冷凝水量 q_{m_5}。从冷凝水量 q_{m_5} 中减去需补充的循环氨水量 q_{m_6}(相当于蒸发部分),即得剩余氨水量。

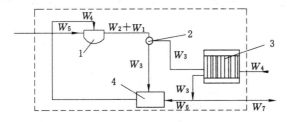

图 6-6　煤气初冷系统的水平衡

1——集气管;2——气液分离器;3——初冷器;4——机械化氨水澄清槽

从以上分析可见,如图 6-6 所示虚线围成的范围,作水的物料衡算有

$$q_{m_1}=q_{m_7}+q_{m_4} \quad 或 \quad q_{m_7}=q_{m_1}-q_{m_4}$$

则送去加工的剩余氨水量 q_{m_7},即为 q_{m_1} 与 q_{m_4} 之差。

$$q_{m_1}=150\times0.085+150\times(1-0.085)\times0.02=15.495 \text{ (t/h)}$$

$$q_{m_4}=150\times(1-0.085)\times340\times\frac{35.2}{1\,000\times1\,000}=46665\times\frac{35.2}{10^6}=1.643 \text{ (t/h)}$$

式中　35.2——每 1 m³ 煤气在 30 ℃时经水蒸气饱和后的水汽含量,g(为简化计算,由附表1 查得)则剩余氨水量为 $q_{m_7}=q_{m_1}-q_{m_4}=15.495-1.643=13.852$ (t/h)

显然,剩余氨水量取决于配煤水分和化合水的数量以及煤气初冷后集合温度和压力的高低。煤气初冷的集合温度和负压不宜偏高,否则会带来下列问题。

① 煤气中水汽含量增多,体积变大,致使鼓风机能力不足,影响煤气正常输送。

② 煤焦油气冷凝率降低,初冷后煤气中煤焦油含量增多,影响后续工序生产操作。

③ 在初冷器内,煤气冷却到一定程度,(一般认为 55 ℃)以下,萘蒸气凝结呈细小薄片晶体析出,可溶入煤焦油中,温度愈低,煤气中萘蒸气含量也愈少,当集合温度高时,煤气中含萘量将显著增大。根据现场资料,甚至煤气中萘含量比同温下萘蒸气饱和含量高 1～2 倍。这些未分离除去的萘会造成煤气管道和后续设备的堵塞,增加洗萘系统负荷,给洗氨、洗苯带来困难。

由上述可见,在煤气初冷操作中,必须保证初冷器后集合温度不高于规定值,并尽可能地脱除煤气中的萘。

焦炉煤气是多组分混合物。其中的 H_2、CH_4、CO、CO_2、N_2、C_nH_m(按乙烯计)、O_2 等,在常温条件下始终保持气态,而且在其后的冷却、加压及回收化学产品过程中,其总物质的量的流量不变,故这部分气体称为干煤气。又因在标准状态下 1 000 mol 理想气体的体积为22.4 m^3,故以 m^3/h 作为干煤气的流量的计量单位时,干煤气的体积流量也是不变的。与干煤气不同的是水蒸气、粗苯气、煤焦油气以及 NH_3、H_2S、HCN 等,在煤气冷却过程中,有的会冷凝成液体溶于水,或在化学产品回收中采用吸收的方法将其从煤气中分离出去,这些成分是可变的,都不属于干煤气的成分,在煤气中的含量,常以 g/m^3 为单位计量。

(二)煤气的直接冷却

煤气的直接冷却,是在直接式煤气初冷塔内由煤气和冷却水直接接触传热完成的。我国在 20 世纪 80 年代前有些小型焦化厂大都用直接初冷却流程,如图 6-7 所示。

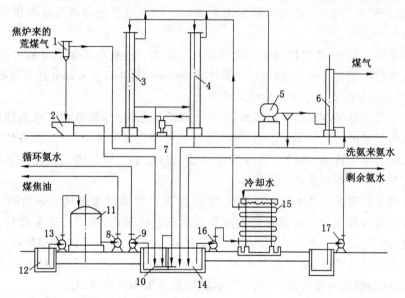

图 6-7　煤气直接初冷工艺流程

1——气液分离器;2——煤焦油盒;3,4——直接式煤气初冷塔;5——罗茨鼓风机;6——捕焦油器;
7——水封槽;8——煤焦油泵;9——循环氨水泵;10——焦油氨水澄清池;11——煤焦油槽;
12——煤焦油池;13——煤焦油泵;14——初冷循环氨水澄清池;
15——初冷循环氨水冷却器;16——初冷循环氨水泵;17——剩余氨水泵

由图 6-7 可见,由吸煤气主管来的 80～85 ℃的煤气,经过气液分离器进入并联的直接式煤气初冷塔,用氨水喷洒冷却到 25～28 ℃,然后由鼓风机送至电捕焦油器,电捕除焦油雾后,将煤气送往回收氨工段。

由气液分离器分离出的氨水、煤焦油和煤焦油渣,经煤焦油盒分出煤焦油渣后流入焦油氨水澄清池,从澄清池出来的氨水用泵送回集气管喷洒冷却煤气。澄清池底部的煤焦油流入煤焦油池,然后用泵抽送到煤焦油槽,再送往煤焦油车间加工处理。煤焦油盒底部的煤焦油渣由人工捞出。

初冷塔底部流出的氨水和冷凝液经水封槽进入初冷循环氨水澄清池,与洗氨塔来的氨水混合并在澄清池与煤焦油进行分离。分离出来的煤焦油与上述煤焦油混合。澄清后的氨水则用泵送入冷却器冷却后,送至初冷塔循环使用。剩余氨水则送去蒸氨或脱酚。

从初冷塔流出的氨水,由氨水管路上引出支管至煤焦油氨水澄清池,以补充焦炉用循环氨水的蒸发损失。

煤气直接冷却,不但冷却了煤气,而且具有净化煤气的良好效果。据某厂实测生产数据表明,在直接式煤气初冷塔内,可以洗去90%以上的煤焦油,80%左右的氨,60%以上的萘,以及约50%的硫化氢和氰化氢。这对后面洗氨洗苯过程及减少设备腐蚀都有好处。

同煤气间接冷却相比,直接冷却还具有冷却效率较高,煤气压力损失小,基建投资较少等优点。但也具有工艺流程较复杂,动力消耗较大,循环氨水冷却器易腐蚀易堵塞、各澄清池污染严重,大气环境恶劣等缺点。因此,目前大型焦化厂还很少单独采用这种煤气直接冷却流程,在以人为本,建设和谐社会的今天,这类严重污染环境的工艺已不允许存在。

国外一些大型焦化厂也有采用煤气直接冷却流程的,空喷塔和冷却器等采取防腐措施,各澄清池皆配有顶盖,排放气体的集中洗涤。空喷塔用经过冷却的氨水煤焦油混合液喷洒。

在冷却煤气的同时,还将煤气中夹带的部分萘除去。由初冷塔流出来的冷凝液进入专用的焦油氨水澄清槽进行分离,澄清后的氨水供循环使用,并将多余部分送去蒸氨加工。

(三)间接冷却和直接冷却结合的煤气初冷

煤气的直接冷却是在直接冷却塔内,由煤气和冷却水(经冷却后的氨水焦油混合液)直接接触传热而完成的。此法不仅冷却了煤气,且具有净化煤气效果良好、设备结构简单、造价低及煤气阻力小等优点。间冷、直冷结合的煤气初冷工艺即是将二者优点结合的方法,在国内外大型焦化已得到采用。

自集气管来的荒煤气几乎为水蒸气所饱和,水蒸气热焓约占煤气总热焓的94%,所以煤气在高温阶段冷却所放出的热量绝大部分为水蒸气冷凝热,因而传热系数较高;而且在温度较高时(高于52℃),萘不会凝结造成设备堵塞。所以,煤气高温冷却阶段宜采用间接冷却。而在低温冷却阶段,由于煤气中水汽含量已大为减少,气体对壁面间的对流传热系数低,同时萘的凝结也易于造成堵塞。所以,此阶段宜采用直接冷却。

间冷和直冷结合的煤气初冷流程如图6-8所示,由集气管来的82℃左右的荒煤气经气液分离器分离出煤焦油氨水后,进入横管式间接冷却器被冷却到50~55℃,再进入直冷空喷塔冷却到25~35℃。在直冷空喷塔内,煤气由下向上流动,与分两段喷淋下来的氨水煤焦油混合液逆流密切接触而得到冷却。

聚集在塔底的喷洒液及冷凝液沉淀出其中的固体杂质后,其中用于循环喷洒的部分经液封槽用泵送入螺旋板换热器,在此冷却到25℃左右,再压送至直冷空喷塔上、中两段喷洒。相当于塔内生成的冷凝液量的部分混合液,由塔底导入机械化焦油氨水澄清槽,与气液分离器下来的氨水、煤焦油以及横管初冷器下来的冷凝液等一起混合后进行分离。澄清的氨水进入氨水槽后,泵往焦炉喷洒,剩余氨水经氨水储槽泵送脱酚及蒸氨装置。初步澄清的煤焦油送至煤焦油分离槽除去煤焦油渣及进一步脱除水分,然后经煤焦油中间槽泵入煤焦油储槽。

直冷空喷塔内喷洒用的洗涤液在冷却煤气的同时,还吸收硫化氢、氨及萘等,并逐渐为萘饱和。采用螺旋板换热器来冷却闭路循环的洗涤液,可以减轻由于萘的沉积而造成的

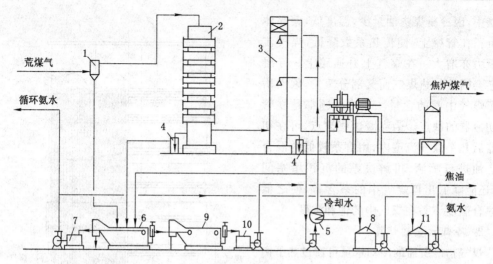

图 6-8 间冷和直冷结合的煤气初冷工艺流程

1——气液分离器；2——横管式间接冷却器；3——直冷空喷塔；4——液封槽；5——螺旋换热器；
6——机械化焦油氨水澄清槽；7——氨水槽；8——氨水储槽；9——煤焦油分离器；
10——煤焦油中间槽；11——煤焦油储槽

堵塞。

在采用氨水混合分离系统时，循环氨水中挥发氨的浓度相对增加，而循环氨水的温度又高，因而氨的挥发损失将增大。为防止氨的挥发损失及减少污染，澄清槽和液体槽均应采用封闭系统，并设置排气洗净塔，以净化由槽内排除的气体。

第二节 煤气冷却和冷凝的主要设备及操作

一、煤气冷却、冷凝设备

（一）立管式间接初冷器

1. 构造及性能

如图 6-9 所示，立管式间接初冷器的横断面呈长椭圆形，直立的钢管束装在上下两块管栅板之间，被 5 块纵挡板分成 6 个管组，因而煤气通路也分成 6 个流道。煤气走管间，冷却水走管内，二者逆向流动。冷却水从初冷器煤气出口端底部进入，依次通过各组管束后排出器外。由图 6-9 可见，6 个煤气流道的横断面积是不一样的，这是因为煤气流过初冷器时温度逐步降低，并冷凝出液体，煤气的体积流量逐渐减小。为使煤气在各个流道中的流速大体保持稳定，所以沿煤气流向各流道的横断面积依次递减；而冷却水沿其流向各管束的横断面积则相应地递增。所用钢管规格为 $\phi 76\ mm \times 3\ mm$。立管式冷却器一般均为多台并联操作，煤气流速为 $3 \sim 4\ m/s$，煤气通过阻力约为 $0.5 \sim 1\ kPa$。

当接近饱和的煤气进入初冷器后，即有水汽和煤焦油气在管壁上冷凝下来，冷凝液在管壁上形成很薄的液膜，在重力作用下沿管壁向下流动，并因不断有新的冷凝液加入，液膜逐渐加厚，从而降低了传热系数。此外，随着煤气的冷却，冷凝的萘将以固态薄片晶体析出。

在初冷器前几个流道中，因冷凝煤焦油量多，温度也较高，萘多溶于煤焦油中；在其后

· 117 ·

通路中,因冷凝煤焦油量少,温度低,萘晶体将沉积在管壁上,使传热系数降低,煤气流通阻力亦增大。在煤气上升通路上。冷凝物还会因接触热煤气而又部分蒸发,因而增加了煤气中萘的含量。上述问题都是立管式初冷器的缺点。为克服这些缺点,可在初冷器后几个煤气流道内,用含萘较低的混合煤焦油进行喷洒,可解决萘的沉积堵塞问题,还能降低出口煤气中的萘含量,使之低于集合温度下萘在煤气中的饱和浓度。

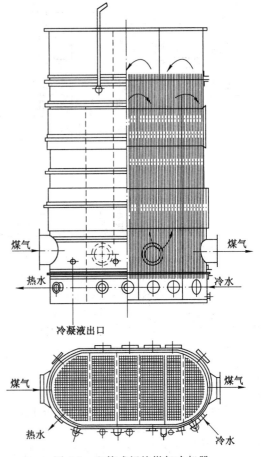

2. 冷却水量的计算

煤气初冷所需的冷却水量可通过热平衡计算求得。由图6-9可知,进出初冷器的物料有煤气、冷却水、冷凝液。煤气在初冷器中放出的总热量应由冷却水、冷凝液和初冷器散热损失带走。由于净煤气冷却及水汽冷凝所放出的热量约占总放出热量的98%以上,所以在实际计算中可近似地用初冷器的入口和出口温度下饱和煤气焓差来计算煤气放出的总热量。再据此求得冷却水量。

3. 传热特点及传热系数

煤气在初冷器内的冷却是包含对流给热和热传导的综合传热过程,在煤气冷却的

图 6-9 立管式间接煤气冷却器

同时还进行着:水汽的冷凝、煤焦油气的冷凝、冷凝液的冷却。故比一般传热过程复杂。因此,这一过程不仅是在变化的温度下,且是在变化的传热系数下进行的。

据传热计算,可求得立管式初冷器煤气入口处的传热系数 K 值可达 840 kJ/(m² · h · ℃),而在出口处仅为 210 kJ/(m² · h · ℃)。在初冷器第一段流道中,由于 K 值大,煤气与水之间的温度差也大,虽然其传热面积仅占总传热面积的 21%,但所移走的热量要占煤气冷却放出总热量的 50%以上。第一段通路是冷却器中对煤气冷却过程起决定性作用的部分,在计算一段初冷工艺的冷却面积时,可取平均 K 值为 500~520 kJ/(m² · h · ℃)。

(二)横管式间接初冷器

如图 6-10 所示,横管初冷器具有直立长方体形的外壳,冷却水管与水平面成 3°角横向配置。管板外侧管箱与冷却水管连通,构成冷却水通道,可分两段或三段供水。两段供水是供低温水和循环水,三段供水则供低温水、循环水和采暖水。煤气自上而下通过初冷器。冷却水由每段下部进入,低温水供入最下段,以提高传热温差,降低煤气出口温度;在冷却器壳程各段上部,设置喷洒装置,连续喷洒含煤焦油的氨水,以清洗管外壁沉积的煤焦油和萘,同时还可以从煤气中吸收一部分萘。

在横管初冷器中,煤气和冷凝液由上往下同向流动,较为合理。由于管壁上沉积的萘可被冷凝液冲洗和溶解下来,同时于冷却器上部喷洒氨水,自中部喷煤焦油,能更好地冲洗

掉沉积的萘,从而有效地提高了传热系数。此外,还可以防止冷凝液再度蒸发。在煤气初冷器内 90% 以上的冷却能力用于水汽的冷凝,从结构上看,横管式初冷器更有利于蒸汽的冷凝。如图 6-11 所示。

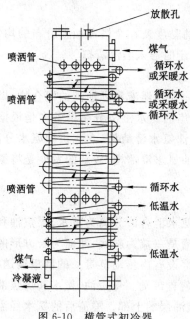

图 6-10 横管式初冷器

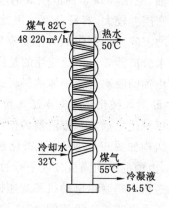

图 6-11 横管初冷器操作示意图

横管初冷器用 $\phi 54$ mm×3 mm 的钢管,管径细且管束小,因而水的流速可达 0.5～0.7 m/s。又由于冷却水管在冷却器断面上水平密集布设,使与之成错流的煤气产生强烈湍动,从而提高了传热系数,并能实现均匀的冷却,煤气可冷却到出口温度只比进口水温高 2 ℃。横管初冷器虽然具有上述优点,但水管结垢较难清扫,要求使用水质好的或加有阻垢剂的冷却水。

横管初冷器与竖管初冷器两者相比,横管初冷器有更多优点,如对煤气的冷却、净化效果好,节省钢材,造价低,冷却水用量少,生产稳定,操作方便,结构紧凑,占地面积小,冷凝液省。因此,近年来,新建焦化厂广泛采用横管初冷器,已很少再用竖管初冷器了。

(三) 直接式冷却塔

煤气与冷氨水直接接触换热的冷却器。用于煤气初冷的直接式冷却塔有木格填料塔,金属隔板塔和空喷塔等多种形式,其中空喷塔已在大型焦化厂的间接—直接初冷流程中得到使用。如图 6-12 所示,空喷塔为钢板焊制的中空直立塔,在塔的顶段和中段各安设 6 个喷嘴来喷洒 25～28 ℃

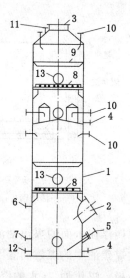

图 6-12 空喷初冷塔

1——塔体;2——煤气入口;3——煤气出口;
4——循环液出口;5——煤焦油氨水出口;
6——蒸汽入口;7——蒸汽清扫口;
8——气流分布栅板;9——集液环;10——喷嘴;
11——放散口;12——放空口;13——人孔

的循环氨水,所形成的细小液滴在重力作用下于塔内降落,与上升煤气密切接触中,使煤气得到冷却。煤气出口温度可冷却到接近于循环氨水入口温度(温差 2～4 ℃);且有洗除部分煤焦油、萘、氨和硫化氢等效果。由于喷洒液中混有煤焦油,所以可将煤气中萘含量脱除到低于煤气出口温度下的饱和萘的浓度。

空喷冷却塔的冷却效果,主要取决于喷洒液滴的黏度及在全塔截面上分布的均匀性,为此沿塔周围安设 6～8 个喷嘴,为防止喷嘴阻塞,需定时通入蒸汽清扫。

二、澄清分离设备

煤焦油、氨水和煤焦油渣组成的液体混合物是一种悬浮液和乳浊液的混合物,煤焦油和氨水的密度差较大,容易分离。因此,所采用的煤焦油氨水澄清分离设备多是根据分离粗悬浮液的沉降原理制作的。主要有卧式机械化焦油氨水澄清槽、立式焦油氨水分离器、双锥形氨水分离器等。广泛应用的是卧式机械化焦油氨水澄清槽,较新的发展是将氨水的分离和煤焦油的脱水合为一体的斜板式澄清槽。

(一)卧式机械化焦油氨水澄清槽

卧式机械化焦油氨水澄清槽的作用是将煤焦油氨水混合液分离为氨水、煤焦油和煤焦油渣。其结构如图 6-13 所示,机械化焦油氨水澄清槽是一端为斜底、断面为长方形的钢板焊制容器,由槽内纵向隔板分成平行的两格,每格底部设有由传动链带动的刮板输送机,两台刮板输送机用一套由电动机和减速机组成的传动装置带动。煤焦油、氨水和煤焦油渣由入口管经承受隔室进入澄清槽,使之均匀分布在煤焦油层的上部。澄清后的氨水经溢流槽流出,沉聚于槽下部的煤焦油经液面调节器引出。沉积于槽底的煤焦油渣由移动速度为0.03 m/min 的刮板刮送至前伸的头部漏斗内排出。

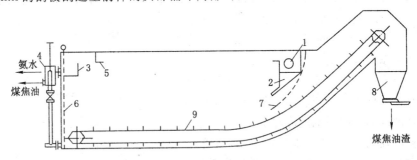

图 6-13　机械化焦油氨水澄清槽简图

1——入口管;2——承受隔室;3——氨水溢流槽;4——液面调节器;5——浮煤焦油渣挡板;

6——活动筛板;7——煤焦油渣挡板;8——放渣漏斗;9——刮板输送机

为阻挡浮在水面的煤焦油渣,在氨水溢流槽附近设有高度为 0.5 m 的木挡板。为了防止悬浮在煤焦油中的煤焦油渣团进入煤焦油引出管内,在氨水澄清槽内设有煤焦油渣挡板及活动筛板。煤焦油、氨水的澄清时间一般为 0.5 h。

在采用氨水混合流程时,由于混合煤焦油的密度较小,在保持槽内煤焦油温度为 70～80 ℃和煤焦油层高度为 1.5～1.8 m 情况下,煤焦油渣沉降分离效果较好。但在采用蒸汽喷射无烟装煤时,由于浮煤焦油渣量大,煤焦油的分离需分为两步:第一步为与氨水分离,第二步为煤焦油氨水和细粒固体物质的分离。即采用两台煤焦油氨水澄清槽:一台用作氨水分离,而另一台用于煤焦油脱渣脱水。

煤焦油渣约占全部分离煤焦油的 0.2%～0.4%，焦炉装煤如采用无烟装煤操作时可达 1.5%以上。煤焦油渣中的煤粉、焦粉有 70%以上为 2 mm 以下的微粒，所以很黏稠。为防止煤焦油渣在冬天结块发黏，漏嘴周围应设有蒸汽保温。对于地处北方的焦化厂，澄清槽整体最好采取保温措施，这样有利于氨水、煤焦油和煤焦油渣的分离。

机械化焦油氨水澄清槽有效容积一般分为 210 m³、187 m³、142 m³ 三种。以 187 m³ 为例，列出主要技术特性如下：

有效容积/m³　187　刮板输送机速度/m·h⁻¹　1.74
长/m　　16.2　电动机功率/kW　　2.2
宽/m　　4.5　氨水停留时间/min　　20
高/m　　3.7　设备质量/t　　46.7

机械化焦油氨水澄清槽一般适用于大中型焦化厂的煤焦油氨水分离。

（二）立式焦油氨水分离器

如图 6-14 所示，立式焦油氨水分离器上边为圆柱形，下边为圆锥形，底部由钢板制成（有的又称为锥形底氨水澄清槽）。冷凝液和煤焦油氨水混合液由中间或上边进入，经过一扩散管，利用静置分离的办法，将分离的氨水通过器边槽子接管流出。上边接一挡板，以便将轻煤焦油由上边排出。煤焦油渣为混合物中最重部分，沉于器底。立式焦油氨水分离器下部设有蒸汽夹套，器底设闸阀，煤焦油渣间歇地放出至带蒸汽夹套的管段内，并设有直接蒸汽进口管，通入适量蒸汽通过闸阀将煤焦油渣排出。

立式焦油氨水分离器一般有直径为 3.8 m 和 6 m 两种。其中，直径为 3.8 m 的分离器的主要技术特性为：氨水在器内停留时间 39 min；锥底煤焦油沉积高度 1.2 m；截面流速 0.000 7 m/s；工作温度 80 ℃；夹套内蒸汽压力 40 kPa。

立式焦油氨水分离器由于容积较小，一般适用于小型焦化厂的煤焦油氨水分离。

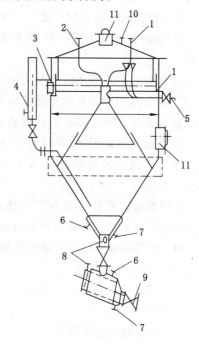

图 6-14　立式焦油氨水分离器

1——氨水入口；2——冷凝液入口；
3——氨水出口；4——煤焦油出口；
5——轻油出口；6——蒸汽入口；
7——冷凝水出口；8——直接蒸汽入口；
9——煤焦油渣出口；10——放散管；
11——人孔

三、冷凝液水封槽和接受槽

冷凝液水封槽是化学产品回收车间最为常见的设备之一。为了排除煤气管道和煤气设备中由于煤气冷却时所形成的冷凝液，同时又不使煤气漏入大气或空气漏入煤气设备和管道，需要在冷凝液聚积处设置冷凝液排出装置——水封槽。

水封槽的结构如图 6-15 所示。水封槽是由钢板焊成的直立圆筒形设备。主要设有冷凝液排入管和冷凝液排出管。另外，还设置了蒸汽导入管，供加热和吹扫用。特别是冬天，由于煤焦油黏度很大，萘容易结晶析出而堵塞水封槽，故必须经常通入蒸汽进行吹。图6-15 中 H 是煤气管道正压时的水封高度，其水封高度 H 应大于煤气设备内可能产的最大压力

（表压）。对于鼓风机前的水封槽（如初冷器水封槽），由于处于负压状态，水封高度不以图中的 H 值表示，而是指水封槽冷凝液排管液面至煤气设备内冷凝液面之间的距离。由于大气压力高于煤气系统中的压力，管 1 中的冷凝液液面就会高出水封液面，其高度取决于煤气吸力。水封高度必须大于可能产的最大吸力。否则，冷凝液水封槽中的冷凝液就会排空，空气吸入煤气系统而发生事故。

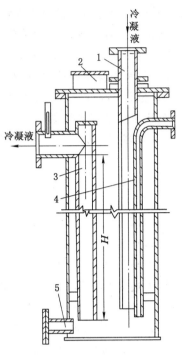

图 6-15　冷凝液水封槽
1——冷凝液入口管；2——检查孔；
3——冷凝液排出管；4——蒸汽管；
5——放空管

冷凝工段所用接受槽大部分用钢板焊制而成，均设有放管、放空管、人孔、满流口和液面测量计等。煤焦油储槽部设置了保温加热用蛇管间接加热器，将煤焦油加热并保在 80～90 ℃，使之易于流动而便于排水。

接受槽和储槽的容积可按下列定额数据确定。

① 循环氨水中间槽：相当于循环氨水泵 5 min 的输量。

② 由管式初冷器来的冷凝液中间槽：储存时间 0.5 h。

③ 由管式初冷器来的冷凝液分离槽：分离时间 3 h。

④ 由直接式初冷器来的冷凝液分离槽：分离时间 3 h。

⑤ 剩余氨水储槽：储存时间 18 h。

⑥ 煤焦油储槽储存时间：2 个昼夜，送出煤焦油含水量小于 4%。

各储槽放散管放出的有害气体，应汇集一起，集中用水或油洗涤除去并回收有害物质再排放，以改善冷凝工段操作环境。

四、煤气初冷操作和常见事故处理

（一）煤气初冷操作

以横管式煤气初冷工艺为例。

1. 初冷的操作

（1）初冷器的正常操作

① 经常检查初冷器上、下段的冷却负荷，及时调整循环水和制冷水进出口流量和温度，使之符合工艺要求。

② 经常检查初冷器前、后煤气温度和煤气吸力，并控制符合工艺要求。

③ 定时检查并清扫初冷器上、下段排液管及水封槽，保持其排液畅通。

④ 定期分析初冷器后煤气含萘，使之符合技术要求。

⑤ 经常检查上、下段冷凝液循环泵的运转情况和循环槽液位、温度和上、下段冷凝液循环喷洒情况。

⑥ 定期分析上、下段冷凝液含煤焦油量及含萘情况。

⑦ 经常检查下段冷凝液循环槽连续补充轻质煤焦油情况。

⑧ 经常注意初冷器阻力，定期清扫初冷器。

（2）初冷器的开工操作

① 检查初冷器各阀门均处于关闭状态。

②检查初冷器上、下段水封液位,并注满水。

③上、下段冷凝液循环槽初次开工注入冷凝液为冷凝液循环槽容量的 2/3。

④检查初冷器上、下段下液管排液畅通,必要时可用蒸汽吹扫。

⑤打开初冷器顶部放散,用氮气或蒸汽赶出器内空气,经分析排气含氧合格后,关闭放散。

⑥赶净空气后立即开启煤气进出口阀门,使煤气顺利通过初冷器。

⑦在开启初冷器煤气进出口阀门的同时,顺序打开循环水进出口阀门,打开制冷水出口阀门,慢开制冷水进口阀门,并调节初冷器煤气出口温度符合工艺要求。

⑧开通初冷器上、下段冷凝液循环泵泵前泵后管道,按规程操作启动上、下段冷凝液循环泵,并根据工艺要求调整循环流量。

⑨初冷器开工后,要对初冷器前后煤气吸力、温度以及循环给水、回水、制冷给水、回水的温度进行跟踪检查,并逐步调整,最终达到工艺要求。

(3)初冷器的停工操作

①关闭初冷器煤气进出口阀门。

②关闭初冷器制冷水、循环水进出口阀门,并放空初冷器内冷却水。

③关闭初冷器上、下段冷凝液喷洒管,停止喷洒。

④检查下液管畅通,并用蒸汽清扫下液管。

⑤用热氨水冲洗初冷器上段及下段。

⑥打开初冷器顶部的放散管阀门,用蒸汽吹扫初冷器。吹扫完毕待冷却后关闭放散管阀门,放空上、下段水封槽液体,并把水封槽底部清扫干净,重新注入软水,初冷器经 N_2 惰性化后处于备用状态。

(4)初冷器的换器操作

按初冷器开工步骤先投入备用初冷器,当备用初冷投入正常后,按初冷器停工步骤,停下在用初冷器。

(5)初冷器的清扫

当初冷器阻力增大时,投入备用初冷器,再对停下的初冷器进行清扫处理。

①检查上、下段下液管,保证畅通,放空初冷器内存水。

②打开初冷器顶部热氨水喷洒阀门,对初冷器上段管间进行冲洗。

③上段用热氨水冲洗完毕后,打开初冷器顶部放散和下部蒸汽阀门对初冷器进行蒸汽吹扫。吹扫前应关闭下液管,防止冲破水封。

④蒸汽吹扫一段时间后,关闭蒸汽,排放冷凝液后,再关闭下液管,开蒸汽吹扫。如此反复吹扫操作,直到排出冷凝液基本不带油为止,初冷器清扫完毕。

⑤清扫完毕后,待初冷器温度降低到<50 ℃时,关闭各阀门,如有条件最好向初冷器内充 N_2 或净煤气保持初冷器微正压备用。

2.冷凝液系统操作

(1)机械化氨水澄清槽的开工操作

①关闭澄清槽各放空阀门。

②检查人孔及备用口是否已经上好堵板。

③打开各路氨水、冷凝液入槽阀门,把煤焦油氨水、冷凝液引入澄清槽。

④ 当氨水将满槽时启动链条刮板机。

⑤ 氨水满槽后打开氨水出口阀门,把氨水引进循环氨水槽。

⑥ 调整调节器控制合适的油水界面,保证循环氨水不带油,煤焦油不带水,并把煤焦油连续压入煤焦油中间槽。

(2) 煤焦油中间槽煤焦油脱水操作

① 当煤焦油入槽,油面高度超过槽内加热器后,打开加热器蒸汽阀门和蒸汽冷凝水引出阀门,并检查冷凝水排出是否正常。

② 控制煤焦油脱水温度 90～95 ℃。

③ 当槽中煤焦油液位升到槽上部排水口时,打开排水阀门,把煤焦油上层分离水排入废液收集槽,然后用液下泵间断送入机械化氨水澄清槽。

④ 排出煤焦油分离水后,把煤焦油泵送到酸碱油品库。

3. 排气洗净塔操作

① 向尾气液封槽注满水。

② 从洗净塔上部向塔注入循环水,使塔底循环槽水位达到液位指示 2/3 处。

③ 打开排气洗净泵循环管路上的全部阀,开通循环管线。

④ 关闭洗净泵出口阀门,按规程操作启动洗净泵,并调节循环喷洒量,满足排气洗净要求。

⑤ 打开排气风机入口阀门,启动排气风机,把各储槽放散排气送入洗净塔。

⑥ 待排气洗涤循环正常后,适当打开送生化处理装置阀门,适量排出洗涤污染废液送生化处理装置,并向塔内等量注入新鲜循环水,保持塔底液位稳定。

4. 各水泵、油泵的操作

循环氨水泵、剩余氨水泵、上段冷凝液循环泵、下段冷凝液循环泵、排气洗净泵、凝结水泵及煤焦油泵和液下泵的操作大致相同。

(1) 开泵前的准备工作

① 检查泵及电动机地脚螺栓是否紧固,电动机接地是否可靠。

② 检查联轴器连接是否良好,盘车转动是否灵活,检查同轴度是否良好和有无蹭、卡现象,装好安全防护罩。

③ 检查轴承油箱油质、油位。

④ 煤焦油泵需用蒸汽清扫泵前泵后管道,冬季还需用蒸汽预热油泵至盘泵灵活。

⑤ 检查泵出口阀门、压力表取压阀、排气阀、放空阀均处于关闭状态,检查各法兰连接牢固可靠。

(2) 开泵操作

① 打开泵前阀门和排气阀门,引液体赶净泵前管道内的空气后关闭排气阀。

② 启动水泵(或油泵),缓慢打开压力表取压阀,当压力表上压后缓慢打开泵出口阀,并调整其开度,使泵流量满足工艺要求。

③ 泵运转正常后要经常巡检、点检泵、电动机的运转声响、振动情况、轴承及电动机温度和润滑情况、介质温度压力、流量情况。

(3) 停泵操作

① 关闭泵出口阀门。

② 按停泵按钮停泵。

③ 关闭泵进口阀门。

④ 待压力表指针复零位后,关闭取压阀。

⑤ 冬季要放空泵及管道内液体,防止冻坏设备。

⑥ 煤焦油泵停泵后需用蒸汽吹扫泵前、泵后管道,防止堵塞。

（4）换泵操作

① 按开泵操作开启备用泵。

② 缓慢开启备用泵出口阀门的同时,缓慢同步关闭在用泵出口阀门。

③ 待备用泵运行稳定并符合工艺要求后,按停泵操作停在用泵。

（二）煤气初冷常见事故处理

1. 初冷器冷却效果变差

间接初冷器使用一段时间后,冷却效果变差,主要原因是管外壁和管内壁沉积了污物或生长了水垢,从而降低了传热效率,在生产中,通常采用下面的方法提高冷却效果。

（1）管外壁清扫

冷却水管的外壁沉积的萘、煤焦油、粉尘等,致使初冷器壳程阻力增大。主要是由高压氨水喷射无烟装煤氨水压力太高,煤料细度过大,喷洒氨水煤焦油混合液中含萘高,低温段水温太低,长时间未清扫等原因引起。针对问题产生的原因进行处理:降低无烟装煤氨水压力,降低煤料细度,在喷洒氨水煤焦油混合液中补加轻质煤焦油,降低低温水量,清扫初冷器,可用水蒸气或煤气清扫。但最好用热煤气清扫,因为用水蒸气清扫时会增加酚水的处理量,另外,煤焦油汽化后会在管壁上沉积一层不易清除的油垢。而用热煤气清扫操作简单,不产生废水。方法是:先将初冷器内的冷却水放空,开大煤气入口阀,出口阀保持一定的开度,使初冷器内温度维持在 $55 \sim 75$ ℃之间(煤气的流量约 $700 \sim 1\,000$ m³/h),这样,黏在管壁上的萘、煤焦油等便被热煤气熔化除去。

（2）管内壁的清扫

初冷器直管或横管内通过冷却水,故管内壁往往有水垢和沉砂等沉积物,主要是由冷却水水质差和水温过高引起。这种沉积物一般用机械法和酸洗法清扫。机械法清扫劳动强度大。酸洗法是用质量分数为 3% 的盐酸,酸中加入 0.2% 的质量分数为 4% 的甲醛或每升酸中加入 $1 \sim 2$ g 六次甲基四胺 $[(CH_2)_6N_4]$,又名乌洛托品,作缓蚀剂,在 50 ℃左右的温度下冲洗管内壁,水垢中的碳酸盐和盐酸反应生成可溶性的氯化钙和二氧化碳,水垢消失。

$$CaCO_3 + 2HCl \longrightarrow CaCl_2 + CO_2 + H_2O$$

（3）改进初冷器冷却水的水质

为防止在冷却器内管子的内壁结垢,可采取下述措施。

① 根据冷却水的硬度控制初冷器出水的温度,硬度越高,初冷出水的温度应越低。一般情况下,硬度(德国度)为 10°dH 时,出水温应低于 50 ℃;硬度为 15°dH 时,出水水温应低于 45 ℃;硬度 20°dH 以上,冷却器出水的水温应低于 40 ℃。

② 掺入部分含酚废水,即可补充水的蒸发损失,也可防止结垢和长青苔。

③ 在进水主管安装永磁器,使水以一定的速度通过磁场,这样水中的一些碳酸盐在切割磁力线的过程中受到磁化,结晶生长受到破坏,亦即水垢生成困难。

④ 有些焦化厂对循环冷却水进行水质处理,也达到减少或防止结垢的目的。例如,加

入防垢剂,使水中的物质不结硬垢而变成沉渣排除。

(4) 用间冷和直冷合一的煤气初冷器

在管式初冷器的最后一段(按煤气流向),采用冷凝液直冷方法,可以减少油垢的沉积,提高煤气的冷却效果。流程如图 6-16 所示。

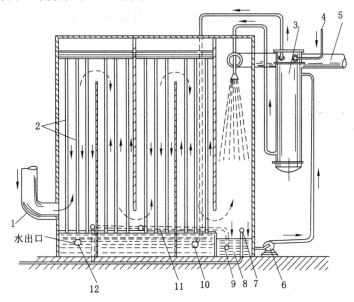

图 6-16　间冷和直冷却合一的冷却器

1——煤气入口;2——冷却水管;3——冷凝液冷却器;4——冷却水进口;5——煤气出口;

6——冷凝液泵;7——冷凝液满流管;8——直冷段冷凝液池;9——直冷段冷凝液入口;

10——冷却水进口;11——去直冷段的冷凝液管;12——冷却水出口

2. 冷器冷凝液下液管堵塞

下液管堵塞引起下液管下液不畅通,煤气阻力增大,主要原因是煤料细度太大。处理方法:开备用初冷器,清理已停初冷器下液管,并请调度协调。

3. 循环氨水不清洁

到集气管、桥管去的循环氨水比较脏,会给喷洒氨水带来不利,由此而使煤气冷却效果降低。循环氨水不清洁的主要原因是煤焦油与氨水分离不好,煤焦油被带入循环氨水中。如果煤焦油氨水澄清槽内循环水量不够,煤焦油未及时压出,则循环氨水中更容易带入煤焦油。为此,应确保循环氨水量正常,不跑水。此外,应定时将煤焦油从澄清槽压送出去,最好采用连续压送煤焦油的操作。

第三节　煤气输送系统及设备

煤气由炭化室出来经集气管、吸气管、冷却及煤气净化、化学产品回收设备直到煤气储罐或送回焦炉或到下游用户,要通过很长的管路及各种设备。为了克服设备和管道阻力及保持足够的煤气剩余压力,需设置煤气鼓风机。同时,在确定化产回收工艺流程及选用设备时,除考虑工艺要求外,还应该使整个系统煤气输送阻力尽可能小,以减少鼓风机的动力消耗。

一、煤气输送系统及阻力

煤气输送系统的阻力,因回收工艺流程及所用设备的不同而有较大差异,同时也因煤气净化程度的不同及是否有堵塞情况而有较大波动。现就大型焦化厂三种流程情况比较介绍,见表 6-1。

表 6-1　　　　　　　　　　　　煤气输送系统的阻力

阻　力　项　目	系统Ⅰ阻力/kPa	系统Ⅱ阻力/kPa	系统Ⅲ阻力/kPa
鼓风机前的阻力(吸入方)			
集气管到鼓风机的煤气管道	1.471~1.961	1.471~1.961	4.4~5.9
煤气初冷:(1) 并联立管冷却器;	0.981~1.471		
(2) 横管间冷及空喷直冷		0.490~0.981	1.5~2.0
煤气开闭器	0.490~1.471	0.490~1.471	0.490~1.471
合计	2.942~4.903	2.452~4.413	
鼓风机后的阻力(压出方)			
鼓风机到煤气储罐的煤气管道	2.942~3.923	2.942~3.923	
电捕焦油器	0.294 2~0.490	0.294 2~0.490	0.4~0.5
氨的回收:(1) 鼓泡式饱和器;	5.394~6.374		
(2) 喷淋试饱和器;	(2.0~2.2)		
(3) 空喷式酸洗塔;		0.981~1.961	
(4) 洗氨塔			0.8~1.0
油洗萘塔		0.490~0.981	
煤气最终冷却器:(1) 隔板式;	0.490 5~0.981		
(2) 空喷式	0.784 5~1.177	0.098 1~0.392	
洗苯塔:(1) 填料式(2~3 台);	1.471~1.961		2.0~2.5
(2) 空喷式(2 台)		0.196 1~0.784 5	
脱硫塔:(1) 特拉雷特填料;		1.765~2.256	
(2) 木格填料;	1.471~1.961		
(3) 钢板网填料			1.0~1.5
剩余煤气压力	3.923~4.903	3.923~4.903	
吸气机前的阻力合计			10.59~14.871
吸气机后煤气压力			7.0~9.0
合计	16.769~21.77	10.689~15.691	7.0~9.0
	(13.375~17.596)		

注:括号内数据为使用喷淋式饱和器时的阻力。

吸入方(机前)为负压,压出方(机后)为正压,鼓风机的机后压力与机前压力差为鼓风机的总压头。

上述系统Ⅰ为目前国内有些大型焦化厂所采用的较为典型的正压(半负压)生产硫酸

铵的工艺系统,鼓风机所应具有的总压头为 20～26(半负压 18～24) kPa。系统Ⅱ是生产硫的回收工艺系统(脱硫工序可设于氨回收工序之前),由于多处采用空喷塔式设备,鼓风机所需总压头仅需 13.24～20.10 kPa,可以显著降低动力费用。系统Ⅲ是全负压水洗氨进行氨分解生产低热值煤气的工艺系统,鼓风机所需总压头为 18～24 kPa。

鼓风机一般设置在初冷器后面。这样,鼓风机吸入的煤气体积小,负压下操作的设备和煤气管道少。有的焦化厂将油洗萘塔及电捕焦油器设在鼓风机前,进入鼓风机的煤气中煤焦油、萘含量少,可减轻鼓风机及以后设备堵塞,有利于化学产品回收和煤气净化。

二、煤气输送管路

煤气管道管径的选用和管件设置是否合理及操作是否正常,对焦化厂生产具有重要意义。煤气输送管路一般分为出炉煤气管路(炼焦车间吸气管至煤气净化的最后设备)和回炉煤气管路;若焦炉用高炉煤气加热,还有自炼铁厂至焦炉的高炉煤气管路。这些管路的合理设置与维护都是至关重要的。

(一)煤气管道的管径选择

管道的管径一般根据煤气流量及适宜流速按下列公式确定:

$$S = \frac{\pi D^2}{2} = \frac{q_V}{3\,600v}$$

或

$$D = \sqrt{\frac{4q_V}{3\,600\pi v}} \tag{6-1}$$

式中　S——煤气管道截面积,m^2;

　　　D——煤气管道管径,m;

　　　v——选用的煤气流速,m/s;

　　　q_V——实际煤气量,m^3/h。

当焦炉的生产能力和配煤质量一定时,炼焦煤气量 $q_{V干}$ 即为一定。对于煤气管道同部位的实际流量 q_V 可按下式计算:

$$q_V = q_{V干} K \frac{101.3}{101.3 + p} \tag{6-2}$$

式中　K——把 $1\,m^3$ 干煤气换算成在 t ℃和 101.3 kPa 下被水汽所饱和的煤气体积系数(见附表1);

　　　P——煤气的表压(当煤气压力低于大气压力时 P 取负值),kPa。

当选用的煤气流速大时,管道直径可减小,钢材耗量也相应降低,节省基建投资,但会使管路阻力增大,因而鼓风机的动力消耗也随之增大;当流速小时,情况则相反。所以,选用的适宜流速应该是折旧费、维修费和操作费构成的总费用最低,对应的流速需多方案计算确定,一般设计中是根据长期积累的丰富经验确定。计算的管道直径与煤气流速符合表6-2的对应数据。

(二)管道的倾斜度

煤气管道应有一定的倾斜度,以保证冷凝液按预定方向自流。吸气主管顺煤气流向倾斜度 0.010,鼓风机前后煤气管道顺煤气流向倾斜度为 0.005,逆煤气流向为 0.007,饱和器后至粗苯工序前煤气管道逆煤气流向倾斜度为 0.007～0.015。

表 6-2　　　　　　　　　　　　　　**煤气管道直径与流速**

管道直径/mm	流速/m·s⁻¹	管道直径/mm	流速/m·s⁻¹
≥800	12~18	200	7
400~700	10~12	100	6
300	8	80	4

注:对于吸煤气主管,允许流速是指除去冷凝液所占截面积后的流速。对于 ϕ800 mm 以上的煤气管道,较短的直管可取较高的流速,一般可取为 14 m/s。

（三）管路的热延伸和补偿

管路随季节的变化以及管内介质和保温情况的不同,都有温度的变化。当温度升高和降低时,管路必然发生膨胀或收缩变化,变化的数值可由计算得出。如果管路可以自由地变形,则不会产生热应力。但实际管路是固定地安装在支架和设备上的,它的长度不能随温度任意变化,因此会产生热应力（可由计算确定）,此热应力作用于管路两端的管托或与管路连接的设备上。在装牢的管路上,如温度变化所引起的热应力大于材料的抗张应力（或抗压应力）,则因热应力过大会导致煤气管的焊缝破裂、法兰脱落或管子弯曲变形。因此,在温度变化较大的管路上不得将其装牢,并需采用一种能承受管路热变形的装置,即热膨胀补偿器。

在焦炉煤气管道上一般采用填料函式补偿器,在高炉煤气管道上一般采用鼓式补偿器。直径较小的煤气管道可用 U 管自动补偿,对于小型焦化厂的煤气管道,由于直径较小、转弯较多等特点,则可以充分利用弯管的自动补偿。

（四）安装自动放散装置

在全部回收设备之后的回炉煤气管道上,设有煤气自动放散装置如图 6-17 所示。该装置由带煤气放散管的水封槽和缓冲槽组成,当煤气运行压力略高于放散水封压力（两槽水位差）时,水封槽水位下降,水由连通管流入缓冲槽,煤气自动冲破水封放散;当煤气压力恢复到规定值时,缓冲槽的水靠位差迅速流回水封槽,自动恢复水封功能。水封高度用液面调节器按煤气压力调节到规定液面。煤气放散会污染大气,随着电子技术的发展,带自动点火的焦炉煤气放散装置,已取代水封式煤气放散装置,煤气放散压力根据鼓风机吸力调节的敏感程度确定,以保持焦炉集气管煤气压力的规定值。

（五）其他辅助设施

由于萘能够沉积于管道中,所以在可能存积萘的部位,均设有清扫蒸汽入口。此外,还设有冷凝液导出口,以便将管内冷凝液放入水封槽。煤气管道上还应在适当部位设有测温孔、测压孔、取样孔等。

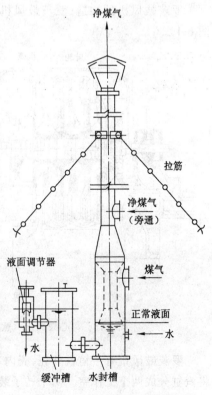

图 6-17　焦炉煤气放散装置

三、鼓风机

焦化厂用于煤气加压输送的鼓风机有离心式和
容积式两种。离心式用于大中型焦炉,容积式常用的是罗茨式鼓风机,用于小型焦炉或用干净焦炉煤气的压送。

(一)离心式鼓风机

离心式鼓风机的构造及工作原理:离心式鼓风机又称涡轮式或透平式鼓风机,由电动机或汽轮机驱动。其构造如图 6-18 所示,离心式鼓风机由导叶轮,外壳和安装在轴上的三个工作叶轮组成。煤气由吸入口进入高速旋转的第一工作叶轮,在离心力的作用下,增加了动能并被甩向叶轮外面的环形空隙,于是在叶轮中心处形成负压,煤气即被不断吸入。由叶轮甩出的煤气速度很高,当进入环形空隙后速度减小,其部分动能变成静压能,并沿导叶轮通道进入第二叶轮,产生与第一叶轮及环隙相同的作用,煤气的静压能再次得到提高,经出口连接管被送入管路中。煤气的压力是在转子的各个叶轮作用下,并经过能量转换而得到提高。

显然,叶轮的转速越高,煤气的密度越大,作用于煤气的离心力即越大,则出口煤气的压力也就越高。大型离心鼓风机转速在 5 000 r/min 以上,电动机驱动时,需设增速器以提高转速。

离心式鼓风机按进口煤气流量的大小有 150 m³/min、300 m³/min、750 m³/min、900 m³/min 和 1 200 m³/min 等各种规格,产生的总压头为 29.5～34.3 kPa。

(二)罗茨式鼓风机

罗茨鼓风机的构造:罗茨鼓风机是利用转子转动时的容积变化来吸入和排出煤气,见图 6-19。

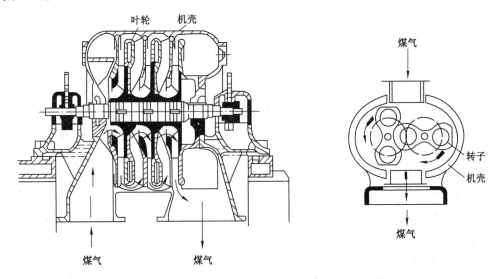

图 6-18 离心鼓风机示意图　　　　图 6-19 罗茨鼓风机

罗茨鼓风机有一铸铁外壳,壳内装有两个"8"字形的用铸铁或铸钢制成的空心转子,并将汽缸分成两个工作室。两个转子装在两个互相平行的轴上,在这两个轴上又各装有一个互相咬合、大小相同的转子,当电动机经由皮带轮带动主轴转子旋转时,主轴上的转子又带动了从动轴上的转子,所以两个转子做相对反向转动,此时一个工作室吸入气体,由转子推入另一个工作室而将气体压出。每个转子与机壳内壁及与另一个转子表面均需紧密配合,其间隙一般为 0.25~0.40 mm。间隙过大即有一定数量的气体由压出侧漏到吸入侧,有时因漏泄量大而使机身发热,罗茨鼓风机因转子的中心距及转子长度的不同,其输气能力可以在很大的范围内变动。在中国中小型焦化厂应用的罗茨鼓风机有多种规格,其用电动机驱动,其生产能力为 28~300 m³/min,所生成的额定压头为 19.61~34.32 kPa。

罗茨鼓风机具有结构简单、制造容易、体积小,且在转速一定时,如压头稍有变化,其输气量可保持不变,即输气量随着风压变化几乎保持一定,可以获得较高的压头,这都是优点。但在使用很久后,间隙因磨损而增大,其效率降低,此种鼓风机只能用循环管调节煤气量,在压出管路上需安装安全阀,以保证安全运转。此外,罗茨鼓风机的噪声较大。

（三）鼓风机的操作管理

鼓风机是焦化厂极其重要的设备,俗称之为焦化厂的"心脏",对其操作管理必须予以高度重视。下面以电动离心式鼓风机半负压生产工艺为例说明其操作管理。

1. 鼓风机系统的操作

（1）正常操作

为了保证鼓风机的正常运转工况,按技术规定完成接受和输送出焦炉煤气的任务,操作人员要做好以下常规工作,保证煤气入口和出口的温度、压力、煤气流量稳定;轴承轴瓦及电机温升合理。

① 经常巡检、检查鼓风机运行声响、振动、温度、润滑等情况,发现问题及时处理并向值班长汇报。

② 认真检查油站的工作情况,包括油箱油温、油箱油位、油泵油压、滤后压力、冷却器后油温、油压、油质等。

③ 检查润点和高位油箱的回油情况。

④ 保证进油冷却水压低于油压,防止油冷却器油水串漏,水进入油中,使油乳化损坏鼓风机事故的发生。

⑤ 保证鼓风机各下液管排液畅通,每班清扫一次下液管。

⑥ 定期向各阀门润滑点加油,保持灵活好用。

⑦ 定期分析化验稀油站润滑油的黏度、水及杂质含量、酸值、闪点等性能指标,定期过滤杂质或更换新油。

⑧ 定期对过滤器进行清洗和更换。

⑨ 备用鼓风机每班在转动灵活的情况下盘车 1/4 转。

⑩ 按时填写操作记录,搞好鼓风机、电动机卫生。

（2）鼓风机的开机操作

① 鼓风机开机前必须与值班长、中控室进行联系,通知厂调度和电工、仪表工、维修工到场,通知焦炉上升管和地下室,通知煤气下游操作岗位。

② 暖机用蒸汽清扫下液管,暖机温度不超过 70 ℃,暖机时利用出口蒸汽管管道和各下液管的蒸汽进行暖机,暖机时阀门开度要小,时间不能太长(第一次开机不需暖机)。

③ 暖机过程要不断进行盘车,并且要把暖机产生的冷凝水随时放掉。

④ 开电加热器使油箱油温高于 25 ℃,然后启动工作油泵,使油系统投入运行,并检查

各润滑点及高位油箱回油情况,油冷却器给排水情况。

⑤ 检查变频调速器操作面板各参数符合要求。

⑥ 打开鼓风机进口煤气阀门,关闭鼓风机前后泄液管阀门。

⑦ 接到中控室或值班长指令后,手动操作启动鼓风机,待鼓风机运转正常后,逐渐增加液力耦合器油位,提高鼓风机的转速。

⑧ 当鼓风机后压力接近 4~5 kPa 时,逐渐开启鼓风机出口阀门,同时继续增加液力耦合器油位。当接近鼓风机临界转速区时,迅速增速越过临界转速区,使鼓风机在临界转速区外运行。

⑨ 开工过程中由于煤气量少,为了保证集气管压力稳定和鼓风机的正常运行,应以大循环管来进行调整,此后随煤气量的增大逐渐关小大循环,直至完全关闭。当鼓风机运行稳定后,与中控室及焦炉上升管、地下室联系,把鼓风机和焦炉吸气弯管翻板、地下室翻板由手动切换为自动。

⑩ 鼓风机运行稳定后,打开鼓风机前后下液管阀门,并定期清扫下液管,保证下液管泄液畅通;鼓风机启动后,要认真进行检查轴承温度、机体振动、油温、油压,有问题及时处理(仪表工要把各联锁加上);鼓风机运行正常后转入正常生产,应坚持巡回检查,并认真做好开鼓风机记录。

(3) 鼓风机停机操作

① 与煤气用户和相关生产岗位联系,并通知调度,共同做好停鼓风机和停煤气准备。

② 接到值班长停鼓风机指令后,降低鼓风机转速。同时慢关鼓风机出口阀门,然后按停鼓风机按钮停鼓风机,关闭鼓风机煤气进口阀门。

③ 微开蒸汽阀门清扫风机机体内部及泄液管(清扫温度不超过 70 ℃),同时进行盘车,把转子上的附着物清扫干净。

④ 鼓风机停机后工作油泵继续运行至少半小时后停油系统。

⑤ 清扫完毕停蒸汽、凉机,放掉冷凝液,关闭排液阀门。

⑥ 长时间停鼓风机,应关闭油冷却器冷却水阀门,并放空油冷却器内液体,冬季防止冻坏设备。

(4) 鼓风机换机操作

① 换鼓风机操作前应先与调度、值班长、中控室取得联系,并通知有关部门和相关生产岗位,共同做好换鼓风机操作准备。

② 中控室把在运鼓风机由自动切换为手动。

③ 做好备用鼓风机启动前的准备工作。

④ 在值班长的指挥下,中控室及鼓风机司机按鼓风机开机操作步骤启动备用鼓风机,在开备用鼓风机出口阀门同时同步关在用鼓风机出口阀门,在逐渐升高备用鼓风机转速同时,逐渐降低在用鼓风机转速。在换鼓风机操作过程中,要始终保持初冷器前煤气吸力和焦炉集气管压力稳定。

⑤ 鼓风机换机操作完毕,备用鼓风机运行正常后,按停鼓风机操作步骤停在运鼓风机。

⑥ 做好换鼓风机操作记录。

2. 特殊操作

(1) 鼓风机的紧急停机

鼓风机处于下列情况之一时,可紧急停机。

① 鼓风机内部有明显的金属撞击声或强烈震动。

② 轴瓦处冒烟。

③ 油系统管道设备破裂,无法处理,辅油泵油压低于 0.05 MPa,油箱液位快速下降。

④ 轴瓦达 65 ℃并以每分钟 1~2 ℃速度增高。

⑤ 吸力突然增大,无法调节。

⑥ 鼓风机后着火,鼓风机前着火。

(2)突然停电

① 突发全厂性大面积停电,应立即断开电源,并关闭全部在运行水泵、油泵的出口阀门。

② 突发停电应立即关闭鼓风机煤气出口阀门,在停电后鼓风机惯性运转期间所需润滑油改由高位油箱提供。

③ 鼓风机停机后应用蒸汽清扫鼓风机机体和各下液管。

④ 停电后应立即向值班长汇报,并与调度联系,询问停电源因和恢复供电的时间,并做好来电后的开工准备。

⑤ 做好突然停电记录。

(3)突然停水

① 突然停循环水:

a. 请示值班长把稀油站油冷却器由循环水冷却切换为制冷水或临时水源;

b. 询问停水原因及恢复供水时间,认真做好记录;

c. 做好恢复供循环水后恢复正常生产操作的准备。

② 突然停制冷水:

a. 如果稀油站冷却器是采用制冷水冷却,此时应切换为循环水(或临时水源)冷却,增加冷却水量,维持生产;

b. 询问停水原因及恢复供制冷水时间,并做好恢复供制冷水后,恢复正常生产操作的准备。

3. 鼓风机岗位主要注意事项

① 鼓风机岗位是安全防爆的要害岗位,非本岗位操作人员未经有关部门批准,不得进入鼓风机室,经批准后,进行登记方可进入。

② 生产中严禁烟火,任何人不得以任何借口带入任何火种。设备检修动火时必须经安全保卫部门批准,采取有效措施后,并有消防人员在场监护,方可检修。

③ 输送的煤气属于易爆炸气体,应严防爆炸事故发生。操作中严禁煤气系统吸入空气或漏出煤气,发现不严密部位应立即处理。鼓风机前煤气系统设备,管道如发现着火时,应立即停机,通蒸汽灭火;如鼓风机后煤气设备管道着火时,严禁停鼓风机,应立即降低鼓风机后压力(一般保持正压 1 kPa)后通蒸汽灭火。操作室内一切电器设备应符合防爆要求,并定期进行检查。

④ 严禁鼓风机长时间超负荷或"带病"运转,发现异常应立即换机和停机检修。检修后的鼓风机应空运转一昼夜,并全部更换符合要求的新润滑油。

⑤ 鼓风机运转中不准检修,拆卸有关附属设备,危险部位不得随意擦洗。

⑥ 鼓风机操作中应严格遵守各项技术操作规定。

（四）鼓风机的常见事故及处理

鼓风机发生的一些常见事故特征、产生的可能原因和一般的处理方法见表6-3。

表 6-3　　　　　　　　鼓风机事故特征、产生的可能原因及一般的处理方法

事 故 特 征	产生的可能原因	一般的处理方法
鼓风机振动增大，响声不正常	轴承内油温过高或过低； 鼓风机负荷急剧变化，机体内有煤焦油等杂质； 鼓风机轴瓦损坏； 鼓风机、电动机水平度或中心度被损坏，转子失去动平衡	调整油温； 调整煤气负荷，疏通排液管； 停机检修，换轴瓦； 停机调整水平和中心度； 停机做转子动平衡处理，重新刮研轴瓦
轴承温度升高	轴承缺油； 冷凝液或其他杂质进入润滑油，使其变质； 轴颈与轴瓦间摩擦过度，使渣子堵塞轴承； 轴间力增大，使其轴承温度升高	按油系统故障处理，严重时停机处理； 根据化验结果分析，可调换润滑油； 调整鼓风机负荷，停车清理，并检查两者粗糙度； 停车检查是否符合设计要求
油压剧烈下降	滤油网堵塞； 油管泄漏或损坏； 主油泵故障； 压力计失灵	根据情况酌情处理，严重时可停机检修
风机震动大，鼓风机前吸力增加且温度超过规定	煤气负荷太小	检查煤气开闭器的开启情况，可开大交通管开闭器
鼓风机吸入侧或排出侧发生脉冲	冷凝液排泄管失灵，造成煤气管道积存冷凝液	疏通冷凝液排出管。当脉冲剧烈时，应首先减少煤气负荷
鼓风机温度压力增高，超过技术规定	出口开闭器故障； 焦炉出焦过于集中； 洗涤系统阻力增加	检查出口开闭器。与炼焦、洗涤联系，共同解决

第四节　焦油氨水的分离及煤气中焦油雾的清除

近年来，对煤焦油氨水的分离引起了重视，一方面是由于采用预热煤炼焦和实行无烟装煤给这一分离过程带来了新问题，另一方面是因为要求提供无煤焦油氨水和无渣低水分煤焦油的需要，同时还要求尽量减少煤焦油渣中的煤焦油含量以增产煤焦油。

一、焦油氨水的分离

（一）煤焦油氨水混合物的性质及分离要求

在用循环氨水于集气管内喷洒冷却荒煤气时，约60%的煤焦油冷凝下来，这种集气管煤焦油是重质煤焦油，其相对密度（20 ℃）为1.22左右，黏度较大，其中混有一定数量的煤焦油渣。煤焦油渣是固体微粒与煤焦油形成的混合物。固体微粒包括煤尘、焦粉，炭化室

顶部热解产生的游离碳及清扫上升管和集气管时所带入的多孔物质。煤焦油渣中的固体含量30%，其余约70%为煤焦油。

煤焦油渣量一般为煤焦油量的0.15%～0.3%，当实行蒸汽喷射无烟装煤时，其量可达0.4%～1.0%，在用预热煤炼焦时，其量更高。

煤焦油渣内固定碳含量约为60%，挥发分含量约33%，灰分约4%，气孔率约63%，真密度为1.27～1.3 kg/L。因其与集气管煤焦油的密度差小，粒度小，易与煤焦油黏附在一起，所以难以分离。

煤气在初冷器中冷却，冷凝下来的煤焦油为轻质煤焦油。其轻组分含量较多。在两种氨水混合分离流程中，上述轻质煤焦油和重质煤焦油的混合物称之为混合煤焦油。混合煤焦油20 ℃密度可降至1.15～1.19 kg/L，黏度比重质煤焦油减少20%～45%，煤焦油渣易于沉淀下来，混合煤焦油质量明显改善。但在煤焦油中仍存在一些浮煤焦油渣，给煤焦油分离带来一定困难。

煤焦油的脱水直接受温度和循环氨水中固定铵盐含量的影响，在80～90 ℃和固定铵盐浓度较低情况下，煤焦油与氨水较易分离。因此，在独立的氨水分离系统中，集气管煤焦油脱水程度较差，而在采用混合氨水分离流程时，混合煤焦油的脱水程度较好，但只进行一步澄清分离仍不能达到要求的脱水程度，还需在煤焦油储槽内保持80～90 ℃条件下进一步脱水。

目前，我国焦化厂生产的煤焦油质量标准见表6-4。经澄清分离后的循环氨水中煤焦油物质含量越低越好，最好不超过100 mg/L。

表6-4　　　　　　　　　　煤焦油质量标准（YB/T 5075—93）

指标名称	指标		指标名称	指标	
	一级品	二级品		一级品	二级品
密度(ρ_{20})/kg·L^{-1}	1.15～1.21	1.13～1.22	水分/%	≤4.0	≤4.0
甲苯不溶物(无水基)/%	3.5～7.0	≤9	黏度(E_{80})	≤4.0	≤4.2
灰分/%	≤0.13	≤0.13	萘含量(无水基)/%	≥7.0	≥7

注：萘含量指标不作质量考核依据。

（二）煤焦油氨水混合物的分离方法和流程

近年来，为改善煤焦油脱渣和脱水提出了许多改进方法，如用蒽油稀释，用初冷冷凝液洗涤，用微孔陶瓷过滤器在压力下净化煤焦油，在冷凝工段进行煤焦油的蒸发脱水，以及振动过滤和离心分离等。其中，以机械化焦油氨水澄清槽和离心分离相结合的方法应用较为广泛，其工艺流程如图6-20所示。由集气管来的液体混合物先进入机械化焦油氨水澄清槽1，分离了氨水的煤焦油由此进入煤焦油脱水澄清槽2，然后泵送至卧式连续离心沉降分离机3除渣，分离出的煤焦油渣放入煤焦油渣收集槽4，净化的煤焦油放入煤焦油中间槽5，再送入煤焦油储槽6。

卧式连续沉降分离机的操作情况如图6-21所示，温度为70～80 ℃的煤焦油经由中空轴送入转鼓内，在离心力作用下，煤焦油渣沉降于鼓壁上，并被设于转鼓内的螺旋卸料机，如图6-21(b)所示连续地由一端排到机体外，澄清的煤焦油也连续地从另一端排出。用离心

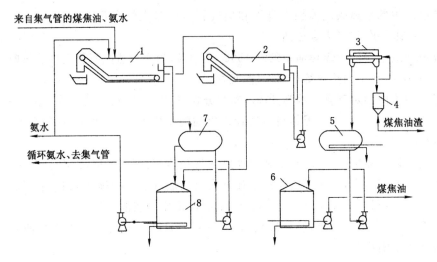

图 6-20　重力沉降和离心分离结合的煤焦油氨水分离流程

1——机械化焦油氨水澄清槽；2——煤焦油脱水澄清槽；3——卧式连续离心沉降分离机；

4——煤焦油渣收集槽；5——煤焦油中间槽；6——煤焦油储槽；7——氨水中间槽；8——氨水槽

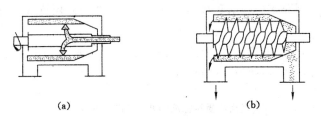

（a）　　　　　　　　　（b）

图 6-21　卧式连续离心沉降分离机操作示意图

（a）焦油；（b）渣饼

分离法处理煤焦油，分离效率很高，可使煤焦油除渣率达90％左右，但基建费用及动力消耗较大。

在采用预热煤炼焦时，为不使煤焦油质量变坏，在焦炉上可设两套集气管装置，将装炉时发生的煤气抽到专用集气管内，并设置较简易的专用氨水煤焦油分离及氨水喷洒循环系统。由装炉集气管所得到的煤焦油（约占煤焦油总量的1％）含有大量煤尘，这部分煤焦油一般只供筑路或作燃料用，也可与集气管下来的氨水在混合搅拌槽内混合，再经离心分离以回收煤焦油。

此外，还可采用在压力下分离煤焦油中水分的装置。将经过澄清仍然含水的煤焦油，泵入一卧式压力分离槽内进行分离，槽内保持81～152 kPa，并保持温度为70～80 ℃。在此条件下，可防止溶于煤焦油中的气体逸出及因之引起的混合液上下窜动，从而改善了分离效果，煤焦油水分可降至2％左右。

（三）煤焦油质量的控制

由表 6-4 可见，煤焦油中水分、灰分、甲苯不溶物是煤焦油质量的重要指标，它主要取决于冷凝工序的生产操作。操作中应注意如下几点：

（1）机械化焦油氨水澄清槽内应保持一定的煤焦油层厚度，一般为1.5～2 m，排出煤焦油时应连续均匀,不宜过快,要求夹带的氨水和煤焦油渣尽可能少,最好应装有自动控制装置。

(2)严禁在机械化焦油氨水澄清槽内随意排入生产中的杂油、杂水,以利于煤焦油、氨水、煤焦油渣分层,便于分离。

(3)静置脱水的煤焦油储槽,严格控制温度在 $80\sim90$ ℃,保证静置时间在两昼夜以上。同时应按时放水,向精制车间送油时应均匀进行,且保持槽内有一定的库存量。

(4)严格控制初冷器后的集合温度符合工艺要求,避免因增大鼓风机吸力而增加煤粉和焦粉的带入量。另外,焦炉操作应力求稳定,严格执行各项技术操作规定,尽量减少因煤粉、焦粉带入煤气而形成煤焦油渣,防止煤焦油氨水分离困难。

(5)机械化焦油氨水澄清槽氨水满流情况、煤焦油压油情况、油水界面升降,减速机、刮渣机运行情况保持正常。

(6)严格控制装炉煤细度,采用高压氨水喷射或蒸汽喷射实现无烟装煤技术的厂家,要严格控制高压氨水或蒸汽压力,压力不宜太高。

二、煤气中煤焦油雾的清除

(一)煤气中煤焦油雾的形成和清除目的

煤气中的煤焦油雾是在煤气冷却过程中形成的。荒煤气中含煤焦油气 $80\sim120$ g/m³,在初冷过程中,除有绝大部分冷凝下来形成煤焦油液体外,还会形成煤焦油雾,以内充煤气的煤焦油气泡状态或极细小的煤焦油滴($\phi 1\sim17$ μm)存在于煤气中。由于煤焦油雾滴又轻又小,其沉降速度小于煤气运行速度,因而悬浮于煤气中并被煤气带走。

初冷器后煤气中煤焦油雾的含量一般为 $2\sim5$ g/m³(竖管初冷器后)或 $1.0\sim2.5$ g/m³(横管冷却器后或直接冷却塔后)。而化学产品回收工艺要求煤气中所含煤焦油量最好低于 0.02 g/m³,以保证化学产品质量,并保证回收过程顺利进行。清除煤气中焦油雾滴有多种方法,但从煤焦油雾滴的大小及所要求的净化程度来看,采用电捕焦油器最为经济可靠。

(二)电捕焦油器

1. 电捕焦油器的工作原理

根据板状电容的物理原理,如在两金属板间维持很强的电场,使含有尘灰或雾滴的气体通过其间,气体分子发生电离,生成带有正电荷或负电荷的离子,正离子向阴极移动,负离子向阳极移动。当电位差很高时,具有很大速度(超过临界速度)和动能的离子和电子与中性分子碰撞而产生新的离子(即发生碰撞电离),使两极间大量气体分子均发生电离作用。离子与雾滴的质点相遇而附于其上,使质点带有电荷,即可被电极吸引而从气体中除去。但金属平板形成的是均匀电场,当电压增大到超过绝缘电阻时,两极之间便会产生火花放电,这不仅会导致电能损失,且能破坏净化操作。为了避免火花放电或发生电弧,应采用如图 6-22(b)、(c)所示的不均匀电场。图 6-22(a)为均匀电场;图 6-22(b)为管式电捕焦油器所采用的不均匀电场,用金属圆管和沿管中心安装的拉紧导线作为正、负电极;图 6-22(c)为环板式电捕焦油器采用的不均匀电场,是以同心圆环形金属板和设置其间的金属导线作为正、负电极。

在不均匀电场中,当两极间电位差增高时,电流强度并不发生急剧的变化。这是因在导线附近的电

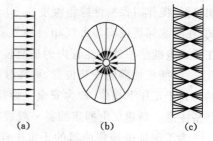

图 6-22　不同电极的电场分布情况

场强度很大,导线附近的离子能以较大的速度运动,使被碰撞的煤气分子离子化,而离导线中心较远处,电场强度小,离子的速度和动能不能使相遇的分子离子化,因而绝缘电阻只在导线附近电场强度最大处发生击穿,即形成局部电离放电现象,这种现象称为电晕现象,导线周围产生电晕现象的空间称为电晕区,导线即成为电晕极。

由于在电晕区内发生急剧的碰撞电离,形成了大量正、负离子。负离子的速度比正离子大(为正离子的 1.37 倍),所以电晕极常取为负极,圆管或环形金属板则取为正极,因而速度大的负离子即向管壁或金属板移动,正离子则移向电晕极。在电晕区内存在两种离子,而电晕区外只有负离子,因而在电捕焦油器的大部分空间内,煤焦油雾滴只能成为带有负电荷的质点而向管壁或板壁移动。由于圆管或金属板是接地的,荷电煤焦油质点到达管壁或板壁时,即放电而沉淀于板壁上,故正极也称为沉淀极。

由于存在正离子的电晕区很小,且电晕区内正负离子有中和作用,所以电晕极上沉积的煤焦油量很少,绝大部分煤焦油雾均在沉淀极沉积下来。煤气离子经在两极放电后,则重新转变成煤气分子,从电捕焦油器中逸出。

初冷器后煤气中绝大部分煤焦油是以煤焦油雾的状态存在的,所以在电捕焦油器正常操作情况下,煤气中煤焦油雾可被除去 99% 以上。

2. 电捕焦油器的构造

在大型焦化厂中均采用管式电捕焦油器,其构造如图 6-23 所示。其外壳为圆柱形,底部为凹形或锥形并带有蒸汽夹套,沉淀管管径为 250 mm(或横断面为正六边形的管状),长 3 500 mm,在每根沉淀管的中心悬挂着电晕极导线,由上部框架及下部框架拉紧;并保持偏心度不大于 3 mm。电晕极可采用强度高的 $\phi 3.5 \sim 4$ mm 的碳素钢丝或单 2 mm 的镍铬钢丝制作。煤气自底部进入,通过两块气体分布筛板均匀分布到各沉淀管中去。净化后的煤气从顶部煤气出口逸出。从沉淀管捕集下来的煤焦油聚集于器底排出,因煤焦油黏度大,故底部设有蒸汽夹套,以利于排放。

电捕焦油器顶部设有三个绝缘箱,高压电源即由此引入,其结构如图 6-24 所示。

管式电捕焦油器的工作电压为 50 000~60 000 V,工作电流依型号不同分别为<200 mA 和<300 mA。引入高压电源的绝缘子(高压电瓷瓶)常会受到渗漏入绝缘箱内的煤气中所含煤焦油、萘及水汽的沉积污染,绝缘性能降低,以致在高压下发生表面放电而被击穿,引起绝缘箱爆炸和着火,还会因受机械振动和由于绝缘箱温度的急剧变化而碎裂,因而常造成电捕焦油器停工。

为了防止煤气中煤焦油、萘及水汽等在绝缘子上冷凝沉积,一是将压力略高于煤气压力的氮气充入绝缘箱底部,使煤气不能接触绝缘子内表面,二是在绝缘箱内设有蛇管蒸汽加热器,操作时保持绝缘箱温度在 90~110 ℃ 范围,并在绝缘箱顶部设调节温度用的排气阀,在绝缘箱底设有与大气相通的气孔,这样既能防止结露,又能调节绝缘箱的温度,煤气在管式电捕焦油器沉淀管内的适宜流速为 1.5 m/s,电量消耗约为 1 kW·h/1 000 m³(煤气)。电捕焦油器的安装位置,可在鼓风机前,也可在鼓风机后。安装在鼓风机后的电捕焦油器处于正压下操作,较为安全。但由于电捕焦油器内煤气压力较大,绝缘子的维护更要严格注意。新建厂电捕焦油器一般设在鼓风机前。

为了保证电捕焦油器的正常工作,除对设备本身及其操作要求外;主要是要维护好绝缘装置,控制好绝缘箱温度,保证氮气的压力及通入量,定期擦拭清扫绝缘子。此外,还要

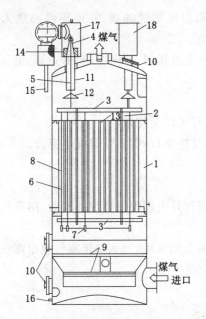

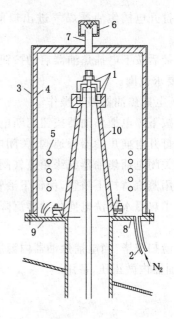

图 6-23　电捕焦油器

1——壳体；2——下吊杆；3——上、下吊架；

4——支撑绝缘子；5——上吊杆；6——电晕线；

7——重锤；8——沉淀管；9——气体分布板；

10——人孔；11——保护管；12——阻气罩；

13——管板；14——蒸汽加热器；15——高压电缆；

16——煤焦油氨水出口；17——馈电箱；18——绝缘箱

图 6-24　电捕焦油器绝缘箱结构

1——O 形密封圈；2——充氮气口；3——绝缘箱外壳；

4——绝缘箱内壁泡沫塑料保温层；5——蛇管加热器；

6——排气阀；7——排气管；8——绝缘箱底板；

9——在绝缘箱底板上设置的通气孔；10——瓷屏

经常检查煤气含氧量,目前有些厂增加了煤气含氧量自动检测装置用以控制,并将煤气中氧的体积分数控制在 1.5% 以下。

3. 电捕焦油器的操作

(1) 正常操作

① 经常观察电捕焦油器绝缘箱温度并保持在 90~110 ℃,煤气中氧含量控制在安全范围内。

② 经常检查疏水器工作是否正常,防止系统积水影响绝缘箱温度。

③ 经常观察电捕焦油器煤气进出口吸力,判断电捕焦油器阻力。

④ 经常检查和清扫下液管,保证电捕焦油器排液畅通。

⑤ 经常观察电捕焦油器的二次电流和电压,保证电捕焦油器处于正常的工作状态。

(2) 电捕焦油器开工操作

① 电捕焦油器开工前认真检查电气系统绝缘性能,使其符合技术要求,必须检查各阀门处于关闭状态。

② 电捕焦油器开工前进行气密性试验。

③ 向水封槽注满水确认电捕焦油器下液管畅通。

④ 用氮气置换电捕焦油器中空气,使含氧合格[$\varphi(O_2) < 1\%$]。

⑤ 打开绝缘箱加热系统蒸汽阀门,使绝缘箱温度达到 90 ℃以上(最好提前 2 h 开蒸汽升温)。

⑥ 打开电捕焦油器煤气进出口阀门,使煤气通过电捕焦油器,并向绝缘箱通入氮气保护。

⑦ 最后按下电捕焦油器启动按钮,逐级升压,直至升压到 50~60 kV 和电流、电压稳定在工艺要求范围。

(3) 电捕焦油器停工操作

① 按下停电捕焦油器按钮切断电源,把三点式开关转为接地。

② 打开电捕焦油器旁通阀,关闭电捕焦油器煤气进出口阀门,使煤气走旁通。

③ 关闭电捕焦油器绝缘箱氮气阀门。

④ 用蒸汽清扫下液管,保证下液管畅通。

⑤ 用热氨水冲洗电捕焦油器沉降极(蜂窝管)或打开电捕焦油器顶部放散,用蒸汽吹扫电捕。

⑥ 清扫完毕,当电捕焦油器内温度低于 60 ℃时关闭放散,通入少量氮气或净煤气保持电捕焦油器内微正压,备用。

本章测试题

一、判断题(在题后括号内作记号,"√"表示对,"×"表示错,每题 2 分,共 20 分)

1. 煤气管道应有一定的倾斜度是为防止煤气中凝液的倒流。(　　)

2. 罗茨鼓风机的操作温度一般不能高于 85 ℃是为了防止转子受热膨胀卡住。(　　)

3. 一般情况下,安装在鼓风机后的电捕焦油器应在负压下工作。(　　)

4. 可以通过改变离心式鼓风机的转速来改变流量。(　　)

5. 煤气的初冷可将 650~750 ℃的煤气降低到 25 ℃以下。(　　)

6. 煤气的初冷可以在上升管中进行。(　　)

7. 需加热到 220~250 ℃或有碱存在情况下才能分解的铵盐叫挥发铵盐。(　　)

8. 机械化煤焦油氨水澄清槽内应保持一定的煤焦油厚度,一般为 1.5~2 m。(　　)

9. 初冷器的冷却效果变差主要是由于管内、外壁沉积了污物或水垢,降低了传热效率。(　　)

10. 煤气在沿吸煤气主管道向初冷器过程中,煤气的温度是没有变化的。(　　)

二、填空题(将正确答案填入题中,每空 2 分,共 30 分)

1. 煤气冷却的流程可分为(　　)、(　　)和(　　)。

2. 焦化厂一般采用(　　)、(　　)的方法除去煤气中的水蒸气和煤焦油;利用(　　)抽吸加压输送煤气,用(　　)除去少量的煤焦油雾滴;煤气中其他成分的脱除大多采用吸收法;对于净化程度要求高的场合可以采用吸附法和冷冻法。

3. 煤气处理系统根据鼓风机的位置不同分为(　　)、(　　)、(　　)煤气处理系统。

4. 循环氨水是指从(　　)来的被循环泵送回焦炉集气管以冷却荒煤气氨水。

5. 鼓风机的总压头是指鼓风机的(　　)压力与(　　)压力之差。

6. 煤气冷却设备包括(　　)、横管式间接冷却器和(　　)。

三、单选(在题后供选答案中选出最佳答案,将其序号填入题中,每题 2 分,共 10 分)

1. 不属于离心式鼓风机的组成的一项是(　　)。

A. 导叶轮　　　　　B. 外壳　　　　　C. 安装在轴上的工作叶轮　　　D. 降尘室

2. 下列选项中不是煤气冷却的主要原因是（　　）。

A. 回收化学产品　　　　　　　　B. 高温煤气不易输送

C. 降低鼓风机和管道的负荷　　　D. 减少硫化物等对管道的腐蚀

3. 机械化焦油氨水澄清槽是利用（　　）进行分离的。

A. 密度差　　　　　B. 粒度差　　　　　C. 浓度差　　　　　　　D. 温度差

4. 下列哪项不能提高初冷器的冷却效果（　　）。

A. 清扫管外壁　　　　　　　　　B. 清扫管内壁

C. 减小管径　　　　　　　　　　D. 改进冷却水水质

5. 下列选项中不可能引起鼓风机温度压力增高的选项是（　　）。

A. 进口气体流量过小　　　　　　B. 出口开闭器故障

C. 焦炉出焦过于集中　　　　　　D. 洗涤系统阻力增加

四、问答题（共 4 题，共 30 分）

1. 集气管正常情况下为什么不用冷水喷洒？（5 分）

2. 简述煤气初冷的目的。（5 分）

3. 煤气在集气管和桥管冷却的机理是什么？（10 分）

4. 叙述电捕焦油器的工作原理。（10 分）

五、计算题（每题 10 分，共 10 分）

已知每小时装入焦炉的煤量为 180 t，装入煤的水分占 10%，煤气发生量为 350 m³/t（干煤），试求该焦炉每小时的产气量。

第七章　焦炉煤气脱硫脱氨

【本章重点】焦炉煤气的湿法脱硫;焦炉煤气的硫铵工艺;焦炉煤气的无水氨工艺。
【本章难点】焦炉煤气的硫铵工艺;焦炉煤气的 AS 脱硫脱氨工艺。
【学习目标】了解硫化氢、氰化氢、氨的危害;掌握焦炉煤气的脱硫脱氨工艺;了解并掌握焦炉煤气脱硫的发展现状及新技术。

在高温炼焦过程中,炼焦煤中的硫约有 30%～40%以气态硫化物的形式进入焦炉煤气中,炼焦煤中的氮约有 10%～12%转变为氮气,约 60%残留在焦炭中,有 15%～20%生成氨,所生成的氨再与赤热的焦炭接触反应会生成氰化氢。含有硫化氢、氰化氢和氨的焦炉煤气在处理和输送的过程中,会腐蚀设备和管道,未脱除硫化氢的焦炉煤气用于炼钢会降低钢的质量,氨在燃烧时会生成氧化氮并且影响粗苯回收时的油水分离,因此硫化氢含量不大于 $10\ mg/m^3$、氰化氢含量不大于 $0.3\ g/m^3$、氨含量不大于 $0.03\ g/m^3$。

第一节　焦炉煤气脱硫概述

现代脱硫技术分为两大类:干法脱硫和湿法脱硫。

一、干法脱硫

干法脱硫是一种古老的煤气脱硫方法。通常是以氢氧化铁为脱硫剂,当焦炉煤气通过脱硫剂时,煤气中的硫化氢与氢氧化铁接触,发生酸碱反应生成硫化铁,这是吸收反应。硫化铁与煤气中氧接触,在有水分的条件下,硫化铁转化为氢氧化铁并析出单质硫,这是再生反应。干法脱硫的过程就是吸收反应和再生反应的多次循环。

这种方法的工艺和设备简单,操作和维修比较容易。但该法为间歇操作,占地面积大,脱硫剂的更换和再生工作的劳动强度较大。

仅使用于煤气流量不大,用户对煤气硫化氢含量要求非常高,需进一步精制脱硫的工艺。现代化的大型焦化厂已不再采用,故本章不再详细介绍干法脱硫。

二、湿法脱硫

湿法脱硫分为(九小类):吸收法(三小类)和氧化法(六小类)。

(一)吸收法

吸收法是以碱性溶液作为吸收剂,吸收煤气中的硫化氢和氰化氢,然后用加热汽提的方法将酸性气体从吸收液中解吸出来,用以制造硫黄或硫酸,吸收液冷却后循环使用。

按所用吸收剂不同分为:氨水法(AS 法)、真空碳酸盐法(VASC 法)和单乙醇胺法(索尔菲班法)三小类。

（二）氧化法

氧化法是以含有催化剂的碱性溶液作为吸收剂,吸收煤气中的硫化氢和氰化氢,再在催化剂作用下析出元素硫。吸收液用空气氧化再生后循环使用。

氧化法是对吸收法的改进和完善,是脱硫工艺更流畅,脱硫效果进一步提高。

按催化剂的不同分为:砷碱法、蒽醌二磺酸法(改良 ADA 法)、醌钴铁法(HPF 法)、萘醌二磺酸法(塔—希法 TX)、苦味酸法(FRC 法)和对苯二酚法六小类。

三、湿法脱硫主要设备

（一）脱硫塔

构造:分为填料塔、空喷塔和板式塔等形式,常用的是填料塔。填料塔由圆筒形塔体和堆放在塔内对传质起关键作用的填料等组成,内有喷淋、捕雾等装置。常用的填料有木格栅、钢板网和塑料花形填料等。

脱硫原理:焦炉煤气和吸收液分别从塔底和塔顶进入塔内,气液两相逆流接触传质,脱去硫化氢和氰化氢的煤气从塔顶排出,带反应物的脱硫液从塔底排出。

（二）解吸塔

作用:在解吸塔内利用水蒸气的加热和汽提作用,对吸收了硫化氢等酸性气体的脱硫液进行解吸,从而将硫化氢等酸性气体从中分离出来。

构造:由圆筒形塔体和塔内的喷淋装置、填料及塔板组成。

解吸原理:水蒸气和脱硫液分别从下部和上部进入解吸塔,汽液两相逆流接触。硫化氢等酸性气体从塔顶排出,用来制取硫黄或硫酸。再生吸收液从塔底排出,送回脱硫塔循环使用。

（三）再生塔

作用:用来氧化和再生脱硫脱氰溶液。

构造:再生塔大多为圆柱形空塔,有的还在空塔内设几层筛板。塔底设空气分配盘,其作用是使压缩空气在塔截面上均匀分布。顶部扩大段为环形硫泡沫槽。塔体用碳钢制成,内衬玻璃钢,以防腐蚀。

再生原理:利用空气中的氧气将脱硫液中的硫化物氧化成单质硫,并借助空气的作用将单质硫颗粒吹浮在再生液上层,以便将硫泡沫分离。

第二节　吸收法脱硫—AS 法和 VASC 法

一、AS 法脱硫原理

AS 法是氨—硫化氢循环洗涤法的简称,该技术由德国开发研制,在我国已广泛应用。其脱硫过程是利用焦炉煤气中的氨,用洗氨液吸收煤气中 H_2S,富含 H_2S 和 NH_3 的液体经脱酸蒸氨后再循环洗氨脱硫。AS 循环脱硫工艺为粗脱硫,操作费用低,脱硫效率在 90％以上,脱硫后煤气中的 H_2S 在 200～500 mg/m³,可以通过控制氨水浓度和改善操作条件,或与干法脱硫串联使用来满足工业和民用对煤气净化的要求。利用 AS 法进行粗脱硫可以节省精脱硫脱硫剂的消耗。

二、AS 法脱硫工艺流程

焦炉煤气依次通过脱硫塔下段、上段,洗氨塔下段和上段,脱除 H_2S、NH_3。所用脱硫液由图 7-1 所示:游离氨蒸氨塔 4 塔底得到的蒸氨贫液,经换热器 8 与脱硫富液换热,再经冷却器 11 冷却到 22 ℃后,送洗氨塔 2 的上段进行喷淋,与脱硫塔塔顶来的煤气逆流接触吸收煤气中的氨,洗氨后得到的洗氨富液送脱硫塔顶与剩余氨水混合进入脱硫塔的上段,吸收 H_2S、NH_3,再经冷却器 6 冷却,然后与脱硫贫液混合进入脱硫塔的下段,自上而下与煤气逆流接触,煤气中的硫化氢、氰化氢、二氧化碳等酸性气体与脱硫贫液中的氨进行反应,发生的化学反应为:

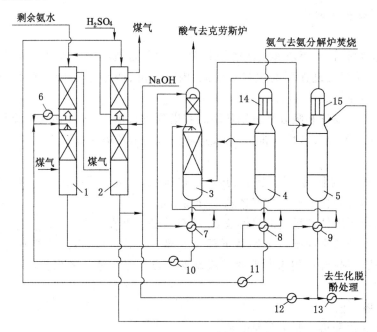

图 7-1　AS 循环脱硫原理及工艺流程

1——脱硫塔;2——洗氨塔;3——脱酸塔;4——游离氨塔;5——固定氨塔;6——富氨水冷却器;
7——贫富液换热器;8——脱硫富液与洗氨贫液换热器;9——脱硫富液与蒸氨废水换热器;
10——脱硫贫液冷却器;11——洗氨贫液冷却器;12——碱稀释水冷却器;
13——蒸氨废水冷却器;14——游离氨塔分凝器;15——固定氨塔分凝器

$$NH_3 + H_2S \longrightarrow NH_4HS$$
$$NH_3 + HCN \longrightarrow NH_4CN$$
$$NH_3 + CO_2 + H_2O \longrightarrow NH_4HCO_3$$
$$NH_4CN \longrightarrow NH_3 + HCN$$
$$NH_4HCO_3 \longrightarrow NH_3 + H_2O + CO_2$$

由于 H_2S、CO_2、HCN 的挥发度大于 NH_3 和 H_2O 的挥发度,所以在发生上述热解反应的同时,液相中大量的 H_2S、CO_2、HCN 等酸性气体组分解吸,从脱酸塔塔顶排出含有 H_2S 31%～33% 的酸气,并送往克劳斯装置生产硫黄。

在脱酸塔内依靠氨汽为热源,热解提馏脱硫富液中的酸性气体 H_2S、HCN、CO_2,使脱硫液得以再生,同时还增加了脱硫贫液中游离氨含量,这是 AS 循环法脱硫具有较高的脱硫效率的主要原因。

脱酸塔底得到的脱硫贫液分为三路:一路经换热器 10 冷却至约 22 ℃送脱硫;另外两

路以热态分别送往游离氨塔 4 和固定氨塔 5 去蒸氨。得到的氨汽分两路：一路以游离氨塔的侧线引出送往脱酸塔作为脱硫液的再生热源；一路由塔顶逸出经分凝浓缩后送往氨分解炉去焚烧，同时得到低热值煤气。

游离氨塔底得到洗氨贫液经与脱硫富液换热器 11 冷却至 22 ℃后送往洗氨塔洗氨。由固定氨塔 5 塔底得到的蒸氨废水与脱硫富液换热后分为两路：一路经碱稀释水冷却器 12 冷却至 22 ℃后作为 NaOH 稀释水，送往洗氨塔碱洗段；另一路经蒸氨废水冷却器 13 送往生化脱酚处理。另外，为确保对煤气中 H_2S、CO_2、HCN 的净化程度，洗氨贫液在进洗氨塔之前加入微量硫酸，以中和其中的游离氨，调整 pH 值在 6.5～7。在洗氨塔的下段设有 NaOH 溶液碱洗段，用以进一步脱除煤气中的硫化氢和氰化氢。

由上可见，AS 循环脱硫利用煤气中的 NH_3 在脱硫液中的循环，来脱除煤气中的硫化氢。确保脱硫效率的关键因素是脱硫贫液中必须含有足够量的游离氨，其含量一般是通过调节进脱酸塔的氨气量来实现控制的。AS 脱硫法没有在脱硫液中添加任何脱硫剂和触媒，仅利用煤气中的氨在脱硫液中的循环便将煤气中的硫化氢大部分脱除，其脱除率可达 93%以上，洗氨塔后的煤气可以净化到含 H_2S 小于 $0.2\ g/m^3$，含 NH_3 小于 $0.01\ g/m^3$。

三、AS 法脱硫工艺特点

NH_3 为碱源的吸收型脱硫方法，脱硫效率 95%左右，净化度 $H_2S<200\ mg/m^3$，无氧化反应和副反应，不产生废液，环保较好；但是整个工艺流程长，投资大，对脱酸设备腐蚀严重，因此此法适用于对脱硫净度要求不太高的大型焦化厂。

四、真空碳酸盐法(VASC)脱硫原理

真空碳酸盐法是以碳酸钠或碳酸钾作为吸收剂的脱硫脱氰方法。

吸收反应：

$$H_2S+Na_2CO_3 \longrightarrow NaHS+NaHCO_3$$
$$HCN+Na_2CO_3 \longrightarrow NaCN+NaHCO_3$$
$$CO_2+Na_2CO_3 \longrightarrow 2NaHCO_3$$

再生反应：

$$2NaCNS+5H_2O \longrightarrow Na_2CO_3+CO_2\uparrow + N_2\uparrow + 3H_2\uparrow + 2H_2S\uparrow$$

五、真空碳酸盐法(VASC)脱硫工艺流程

如图 7-2 所示，焦炉煤气从脱硫塔(吸收塔)下部进入，自下而上与碳酸钠溶液(贫液)逆流接触，煤气中的 H_2S 和 HCN 等酸性气体被吸收。吸收了酸性气体的富液与来自再生塔的热贫液换热后，进入再生塔顶部进行再生。再生塔在真空和低温下运行，富液与再生塔底上升的水蒸气逆流接触，使酸性气体从富液中解吸出来，其反应即为吸收反应的逆过程。

再生塔所需的热源来自焦炉用循环氨水系统，即再生塔底的贫液通过再沸器与循环氨水换热获得的热量。再生后的贫液经贫富液换热和冷却器冷却后进入吸收塔顶部循环使用。净煤气按用途分别送焦炉地下室、煤气加压站和民用煤气深度脱硫装置。

从再生塔顶逸出的酸性气体，经冷凝冷却并除水后，由真空泵抽送并加压后送至硫回收装置。吸收液在循环使用过程中因氧气等的存在还会生成硫氰酸钠，为保证脱硫效率，减少废液外排，杜绝二次污染，将少量贫液送入还原分解炉中再生。经分解和冷却后的再生溶液送回吸收液系统循环使用，含有酸性气体的废气送入吸收塔前的煤气中。

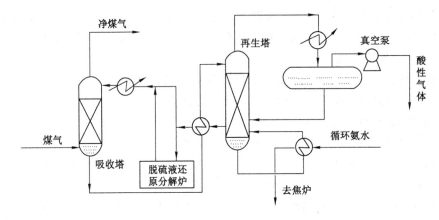

图 7-2　VASC 法脱硫工艺流程

六、真空碳酸盐法(VASC)脱硫工艺特点

脱硫脱氰效率高。对于高硫煤气的脱硫,采用合适的设计参数(气液比和停留时间等),亦可满足脱硫指标要求。脱硫碱源采用 NaOH 溶液($2NaOH+CO_2 \Longrightarrow Na_2CO_3+H_2O$),活性高、反应速度快,脱硫脱氰效率高。富液再生采用了真空解吸法,系统操作温度低,吸收液再生用热源可用荒煤气供给,节能效果好;对设备材质的要求也随之降低,大部分设备可采用碳钢制作。从再生塔顶解吸产生的为含有 H_2S 浓度较高的洁净酸性气体,后处理工艺简单,系统中氧含量较少,操作温度低,故副反应的速度慢,生成的 KCNS 等废液极少,可以兑入剩余氨水中,经蒸氨后送酚氰污水处理装置,不需单独设置废液处理装置。

第三节　氧化法脱硫—HPF 法、改良 ADA 法和栲胶法

一、HPF 法脱硫原理

HPF 法是国内自行开发的以氨为碱源、HPF 为复合催化剂的湿式液相催化氧化脱硫脱氰工艺,主要由脱硫和再生两部分组成。该法也是以煤气中的氨为碱源,脱硫液在吸收了煤气中 H_2S 后,在复合催化剂 HPF 作用下氧化再生,最终 H_2S 转化为单体硫得以除去,脱硫液循环使用,生成的硫泡沫放入熔硫釜,经间歇熔硫、冷却成型后外售。

HPF 脱硫的催化剂是由对苯二酚(H)、PDS(双环酞氰酞六磺酸铵)、硫酸亚铁(F)组成的水溶液其中还含有少量的 ADA、硫酸锰、水杨酸等助催化剂,关于 HPF 脱硫催化剂的催化作用机理目前尚在进一步研究之中,各组分在脱硫溶液的参考浓度为:H(对苯二酚):$0.1\sim0.2$ g/L;PDS:$(4\sim10)\times10^{-6}$(质量分数);F(硫酸亚铁):$0.1\sim0.2$ g/L;ADA:$0.3\sim0.4$ g/L,其他组分的最佳含量仍在探索中。

1. 吸收反应

$$NH_3+H_2O \longrightarrow NH_4OH$$
$$NH_4OH+H_2S \longrightarrow NH_4HS+H_2O$$
$$NH_4OH+HCN \longrightarrow NH_4CN+H_2O$$
$$NH_4OH+CO_2 \longrightarrow NH_4HCO_3$$

2．催化反应

$$NH_4OH+NH_4HS+(x-1)S \longrightarrow (NH_4)_2S_x+H_2O$$
$$NH_4HS+NH_4HCO_3+(x-1)S \longrightarrow (NH_4)_2S_x+CO_2\uparrow+H_2O$$
$$NH_4CN+(NH_4)_2S_x \longrightarrow NH_4CNS+(NH_4)_2S_{x-1}$$
$$(NH_4)_2S_{x-1}+S \longrightarrow (NH_4)2S_x$$

3．再生反应

$$NH_2HS+1/2O_2 \longrightarrow S\downarrow+NH_4OH$$
$$(NH_4)_2S+1/2O_2 \longrightarrow S\downarrow+NH_4OH$$
$$(NH_4)_2S_x+1/2O_2+H_2O \longrightarrow S\downarrow+2NH_4OH$$
$$NH_4CNS+1/2O_2 \longrightarrow NH_2-CO-NH_2(尿素)+S$$
$$NH_2-CO-NH_2(尿素)+(NH_4)_2CO_3 \longrightarrow 2NH_4OH+CO_2\uparrow$$

二、HPF 法脱硫工艺流程

HPF 法脱硫工艺流程如图 7-3 所示,从鼓风冷凝工段来的煤气,温度约 55 ℃,首先进入直接式预冷塔与塔顶喷洒的循环冷却水逆向接触,被冷至 30~35 ℃;然后进入脱硫塔。

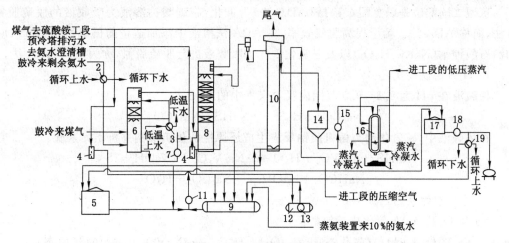

图 7-3　HPF 法脱硫工艺流程

1——硫黄接受槽;2——氨水冷却器;3——预冷塔循环水冷却器;4——水封槽;5——事故槽;
6——预冷塔;7——预冷塔循环泵;8——脱硫塔;9——反应槽;10——再生塔;11——脱硫液循环泵;
12——放空槽;13——放空槽液下泵;14——泡沫槽;15——泡沫泵;16——熔硫釜;17——废液槽;
18——清液泵;19——清液冷却器

预冷塔自成循环系统,循环冷却水从塔下部用泵抽出送至循环水冷却器,用低温水冷却至 20~25 ℃后进入塔顶循环喷洒。采取部分剩余氨水更新循环冷却水,多余的循环水返回冷凝鼓风工段,或送往酚氰污水处理站。

吸收了 H_2S、HCN 的脱硫液从塔底流出,经液封槽进入反应槽,然后用脱硫液循环泵送入再生塔,同时自再生塔底部通入压缩空气,使溶液在塔内得以氧化再生。再生后的溶液从塔顶经液位调节器自流回脱硫塔循环再生。

浮于再生塔顶部扩大部分的硫黄泡沫,利用位差自流入泡沫槽,经澄清分层后,清液返回反应槽,硫泡沫用泡沫泵送入熔硫釜,经数次加热、脱水,再进一步加热熔融,最后排出熔融硫黄,经冷却后装袋外销。系统中不凝性气体经尾气洗净塔洗涤后放空。

为避免脱硫液盐类积累影响脱硫效果,排出少量废液送往配煤。

自冷鼓送来的剩余氨水,经氨水过滤器除去夹带的焦油等杂质,进入换热器与蒸氨塔底排出的蒸氨废水换热后进入蒸氨塔,用直接蒸汽将氨蒸出。同时向蒸氨塔上部加一些稀碱液以分解剩余氨水中的固定铵盐。蒸氨塔顶部的氨气经分缩器和冷凝冷却器冷凝成含氨大于 10% 的氨水送入反应槽,增加脱硫液中的碱源。

三、HPF 法脱硫工艺特点

HPF 催化剂活性高、流动性好,不仅对脱硫脱氰过程起催化作用,而且对再生过程也有催化作用,脱硫脱氰效率高。该方法在脱硫脱氰过程中,循环脱硫液中盐类积累速度缓慢,废液量较其他湿式氧化法少,直接回兑炼焦配煤中,处理简单和经济。

HPF 法具有设备简单、操作方便稳定、脱硫效率高、流程短、一次性投资少等特点,已在许多焦化企业得到推广应用,但是经该工艺的得到的硫黄质量较差,收得率也比较低,熔硫操作环境有待改善。

四、改良 ADA 法脱硫原理

蒽醌二磺酸法是以蒽醌二磺酸(ADA 法)为催化剂、碳酸钠溶液为吸收液的脱硫脱氰方法,简称 ADA 法。为了提高脱硫效率,在 ADA 法溶液中添加适量的偏钒酸钠($NaVO_3$)和酒石酸钾钠($NaKC_4H_4O_6$)以及三氯化铁作为吸收液进行脱硫脱氰,称为改良 ADA 法。

1. H_2S 的吸收反应

稀碱液在 pH 为 8.5~9.5 范围内吸收煤气中的 H_2S:

$$Na_2CO_3 + H_2S \longrightarrow NaHS + NaHCO_3$$

在稀碱液中,硫氢化钠与偏钒酸钠反应生成还原性的焦钒酸钠并析出元素硫:

$$2NaHS + 4NaVO_3 + H_2O \longrightarrow Na_2V_4O_9 + 4NaOH + 2S \downarrow$$

$$NaHCO_3 + NaOH \longrightarrow Na_2CO_3 + H_2O$$

2. 催化剂的氧化还原反应

$Na_2V_4O_9$ 被 ADA 氧化成偏钒酸钠:

$$Na_2V_4O_9 + 2ADA(氧化态) + 2NaOH + H_2O \longrightarrow 4NaVO_3 + 2ADA(还原态)$$

ADA(还原态)在再生塔(槽)内被通入的空气氧化,再生恢复为原来的氧化态的 ADA:

$$2ADA(还原态) + O_2 \longrightarrow 2ADA(氧化态)$$

五、改良 ADA 法脱硫工艺流程

如图 7-4 所示,焦炉煤气从脱硫塔底部进入脱硫塔 1 内,与塔顶喷淋的碱性脱硫液逆流充分接触,同时发生脱硫反应,脱除了硫化氢后的煤气从塔顶出来经液沫分离器 2 分离液沫后送入下一工序。

吸收了硫化氢的富硫溶液由塔底经液封槽 3 排出,此时液相中硫氢根离子与偏钒酸钠仍在进行着反应,送入循环槽(或称反应槽)4 内,在此提供足够的反应时间使其反应完全。槽内溶液由循环泵 5 送至加热器 6 加热至约 40℃(夏季则为冷却器)后,进入再生塔 7 底部去再生。同时向再生塔底部鼓入空气与富硫溶液并流而上,在再生塔内溶液与空气并流充分接触得以氧化再生。再生后的溶液经液位调节器 8 自流返回脱硫塔。

脱硫塔内析出的少量硫泡沫在循环槽内积累,为使硫泡沫能随溶液同时进循环泵,在槽顶部和底部均设有溶液喷头,喷射自泵的出口引出的高压溶液,以打碎泡沫同时搅拌溶

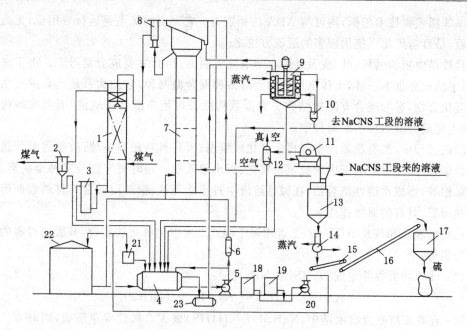

图 7-4 改良 ADA 法脱硫工艺流程

1——硫塔;2——液沫分离器;3——液封槽;4——循环槽;5——循环泵;6——加热器;

7——再生塔;8——液位调节器;9——硫泡沫槽;10——放液器;11——真空过滤器;

12——除沫器;13——熔硫釜;14——分配器;15、16——皮带机;17——贮槽;

18——碱液槽;19——偏钒酸钠溶液槽;20——碱液泵;21——碱液高位槽;22——事故槽;23——泡沫收集槽

液。在循环槽中积累的硫泡沫也可以放入收集槽,由此用压缩空气压入硫泡沫槽 9。大量的硫泡沫是在再生塔中生成的,析出的硫黄附着在空气泡上,借空气浮力升至塔顶扩大部分,利用位差自流入硫泡沫槽内。硫泡沫槽内温度控制在 65～70℃,在机械搅拌下逐渐澄清分层,清液经放液器 10 返回循环槽,硫泡沫放至真空过滤机 11 进行过滤,成为硫膏。滤液经真空除沫器 12 后也返回循环槽。硫膏经漏嘴放入熔硫釜 13,由夹套内蒸汽间接加热至 130℃ 以上,使硫熔融并与硫渣分离。熔融硫放入用蒸汽夹套保温的分配器 14,以细流放至胶带输送机上 15,用冷水喷洒冷却。于另一胶带输送机 16 上经脱水干燥后得硫黄产品。

六、改良 ADA 法脱硫工艺特点

脱硫和脱氰效率均很高,脱硫效率可达 99% 以上。但是此工艺存在脱硫废液难处理;国内工业化装置采用的是提盐工艺,但流程长、操作复杂、能耗高、操作环境恶劣、劳动强度大,所得盐类产品如硫氰酸钠、硫代硫酸钠品位不高,经济效益差,运行成本高,为保证脱硫需外加碱(Na_2CO_3),碱耗大等缺点。

近年,因天然气、液化气等清洁燃料作为民用燃气迅猛发展,以煤制气作为城市民用煤气气源厂已逐年减少,再加上新的脱硫技术的开发和推广使用,改良 ADA 脱硫工艺近些年普遍改换成 PDS(双核酞菁钴磺酸盐)法,使用的 PDS 湿式氧化法原理与改良 ADA 法原理基本相似,是用 PDS 代替 ADA、$NaVO_3$ 为催化剂,在此不再赘述 PDS 工艺。

七、栲胶法脱硫原理

TV 法又称栲胶法,是广西化工研究所为首于 20 世纪 70 年代在改良 ADA 法的基础上进行改进、研究成功的,80 年代应用于焦炉气的脱硫。该法的气体净化度、溶液硫容量、硫

回收率等项主要技术指标,均可与 ADA 法相媲美。它突出的优点是运行费用低,无硫黄堵塔问题,是目前焦化厂使用较多的脱硫方法之一。

栲胶是由植物的秆、叶、皮及果的水萃取液熬制而成,其主要成分是丹宁。由于来源不同,丹宁的成分也不一样,大体上可分为水解型和缩合型两种,它们大都是具有酚式结构的多羟基化合物,有的还含有醌式结构。大多数栲胶都可用来配制脱硫液,而以橡碗栲胶最好,其主要成分是多种水解型丹宁。

脱硫过程中,酚类物质经空气再生氧化成醌态,因其具有较高电位;故能将低价钒氧化成高价钒,进而使吸收溶液中的硫氢根氧化、析出单质硫。同时丹宁能与多种金属离子(如钒、铬、铝等)形成水溶性络合物;在碱性溶液中丹宁能与铁、铜反应并在其材料表面形成丹宁酸盐薄膜,具有防腐蚀作用。

栲胶法脱硫和改良 ADA 法,二者均属于湿式二元催化氧化法脱硫,其脱硫过程的机理亦颇为相似:

(1) H_2S 的吸收并生成 $NaHS$(或 NH_4HS):

$$Na_2CO_3 + H_2S \longrightarrow NaHS + NaHCO_3$$

(2) 在脱硫塔底及富液槽中,$NaHS$(或 NH_4HS)被 V^{5+} 氧化成单质硫,同时 V^{5+} 被还原成 V^{4+};而部分 V^{4+} 又被醌态(氧化态)的栲胶及其降解物(以后者为主,但习惯简称栲胶,下同)氧化成 V^{5+},该部分栲胶则变成酚态(还原态):

$$2V^{5+} + HS^- \longrightarrow 2V^{4+} + H^+ + S\downarrow$$

$$TQ(醌态) + V^{4+} + 2H_2O \longrightarrow THQ(酚态) + V^{5+} + OH^-$$

同时,醌态栲胶氧化 HS^- 亦析出硫黄,醌态栲胶被还原成酚态栲胶:

$$TQ(醌态) + HS^- \longrightarrow THQ(酚态) + S\downarrow$$

(3) 在再生槽(塔)中,酚态栲胶被空气氧化成醌态,同时生成 H_2O_2,并把 V^{4+} 氧化成 V^{5+};与此同时,由于空气的鼓泡作用,把硫微粒凝聚成硫泡沫,并在液面上富集、分离:

$$2THQ(酚态) + O_2 \longrightarrow 2TQ(醌态) + H_2O_2$$

$$TQ(醌态) + V^{4+} + 2H_2O \longrightarrow THQ(酚态) + V^{5+} + OH^-$$

(4) H_2O_2 氧化 V^{4+} 和 HS^-:

$$H_2O_2 + V^{4+} \longrightarrow V^{5+} + 2OH^-$$

$$H_2O_2 + HS^- \longrightarrow H_2O + S\downarrow + OH^-$$

八、栲胶法脱硫工艺流程

栲胶法可采用与 ADA 法完全相同的工艺流程,其工艺操作指标如下:

1. 溶液组分

一般溶液组分是根据入塔气量、气体中 H_2S 含量、要求的气体净化度、溶液循环量等测定。通常用纯碱配置脱硫溶液时,总碱度为 $0.4\sim0.6$ mol/L(以 Na_2CO_3 计);钒含量一般控制在 HS^- 含量的 $2\sim2.5$ 倍;而栲胶含量则根据总钒含量确定,一般控制在:栲胶/钒=$1.1\sim4.3$。栲胶浓度不能过高,一般不宜超过 4 g/L,否则溶液胶性过大,影响硫的浮选和分离。

制备栲胶溶液时,一定要严格按照指标执行,即栲胶:纯碱:水=1:5:30。必须采用软水,控制温度在 $65\sim70$ ℃,通入空气搅拌,待溶液清亮无发泡时方可根据需要补入系统使用。否则溶液活性差,易起泡。长期如此,甚至造成堵塔。

2. 温度

用纯碱吸收 H_2S 时,一定要严格控制溶液温度。正常情况下温度控制在 45 ℃左右。当温度大于 30 ℃时,溶液吸收 H_2S 的速度很快,也相应加快了硫黄的析出,当温度大于 60 ℃时,生成 $Na_2S_2O_3$ 的副反应也加剧,成倍增长,造成碱耗上升。

3. 溶液的 pH 值

因 H_2S 系酸性气体,因此脱硫溶液必须保持一定的 pH 值,一般控制在 8.5~9.2 之间。pH 值太低,不利于 H_2S 的吸收及栲胶溶液的氧化再生;pH 值太高,会加快副反应,副盐生成率高,同时影响析硫速度,硫回收差,且增加碱耗。pH 高低可通过调整总碱度和碳酸钠含量来调节。

4. 再生空气量

正常情况下,液气比为 1:2~1:4,气量太高,$Na_2S_2O_3$ 将被氧化成 Na_2SO_4;气量太低,再生不完全,单质硫析出太少,载氧催化剂不能完全再生,影响脱硫效率及化工原材料消耗。

九、栲胶法脱硫工艺特点

该方法可使 H_2S 降低至 $20\ mg/m^3$ 以下,脱硫效率达 99%以上。该技术具有硫容高、副反应少、传质速率快、脱硫效率高且稳定、原料消耗低、腐蚀轻、硫回收率高、操作弹性大、资源丰富等优点,栲胶需要熟化预处理,因此栲胶质量及其配制方法得当与否是决定栲胶法使用效果的主要因素。P 型和 V 型栲胶不需预处理可以直接加入系统。但是,栲胶需要熟化预处理,栲胶质量及其配制方法得当与否是决定栲胶法使用效果的主要因素。

第四节　其他脱硫方法

一、FRC 法

FRC 法由日本开发研制,利用焦炉煤气中的氨,在催化剂苦味酸的作用下脱除 H_2S,利用多硫化铵脱除 HCN。其装置是由吸收塔和再生塔组成,前者用以吸收粗煤气中的硫化氢,后者用以硫化氢氧化和催化剂再生。将煤气用弗玛克斯液洗涤,所含硫化氢被洗涤液吸收后,脱硫即可完成,其吸收反应为:$NH_3 + H_2S \longrightarrow NH_4HS$。将吸收污液送入再生塔,使之与空气接触,氧化硫化氢的同时再生催化剂,然后送回吸收塔顶循环,循环液中悬浮再生的固体硫黄,用离心机分离回收。该工艺脱硫效率高达 99%以上、脱氰效率为 93%,煤气经吸收塔后,H_2S 可降到 $20\ mg/m^3$,HCN 可降到 $100\ mg/m^3$。催化剂苦味酸耗量少且便宜易得,操作费用低,再生率高,新空气用量少,废气含氧量低,无二次污染。但因苦味酸是爆炸危险品,由于其运输存储困难,且工艺流程长、占地多、投资大等因素,其使用受到一定限制。

二、DDS 法

DDS 技术是一种全新的脱硫技术。此技术脱硫效率高(可达 90%)、综合经济效益好,已被 70 余家企业用于半水煤气、变换气的脱硫。其脱硫原理与传统脱硫有所不同,从其使用过程中活性的激发及对有机硫的高脱除率来分析,具有生物和化学吸收、吸附的二重性。将其用于有机硫含量高的焦炉气脱硫,有利于焦炉气的深加工或用于城市燃气,具有明显的经济效益和社会效益。

DDS 溶液由 DDS 催化剂(铁—碱溶液附带有好氧菌)、DDS 催化剂辅料(多酚类物质,一般采用对苯二酚表示)、B 型 DDS 催化剂辅料、活性碳酸亚铁、碳酸钠(或碳酸钾)和水组成。在碱性条件下,受 DDS 催化剂分子的启发和诱导,DDS 催化剂辅料、B 型 DDS 催化剂辅料和碳酸亚铁在好氧菌的作用下,即可生成活性 DDS 催化剂分子,为 DDS 催化剂的生存和保持高活性提供环境保障。

三、MEA 法

MEA 法是采用单乙醇胺[$NH_2(CH_2)_3OH$]作为吸收剂的脱硫方法。该法是由美国的伯利恒钢铁公司等共同研制而成的,主要使用浓度为 15% 左右的单乙醇胺(MEA)水溶液作为吸收剂吸收煤气中的硫化氢(H_2S)、氰化氢(HCN),同时也吸收 CO_2、NH_3、COS 和 CS_2,脱硫效率达 98%。

焦炉煤气进入脱硫脱氰塔后,与 13%~15% 的 MEA 水溶液接触,吸收煤气中的 H_2S、HCN 和 CO_2,吸收酸性气体后为富液,经解吸生成酸性气体,用于制备浓度为 98% 的硫酸。解吸后脱去酸性气体的吸收液为贫液,从解吸塔底流入再沸器,在此用蒸汽间接加热,产生的蒸汽作为解吸塔的解吸气源,溶液进入 MEA 调整槽,经换热器、贫液冷却器后,再经过过滤器进入脱硫脱氰塔,这样不断循环达到脱硫脱氰的目的。该法存在以下问题:① 解吸塔冷凝液或去氨水大槽,或去生化处理;② 再生塔排渣带出部分溶液,酸性气体分离器底部也需要定期排液;③ 硫酸装置中冷却塔的冷凝液、气体降温器的冷凝液以及除害塔的硫铵母液等均需经硫铵装置处理等。目前,国内宝钢有用该技术,其他焦化和钢铁工业未见相关报道。

四、PDS 法

PDS 法由我国自主开发,是以双核酞菁钴磺酸盐为脱硫催化剂的脱硫方法。PDS 催化活性好、用量小、无毒。其工艺特点是脱硫脱氰能力优于 ADA 溶液;抗中毒能力强,对设备的腐蚀性小;易再生,易分离单质硫,回收率高,有机硫脱除率在 50% 以上;可单独使用,不加钒,不外排废液,不堵塔;脱硫成本只有 ADA 法的 30% 左右,运行经济,是非常具有竞争力的方法。当 PDS 质量浓度大于 $3.0×10^{-6}$ 时,脱硫效率可达 98% 以上。PDS 脱硫催化剂具有较高的硫容,适用于高硫焦炉煤气的初脱硫。但不适用于精脱硫。该法碱耗低,副产物硫氰酸钠和硫代硫酸钠提取方便、质量优。经过不断改进和完善,PDS 可以和 ADA、栲胶联合使用,效果很好。通过脱硫液的 pH 值和总碱度、进塔煤气温度和循环脱硫液温度、循环脱硫液与煤气液气比的控制,选择 PDS 溶液和碱液加入方式及时收集硫泡沫,可以优化 PDS 法煤气脱硫装置的运行。

第五节　焦炉煤气脱氨

炼焦煤料在焦炉中干馏时,煤中所含的一部分氮转化为含氮化合物进入粗煤气中,其中最主要的是氨。粗煤气含氨量为 69 g/m³。氨既是化工原料,又是腐蚀性介质,因此必须从粗煤气中回收氨。焦炉煤气回收氨主要有水洗氨法、硫酸吸氨法和磷酸吸氨法三种。

一、水洗氨法

水洗氨法以软水为吸收液回收煤气中的氨,同时使焦炉煤气得到净化。回收的氨制成氨肥或进行分解。这类方法有:制浓氨水法、间接法、联碱法和氨分解法。水洗氨法回收氨的优点是:产品可按市场需要调整,适应性大;缺点是:流程长,设备多,占地面积大。水洗氨法的主要设备有洗氨塔和蒸氨塔。

1. 制浓氨水法

制浓氨水法以软水为吸收液回收焦炉煤气中的氨,氨水经蒸馏得到浓氨水。

制浓氨水法的工艺流程如图 7-5 所示。脱萘后的煤气依次经过 3 个串联的洗氨塔,每个塔分为两段。3 号塔的上段为净化段,在净化段内煤气用新鲜软水净化,使其含氨量降到 0.1 g/m³ 以下,再去洗苯塔。净化段排出的水送生物脱酚装置处理。从 3 号塔下段送入蒸氨废水,洗氨水与煤气逆流接触。为了提高洗氨塔各段的喷淋密度,每段均设有单独的循环泵。从 1 号塔下段排出的富氨水与剩余氨水一并送入原料氨水池,再由氨水池用泵送出与蒸氨废水换热,经预热器加热至 85～90 ℃,送往分解器中部。分解器底部设有加热器,原料氨水中的挥发氨盐在此被分解,分解出的 CO_2、H_2S 等气体从器顶逸出。为了减少氨的损失,用冷回流泵将 10% 的原料氨水直接送入分解器顶部,以降低器顶温度,使顶部外排气体主要为二氧化碳和硫化氢,经分解器自流入蒸氨塔顶部的原料氨水被从塔底直接送入的蒸汽蒸出氨。蒸出的氨进入分凝器。将分凝器出口温度控制在 88～92 ℃,即可得到含氨 18%～20% 的氨气。氨气经冷凝器冷凝,得到浓氨水。蒸氨塔底排出的废水,经换热器降温后送往洗氨塔洗氨,多余的废水送生物脱酚装置处理。

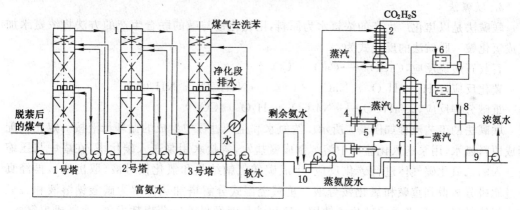

图 7-5　制浓氨水法工艺流程

1——洗氨塔;2——分解器;3——蒸氨塔;4——预热器;5——换热器;
6——分凝器;7——冷凝器;8——计量槽;9——浓氨水槽;10——原料氨水池

2. 间接法

间接法以软水为吸收液回收焦炉煤气中的氨,氨再经蒸氨制取硫酸铵。

欧洲焦化厂广泛采用 AS 循环洗涤法和间接法制硫酸铵的联合流程,如图 7-6 所示。从电捕焦油器来的焦炉煤气由下部进入脱硫塔,洗氨塔产生的富氨水从上部送入脱硫塔,二者逆流接触,除去煤气中的硫化氢和氰化氢,煤气从塔顶排出,进入洗氨塔,脱除其中的氨;塔底排出的富液送入解吸塔,在解吸塔内解吸出富油中所含的氨和硫化氢、氰化氢等酸性气体,再进入饱和器。在此,氨被硫酸吸收生成硫酸铵,而酸性气体排出后,经气液分离器送往硫酸装置制硫酸,或送往克劳斯炉制取元素硫。解吸塔底部排出的贫液,一部分送往脱硫塔下部循环洗涤煤气,另一部分送蒸氨塔上部,被塔下部送入的蒸汽蒸出氨,生成氨气。氨气从塔顶排出,分别送入解吸塔和脱硫塔中部。蒸氨塔下部排出的废水送往生物脱酚装置处理。

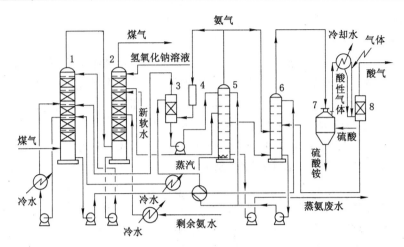

图 7-6　AS循环洗涤法和间接法制硫酸铵联合流程
1——脱硫塔;2——洗氨塔;3——直冷分凝器;4——分凝器;
5——蒸氨塔;6——解吸塔;7——饱和器;8——气液分离器

3. 联碱法

联碱法是以焦化厂生产的浓氨水为原料,用氯化铵与碱的联合生产的方法将浓氨水加工成氯化铵。联碱法的反应式为:

石灰石煅烧反应,$CaCO_3 \longrightarrow CaO + CO_2 \uparrow$

碳化反应,$NH_3 + H_2O + NaCl + CO_2 \longrightarrow NaHCO_3 + NH_4Cl$

重碱分解反应,$2NaHCO_3 \longrightarrow Na_2CO_3 + H_2O + CO_2 \uparrow$

联碱法的工艺流程如图 7-7 所示。浓氨水和生产过程中生成的循环母液按一定比例配制成原料氨水,用泵送入化盐塔中溶解制成氨盐水,氨盐水用泵送入碳化塔,在塔中与压缩机送入的二氧化碳气体进行碳化反应,生成碳酸氢钠结晶和氯化铵母液(取出液),再经真空过滤机分离得到重碱和氯化铵母液。重碱经湿式分解塔加热分解为碳酸钠溶液和二氧化碳气体(锅气),后者送回碳化塔使用。氯化铵母液经母液塔蒸出挥发氨,冷凝成为氨水。氨水流入循环母液槽,热母液则经真空蒸发器浓缩和在真空结晶器内低温结晶,生成氯化铵结晶浆液。再用离心机过滤结晶浆液,得到氯化铵(纯度 97%)产品。碳化反应消耗的二氧化碳气体由石灰窑提供。在石灰窑内用石灰石和焦炭做原料,生产二氧化碳气体(窑气)和石灰。

4. 氨分解法

氨分解法是以软水为吸收液回收焦炉煤气中的氨,并在高温和催化剂等作用下将氨分解为氮和氢。氨分解法的工艺流程如图 7-8 所示。焦炉煤气在终冷塔降温后,进入两台串联的洗氨塔,煤气中的氨被喷洒的软水回收。从 1 号洗氨塔排出的富氨水经换热送入蒸氨塔,被塔下部送入的蒸汽蒸出氨,氨气从塔顶排出。蒸氨废水经换热和冷却后送入洗氨塔循环使用。蒸氨塔顶排出的氨气进入氨分解炉,在高温和催化剂作用下,氨气中的氨和氰化氢分解为氮、氢、一氧化碳和水气。炉内的主要反应为:

$$2NH_3 \longrightarrow 3H_2 + N_2$$

$$HCN + H_2O \longrightarrow \frac{3}{2}H_2 + CO + \frac{1}{2}N_2$$

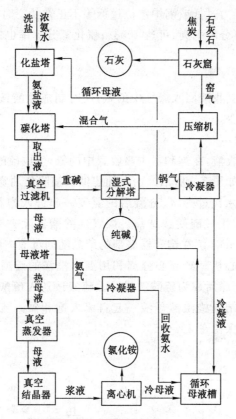

图 7-7 联碱法工艺流程

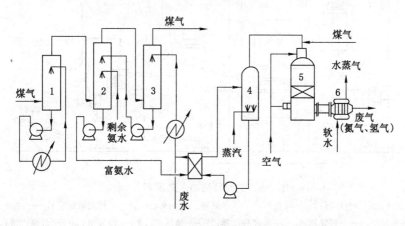

图 7-8 氨分解法的工艺流程

1——终冷塔;2——1 号洗氨塔;3——2 号洗氨塔;

4——蒸氨塔;5——氨分解炉;6——余热锅炉

这些反应均为放热反应。炉内产生的高温废气首先在余热锅炉内冷却至 280 ℃,再由锅炉软水冷却至 200 ℃,然后送至焦炉煤气初冷器前的吸煤气管道。余热锅炉回收的废气热量能生产 1.05 MPa 的中压蒸汽。分解炉用焦炉煤气加热,以维持炉温 110～150 ℃。当分解炉短时间停产时,氨气可自动返回粗煤气管道。分解炉装有火焰监测器和安全联锁装置。一旦出现煤气、空气压力过低或锅炉水位过低等不正常状态时,分解炉便自动熄火。

氨分解法的特点是:氨分解率高,可达100%;氰化氢分解率也达100%。废气送入吸煤气管道,不污染大气。

二、硫酸洗氨法

硫酸洗氨法以硫酸为吸收液回收煤气中的氨,同时制成硫酸铵。硫酸洗氨法回收氨有饱和器法和酸洗塔法两种。

1. 饱和器法

饱和器法以硫酸为吸收液,在饱和器中吸收煤中的氨,生成硫酸铵结晶。

饱和器法的工艺流程如图7-9所示。由电捕焦油器捕除焦油雾后的煤气在预热器中预热到55~70℃,与剩余氨水经过蒸氨、分凝后的氨气一起进入饱和器,在饱和器中煤气中的氨被硫酸母液中和吸收,生成硫酸铵结晶。煤气经除酸器除去夹带的酸雾后排出,此时煤气的含氨量小于0.1 g/m³。沉在饱和器底部的结晶随同母液一起被结晶泵送入结晶槽,再由结晶槽底部自流入离心机。经离心分离和用温水洗涤的硫酸铵结晶用螺旋输送机送入沸腾干燥器,用热空气干燥后成为硫酸铵成品。硫酸铵送入硫酸铵贮斗,经包装、称量送入成品库。离心机滤液同结晶槽溢流母液一起自流入饱和器。硫酸从硫酸高置槽中自流入饱和器。器中母液酸度保持在4%~6%。

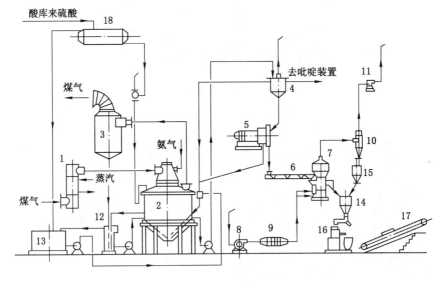

图 7-9　饱和器法的工艺流程

1——煤气预热器;2——饱和器;3——除酸器;4——结晶槽;5——离心机;6——螺旋输送机;7——沸腾干燥器;
8——送风机;9——热风器;10——旋风分离器;11——排风机;12——溢流槽;13——母液贮槽;
14——硫酸铵贮斗;15——细粒硫酸铵贮斗;16——硫酸铵包装机;17——胶带机;18——硫酸高置槽

饱和器法的主要设备是饱和器,如图7-10所示。其壳体用碳钢制作,内设耐酸衬里。

衬里材料有辉绿岩板和耐酸砖等,并设隔离层保护壳体。顶盖内表面和煤气导管内、外表面通常均衬有玻璃钢。泡沸伞则用硬铅制成。饱和器也有用高铬镍合金钢制作的,但费用昂贵。

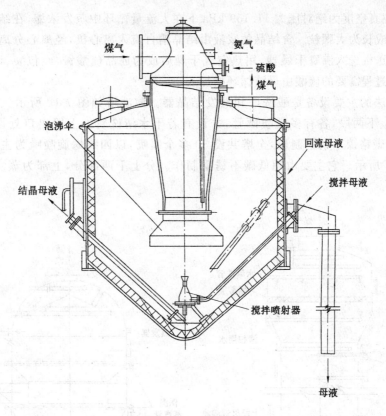

图 7-10　饱和器

2. 酸 洗 塔 法

酸洗塔法是以硫酸为吸收液,在喷淋式酸洗塔中吸收焦炉煤气中的氨,再将母液移入蒸发结晶器中浓缩结晶,生产大颗粒结晶硫酸铵。

酸洗塔法的工艺流程如图 7-11 所示。煤气在喷淋式酸洗塔内硫酸铵与喷淋的硫酸母液逆流接触,煤气中的氨被硫酸母液中和吸收,煤气经除酸器除去夹带的酸雾后排出。循环母液的酸度为 1%～4%,呈不饱和状;硫酸铵含量达 40%,无结晶析出。母液用泵送入蒸

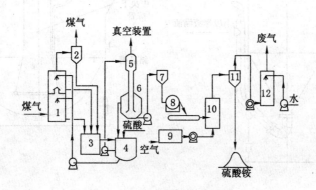

图 7-11　酸洗塔法的工艺流程

1——酸洗塔;2——除酸器;3——除焦油器;4——硫酸母液循环槽;5——蒸发器;6——结晶槽;
7——浆液槽;8——离心机;9——热风器;10——沸腾干燥器;11——旋风分离器;12——洗净塔

发结晶器,在真空度为绝对压力 11.159 kPa 下在大流量循环中蒸发浓缩,在结晶槽中生成结晶并迅速成长为大颗粒。含结晶的浆液由结晶槽自流入离心机,经离心分离和温水洗涤后用带式输送机送入沸腾干燥器,用热空气干燥后成为成品硫酸铵,经包装、计量,送入成品库。吸收过程需要的硫酸由母液循环槽加入。

酸洗塔法的主要设备是酸洗塔和蒸发结晶器。酸洗塔如图 7-12 所示。它是两段式空喷塔,分上下两段,各有多层喷洒管,并设有若干水清洗管。上段出口处设有捕雾层。塔体用超低碳铬镍不锈钢制成,全塔共设 30 多个喷嘴,以四线螺旋喷嘴为主。蒸发结晶器如图 7-13 所示。它主要由超低碳不锈钢制作。分上下两部分,上部为蒸发器,下部为结晶槽。

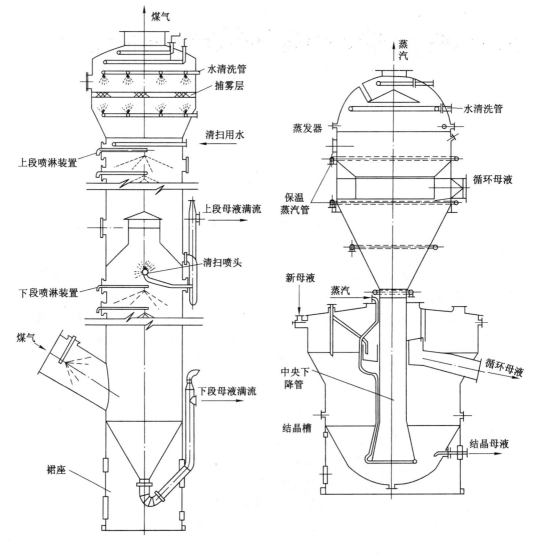

图 7-12　酸洗塔　　　　　　图 7-13　蒸发结晶器

三、磷酸吸氨法

磷酸吸氨法以磷酸溶液为吸收液,回收焦炉煤气中氨,使煤气净化同时回收的氨制成磷肥或无水氨。这类方法分为制磷酸氢二铵法和回收氨制无水氨的弗萨姆法。制磷酸氢二铵法需要大量优质磷酸,只有美国的一些焦化厂采用此法。弗萨姆法仅需要少量的优质磷酸补充循环过程中的消耗,各国都已采用。

1. 制磷酸氢二铵法

制磷酸氢二铵法是以磷酸为吸收液吸收焦炉煤气中的氨,直接得到磷酸氢二铵。制磷酸氢二铵法的工艺流程如图7-14所示。来自电捕焦油器的焦炉煤气,从下部进入1号酸洗塔,与从上部喷洒的磷酸铵母液逆流接触,母液吸收煤气中的氨,生成磷酸氢二铵。含磷酸氢二铵的母液,用晶液泵送入晶液槽,再经离心机过滤,得到磷酸氢二铵产品。为防止结晶沉降,在结晶循环槽和晶液槽中都设有搅拌器。1号酸洗塔内喷洒的磷铵母液的酸度应保持在pH值为6.3~6.5,以使母液结晶长大,成过饱和状态而析出。2号酸洗塔用于吸收1号塔后煤气中的残留氨。因此,喷洒的磷铵母液的酸度应保持在pH值为5.4~5.6,使母液结晶含量不致因过饱和而析出结晶。吸收了残余氨的母液经除酸器排出。磷酸由磷酸高置槽不断补充到磷铵母液中去。焦炉煤气经过两塔的喷洒洗涤,氨的总回收率可达99%。

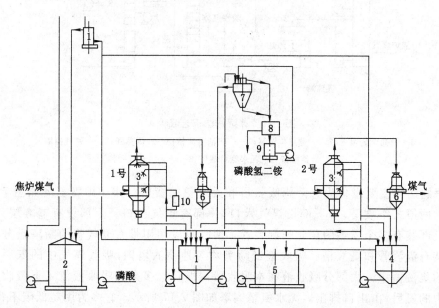

图7-14 制磷酸氢二铵法的工艺流程

1——磷酸高置槽;2——磷酸槽;3——酸洗塔;4——结晶循环槽;
5——母液槽;6——除酸器;7——晶液槽;8——离心机;9——滤液槽;10——母液预热器

2. 弗萨姆法

弗萨姆法以磷酸为吸收液吸收焦炉煤气中的氨,经解吸、精馏制取无水氨。弗萨姆法的工艺流程如图7-15所示。焦炉煤气从弗萨姆吸氨塔下段进入,自上段排出,与从塔上段喷淋的磷酸溶液逆流接触,煤气中的氨被磷酸吸收。回收氨的效率大于99%。从塔上部喷淋的磷酸,浓度为30%,氨与磷酸的物质的量比为1.25。磷酸溶液吸氨后形成的富液,从塔下段排出。富液中的氨与磷酸的物质的量比为1.75,pH值为7~8。富液经除焦油器、换热器入闪蒸器,在闪蒸器内蒸出极少量的二氧化碳、硫化氢和氰化氢等酸性气体。酸性气体引入弗萨姆吸氨塔前的煤气管。闪蒸出酸性气体的富液用泵送入冷凝器,换热升温到175 ℃,进入氨气提塔。氨气提塔下部供入压力为1.57 MPa蒸汽,在高温下解吸富液中的氨,氨气从塔顶排出,经冷凝、冷却成为浓氨水。氨气提塔下部排出的贫液经换热、冷却进入弗萨姆吸氨塔循环使用。含氨18%~20%的浓氨水用泵送入无水氨精馏塔中部,被从下部供入的压力为1.57 MPa的蒸汽精馏成为99.8%氨气,从塔顶排出,冷凝后成为99.8%的无水氨产品,这些产品一部分用回流泵送入无水氨精馏塔作回流;一部分送入无水氨接受槽。塔底排出的200 ℃含氨的废水可送入蒸氨设备,回收残余氨。为防止酸性气体进入无水氨精馏塔,在浓氨水槽内加入氢氧化钠进行中和。

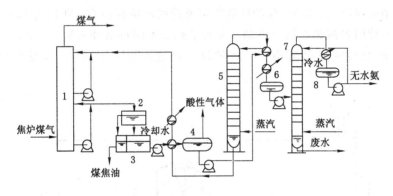

图 7-15　弗萨姆法工艺流程

1——弗萨姆吸氨塔;2——除焦油器;3——焦油分离槽;4——闪蒸器;5——氨气提塔;

6——给料槽;7——无水氨精馏塔;8——无水氨接受槽

　　弗萨姆法的主要设备为弗萨姆吸氨塔和无水氨精馏塔。弗萨姆吸氨塔如图7-16所示。它为两段式空喷塔,塔下部设煤气入口,顶部有煤气出口。上部设有捕雾层。每个吸收段上部装有多个喷嘴的环状喷洒装置。两吸收段间用带有升气管的断塔盘分开,断塔盘上装有溢流管和集液槽。吸收液经喷嘴均匀地喷入塔内,吸收煤气中的氨后,落入断塔盘的集液槽中。大部分吸收液在本吸收段内循环。多余的吸收液流入下吸收段,吸收煤气中的氨后,由出口排出。无水氨精馏塔如图7-17所示。它多为用超低碳不锈钢制作的板式精馏塔。塔板为穿流式大孔筛板,也有采用泡罩塔的。塔内操作压力为1.57 MPa。浓氨水自塔中段进入。塔底部有蒸汽入口,蒸汽压力稍大于1.57 MPa,塔顶有氨气出口和液氨回流口,塔底有废水出口,在中部塔板位置设油引出口。

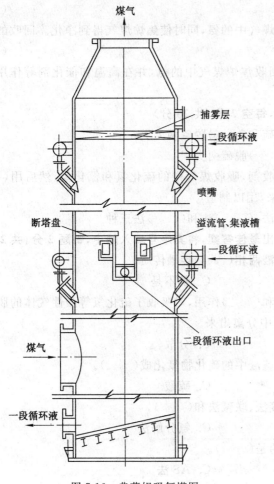

图 7-16 弗萨姆吸氨塔图

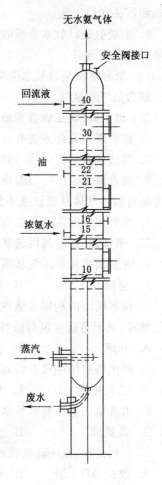

图 7-17 无水氨精馏塔

本章测试题

一、判断题(在题后括号内作记号,"√"表示对,"×"表示错,每题 2 分,共 20 分)

1. 焦炉煤气脱硫中的"硫"主要是指 H_2S。 （   ）

2. 焦炉煤气干法脱硫的脱硫试剂为活性炭。 （   ）

3. 脱硫液是软水和纯碱混合液。 （   ）

4. 湿法脱硫的吸收法按所用吸收剂不同分为:氨水法(AS 法)、真空碳酸盐法(VASC 法)、单乙醇胺法(索尔菲班法)三小类。应控制在 30 ℃左右。 （   ）

5. 湿法脱硫的吸收法是以碱性溶液作为吸收剂;氧化法是以含有催化剂的碱性溶液作为吸收剂。 （   ）

6. HPF 法是国内自行开发的以氨为碱源、HPF 为复合催化剂的湿式液相催化氧化脱硫脱氰工艺。 （   ）

7. 栲胶是具有酚式结构的多羟基化合物,有的还含有醌式结构。 （   ）

8. 硫酸洗氨法以硫酸为吸收液回收煤气中的氨,同时制成硫酸铵。硫酸洗氨法回收氨

有饱和器法和高压法。　　　　　　　　　　　　　　　　　　　　　　（　　）

9. 水洗氨法以软水为吸收液回收煤气中的氨,同时使焦炉煤气得到净化。回收的氨制成氮肥或进行分解。　　　　　　　　　　　　　　　　　　　　　　　　（　　）

10. 氨分解法是以软水为吸收液回收焦炉煤气中的氨,并在高温和催化剂等作用下将氨分解为氮气和氢气。　　　　　　　　　　　　　　　　　　　　　　　　（　　）

二、填空题(将正确答案填入题中,每空 2 分,共 20 分)

1. 焦炉煤气脱硫方法有(　　)脱硫和(　　)脱硫两大类。

2. 湿法脱硫分为(　　)脱硫和(　　)脱硫两类。

3. 吸收法是以(　　)溶液作为吸收剂,吸收煤气中的硫化氢和氰化氢,然后用(　　)的方法将酸性气体从吸收液中解吸出来,用以制造(　　)。

4. 焦炉煤气回收氨主要有(　　)法、(　　)法和(　　)法三种

三、单选题(在题后供选答案中选出最佳答案,将其序号填入题中,每题 2 分,共 20 分)

1. 在脱硫塔焦炉煤气和吸收液气液两相(　　)接触传质。

A. 逆流　　　　　　B. 顺流　　　　　　C. 都不是

2. 在解吸塔内利用水蒸气的加热和(　　)作用,对吸收了硫化氢等酸性气体的脱硫液进行解吸,从而将硫化氢等酸性气体从中分离出来。

A. 分解　　　　　　B. 汽提　　　　　　C. 分散

3. 再生塔利用空气中的氧气将脱硫液中的硫化物氧化成(　　)。

A. 二氧化硫　　　　B. 单质硫　　　　　C. 硫酸

4. 水洗氨法包括制浓氨水法、间接法、联碱法和(　　)。

A. 联氨法　　　　　B. 直接法　　　　　C. 氨分解法

5. 下列是硫、氨一起吸收的技术的是(　　)。

A. 改良 ADA 法　　B. HPF 法　　　　　C. AS 法

6. 真空碳酸盐法是以碳酸钠或(　　)作为吸收剂的脱硫脱氰方法。

A. 碳酸钾　　　　　B. 碳酸镁　　　　　C. 碳酸锂

7. 真空碳酸盐法的富液再生采用了(　　)解吸法,系统操作温度低。

A. 汽提　　　　　　B. 真空　　　　　　C. 变压

8. 联碱法是以焦化厂生产的浓氨水为原料,用氯化铵与(　　)的联合生产的方法将浓氨水加工成氯化铵。

A. 碱　　　　　　　B. 烧碱　　　　　　C. 纯碱

9. 酸洗塔法生产硫铵的结晶设备为(　　)。

A. 饱和器　　　　　B. 蒸发结晶器　　　C. 结晶罐

10. PDS 法由我国自主开发,是以(　　)为脱硫催化剂的脱硫方法。

A. 单乙醇胺　　　　B. 铁—碱溶液　　　C. 双核酞菁钴磺酸盐

四、简答题(每题 10 分,共 40 分)

1. 简述真空碳酸盐法脱硫的定义及其工艺特点。

2. 简述 HPF 法脱硫的定义及其工艺特点。

3. 简述饱和器法硫铵定义及其工艺流程。

4. 简述浓氨水法的定义及其工艺流程。

第八章　粗苯的回收与精制

【本章重点】用洗油回收煤气中的苯族烃;富油脱除煤气中苯的吸收原理、工艺流程及主要设备;粗苯的精制方法;粗苯回收及粗苯精制工艺流程的主要操作。
【本章难点】富油脱苯的工艺流程;粗苯精制中的化学反应机理。
【学习目标】掌握粗苯的组成和富油脱苯的工艺流程;了解煤气的终冷和除萘;了解富油脱苯的主要设备;了解粗苯精制的方法;掌握粗苯精制的主要操作。

　　粗苯和煤焦油是炼焦化学产品回收中最重要的两类产品。在石油工业中曾被称为基础化工原料的 8 种烃类有四类(苯、甲苯、二甲苯、萘)从粗苯和煤焦油产品中提取。目前,中国年产焦炭达到两亿多吨,可回收的粗苯资源达 200 多万 t。虽然从石油化工可生产这些产品,但焦化工业仍是苯类产品的重要来源,因此,从焦炉煤气中回收苯族烃具有重要的意义。

　　焦炉煤气一般含苯族烃 $25 \sim 40 \ g/m^3$,经回收苯族烃后焦炉煤气中苯族烃降到 $2 \sim 4 \ g/m^3$。

第一节　粗苯的组成、性质和回收方法

一、粗苯的组成和性质

　　粗苯是由多种芳烃和其他化合物组成的复杂混合物。粗苯中主要含有苯、甲苯、二甲苯和三甲苯等芳香烃。此外,还含有不饱和化合物、硫化物、饱和烃、酚类和吡啶碱类。当用洗油回收煤气中的苯族烃时,粗苯中尚含有少量的洗油轻质馏分。粗苯各组分的平均含量见表 8-1。

表 8-1　　　　　　　　　　　　　粗苯各组分的平均含量

组　分	分　子　式	含量(质量分数)/%	备　注
苯	C_6H_6	$55 \sim 80$	
甲苯	$C_6H_5CH_2$	$11 \sim 22$	
二甲苯	$C_6H_4(CH_3)_2$	$2.5 \sim 8$	同分异构物和乙基苯总和
三甲苯和乙基甲苯	$C_6H_3(CH_3)_3$	$1 \sim 2$	同分异构物总相
	$C_2H_5C_6H_4CH_3$		
不饱和化合物		$7 \sim 12$	
环戊二烯	C_5H_6	$0.5 \sim 1.0$	
苯乙烯	$C_6H_5CHCH_2$	$0.5 \sim 1.0$	
苯并呋喃	C_8H_6O	$1.0 \sim 2.0$	包括同系物

组　分	分　子　式	含量(质量分数)/%	备　注
茚	C_9H_8	1.5～2.5	包括同系物
硫化物		0.3～1.8	按硫计
二硫化碳	CS_2	0.3～1.5	
噻吩	C_4H_4S	0.2～1.6	
饱和物		0.6～2.0	

　　粗苯的组成取决于炼焦配煤的组成及炼焦产物在碳化室内热解的程度。在炼焦配煤质量稳定的条件下,在不同的炼焦温度下所得粗苯中苯、甲苯、二甲苯和不饱和化合物在180 ℃前馏分中含量见表 8-2。

表 8-2　　　　　　　不同炼焦温度下粗苯(180 ℃前馏分)中主要组分的含量

炼焦温度/℃	粗苯中主要组分的含量质量分数/%			
	苯	甲苯	二甲苯	不饱和化合物
950	50～60	18～22	6～7	10～12
1 050	65～75	13～16	3～4	7～10

　　此外,粗苯中酚类的含量通常为 0.1%～1.0%,吡啶碱类的含量一般不超过 0.5%。当硫酸铵工段从煤气中回收吡啶碱类时,则粗苯中吡啶碱类含量不超过 0.01%。

　　粗苯中各主要组分均在 180 ℃前馏出,180 ℃后的馏出物称为溶剂油。在测定粗苯中各组分的含量和计算产量时,通常将 180 ℃前馏出量当做 100%来计算,故以其 180 ℃前的馏出量作为鉴别粗苯质量的指标之一。

　　粗苯在 180 ℃前的馏出量取决于粗苯工段的工艺流程和操作制度。180 ℃前的馏出量愈多,粗苯质量就愈好。一般要求粗苯 180 ℃前馏出量在 93%～95%。

　　粗苯是黄色透明的油状液体,比水轻,微溶于水。在储存时,由于低沸点不饱和化合物的氧化和聚合所形成的树脂状物质能溶解于粗苯中,使其着色变暗。粗苯易挥发易燃,闪点为 12 ℃,初馏点 40～60 ℃。粗苯蒸气在空气中的体积分数达到 1.4%～7.5%范围时,能形成爆炸性混合物。

　　粗苯的热性质依其组成而定。一般可采用下列近似计算式确定。

　　粗苯比热容

$$c = 1.604 + 0.004\ 367t \tag{8-1}$$

　　粗苯蒸气比热容

$$c = \frac{86.67 + 0.108\ 9t}{M_r} \tag{8-2}$$

式中　t——温度,℃;

　　　M_r——粗苯相对分子质量,依粗苯组成而定。工程计算中可取 $M_r = 83$。

　　粗苯蒸气比焓

$$H = 431.24 + ct \tag{8-3}$$

式中　t——温度，℃；

　　　c——粗苯蒸气比热容，kJ/(kg·℃)。

二、回收苯族烃的方法

从焦炉煤气中回收苯族烃采用的方法有洗油吸收法、固体吸附法和深冷凝结法。其中洗油吸收法工艺简单经济，得到广泛应用。

洗油吸收法所用的溶剂是煤焦油洗油，也可用石油洗油（轻柴油）。依据操作压力分为加压吸收法、常压吸收法和负压吸收法。加压吸收法的操作压力为 800～1 200 kPa，此法可强化吸收过程，适于煤气远距离输送或作为合成氨厂的原料气；常压吸收法的操作压力稍高于大气压，是各国普遍采用的方法；负压吸收法应用于全负压煤气净化系统。

固体吸附法是采用具有大量微孔组织和很大吸附表面积的活性炭或硅胶作吸附剂，活性炭的吸附表面积为 1 000 m²/g，硅胶的吸附表面积为 450 m²/g。用活性炭等吸附剂吸收煤气中的粗苯，该法在中国曾用于实验室分析测定。例如煤气中苯含量的测定就是利用这种方法。

深冷凝结法是把煤气冷却到 −40～−50 ℃，从而使苯族烃冷凝冷冻成固体，将其从煤气中分离出来，该法中国尚未采用。

吸收了煤气中苯族烃的洗油称为富油。富油的脱苯按操作压力分为常压水蒸气蒸馏法和减压蒸馏法。按富油加热方式又分为预热器加热富油的脱苯法和管式炉加热富油的脱苯法。各国多采用管式炉加热富油的常压水蒸气蒸馏法。

本章重点介绍洗油常压吸收法回收煤气中的苯族烃和管式炉加热富油的水蒸气蒸馏法脱苯工艺。

第二节　用洗油吸收煤气中的苯族烃

一、吸收苯族烃的基本原理

煤焦油洗油的成分中含有甲基萘、二甲基萘、联苯、茚、芴、氧芴等组分，用洗油吸收煤气中的苯族烃是典型的多组分吸收，为了叙述问题方便，视其为单组分吸收，同时洗油吸收煤气中苯族烃又是物理吸收过程，服从拉乌尔定律和道尔顿定律。

煤气中苯族烃的分压 p_g 可根据道尔顿定律计算。

$$p_g = p\varphi_b \tag{8-4}$$

式中　p——煤气的总压力，kPa；

　　　φ_b——煤气中苯族烃的体积分数。

通常苯族烃在煤气中的含量以 g/m³ 表示。若已知苯族烃在煤气中的含量为 a（g/m³），则换算为体积分数得

$$\varphi_b = \frac{22.4a}{1\,000M_b}$$

式中　M_b 为粗苯的平均相对分子质量。

将此式代入式(8-4)，则得

$$p_g = 0.022\,4\,\frac{ap}{M_b} \tag{8-5}$$

用洗油吸收苯族烃所得的稀溶液可视为理想溶液，其液面上粗苯的平衡蒸气 p_L 压可

按拉乌尔定律确定

$$p_L = p_0 x \tag{8-6}$$

式中　p_0——在回收温度下苯族烃的饱和蒸气压,kPa;

　　　x——洗油中粗苯的摩尔分数。

通常洗油中粗苯的含量以 w_b（质量分数）表示,换算为摩尔分数得

$$x = \frac{\dfrac{w_b}{M_b}}{\dfrac{w_b}{M_b} - \dfrac{100 - w_b}{M_m}} \tag{8-7}$$

式中　M_m——洗油的相对分子质量。

将此式代入式(8-6),则得

$$p_L = \frac{\dfrac{w_b}{M_b}p_0}{\dfrac{w_b}{M_b} - \dfrac{100 - w_b}{M_m}} \tag{8-8}$$

当煤气中苯族烃的分压 p_g 大于洗油液面上苯族烃的平衡蒸气压 p_L 时,煤气中的苯族烃即被洗油吸收。p_g 和 p_L 之间的差值越大,则吸收过程的推动力越大,吸收速率也越快。

洗油吸收苯族烃过程的极限为气液两相达成平衡,此时 $p_g = p_L$,即

$$0.022\,4\frac{ap}{M_b} = \frac{\dfrac{w_b}{M_b}p_0}{\dfrac{w_b}{M_b} - \dfrac{100 - w_b}{M_m}} \tag{8-9}$$

洗油中粗苯的含量很小,式(8-9)可简化为

$$0.022\,4\frac{ap}{M_b} = \frac{\dfrac{w_b}{M_b}p_0}{\dfrac{100}{M_m}} \tag{8-10}$$

因此,在平衡状态下 a 与 w_b 之间的关系式为

$$a = 0.446\frac{w_b M_m p_0}{p} \tag{8-11}$$

或

$$w_b = 2.24\frac{ap}{M_m p_0} \tag{8-12}$$

洗苯塔常用填料塔,对于填料吸收塔,传质速率与传质推动力成正比而与其阻力反比,将其用于洗油吸收苯族烃的速率,即

$$传质速率 = \frac{传质推动力}{传质阻力} = \frac{\Delta p_m}{\dfrac{1}{S}} \tag{8-13}$$

写成等式为

$$q_m = K\frac{\Delta p_m}{\dfrac{1}{S}} \tag{8-14}$$

或

$$q_m = KS\Delta p_m \tag{8-15}$$

式中　q_m——吸收的苯族烃量，kg/h；

　　　S——总吸收面积，m^2；

　　　K——总吸收系数，$kg/(m^2 \cdot h \cdot kPa)$；

　　　Δp_m——p_g 与 p_L 之间的对数平均分压差（吸收推动力），kPa。

上式表明所需吸收表面积 S 与单位时间内所吸收的苯族烃量 q_m 成正比，与吸收推动力 Δp_m 及吸收系数 K 成反比，即 $S = \dfrac{q_m}{K\Delta p_m}$。

吸收系数的大小取决于所采用的吸收剂的性质、设备的构造及吸收过程进行的条件（温度、煤气流速、喷淋量及压力等）。显然，上述各项因素对吸收速率也具有同样的影响。

另外，填料吸收塔的填料层的高度可以用所需理论塔板数乘以填料的等效高度得到。以煤焦油洗油做吸收剂的洗苯塔，在通常情况下需 8～10 块理论塔板；填料的等效高度，应针对具体填料由实验确定。

二、吸收苯族烃的工艺流程

用洗油吸收煤气中的苯族烃所采用的洗苯塔虽有多种形式，但工艺流程基本相同。填料塔吸收苯族烃的工艺流程见图 8-1。

来自饱和器后的煤气经最终冷却器冷却到 25～27 ℃后（或从洗氨塔后来的 25～28 ℃ 煤气），依次通过两个洗苯塔，塔后煤气中苯族烃含量一般为 2～4 g/m^3。温度为 27～30 ℃洗油（贫油）用泵送至顺煤气流向最后一个洗苯塔的顶部，与煤气逆向沿着填料向下喷洒，然后经过油封管流入塔底接受槽，由此用泵送至下一个洗苯塔。按煤气流向第一个洗苯塔底流出的含苯量约 2% 的富油送至脱苯装置。脱苯后的贫油经冷却后再回到贫油槽循环使用。

在最后一个洗苯塔喷头上部设有捕雾层，以捕集煤气夹带的油滴，减少洗油损失。洗苯塔下部设置的油封管（也叫 U 型管）起防止煤气随洗油窜出作用。

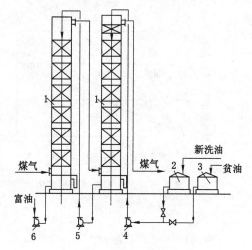

图 8-1　从煤气中吸收苯族烃的工艺流程

1——洗苯塔；2——新洗油槽；3——贫油槽；
4——贫油泵；5——半富油泵；6——富油泵

三、影响苯族烃吸收的因素

煤气中的苯族烃在洗苯塔内被吸收的程度称为回收率。可用下式表示

$$\eta = 1 - \frac{a_2}{a_1} \tag{8-16}$$

式中　η——粗苯回收率，%；

　　　a_1, a_2——洗苯塔入口煤气和出口煤气中苯族烃的含量，g/m^3。

回收率是一项重要技术经济指标，当 a_1 一定，煤气量一定时，a_2 愈小，回收率也愈大，粗苯产量愈高，销售收入也愈多；但相对而言，基建投资和运行费用也愈高，最佳的 a_2 值（或最佳的粗苯回收率），应是纯效益最高。确定最佳塔后煤气含苯（即 a_2 值）时，需要建立投入产出数学模型，采用最优化的方法解决。对于已投产的焦化厂粗苯回收率，则是评价洗苯

操作好坏的重要指标,一般为 $93\%\sim95\%$。

回收率的大小取决于下列因素:煤气和洗油中苯族烃的含量、吸收温度、洗油循环量及其相对分子质量、洗苯塔类型和构造、煤气流速及压力等。

(一)吸收温度

吸收温度是指洗苯塔内气、液两相接触面的平均温度。它取决于煤气和洗油的温度,也受大气温度的影响。

吸收温度是通过吸收系数和吸收推动力的变化而影响粗苯回收率的。提高吸收温度,可使吸收系数略有增加,但不显著,而吸收推动力却显著减小。式(8-11)中洗油的相对分子质量 M_m 及煤气总压 p 波动很小,可视为常数。而粗苯的饱和蒸气压 p_0 是随温度而变的。将式(8-11)在不同温度时所求得的 a 与 w_b 的数值用图表示,即得如图 8-2、图 8-3 所示的苯族烃在煤气和洗油中的平衡浓度关系曲线。

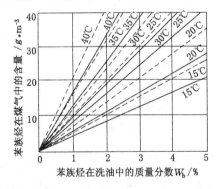

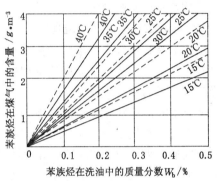

图 8-2 苯族烃在煤气和洗油中平衡浓度(一)
——煤焦油洗油;– – –石油洗油

图 8-3 苯族烃在煤气和洗油中平衡浓度(二)
——煤焦油洗油;– – –石油洗油

由两图可见,当煤气中苯族烃的含量一定时,温度愈低,洗油中与其平衡的粗苯含量愈高;温度愈高,洗油中与其平衡的粗苯含量则显著降低。

当入塔贫油含苯量一定时,洗油液面上苯族烃的蒸气压随吸收温度升高而增高,吸收推动力则随之减小,致使洗苯塔后煤气中的苯族烃含量 a_2(塔后损失)增加,粗苯的回收率 η 降低。图 8-4 表明了及 η 与 a_2 吸收温度间的关系。

由图 8-4 可见,当吸收温度超过 $30\ ℃$ 时,随温度的升高,a_2 显著增加,η 显著下降。因此,吸收温度不宜过高,但也不宜过低。当低于 $15\ ℃$,洗油的黏度将显著增加,使洗油输送及其在塔内均匀分布和自由流动都发生困难。当洗油温度低于 $10\ ℃$ 时,还可能从油中析出固体沉淀物。因此,适宜的吸收温度为 $25\ ℃$ 左右,实际操作温度波动于 $20\sim30\ ℃$ 之间。

为了防止煤气中的水汽冷凝而进入洗油中,操作中洗油温度应略高于煤气温度。一般规定洗油温度在夏季比煤气温度高 $2\ ℃$ 左右,冬季高 $4\ ℃$ 左右。

为保证适宜的吸收温度,自硫酸铵工段来的煤气进洗苯塔前,应在最终冷却器内冷却至 $18\sim28\ ℃$,贫油应冷却至低于 $30\ ℃$。

(二)洗油的吸收能力及循环油量

由式(8-12)可见,当其他条件一定时,洗油的相对分子质量减小将使洗油中粗苯的平衡含量 w_b 增大,即吸收能力提高。同类液体吸收剂的吸收能力与其相对分子质量成反比,吸收剂与溶质的相对分子质量愈接近,则愈易相互溶解,吸收的愈完全。在回收等量粗苯的情况下,如洗油的吸收能力强,使富油的含苯量高,则循环洗油量也可相应减少。图 8-5 表明了洗油相对分子质量与其吸收能力的关系。

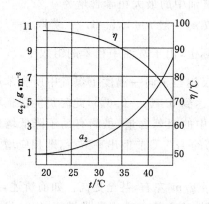

图 8-4　η 与 a_2 与吸收温度之间的关系

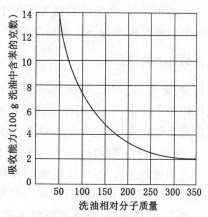

图 8-5　洗油相对分子质量与其
吸收能力的关系(20 ℃时)

但洗油的相对分子质量也不宜过小,否则洗油在吸收过程中挥发损失较大,并在脱苯蒸馏时不易与粗苯分离。

送往洗苯塔的循环洗油量可根据下式求得

$$q_V = \frac{a_1 - a_2}{1\,000} = q_m(w_{b_2} - w_{b_1})\tag{8-17}$$

式中　q_V——煤气量,m³/h;

　　　a_1,a_2——洗苯塔进、出口煤气中苯族烃含量,g/m³;

　　　q_m——洗油量,kg/h;

　　　w_{b_1},w_{b_2}——贫油和富油中粗苯的质量分数,%。

由式(8-17)可见,其他条件不变时,增加循环洗油量,则可降低洗油中粗苯的 w_{b_2} 含量,增加吸收推动力,从而可提高粗苯回收率。但循环洗油量也不宜过大,以免过多地增加运行费用(电、蒸汽的耗量和冷却水用量等)。

在塔后煤气含苯量一定的情况下,随着吸收温度的升高,所需要的循环洗油量也随之增加。其关系如图 8-6 所示。

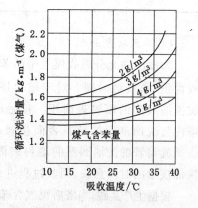

图 8-6　循环洗油量与吸收温度的关系

(三) 贫油含苯量

贫油含苯量是决定塔后煤气含苯族烃量的主要因素之一。由式(8-11)可见,当其他条件一定时,入塔贫油中粗苯含量愈高,则塔后损失愈大。如果塔后煤气中苯族烃含量为 2 g/m³,设洗苯塔出口煤气压力 $p=107.19$ kPa,洗油相对分子质量 $M_m=160$,30 ℃时粗苯的饱和蒸气压 $p_0=13.466$ kPa,将有关数据代入式(8-12),即可求出与此相平衡的洗油中粗苯量 w_{b_1}。

$$w_{b_1} = 2.24 \times \frac{2 \times 107.19}{160 \times 13.466} = 0.22$$

计算结果表明,为使塔后损失不大于 $2\ \mathrm{g/m^3}$,贫油中的最大粗苯含量为 0.22%。为了维持一定的吸收推动力,w_{b_1} 值应除以平衡偏移系数 n,一般 $n=1.1 \sim 1.2$。若取 $n=1.14$,则允许的贫油含苯量 $w_{b_1} = \dfrac{0.22\%}{1.14} = 0.193\%$。实际上,由于贫油中粗苯的组成中,苯和甲苯含量少,绝大部分为二甲苯和溶剂油,其蒸气压仅相当于同一温度下煤气中所含苯族烃蒸气压的 $20\% \sim 30\%$,故实际贫油含粗苯量可允许达到 $0.4\% \sim 0.6\%$,此时仍能保证塔后煤气含苯族烃在 $2\ \mathrm{g/m^3}$ 以下。如进一步降低贫油中的粗苯含量,虽然有助于降低塔后损失,但将增加脱苯蒸馏时的水蒸气耗量,使粗苯产品的 $180\ ℃$ 前馏出率减少,即相应增加了粗苯中溶剂油的生成量,并使洗油的耗量增加。

近年来,有些焦化厂将塔后煤气含苯量控制在 $4\ \mathrm{g/m^3}$ 左右,甚至更高。如前所述,这一指标的确定,严格说来,应根据市场需要及本厂实际,建立投入产出数学模型,用最优化方法解决,目前仍处于经验或半经验法确定。另外从表 8-3 所列一般粗苯和从回炉煤气中分离出的苯族烃的性质可以看出,由回炉煤气中得到的苯族烃,硫含量比一般粗苯高 3.5 倍;易挥发的组分较多;不饱和化合物含量高 1.1 倍。由于这些物质很容易聚合,会增加粗苯回收和精制操作的困难,故塔后煤气含苯量控制高一些也是合理的。

表 8-3　　　　　　　　　　一般粗苯和回炉煤气中分离出的粗苯性质

指标名称	一般粗苯(180 ℃前馏分)	回炉煤气分离出的粗苯
密度/kg·L⁻¹	0.878 0	0.874 7
冰点/ ℃	−12.9	−29.1
硫含量/%	1.22	5.56
用硫酸洗涤时损失/%	6.59	13.91
80 ℃前馏出量/%	5.55	28.0

(四)吸收表面积

为使洗油充分吸收煤气中的苯族烃,必须使气、液两相之间有足够的接触表面积(即吸收面积)和接触时间。对于填料塔,吸收面积是塔内被洗油润湿的填料表面积。接触时间是上升煤气在塔内与洗油淋湿的填料表面接触的时间。被沿填料表面流动着的洗油润湿的填料表面积愈大,则煤气与洗油接触的时间愈长,回收过程进行得也愈完全。

根据生产实践,当塔后煤气含苯量要求达到 $2\ \mathrm{g/m^3}$ 时,每小时 $1\ \mathrm{m^3}$ 煤气所需的吸收面积一般是木格填料洗苯塔为 $1.0 \sim 1.1\ \mathrm{m^2}$,钢板网填料塔为 $0.6 \sim 0.7\ \mathrm{m^2}$,塑料花环填料塔为 $0.2 \sim 0.3\ \mathrm{m^2}$;当减少吸收面积时,粗苯的回收率将显著降低。如图 8-7 所示,在吸收面积 $S=S_0$

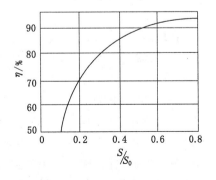

图 8-7　吸收面积对粗苯
回收率的影响

(实际吸收面积＝设计吸收面积)时,粗苯回收率为 93.56％,随着 S/S_0 值的降低,η 值也随之下降。当 S/S_0 在 0.5 以下时,η 值则随吸收面积减少而急剧下降。而当吸收面积大于 S_0 时,η 值提高得有限。因此,适宜的吸收面积应既能保证一定的粗苯回收率,又能使设备费和操作费经济合理。

（五）煤气的压力和流速

当增大煤气压力时,扩散系数 D_g 将随之减小,因而使吸收系数有所降低。但随着压力的增加,煤气中的苯族烃分压将成比例地增加,使吸收推动力显著增加,因而吸收速率也将增大。在加压下进行粗苯的回收时,可以减少塔后苯族烃的损失、洗油耗用量、洗苯塔的面积等,所以加压回收粗苯是强化洗苯过程的有效途径之一。但加压煤气要耗用较多的动力和设备费。而苯族烃的回收率提高的实际收效却不大。因此,通常在常压下操作。

四、洗油的质量要求

为满足从煤气中回收和制取粗苯的要求,洗油应具有如下性能:

(1) 常温下对苯族烃有良好的吸收能力,在加热时又能使苯族烃很好地分离出来。

(2) 具有化学稳定性,即在长期使用中其吸收能力基本稳定。

(3) 在吸收操作温度下不应析出固体沉淀物。

(4) 易与水分离,且不生成乳化物。

(5) 有较好的流动性,易于用泵抽送并能在填料上均匀分布。

焦化厂用于洗苯的主要有煤焦油洗油和石油洗油。煤焦油洗油是高温煤焦油中 230～300 ℃的馏分,容易得到,为大多数焦化厂所采用。其质量指标见表 8-4。

表 8-4 　　　　　　　　　　　煤焦油洗油质量指标

项　目	指　标	项　目	指　标
密度(20 ℃)/g·mL^{-1}	1.03～1.06	萘含量/%	≤15
馏程(1.013×10^5 Pa)		水分/%	≤1.0
230 ℃前馏出量(容)/%	≤3	黏度(E_{50})	≤1.5
300 ℃前馏出量(容)/%	≥90	15 ℃结晶物	无
酚含量(容)/%	≤0.5		

要求洗油的含萘量小于 15％,含苊量不大于 5％,以保证在 10～15 ℃时无固体沉淀物析出。因为萘熔点 80 ℃,苊熔点 95.3 ℃,在常温下易析出固体结晶,因此,应控制其含量。但萘与苊、芴、氧芴及洗油中其他高沸点组分混合共存时,能生成熔点低于有关各组分的低共熔点混合物。因此,在洗油中存在一定数量的萘,有助于降低从洗油中析出沉淀物的温度。洗油中甲基萘含量高,洗油黏度小,平均相对分子质量小,吸苯能力较大。所以,在采用洗油脱萘工艺时,应防止甲基萘成分随之析出而造成损失。同理,在脱苯蒸馏操作中要严格控制脱苯塔顶部温度和过热蒸汽用量及温度。

洗油含酚高易与水形成乳化物,破坏洗苯操作。另外,酚的存在还易使洗油变稠。因此,应严格控制洗油中的含酚量。

石油洗油是指轻柴油,是石油精馏时在馏出汽油和煤油后所切取的馏分。生产实践表明:用石油洗油洗苯,具有洗油耗量低、油水分离容易及操作简便等优点。现国内某些煤焦油洗油来源不便的焦化厂采用石油洗油。石油洗油的质量指标见表 8-5。

表 8-5 石油洗油质量指标

项 目	指 标	项 目	指 标
密度(20 ℃)/g·mL^{-1}	≤0.89	350 ℃前馏出量/%	≥95
黏度(E_{50})	≤1.5	凝固点/℃	<20
蒸馏试验		含水量/%	≤0.2
初馏点/℃	≥265	固体杂质	无

石油洗油脱萘能力强,一般在洗苯塔后,可将煤气中萘脱至 0.15 g/m³ 以下。但吸苯能力弱,故循环油量比用煤焦油洗油时大,因而脱苯蒸馏时的蒸汽耗量也大。

石油洗油在循环使用过程中会形成不溶性物质——油渣,并堵塞换热设备,因而破坏正常的加热制度。另外,含有油渣的洗油与水还会形成稳定的乳浊液,影响正常操作。故在洗苯流程中增设沉淀槽,控制含渣量不大于 20 mg/L。

洗油的质量在循环使用过程中将逐渐变坏,其密度、黏度和相对分子质量均会增大,300 ℃前馏出量降低。这是因为洗油在洗苯塔中吸收苯族烃的同时还吸收了一些不饱和化合物,如苯乙烯、环戊二烯、古马隆、茚、丁二烯等,这些不饱和化合物在煤气中硫醇等硫化物的作用下,或在加热脱苯条件下,会聚合成高分子聚合物并溶解在洗油中,因而使洗油质量变坏,冷却时析出沉淀物。此外,在循环使用过程中,洗油的部分轻质馏分被出塔煤气、粗苯和分离水带走,也会使洗油中高沸点组分含量增多,黏度、密度及平均相对分子质量增大。

循环洗油的吸收能力比新洗油约下降 10%,为了保证循环洗油的质量,在生产过程中,必须对洗油进行再生处理。

五、洗苯塔

焦化厂采用的洗苯塔类型主要有填料塔、板式塔和空喷塔。

(一)填料塔

填料洗苯塔是应用较早、较广的一种塔。塔内填料常用整砌填料如木格、钢板网等,也可用乱堆填料如金属螺旋、泰勒花环、鲍尔环及鞍型填料等。相对来说,在相同条件下,乱堆填料阻力较大,且易堵塞。因此,普遍采用的是整砌填料。

木格填料洗苯塔阻力小,一般每米高填料的阻力为 20~40 Pa,操作弹性大,不易堵塞,稳定可靠,曾广为应用。但木格填料塔处理能力小,设备庞大笨重、基建投资和操作费用高、木材耗量大等缺点。因此,木格填料塔已被新型高效填料塔如钢板网、泰勒花环、金属螺旋等取代。在进行木格填料计算时,可取空塔气速 0.8~1.0 m/s。

钢板网填料是用 0.5 mm 厚的薄钢板,在剪拉机上剪出一排排交错排列的切口,再将口拉开,板上即形成整齐排列的菱形孔。将钢板网立着一片片平行叠合起来,相邻板间用厚为 20 mm 长短不一、交错排列的木条隔开,再用长螺栓固定起来,就形成了如图 8-8 所示的钢板网填料。钢板网填料比木格填料孔隙率(或自由截面积)大,在同样操作条件下,阻力更小,更不易堵塞,可允许较大的空塔气速,传质速率也比木格填料塔大,达到同样的塔后煤气含苯 2 g/m³ 需要的吸收面积可比木格填料洗苯塔减少 36%~40%。

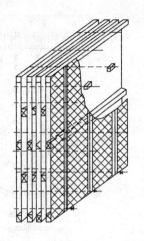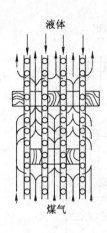

液体

煤气

图 8-8　钢板网填料及两相作用示意图

由图 8-8 可见,从顶部喷淋下来的洗油,被两片钢板网间的木条分配到板网侧面上形成液膜向下流动。煤气在网间向上流动,当被网片间的长木条挡住时,便穿过网孔进入网片的另一侧的空间。这样网上的液膜就不断地被鼓破,随即又形成新的液膜。所以,在钢板网填料中,气、液两相的接触面积远大于填料表面积,并由于较激烈的湍动和吸收表面不断更新而强化了操作。

钢板网填料塔的构造如图 8-9 所示。由图可见,钢板网填料分段堆砌在塔内,每段高约 1.5 m。填料板面垂直于塔的横截面,在板网之间即形成了煤气的曲折通路。为了保证洗油在塔的横截面上均匀分布,在塔内每隔一定距离安装一块如图 8-10 所示的带有煤气涡流罩的液体再分布板。

煤气涡流罩按同心圆排列在液体再分布板上,弯管出口方向与圆周相切,在同一圆周上的出口方向一致,相邻两圆周上的方向相反。由于弯管的导向作用,煤气流出涡流罩时,形成多股上升的旋风气流,因而使煤气得到混合,以均一的浓度进入上段填料汇聚。在液体再分布板上的洗油,经升气管内的弯管流到设于升气管中心的圆棒表面,再流到下端的齿形圆板上,借重力喷溅成液滴而淋洒到下段填料上。从而可消除洗油沿塔壁下流及分布不均的现象。

在进行钢板网填料塔计算时,可采用下列数据:填料比表面积 44 m²/m³;油气比 1.6～2.0 L/m³;空塔气速 0.9～1.1 m/s;煤气所需填料面积 0.6～0.7 m²/(m³·h)。

金属螺旋填料系用钢带或钢丝绕成,其比表面积大,且较轻,由于形状复杂、填料层的持液量大,因此吸收剂与煤气接触时间较长,又由于煤气通过填料时搅动激烈,因此,吸收效率较高。

泰勒花环填料是由聚丙烯塑料制成的,它由许多圆环绕结而成,其形状如图 8-11 所示。该填料无死角,有效面积大,线性结构空隙率大、阻力小,填料层中接触点多,结构呈曲线形状,液体分布好,填料的间隙处滞液量较高,气、液两相的接触时间长,传质效率高,结构简单、质量轻、制造安装容易。其特性参数见表 8-6。

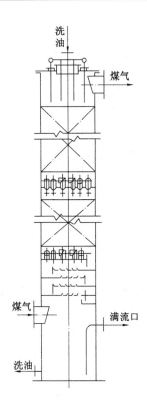

图 8-9　钢板网填料塔

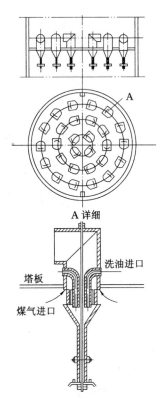

图 8-10　液体再分布板

图 8-11　泰勒花环填料

表 8-6　　　　　　　　　　　　　　　　　泰勒花环填料特性参数

型号	外形 /mm	高 /mm	环壁厚 /mm	环个数	材质	堆积个数 /m⁻³	比表面积 /m²·m⁻³	堆积密度 /kg·m⁻³	空隙率 /m²·m⁻³
S 型	47	12	3×3	9	PP PE PVC	12 500	135	111 113 208	88
M 型	75	27.6	3×4	12	PP PE PVC	8 000	127	102 102 149	86
L 型	95	37	3×6	12	PP PE PVC	3 450 3 920 3 450	94 102 94	88 95 105	90

注：PP——聚丙烯塑料；PE——聚乙烯塑料；PVC——聚氯乙烯塑料。

在进行泰勒花环填料计算时,可采用下列数据:空塔气速 $1.0 \sim 1.2$ m/s;油气比 $1.5 \sim 1.8$ L/m^3;煤气所需填料面积 $0.2 \sim 0.25$ m^2/(m$^3 \cdot$ h)。

（二）穿流式筛板塔

穿流式筛板塔是一种孔板塔,容易改善塔内的流体力学条件,增加两相接触面积,提高两相的湍流程度,迅速更新两相界面以减小扩散阻力。洗苯塔也可采用穿流式筛板塔,其工作情况如图 8-12所示。这种塔板结构简单、容易制造、安装检修简便、生产能力大,投资省、金属材料耗量小,但塔板效率受气、液相负荷变动的影响较大。

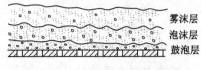

图 8-12　穿流式筛板上工作示意图

影响穿流式筛板塔塔板效率的因素有小孔速度、液气比和塔板结构。筛板可根据实践经验选用下列结构参数:筛板厚度 $4 \sim 6$ mm、筛孔直径 7 mm、塔板开孔率 $27\% \sim 30\%$、板间距 $300 \sim 400$ mm。

对上述结构的穿流式筛板塔,为保证正常操作和达到较高的塔板效率,可采用下列操作参数:小孔气速 $6 \sim 8$ m/s、液气比 $1.6 \sim 2.0$ L/m^3、空塔气速 $1.2 \sim 2.5$ m/s。

（三）空喷塔

空喷塔与填料塔相比具有投资省、处理能力较大、阻力小、不堵塞及制造安装方便等优点。但是单段空喷效率低,多段空喷动力消耗大。多段空喷洗苯塔的空塔气速可取为 $1.0 \sim 1.5$ m/s。

第三节　富油脱苯

一、富油脱苯的方法和原理

（一）富油脱苯的方法

富油脱苯是典型的解吸过程,实现粗苯从富油中解吸出的基本方法:是提高富油的温度,使粗苯的饱和蒸气压大于其气相分压,使粗苯由液相转入气相。为提高富油的温度,有两种加热方法,即采用预热器蒸汽加热富油的脱苯法和采用管式炉煤气加热富油的脱苯法。前者是利用列管式换热器用蒸汽间接加热富油,使其温度达到 $135 \sim 145$ ℃后进入脱苯塔。后者是利用管式炉用煤气间接加热富油,使其温度达到 $180 \sim 190$ ℃后进入脱苯塔;后者由于富油预热温度高,与前者相比具有以下优点:脱苯程度高,贫油含苯量可达 0.1% 左右,粗苯回收率高,蒸汽耗量低,每生产 1 t 180 ℃前粗苯蒸气耗量为 $1 \sim 1.5$ t,仅为预热器加热富油脱苯蒸气耗量的 1/3;产生的污水量少,蒸馏和冷凝冷却设备的尺寸小等。因此,各国广泛采用管式炉加热富油的脱苯工艺。

富油脱苯按其采用的塔设备分有只设脱苯塔的一塔法、增设脱苯塔和两苯塔的二塔法和再增设脱水塔和脱萘塔的多塔法。

富油脱苯按原理不同可采用水蒸气蒸馏和真空蒸馏两种方法。由于水蒸气蒸馏具有操作简便,经济可靠等优点,因此中国焦化厂均采用水蒸气蒸馏法。

富油脱苯按得到的产品不同分有生产粗苯一种苯的流程,生产轻苯和重苯二种苯的流程,生产轻苯、重质苯及萘熔剂油三种产品的流程。

（二）富油脱苯的原理

富油是洗油和粗苯完全互溶的混合物,通常将其看做理想溶液,气液平衡关系服从拉乌尔定律,即,$p_{Li}＝p_{0i}x_i$因富油中苯族烃各成分的摩尔分数 x_i 很小(粗苯的含量在 2% 左右),在较低的温度下很难将苯族烃的各种组分从液相中较充分的分离出来。用一般的蒸馏方法,从富油中把粗苯较充分的蒸出来,且达到所需要的脱苯程度,需将富油加热到 $250\sim300\ ℃$,在这样高的温度下,粗苯损失增加,洗油相对分子质量增大,质量变坏,对粗苯吸收能力下降,这在实际上是不可行的,为了降低富油的脱苯温度采用水蒸气蒸馏。

所谓水蒸气蒸馏就是将水蒸气直接通入蒸馏塔中的被蒸馏液中,而使被蒸馏物中的组分得以分离的操作。

当加热互不相溶的液体温合物时,若各组分的蒸气分压之和达到塔内总压时,液体就开始沸腾,故在脱苯塔蒸馏过程中通入大量直接水蒸气,可使蒸馏温度降低。当塔内总压一定时,气相中水蒸气所占的分压愈高,则粗苯和洗油的蒸气分压愈低,即在较低的脱苯蒸馏温度下,可将粗苯较完全地从洗油中蒸出来。因此,直接蒸汽用量对于脱苯蒸馏操作有极为重要的影响。

若只有一个液相由挥发度不同的油类组分组成,用过热水蒸气通过该油类溶液,即可降低油类各组分的气相分压,从而促进不同挥发度的油分的分离。这种使用过热蒸汽分离油类溶液的操作,又叫做汽提操作。实际上富油脱苯操作中使用的正是过热水蒸气。在汽提操作中过热蒸汽又叫做夹带剂。

二、富油脱苯工艺流程

（一）生产一种苯的流程

生产一种苯的流程见图 8-13。

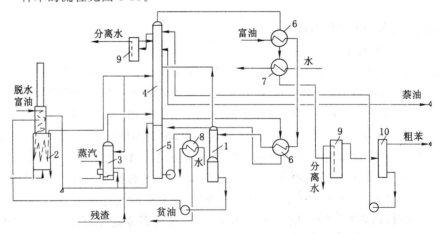

图 8-13　生产一种苯的流程

1——脱水塔;2——管式炉;3——再生器;4——脱苯塔;5——一热贫油槽;6——换热器;

7——冷凝冷却器;8——冷却器;9——分离器;10——回流槽

来自洗苯工序的富油依次与脱苯塔顶的油气和水汽混合物、脱苯塔底排出的热贫油换后温度达 $110\sim130\ ℃$ 进入脱水塔。脱水后的富油经管式炉加热至 $180\sim190\ ℃$ 进入脱苯塔。脱苯塔顶逸出的 $90\sim92\ ℃$ 的粗苯蒸气与富油换热后温度降到 $75\ ℃$ 左右进入冷凝冷却器,冷凝液进入油水分离器。分离出水后的粗苯流入回流槽,部分粗苯送至塔顶作回流,其余作为产品采出。脱苯塔底部排出的热贫油经贫富油换热器进入热贫油槽,再用泵送贫油冷却器冷却至 25～30 ℃后去洗苯工序循环使用。脱水塔顶逸出的含有萘和洗油的蒸气进入脱苯塔精馏段下部。在脱苯塔精馏段切取萘油。从脱苯塔上部断塔板引出液体至油水分离器分出水后返回塔内。脱苯塔用的直接蒸汽是经管式炉加热至 400～450 ℃后,经由再生器进入的,以保持再生器顶部温度高于脱苯塔底部温度。

为了保持需循环洗油质量,将循环油量的 1%～1.5%由富油入塔前的管路引入再生器进行再生。在此用蒸汽间接将洗油加热至 160～180 ℃,并用过热蒸汽直接蒸吹,其中大部分洗油被蒸发并随直接蒸汽进入脱苯塔底部。残留于再生器底部的残渣油,靠设备内部的压力间歇或连续地排至残渣油槽。残渣油中 300 ℃前的馏出量要求低于 40%。洗油再生器的操作对洗油耗量有较大影响。在洗苯塔捕雾,油水分离及再生器操作正常时,每生产 1 t 180 ℃前粗苯的煤焦油洗油耗量可在 100 kg 以下。

应当指出,上述流程是一种十分稳定可靠的工艺流程。一些操作经验丰富的工人,经过精心操作表明:该流程中的脱水塔可以省略;脱苯塔精馏段可不切取萘油也不会造成萘的积累;脱苯塔上部不会出现冷凝水,因此断塔板和油水分离器可以省略,从而使脱苯装置、管线、阀门大大简化,操作简捷方便,并进一步降低了洗油消耗。实际上用计算机对脱苯塔作模拟计算从理论上也为此提供了支撑。实现萘在贫油中不积累的关键是:脱苯装置操作稳定;脱苯塔顶温度、直接蒸汽温度和用量及富油入脱苯塔温度等指标适宜等;煤气在初冷器和电捕焦油器将萘和煤焦油脱出的较好。

（二）生产两种苯的工艺流程

生产两种苯的工艺流程见图 8-14。与生产一种苯流程不同的是脱苯塔逸出的粗苯蒸气经分凝器与富油和冷却水换热,温度控制为 88～92 ℃后进入两苯塔。两苯塔顶逸出的73～78 ℃的轻苯蒸气经冷凝冷却并分离出水后进入轻苯回流槽,部分送至塔顶作回流,其余作为产品采出。塔底引出重苯。

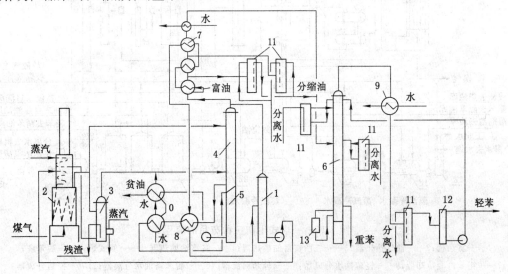

图 8-14　生产两种苯的工艺流程

1——脱水塔;2——管式炉;3——再生器;4——脱苯塔;5——热贫油槽;6——两苯塔;
7——分凝器;8——换热器;9——冷凝冷却器;10——冷却器;11——分离器;12——回流柱;13——加热器

脱苯塔顶逸出粗苯蒸气是粗苯、洗油和水的混合蒸气。在分凝器冷却过程中生产的冷凝液称之为分缩油,分缩油的主要成分是洗油和水。密度比水小的称为轻分缩油,密度比水大的称为重分缩油。轻、重分缩油分别进入分离器,利用密度不同与水分离后兑入富油中。通过调节分凝器轻、重分缩油的采出量或交通管(轻、重分缩油引出管道间的连管)的阀门开度可调节分离器的油水分离状况。

从分离器排出的分离水进入控制分离器进一步分离水中夹带的油。

（三）生产三种产品的工艺流程

生产三种产品的工艺流程有一塔式和两塔式流程。

1. 一塔式流程

即轻苯、精重苯和萘溶剂油均从一个脱苯塔采出,如图8-15所示。自洗苯工序来的富油经油气换热器及二段贫富换热器、一段贫富换热器与脱苯塔底出来的170～175℃热贫油换热到135～150℃,进入管式炉加热到180℃进入脱苯塔,在此用再生器来的直接蒸汽进行汽提和蒸馏。脱苯塔顶部温度控制在73～78℃,逸出的轻苯蒸气在油气换热器、轻苯冷凝冷却器经分别与富油、16℃低温水换热冷凝冷却至30～35℃,进入油水分离器,在与水分离后进入回流槽,部分轻苯送至脱苯塔顶作回流,其余作为产品采出。

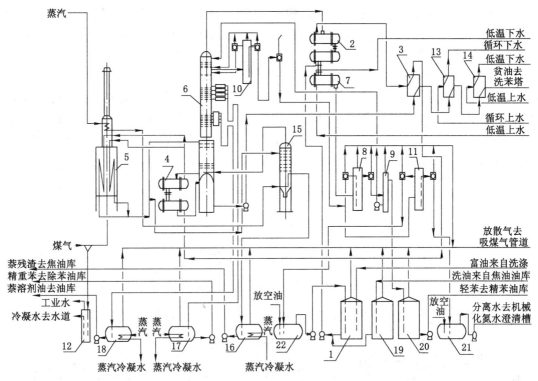

图 8-15　一塔式生产三种产品的流程

1——富油槽;2——油气换热器;3——二段贫富油换热器;4——贫富油换热器;5——管式炉;6——脱苯塔;

7——粗苯冷凝冷却器;8——轻苯油水分离器;9——轻苯回流槽;10——脱苯塔油水分离器;11——控制分离器;

12——管式炉用煤气水封阀;13——一段贫油冷却器;14——二段贫油冷却器;15——再生器;16——残渣槽;

17——精重苯槽;18——萘溶剂油槽;19——新洗油槽;20——轻苯储槽;21——分离水放空槽;22——油放空槽

脱苯塔底部排出的热贫油经一段贫富油换热器后进入脱苯塔底部热贫油槽,再用泵送经二段贫富油换热器、一段贫油冷却器、二段贫油冷却器冷却到27~30 ℃至洗苯塔循环使用。

精重苯和萘溶剂油分别从脱苯塔侧线引出至各自的储槽。从脱苯塔上部断塔板上将塔内液体引至分离器与水分离后返回塔内。

从管式炉后引出1%~1.5%的热富油,送入再生塔内,用经管式炉过热到400 ℃的蒸汽蒸吹再生。再生残渣排入残渣槽,用泵送油库工段。

系统消耗的洗油定期从洗油槽经富油泵入口补入系统。

各油水分离器排出的分离水,经控制分离器排入分离水槽送鼓风工段。

各储槽的不凝气集中引至鼓风冷凝工段初冷前吸煤气管道。

2. 两塔式流程

即轻苯、精重苯和萘溶剂油从两个塔采出。与一塔式流程不同之处是脱苯塔顶逸出的粗苯蒸气经冷凝冷却与水分离后流入粗苯中间槽。部分粗苯送至塔顶作回流,其余粗苯用作两苯塔的原料。脱苯塔侧线引出萘溶剂油,塔底排出热贫油。热贫油经换热器、贫油冷却器冷却后至洗苯工序循环使用。粗苯经两苯塔分馏,塔顶逸出的轻苯蒸气经冷凝冷却及油水分离后进入轻苯回流槽,部分轻苯送至塔顶作回流,其余作为产品采出。重质苯(也称之为精重苯)、萘溶剂油分别从两苯塔侧线和塔底采出。

在脱苯的同时进行脱萘的工艺,可以解决煤气用洗油脱萘的萘平衡,省掉了富萘洗油单独脱萘装置。同时因洗油含萘低,又可进一步降低洗苯塔后煤气含萘量。

三、富油脱苯产品及质量

粗苯工段的产品既富油脱苯产品,依工艺过程的不同而异。一般生产轻苯和重苯,也可以生产粗苯一种产品或轻苯、重质苯及萘溶剂油三种产品。各产品质量指标如表8-7、表8-8、表8-9所示。

表8-7　　　　　　　　　　　粗苯和轻苯质量指标

指标名称	粗　苯		轻　苯
	加工用	溶剂用	
外　观	黄色透明液体		
密度(20 ℃)/g·mL^{-1}	0.871~0.900	≤0.900	0.870~0.880
馏程(1.013×10⁵ Pa)	—		
75 ℃前馏出量(体积分数)/%			—
180 ℃前馏出量(质量分数)/%	≥93	≥91	—
馏出96%(体积分数)温度/ ℃	—		≤150
水　分	室温(18~25 ℃)下目测无可见不溶解水		

注:加工用粗苯,如石油洗油做吸收剂时,密度允许不低于0.865 g/mL。

表8-8　　　　　　　　　　　重苯质量指标

指标名称	一　级	二　级
馏程(1.103×10⁵ Pa)		
初馏点/ ℃	≥150	≥150
200 ℃前(质量分数)/%	≥50	≥35
水分/%	≤0.5	≤0.5

表 8-9   重质苯质量指标

指 标 名 称	一 级	二 级
密度 20 ℃(2)/g·mL^{-1}	0.930~0.960	0.930~0.980
馏程(1.013×10^5 Pa)		
初馏点/ ℃	≥160	≥160
200 ℃前馏出量(体积分数)/%	≥85	≥85
水分/%	≤0.5	≤0.5
古马隆-茚含量/%	≥40	≥30

四、富油脱苯主要设备

（一）脱苯塔

焦化厂使用的脱苯塔有泡罩塔和浮阀塔等,其材质一般采用铸铁,也有用不锈钢的。国内多采用铸铁泡罩塔,塔板泡罩为条形或圆形,条形泡罩应用较多。根据富油脱苯加热方式,脱苯塔一般分为预热器加热富油的脱苯塔和管式炉加热富油的脱苯塔。

预热器加热富油的脱苯塔见图 8-16,一般采用 12~18 层塔板。从预热器来的富油由上数第 3 层塔板引入,塔顶不打回流,富油中的粗苯完全是在提馏段(也称之为汽提段)被上升的蒸汽蒸吹出来,塔底排出的即为贫油。小部分直接蒸汽由浸入贫油中的蒸汽鼓泡器鼓泡而出,连同由再生器来的大部分直接蒸汽(总量大于 75%)及油气一齐沿塔上升,经各层塔板蒸吹富油后,又于塔顶部两层塔板,将蒸汽所夹带的洗油滴捕集下来,然后由塔顶逸出。

由塔顶逸出的蒸气是粗苯蒸气、油气和水蒸气的混合物。通入塔内的直接蒸汽为过热蒸汽,全部由塔顶逸出。

一般在脱苯生产操作中,塔板层数为一定,循环洗油量及塔内操作总压力变动不大,因而对各组分蒸出率影响最大的是富油预热温度和直接蒸汽用量。

富油预热温度对于苯的蒸出程度影响很小,因为苯的挥发度大,在较低的预热温度下,几乎可全部蒸出。对于甲苯以后各组分的蒸出率影响较大。当甲苯的蒸出率随预热温度升高而增大时,贫油内粗苯中甲苯的残留量相对降低,煤气中甲苯的回收率即可提高。

提高直接蒸汽用量,也可显著提高粗苯蒸出率和降低贫油中粗苯含量,但往往受到蒸汽供应情况、洗油消耗、循环洗油质量变差及脱苯塔和分凝器生产能力的限制。另外,从节省蒸汽用量来看,直接蒸用量不宜过高。

但是,直接蒸汽用量是调节脱苯塔蒸馏操作的有效手段。在条件允许的情况下,为降低贫油中的粗苯含量,可适当加大直接蒸汽量。而在富油中水分含量增多,造成富油预热温度降低,分凝器顶部温度升高的现象时,除采取其他措施外,还应及时适当减少直接蒸汽量,以保证粗苯质量。

管式炉加热富油的脱苯塔见图 8-17,一般采用 30 层塔板。从管式炉来的富油由下数第 14 层塔板引入,塔顶打回流。塔体设有油水引出口和萘油出口。塔板上的油水混合物由下数第 29 层断塔板引出,分离后的油返回到第 28 层塔板。该塔除了要保证塔顶粗苯产品和塔底贫油的质量外,还要控制侧线引出的萘油质量,操作较复杂。近年来发展了一种 50 层塔板并带萘油侧线出口的脱苯塔。塔顶产品为粗苯,塔底为优质低萘贫油。

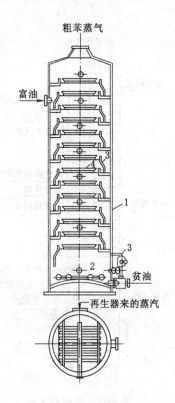

图 8-16　预热器加热脱苯塔

1——塔体；2——蒸汽鼓泡器；3——液面调节器

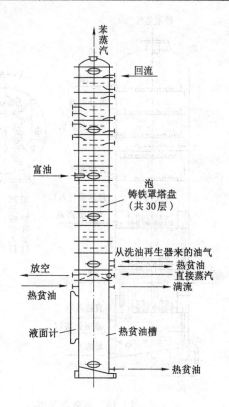

图 8-17　管式炉加热脱苯塔

（二）两苯塔

两苯塔主要有泡罩塔和浮阀塔两种类型。

泡罩塔的构造见图 8-18。两苯塔上段为精馏段，下部为提馏段。精馏段设有 8 块塔板，每块塔板上有若干个圆形泡罩，板间距为 600 mm。精馏段的第二层塔板及最下一层塔板为断塔板，以便将塔板上混有冷凝水的液体引至油水分离器，油水分离后再回到塔内下层塔板，以免塔内因冷凝水聚集而破坏精馏塔的正常操作。

提馏段设有 3 块塔板，板间距约为 1 000 mm。每块塔板上有若干个圆形高泡罩及蛇管加热器，在塔板上保持较高的液面，使之能淹没加热器。重苯由提馏段底部排出。

由分凝器来的粗苯蒸气进入精馏段的底部，塔顶用轻苯打回流。在提馏段底部通入直接蒸汽。轻苯和重苯的质量靠供给的轻苯的回流量和直接蒸汽量控制。

气相进料浮阀两苯塔的构造见图 8-19。精馏段设有 13 层塔板，提馏段为 5 层。每层塔板上装有若干个十字架形浮阀，其构造及在塔板上的装置情况见图 8-20。

浮阀两苯塔的塔板间距为 300～400 mm，空塔截面的蒸汽流速可取为 0.8 m/s。采用设有 30 层塔板的精馏塔，将粗苯分馏为轻苯、精重苯和萘溶剂油三种产品，以利于进一步加工精制。

液相进料的两苯塔见图 8-21。一般设有 35 层塔盘，粗苯用泵送入两苯塔中部。塔体下部的外侧有重沸器，在重沸器内用蒸汽间接加热从塔下部引入的釜残液，部分气化后的气——液混合物进入塔内。塔顶引出轻苯气体，顶层有轻苯回流入口。塔侧线引出精重

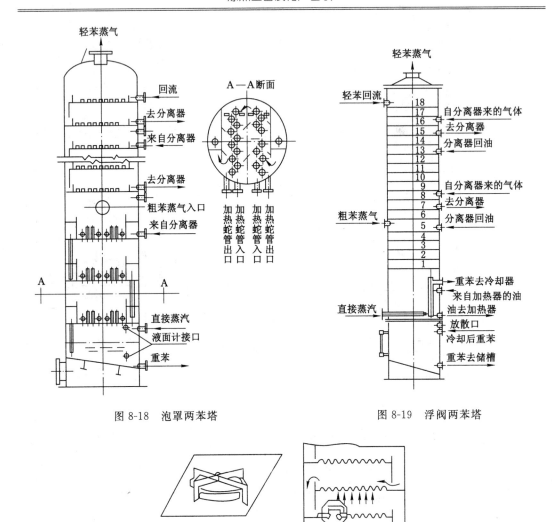

图 8-18　泡罩两苯塔　　　　　　　图 8-19　浮阀两苯塔

图 8-20　十字架形浮阀及其塔板

苯,底部排出釜残液即萘溶剂油。

在生产轻苯和重苯的两苯塔中,一般从 180 ℃前粗苯中蒸出的 150 ℃前的轻苯产率为 93%～95%,重苯产率为 5%～8%。

在两苯塔塔顶轻苯的采出温度为 73～78 ℃,在塔内冷凝的水汽量,为随粗苯蒸气带来的水汽量加上由塔底供入的直接汽量与随轻苯带出的水汽量的差值。这部分冷凝水必须经分离器分离出去,以保证两苯塔的正常操作。

（三）洗油再生器

洗油再生器构造见图 8-22。再生器为钢板制的直立圆筒,带有锥形底。中部设有带分布装置的进料管,下部设有残渣排出管。蒸汽法加热富油脱苯的再生器下部设有加热器,管式炉法加热富油脱苯的再生器不设加热器。为了降低洗油的蒸出温度,再生器底部设有直接蒸汽泡沸管,管内通入脱苯蒸馏所需的绝大部分或全部蒸汽。在富油入口管下面设两块弓形隔板,以均布洗油,提高再生器内洗油的蒸出程度。在富油入口管的上面设三块弓形隔板,以捕集油滴。

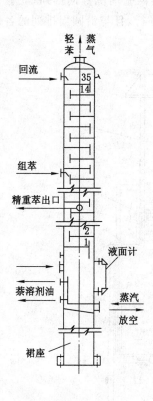

图 8-21　液相进料两苯塔

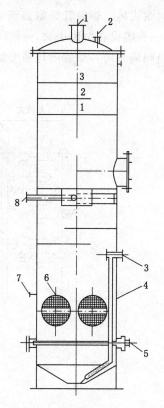

图 8-22　再生器
1——油气出口;2——放散口,3——残渣出口;
4——电阻温度计接口;5——直接蒸汽入口;
6——加热器;7——水银温度计接口;8——油入口

　　一般情况下,洗油在再生器内的蒸出程度约为 75%。为了提高洗油的蒸出程度,有的焦化厂采用了在设备上部装有两层泡罩塔板的洗油再生器,当所用蒸汽参数及数量能满足要求时,有较好的效果。

　　再生器可以再生富油也可再生贫油。富油再生的油气和过热水蒸气从再生器顶部进入脱苯塔的底部,作为富油脱苯蒸气。该蒸汽中粗苯蒸气分压与脱苯塔热贫油液面上粗苯蒸气压接近,很难使脱苯贫油含苯量再进一步降低,贫油含苯质量分数一般在 0.4% 左右。如将富油再生改为热贫油再生,这样可使贫油含苯量降到 0.2%,甚至更低,使吸苯效率得以提高。

　　再生器的加热面积计算,可按每 1 m³ 洗油需要加热面积 0.3 m² 确定。我国的焦化厂采用的再生器直径分别有 600 mm、1 200 mm、1 600 mm、1 800 mm 等多种,可供选用。

　　(四)管式加热炉

　　管式加热炉的炉型有几十种,按其结构形式可分箱式炉、立式炉和圆筒炉。按燃料燃烧的方式可分有焰炉和无焰炉。

　　我国的焦化厂脱苯蒸馏用的管式加热炉均为有焰燃烧的圆筒炉。圆筒炉的构造如图

8-23 所示,圆筒炉由圆筒体的辐射段、长方体的对流段和烟囱三大部分组成。外壳由钢板制成,内衬耐火砖。辐射管是耐热钢管沿圆筒体的炉墙内壁周围竖向排列(立管),分为并联的两程。火嘴设在炉底中央,火焰向上喷射,与炉管平行,且与沿圆周排列的各炉管等距离,因此沿圆周方向各炉管的热强度是均匀的。

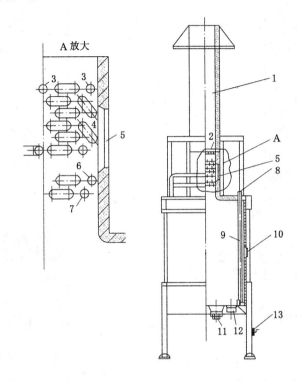

图 8-23　圆筒炉

1——烟囱;2——对流室顶盖;3——对流室富油入口;4——对流室炉管;5——清扫门;
6——饱和蒸汽入口;7——过热蒸汽出口;8——辐射段富油出口;9——辐射段炉管;
10——看火门;11——火嘴;12——人孔;13——调节闸板的手摇鼓轮

沿炉管的长度方向热强度的分布是不均匀的。一般热负荷小于 $1\ 675 \times 10^4$ kJ/h 的圆筒炉,在辐射室上部设有一个由高铬镍合金钢制成的辐射锥,它的再辐射作用,可使炉管上部的热强度提高,从而使炉管沿长度方向的受热比较均匀。

对流段置于辐射段之上,对流管水平排放。其中紧靠辐射段的两排横管为过热蒸汽管,用于将脱苯用的直接蒸汽过热至 400 ℃ 以上。其余各排管用于富油的初步加热。

温度为 130 ℃ 左右的富油分两程先进入对流段,然后再进入辐射段,加热到 180~200 ℃ 后去脱苯塔。

炉底设有 4 个煤气燃烧器(火嘴),每个燃烧器有 16 个喷嘴,煤气从喷嘴喷入,同时吸入所需要的空气。由于有部分空气先同煤气混合然后燃烧,故在较小的过剩空气系数下,可达到完全燃烧。在炉膛内燃烧的火焰具有很高的温度,能辐射出大量能量给辐射管,同时,也依靠烟气的自然对流来获得一部分热量。

进入对流段的烟气温度约为 500 ℃,离开对流段的烟气温度低于 300 ℃。在对流段主要以烟气强制对流的方式将热量传给对流管。为了提高对流段的传热效果,尽量提高烟气的流速,所以对流管布置得很紧密,排成错列式,并与烟气流动的方向垂直。

煤气在管式炉内燃烧时所产生的总热量 Q,大部分用在加热及蒸发炉内物料和使水蒸气过热上,称为有效热量 $Q_{有效}$;另一部分则穿过炉墙损失于周围介质中,约为 $(0.06\sim0.08)$ Q;第三部分热量则随烟气自烟囱中带走,其值随烟气的温度和空气过剩系数大小而定。

管式炉的热效率,是表示燃料燃烧时所产生的热量被有效利用的程度,可用下式表示

$$\eta = \frac{Q_{有效}}{Q} \times 100\% \qquad (8-18)$$

有效热量在辐射段和对流段的分配比例同管式炉的热效率有关,对于热效率为 70% 的管式炉,辐射段约占 80%,对流段约占 20%。

上述介绍的管式加热炉的热效率一般可以达到 70%~75%。

（五）分凝器和油气换热器

富油脱苯两塔式流程和蒸气加热富油脱苯一塔式流程采用分凝器,管式炉加热富油脱苯一塔式流程采用油气换热器。

分凝器结构如图 8-24 所示,多采用 3~4 个卧式管室组成的列管式换热器。

从脱苯塔来的蒸气由分凝器下部进入其管外空间。在下面三组管室内,蒸气由管内的富油冷却,在上部的小管组用循环冷水冷却,随之有绝大部分的油气和水汽冷凝下来。在分凝器内未凝结的粗苯蒸气和水汽的混合物,由分凝器顶逸出粗苯蒸气,进入冷凝冷却器(生产粗苯产品)或进入两苯塔(两塔式流程生产轻、重苯或三种产品)。

由富油泵送来的冷富油进入分凝器下部管组,自下而上通过三个管组后,可加热至70~80 ℃。可见,分凝器的作用是将来自脱苯塔的混合蒸气进行冷却和部分冷凝,使绝大部分洗油气和水蒸气冷凝下来,并通过控制分凝器出口的蒸气温度,使出口蒸气中粗苯的质量符合要求。同时,还用蒸气的冷凝热与富油进行换热。

分凝器内传热过程可分为以下三个阶段:

(1) 油气冷凝阶段,将热传给富油;

(2) 油气及水汽共凝阶段,将热传给富油;

(3) 油气及水汽共凝阶段,将热传给冷却水。

油气换热器和冷凝冷却器结合使用,将图 8-24 所示的卧式管室组成的列管式换热器改动位置后使用,即将水冷却管组放在最下面。上面 2~3 组是油气换热器,下面 1 组是冷凝冷却器。

脱苯塔顶逸出的粗苯(或轻苯)蒸气,自上而下通过油气换热器与冷凝冷却器的管间,洗苯塔来富油自下而上进入油气换热器的管内与苯蒸气逆流(也有错流)间接换热,富油被加热到 70~80 ℃,苯蒸气在进入冷凝冷却器与自下而上的 16 ℃ 低温水间接换热冷凝冷却

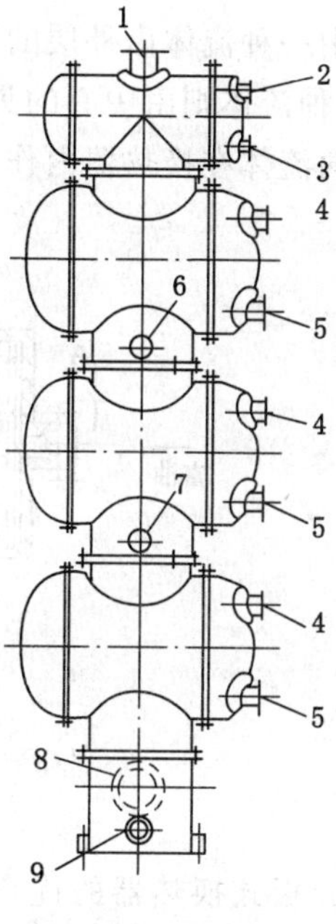

图 8-24　分凝器

1——苯蒸气出口;2——水出口;

3——水入口;4——富油出口;

5——富油入口;6,7——轻馏分出口;

8——粗苯蒸气入口;9——重馏分出口

至 30 ℃。

（六）换热器

贫富油热交换器可采用列管式和螺旋板式换热器。

过去多用四程卧式列管式换热，从脱苯塔底出来的热贫油自流入热交换器的管外空间，富油走管内，热贫油走管间，通过管壁进行热量传递和交换。在进行设备计算时，传热系数可取为 335~420 W/(m² · ℃)或按每 1 m³洗油需换热面积 4~5 m²计，求得所需的总换热面积，就可选取设备。

现在多用螺旋板式换热器，螺旋板式贫富油换热器结构见图 8-25。它是由焊在中心隔板上的两块金属薄板卷制而成，两薄板之间形成螺旋形通道，两板之间焊有一定数量的定距支撑以维持通道间距，两端用盖板焊死。两流体分别在两通道内流动，隔着薄板进行换热。其中一种流体由外层的一个通道流入，顺着螺旋通道流向中心，最后由中心的接管流出；另一种流体则由中心的另一个通道流入，沿螺旋通道反方向向外流动，最后由外层接管流出。两流体在换热器内作逆流流动。

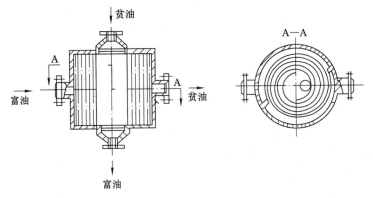

图 8-25　螺旋板式贫富油换热器

螺旋板式换热器的优点是结构紧凑；单位体积设备提供的传热面积大，约为列管换热器的 3 倍；流体在换热器内作严格的逆流流动，可在较小的温差下操作，能充分利用低温能源；由于流向不断改变，且允许选用较高流速，故传热系数大，约为列管换热器的 1~2 倍；又由于流速较高。同时有惯性离心力的作用，污垢不易沉积。其缺点是制造和检修都比较困难；流动阻力大，在同样物料和流速下，其流动阻力约为直管的 3~4 倍；操作压力和温度不能太高，一般压力在 2 MPa 以下，温度则不超过 400 ℃。贫富油螺旋板换热器，如换热面积为 200 m²，通道间距为 28 mm，冷、热侧流量可为 90 m³/h。

贫油冷却器多采用螺旋板冷却器换热面积为 200 m²，通道间距为 28 mm，热侧流量可为 90 m³/h，贫油一段冷却器冷侧用循环水流量可为 200~300 m³/h，贫油二段冷却器冷侧用制冷水流量可为 100~160 m³/h，将贫油温度降至 30 ℃，送到洗苯塔。

第四节　煤气的终冷和除萘

在生产硫酸铵的回收工艺中，饱和器后的煤气温度通常为 55 ℃左右，而回收苯族烃的适宜温度为 25 ℃左右；因此，在回收苯族烃之前煤气要再次进行冷却，称为最终冷却（终冷）。在终冷前煤气含萘约 $1 \sim 2 \ \text{g/m}^3$，大大超过终冷温度下的饱和含萘量。因此，煤气最终冷却同时还有除萘作用。早些年，煤气净化流程中普遍采用直接式最终冷却兼水洗萘工艺，即用水直接喷洒进入终冷塔的煤气，在煤气冷却的同时，萘析出并被水冲洗下来。混有萘的冷却水通过机械化萘沉淀槽将萘分离出去，或用热煤焦油将萘萃取出来。这种方法洗萘效率低，终冷塔出口煤气含萘高达 $0.6 \sim 0.8 \ \text{g/m}^3$。循环水所夹带的萘或煤焦油容易沉积于凉水架上，凉水架的排污气和排污水严重污染环境，因此水洗萘法已被淘汰。比较有前途的方法是油洗萘法和横管式煤气终冷除萘流程。

目前，焦化厂采用的煤气终冷和除萘工艺流程主要有横管式煤气终冷除萘工艺流程、油洗萘和煤气终冷工艺流程以及煤气预冷油洗萘和煤气终冷工艺流程。

一、横管式煤气终冷除萘

横管式煤气终冷除萘工艺流程见图 8-26。来自硫酸铵工段 55 ℃ 左右的煤气，进入横管式煤气终冷器进行最终冷却，煤气和轻质煤焦油走管间，冷却水走管内。终冷器分上、下两段。

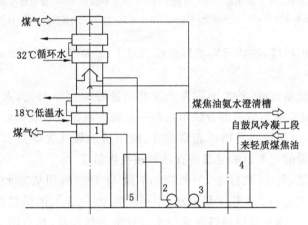

图 8-26　横管式煤气终冷除萘工艺流程

1——横管终冷器；2——含萘煤焦油泵；3——轻质煤焦油泵；4——轻质煤焦油槽；5——水封槽

煤气自上而下流动，终冷器上段用 32 ℃ 循环水间接冷却煤气，下段用 18 ℃ 低温水间接冷却煤气，经终冷后煤气被冷却至 25 ℃，然后到洗苯塔脱除其中的苯族烃。轻质煤焦油与煤气并流直接接触，自上而下分两段喷洒，轻质煤焦油含水量控制在 10% 以下，喷淋密度控制在 $4.5 \sim 5 \ \text{m}^3/(\text{m}^2 \cdot \text{h})$。含萘的轻质煤焦油用泵送鼓风冷凝工段与初冷器冷凝液混合，混合分离出的轻质煤焦油循环使用。为降低终冷器煤气系统阻力，终冷上段设氨水喷洒管，定期喷洒以清除横管外壁的油垢。该流程的特点是：轻质煤焦油为工厂自产；轻质煤焦油吸萘能力强；与鼓风冷凝装置紧密结合，流程简单，投资省；煤气不与低温水、循环水直接接触，不会造成大气污染和废水处理。

二、油洗萘和煤气终冷

油洗萘和煤气终冷的工艺流程见图 8-27。

从饱和器来的 $55 \sim 60$ ℃ 的煤气进入洗萘塔底部，经由塔顶喷淋下来的 $55 \sim 57$ ℃ 的洗苯富油洗涤后，可使煤气含萘由 $2 \sim 5 \ \text{g/m}^3$ 降到 $0.5 \ \text{g/m}^3$ 左右。除萘后的煤气于终冷塔内冷却后送往洗苯塔。

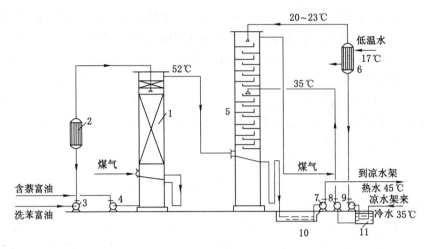

图 8-27　油洗萘和煤气终冷工艺流程

1——洗萘塔；2——加热器；3——富油泵；4——含萘富油泵；5——煤气终冷塔；
6——循环水冷却器；7——热水泵；8,9——循环水泵；10——热水池；11——冷水池

洗萘塔常用木格填料塔，洗萘所需填料面积为每 1 m³煤气 0.2～0.3 m²。塔内煤气的空塔速度为 0.8～1.0 m/s。

洗萘用的洗油为洗苯富油，其喷洒量为洗苯富油量的 30%～35%，入塔富油含萘要求小于 8%。吸收了萘的富油与另一部分洗苯富油一起送去蒸馏脱苯脱萘。为了防止在终冷塔内从煤气中析出萘，以保证终冷塔的正常操作，洗萘塔后煤气含萘要求≤0.5 g/m³。影响洗萘塔后煤气含萘量的主要因素是富油含萘量和吸收温度。

终冷塔为隔板式塔，共 19 层隔板，分两段。下段 11 层隔板用从凉水架来的循环水喷淋，将煤气冷却至 40 ℃左右。上段 8 层隔板，用温度为 20～23 ℃的低温循环水喷淋，将煤气再冷却至 25 ℃左右。热水从终冷塔底部经水封管流入热水池，然后用泵送至凉水架，经冷却后自流入冷水池，再用泵送到终冷塔的下段，送往上段的水尚需于间冷器中用低温水冷却。由于终冷器只是为了冷却煤气而无需冲洗萘，故终冷循环水量可减少至 2.5～3 t/1 000 m³（煤气）。

三、煤气预冷油洗萘和终冷

煤气预冷油洗萘和终冷工艺流程见图 8-28。煤气先进入预冷塔，被冷却水冷却到 40～45 ℃（萘露点为 30～35 ℃）。由于煤气温度高于萘露点温度，故在塔中无萘析出。预冷后的煤气进入油洗萘塔，靠调节洗苯富油温度使塔内煤气温度保持在 40～45 ℃。洗萘后的煤气再经最终冷却塔冷却至 25 ℃左右。此流程由于洗萘温度低，故经洗萘后的煤气含萘量可降至 0.4～0.5 g/m³。若采用含萘＜5%的洗苯贫油洗萘，可使煤气含萘降至 0.2 g/m³以下。此流程操作的关键是保证预冷塔煤气出口温度比煤气的萘露点高 5～10 ℃，以保证萘不在预冷塔析出。

油洗萘和煤气终冷流程与水洗萘相比，除了洗萘效果好之外，突出的优点是所需终冷水量仅为水洗萘用水量的一半，故可以减少污水排放量，并有可能采用终冷水闭路循环系统，取消凉水架，避免对大气的污染。

通过以上几种煤气洗萘和终冷流程的讨论可以看到：

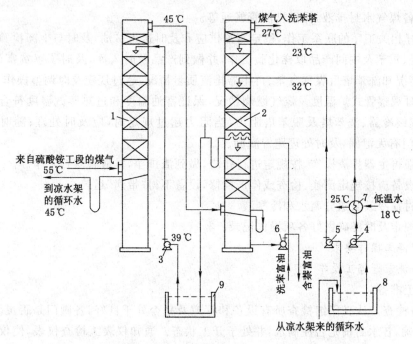

图 8-28　煤气预冷油洗萘和终冷工艺流程
1——煤气预冷塔;2——油洗萘向煤气终冷塔;3,4,5——终冷水泵;
6——油泵 7——循环水冷却器;8——循环水池;9——中间水池

（1）煤气终冷是为了降低硫酸铵工艺装置排出煤气的温度和湿度,以有利于粗苯的回收而必须设立的一道工序。

（2）洗萘则是因为煤气在初冷器中冷却温度不够低而留下的缺陷。为了弥补这些缺陷,上述横管终冷除萘工艺中,几乎完全重复了煤气横管初冷的设备和操作。因此,焦化界人士的共识是:煤气初冷(含除煤焦油、除萘)是化学产品回收与煤气净化的基础,在初冷工序多投入一些是值得的。使初冷器后煤气温度低一些,再在电捕(煤)焦油器中除去煤焦油雾,即可打好基础。

第五节　洗脱苯工段的主要操作及常见事故处理

洗脱苯工段的主要任务是用洗油回收煤气中的苯族烃,使洗苯后的富油经蒸馏等操作,生产出合格的煤气和粗苯(或轻苯和重苯等)产品,并把符合洗苯要求的脱苯后的贫油送往洗苯塔。

一、洗脱苯工段的主要操作
以横管式煤气终冷管式炉脱苯生产两种苯为例。

（一）正常操作要求
（1）正常生产中应首先做好有关工艺设备的检查调整工作,使之符合技术操作规定。其中包括:各操作控制点的温度、压力、流量、液面等稳定;各设备、管道、阀门,各泵的润滑、响声、振动、轴承和电动机温升,发现异常及时处理;各油水分离器分离情况,做到油水分清,不跑油;各煤气水封排液,保证排液管畅通等。

(2) 做好相关工序的联系工作,稳定富油供应和及时送走贫油;及时与生产检验部门联系,进行对轻、重苯及中间产品取样化验工作,并做到产品及时入库,及时了解贫富油含苯、含水、含萘情况和洗苯塔后煤气含苯、再生器排渣质量情况,超过规定及时调整操作。

(3) 随时观察管式炉温度及煤气燃烧情况,保证富油温度和过热蒸汽温度符合技术规定;随时掌握终冷器、洗苯塔及脱苯塔阻力,当阻力超过规定时,应及时处理;随时检查设备、管道、阀门有无泄漏,及时处理跑冒滴漏。

(4) 加强再生器排渣操作,按规定进行排渣,做到渣排净,排渣管吹扫干净。

(5) 各设备应按规定倒换、检查或停产检修,设备不得"带病"运转。

(6) 及时往冷鼓泵送分离水和冷凝液。

(7) 按规定及时准确做好各项操作记录。

(二) 开停工操作要求

1. 终冷洗苯开停工操作

(1) 开工准备

① 设备检查。认真仔细检查所有设备和管道及是否处于良好,各阀门是否灵活好用,开关是否正确,各水封槽是否注满水,并处于开工状态。通知仪表工检查仪表,使仪表齐全良好;通知电工检查供电系统,使电器齐全良好并送电。

② 请示上级领导,通知相关生产岗位准备开工。

(2) 开工操作

① 横管终冷器开工:

a. 打开放散管,关闭煤气出、入口阀门,从终冷器底部通入蒸汽置换空气;

b. 当放散管冒出大量蒸汽后,开启煤气入口阀门 1/3,同时关闭蒸汽阀门,用煤气置换蒸汽;

c. 当放散管冒出大量煤气时,以放散管取样做爆发试验合格后关闭放散管,开煤气出、入口阀门;

d. 缓慢关闭煤气交通阀门,注意压力变化;如有不正常或阻力过大时,应停止关闭交通阀,消除故障后再进行;

e. 煤气系统运行正常后,开启循环水和制冷水,调节水量使煤气温度符合技术要求;

f. 通知横管初冷岗位向冷凝液循环槽送喷洒液。开启冷凝液循环泵进行终冷器两段喷洒,调节喷洒量及外送量符合技术要求。

② 洗苯塔的开工:

a. 在煤气交通管打开,出、入口阀门关闭的状态下,打开塔顶部放散管,从塔底通入蒸汽置换塔内空气,同时从塔出口煤气管道是通入蒸汽置换空气;

b. 当塔顶冒出大量蒸汽后,稍开煤气入口阀门 3~5 扣,使煤气通入塔内,同时关闭塔内蒸汽;

c. 当放散管冒出大量煤气后,取样做爆发试验,合格后关闭放散管,同时全开塔出、入口煤气开闭器;

d. 慢慢关闭交通管煤气开闭器,注意压力变化情况,如阻力过大,立即停止关交通管开闭器,待查明原因,排除故障后,再关闭交通管开闭器;

e. 各塔全部通过煤气正常后,通知蒸馏岗位向 2 号洗苯塔送贫油,待塔底见液面时,启动半富油泵向 1 号洗苯塔送油,当洗苯塔底见液面,启动富油泵往蒸苯送富油;

f. 调整各泵压力、流量、温度、稳定各塔液面,直至正常。

(3)停工操作

① 横管终冷器停工:

a. 打开煤气交通管阀门,同时停止冷凝液循环泵送转;

b. 关闭煤气出、入口阀门,注意阻力变化;

c. 关闭终冷器循环水和制冷水进水;

d. 若为短时间停工,用煤气保持塔内正压;

e. 若为长时间停工,则打开放散管,往终冷器内和煤气入口管通蒸汽,放散管放出大量蒸汽后停蒸汽,在煤气出、入口处堵盲板,冬季应放塔内及管道内所有存水。

② 洗苯塔停工:

a. 通知蒸苯岗位停止往洗苯塔送贫油,停止半富油泵和富油泵运转;

b. 打开煤气交通阀;

c. 如临时停工,关闭煤气出口开闭器,但入口关闭 3～5 扣,以保持正压,塔内存油不必放空;

d. 如长期停工,可将出、入口阀门全部关闭,排空塔内和泵内洗油,打开塔顶部放散阀,用蒸汽清扫塔内煤气后,排空冷凝水。

2. 脱苯开、停工操作

(1)脱苯系统的开工

① 开工前的准备工作:

a. 设备检查。仔细检查所有设备和管道上的阀门,使其灵活好用,并处于正常良好状态;通知仪表工检查仪表,使仪表齐全良好;通知电工检查电器并送电;通知洗涤工序,做好洗苯和送富油等工作。

b. 设备通蒸汽。经再生器送直接蒸汽,吹扫油气系统,使其畅通。其流程为:再生器——脱苯塔——分凝器——两苯塔——冷凝冷却器——油水分离器等。蒸汽同时吹扫贫富油换热器,贫油冷却器及贫富油管道等(包括管式炉),使其设备畅通,吹扫后停止送汽。

c. 各油水分离器充满水。

d. 做好管式炉的点火准备工作。用蒸汽吹出水封槽及管道内的空气后使煤气进入,放掉管内积水,打开烟道翻板,调节进风量。

② 与有关部门联系,得到生产主管部门同意,方可开工。

③ 开工主要操作如下:

a. 开泵和管式炉点火。首先开启富油泵,如果设备内无油,要先打开分凝器、换热器放散,合闸启动,见油后关放散,再开启贫油泵。先打开贫油冷却器放散,见油后关闭放散,合闸开泵;洗油冷循环正常后,管式加热炉按点火规程进行点火,给富油加热加温。

b. 开脱苯塔。富油温度升至 110 ℃时,开脱苯塔(再生器底部)直接蒸汽,并开再生器进油门和间接蒸汽,当分凝器出口温度达到 95 ℃时,慢慢开分凝器冷水阀门,并调节器其出口温度;当两苯塔顶达到 90 ℃时开回流泵,调到适宜出口温度;轻苯冷却器放散管见汽后,慢慢开冷却水阀门;贫油冷却器出口油温达到 45 ℃,慢慢开冷却水阀门,调节到适宜温度。

c. 开两苯塔。当两苯塔塔底液面达到萘溶剂油出口处,开两苯塔底加热器,并开萘油出口阀门;当重分缩油出口油温超过 50 ℃时,慢慢开冷却水,调节至适宜水温,待各处温度、压力及轻苯来油正常后,开两苯塔油水分离器。

d. 仔细观察调整各处温度、压力、液面、流量等达到操作技术规定指标。

(2)脱苯工段的停工

根据生产实际情况或意外事故需要停工时,应通知有关部门和岗位,经联系准备稳妥后,进行停工操作。

① 停火、关汽。慢慢降低管式炉炉膛温度至 300 ℃以下,然后停火,关闭总阀门和分阀门;关闭各处直接、间接蒸汽阀门。

② 关油路。首先关闭再生器进塔阀门,防止倒油,并关闭油阀门;先停富油泵,然后停贫油泵、回流泵;关闭重苯出口阀门。

③ 关水。首先减少分凝器、轻苯冷却器进水量,当轻苯停止来油后,关闭各处冷却水进口阀门。

④ 将待修设备、管道里的油放空,并吹扫干净。

(三)特殊操作要求

1. 管式炉点火操作

(1)检查煤气总阀门和分阀门是否关闭严密,防止漏出煤气。

(2)打开煤气总阀门和煤气过滤器底部放水门,放净煤气冷凝水。

(3)确认洗油已正常循环,炉内蒸汽管已通蒸汽。

(4)打开烟囱翻板至1/2。

(5)点燃煤气点火管。

(6)将点火管明火置于点火口煤气喷嘴上方,再开煤气分阀门逐一点燃各煤气喷嘴,后调节加热煤气量符合工艺要求。

2. 突然停电

(1)立即关闭管式炉煤气,停止管式炉加热。

(2)关闭再生器、脱苯塔直接蒸汽,关闭各冷却器冷却水进口阀门,停轻苯回流泵。

(3)与调度及供电部门联系,了解停电原因,若为短时间停电,做好来电开工准备;若停电时间长,则应请示领导按停工操作处理。

3. 突然停蒸汽

(1)立即关闭各冷却器冷却水进口阀门,停回流泵,管式炉降火降温停止来油。

(2)关闭再生器、脱苯塔直接蒸汽阀门,再生器停止进油。

(3)与调度及锅炉房联系,了解停蒸汽原因,若为短时停蒸汽,做好来蒸汽开工准备,若停蒸汽时间长,则应请示领导按停工操作处理。

4. 突然停水

(1)立即降火、减蒸汽,调节回流量,停止来油。

(2)与调度和供水部门联系,了解停水原因及停水时间长短,若停水时间短,做好来水后的开工准备,若停水时间长,则应请示领导处理。

5. 突然停仪表风

突然停仪表风后,各自控系统失控,应立即转换手动调节控制,待恢复供仪表风后,再切换转回自调。

对于不同生产规模焦化厂的脱苯工段,由于选用的工艺设备和生产的产品不同,各自的生产操作及控制的技术操作指标都会有所不同。因此,各厂应按本厂制定的生产技术操作规程进行操作。

二、洗脱苯工段常见事故及处理

洗脱苯工段的操作情况可以从洗苯塔后煤气含苯、贫油含苯、产品的质量和产量、洗油的消耗等方面来评定。生产中的一些不正常现象,可能发生的原因及一般的处理方法详见表 8-10。脱苯工段可能发生的事故、原因及处理方法详见表 8-11。

表 8-10　　　　　　　　洗脱苯工段生产操作不正常现象、原因及处理方法

不正常现象	主要原因分析	一般处理方法
循环油量不足	新鲜洗油补充不足或不及时;循环油泵故障	补充新洗油;停泵、开启备用泵
洗油黏度增加	再生器操作不正常,直接蒸汽量大,带出高沸点洗油,残渣排出不足	降低再生器直接蒸汽量,增加再生器排渣量
管式炉后富油温度降低,同时分凝器后油气温度升高	油水分离操作不良,使分凝油带水	调整分凝器交通管,控制轻、重分凝油流量,使之易于与水分离,改变分凝器油气流动方式
冷凝冷却器及分凝器温度同时下降,脱苯塔底压力升高	冷凝冷却器因温度低被苯堵塞;脱苯塔堵塞	关闭冷却水,并稍关脱苯塔蒸汽,使分凝器、冷凝冷却器温度升高后将苯熔化停工清扫脱苯塔
脱苯塔顶部温度升高	回油量小 分凝器后温度高 直接蒸汽量大	增加回流量 增加分凝器最上格的冷却水量 减少直接蒸汽量

表 8-11　　　　　　　　脱苯工段的一般事故及处理方法

事故名称	事故原因分析	一般处理方法
液泛(脱苯塔窜油)	直接蒸汽突然增加 富油带水 富油温度过高 贫油系统不通畅	减少直接蒸汽量 降低炉温 适当减小富油泵上油量 检查贫油系统,逐步恢复正常
管式炉结焦	富油流量过小 因富油泵故障,使富油在炉管内停流时间过长 炉温过高	如阻力不太大,可加大富油流量倒备用富油泵 适当降低炉温,减少煤气量 继续生产,严重时停产检修,更换炉管

事故名称	事故原因分析	一般处理方法
脱苯塔淹塔	贫油系统堵塞或闸门掉闸板 贫油泵故障 富油泵上油量过大	立即减小富油泵上油量 立即倒换备用贫油泵 贫油系统问题严重时,停产检修
管式炉漏油着火	炉管腐蚀严重 加工质量差 安装不当	立即开灭火蒸汽,关闭煤气总阀门 停富油泵,关闭炉下进风门 停火将温后,查明原因,进行检修
富油泵压力猛增	富油带水(分缩油带入或因贫油温度过低,煤气中水蒸气冷凝带入) 富油系统设备、管道阻塞或阀门掉闸板	迅速降火,适当减小循环油量,找出带水原因,加以处理,水脱完后再恢复正常 富油系统有故障,查明原因,改走交通管,或换走备用设备,严重时,停产检修
分凝器或换热器嘴垫跑油	富油泵压力过大未及时发现和处理	如分离器一节嘴垫,改走交通管,关闭该节进出口油阀门 与有关部门联系,如停电时间长,按停工操作处理

第六节　粗苯精制主要产品及加工方法

一、粗苯的组成、精制方法

（一）粗苯的组成

粗苯主要是由苯、甲苯、二甲苯和三甲苯等苯族烃组成,还有不饱和化合物及少量含硫、氮、氧的化合物。其中各组分的含量因配煤质量和组成及炼焦工艺条件的不同而有较大波动。180 ℃粗苯中主要组分含量及其性质见表 8-12。

表 8-12　　　　　　　　　180 ℃粗苯中主要组分含量及其性质

名　　称	分子式	相对分子质量	相对密度 d_4^{20}	101.3 kPa 时的沸点/ ℃	结晶点/ ℃	质量分数/%
苯	C_6H_6	78.114	0.879 0	80.1	5.53	55～80
甲苯	$C_6H_5CH_3$	92.141	0.866 9	110.6	−95.0	12～22
邻二甲苯	$C_6H_4(CH_3)_2$	106.169	0.880 2	144.4	−25.3	0.4～0.8
间二甲苯	$C_6H_4(CH_3)_2$	106.169	0.864 2	139.1	−47.9	2.0～3.0
对二甲苯	$C_6H_4(CH_3)_2$	106.169	0.861 1	138.35	13.3	0.5～1.0
乙基苯	$C_6H_5C_2H_5$	106.169	0.867 0	136.2	−94.9	0.5～1.0
均三甲苯 (1,3,5-三甲苯)	$C_6H_3(CH_3)_3$	120.195	0.865 2	164.7	−44.8	0.2～0.4
连三甲苯 (1,3,5-三甲苯)	$C_6H_3(CH_3)_3$	120.195	0.894	176.1	−25.4	0.05～0.15

名　称	分子式	相对分子质量	相对密度 d_4^{20}	101.3 kPa 时的沸点/℃	结晶点/℃	质量分数/%
偏三甲苯 (1,3,5-三甲苯)	$C_6H_3(CH_3)_3$	120.195	0.875 8	199.35	−43.8	0.15~0.3
异丙苯	$C_6H_5C_3H_7$	120.195	0.861 8	152.4	−96.03	0.03~0.05
正丙苯	$C_6H_5C_3H_7$	120.195	0.862 0	159.2	−99.50	
间-乙基甲苯	C_9H_{12}	120.195	0.864 5	161.33	−95.55	0.08~0.1
对-乙基甲苯	C_9H_{12}	120.195	0.861 2	162.02	−62.35	
邻-乙基甲苯	C_9H_{12}	120.195	0.880 7	165.15	−80.83	0.03~0.05
不饱和化合物						
戊烯-1	C_5H_{10}	70.135	0.642	30.0	−165.2	
戊烯−2	C_5H_{10}	70.135	0.650	36.94	−151.39	0.5~0.8
2-甲基丁烯-2	C_5H_{10}	70.135	0.662	38.5	−133.8	
环戊二烯	C_5H_6	66.103	0.804	41.0	−85	0.5~1.0
直链烯烃	$C_6\sim C_8$		0.69~0.73	66~122		0.6
苯乙烯	$C_6H_5CHCH_2$	104.153	0.907	145.2	−30.6	0.5~1.0
古马隆	C_8H_6O	118.136	1.051	172.0	−17.8	0.6~1.2
茚	C_9H_8	116.163	0.998	182.44	−1.5	1.5~2.5
硫化物						
硫化氢	H_2S	34.08		−60.4	−85.5	0.2
二硫化碳	CS_2	76.13	1.263	46.3	−110.9	0.3~1.5
噻吩	C_4H_4S	84.136	1.064	84.6	−38.3	0.2~1.0
2-甲基噻吩 (α-甲基噻吩)	C_5H_6S	98.163	1.025	112.5	−63.5	0.1~0.2
3-甲基噻吩 (β-甲基噻吩)	C_5H_6S	98.163	1.026	114.5	−68.6	
其他夹杂物						
吡啶	C_5H_5N	79.100	0.986	115.4	−41.7	
2-甲基吡啶	C_6H_7N	93.128	0.950	129.5	−66	0.1~0.5
3-甲基吡啶	C_6H_7N	93.128	0.956 4	144.1	−6.1	
4-甲基吡啶	C_6H_7N	93.128	0.954 6	145.3	3.8	
苯酚	C_6H_5OH	94.114	1.072	181.9	40.84	
邻-甲基苯酚	C_7H_8O	108.140	1.046 5	191.5	30.9	0.1~0.6
间-甲基苯酚	C_7H_8O	108.140	1.034	202.2	12.2	
对-甲基苯酚	C_7H_8O	108.140	1.034 7	201.9	34.8	
萘	$C_{10}H_8$	128.174	1.148	217.9	80.2	0.5~2.0
饱和烃	$C_6\sim C_8$	—	0.68~0.76	49.7~131.8	65~126.6	0.5~2.0

粗苯中苯、甲苯、二甲苯含量占90％以上，是粗苯精制提取的主要产品。苯族烃是易流动、易燃烧、不溶于水、无色透明的液体，其蒸汽与空气混合能形成爆炸性混合物。在常温常压的爆炸范围：苯蒸气1.4％～7.1％；甲苯蒸气1.4％～6.7％；二甲苯蒸气1.0％～6.0％。

粗苯中不饱和化合物含量为5％～10％，此含量主要取决于炼焦炭化室温度。炭化温度越高，不饱和化合物的含量就越低，不饱和化合物在粗苯馏分中的分布很不均匀，主要集中在140℃以上的高沸点馏分和79℃以前的低沸点馏分中。79℃以前的初馏分中主要有环戊二烯类脂肪烃；140℃以上的重苯中主要含有古马隆、茚、苯乙烯。此外还含有甲基氧茚和二甲茚等。这些不饱和化合物主要是带有一个或两个双键的环烯烃和直链烯烃，极易发生聚合、树脂化作用，易和空气中的氧形成深褐色的树脂状物质，溶解于苯类产品中，使之变成褐色。所以在生产苯、甲苯和二甲苯时，需将不饱和化合物除去。

粗苯中的硫化物含量约为0.6％～2％，主要是二硫化碳、噻吩及其同系物。在刚生产出来的粗苯中尚含有约0.2％的硫化氢，但在粗苯储存过程中逐渐被氧化成单体硫。粗苯中的硫化物还有硫醇，含量甚微，一般不超过总硫化物的0.1％。

粗苯中尚含有吡啶及其同系物和酚类，因含量甚少，不作为产品提取。

粗苯中还含有少量的饱和烃，总含量一般在0.6％～1.5％，并多集中于高沸点馏分中。因高沸点馏分产量不大，所以饱和烃的含量颇为显著。如二甲苯馏分中可达3％～5％，因而使产品的比重降低。纯苯中含有0.2％～0.8％的饱和烃，其中主要是环己烷和庚烷，它们都能与苯形成共沸化合物。

（二）粗苯精制方法和主要产品的产率

粗苯的精制方法是根据粗苯的组成、性质、产品的品种和质量要求而制定的。粗苯的主要成分苯、甲苯、二甲苯及三甲苯等由于相邻的两组分之间的沸点温度相差较大，可用精馏方法进行分离。而某些不饱和化合物及硫化物的沸点与苯类产品之间的沸点温度相差很小，不能用精馏的方法把它们分开，要用化学的方法分离。按除去不饱和化合物和硫化物的方式不同，粗苯精制方法主要有酸洗精制法和加氢精制法。酸洗精制法具有工艺流程简单、操作灵活、设备投资少，材料易得，常温、常压下运行，但有液体废物产生。该法在我国焦化厂广泛采用。加氢精制法工艺复杂，对设备材质要求较高，所得产品质量好，用途广，售价较高，没有液体废物产生，有利于环境保护，宜在粗苯集中加工厂采用。该法在我国焦化厂也有采用。

粗苯精制产品的产率同原料的性质和操作条件有关。大型焦化厂粗苯精制生产苯类产品的产率见表8-13。

表8-13　　　　　　　　　粗苯和轻苯精制产品和产率

产品	原料	
	粗苯	轻苯
	产率（对原料）（质量分数）/％	
初馏分	0.9	1.0
纯苯	69.0	74.5
甲苯	12.8	13.9

产品	原料	
	粗　苯	轻　苯
	产率（对原料）（质量分数）/%	
二甲苯	3.0	3.3
轻溶剂油	0.8	0.9
吹苯残渣	2.2	2.4
精制残渣	0.8	0.9
重质苯	3.0	—
苯溶剂油	4.0	—
洗涤损失	1.9	2.0
精制损失	1.6	1.1
共计	100	100

（三）粗苯精制主要产品的用途、质量指标

粗苯精制的主要产品为苯、甲苯、二甲苯和三甲苯（轻溶剂油）。

苯是粗苯最主要的组分，含量占 55%～80%。苯为无色易挥发和易燃液体，有芳香气味，不溶于水，而溶于乙醇。苯是有机合成工业的基础原料，用途极其广泛。我国目前主要用于合成纤维、塑料、合成橡胶、制取农药及国防工业等方面。

甲苯的产率仅次于苯，可由氯化、硝化、磺化、氧化及还原等方法制取染料、医药、香料等中间体及炸药、糖精，此外还可制取己内酰胺供生产尼龙用。甲苯的冰点很低（-95 ℃），可用作航空燃料及内燃机燃料的添加剂。

粗苯精制所得的工业二甲苯是对-二甲苯（21%）、邻-二甲苯（16%）、间-二甲苯（50%）和乙基苯（7%）的混合物。工业二甲苯可用作橡胶和油漆工业的溶剂、航空和动力燃料的添加剂。从工业二甲苯中得到的邻、间、对-二甲苯可用于制取邻、间、对-苯二甲酸，其中邻、对-苯二甲酸是生产增塑剂、聚酯树脂和聚酯纤维的重要原料。

溶剂油是粗苯蒸馏 145～180 ℃范围内溜出的混合物，其组成大致为：二甲苯 25%～40%；脂肪烃和环烷烃 8%～15%；丙苯和异丙苯 10%～15%；均三甲苯 10%～15%；偏三甲苯 12%～20%；乙基甲苯 20%～25%。

主要用于油漆、染料工业的溶剂，也可用于制取二甲苯和三甲苯同分异构体的原料。从溶剂油中分离出的三甲苯同分异构体，可用于生产苯胺染料、药物等。

粗苯精制除得到苯类产品外，还得到一些不饱和化合物和硫化物。以粗苯的初馏分为原料，经蒸馏和热聚合得到二聚环戊二烯，可用于制取单体环戊二烯。二聚物及单体物均可同植物油类经热聚合制取合成树脂。环戊二烯还可通过氯化和聚合作用制取"氯丹"等有机农药和杀虫剂。

二硫化碳在化学工业中常用作溶剂，在农业上作为杀虫剂，选矿时作为浮选剂，还可用于生产磺酸盐。

噻吩可用于有机合成及制取染料、医药等。噻吩的衍生物——噻吩羟基三氟丙酮是分离放射元素锆、铈、铀的提取剂。

二、轻苯的初步精馏及酸洗净化

为了得到合格的苯类产品,首先需将粗苯分离为轻苯和重苯。苯、甲苯、二甲苯的绝大部分(98%以上)、硫化物的大部分和近50%的不饱和化合物都集中于轻苯中,苯乙烯、古马隆、茚等高沸点不饱和化合物集中于重苯中。

(一)轻苯的初步精馏

轻苯初步蒸馏的目的是将低沸点的二硫化碳和环戊二烯、戊烯等不饱和化合物与苯族烃进行分离,得到初馏分和苯、甲苯、二甲苯等组成的苯类混合馏分(也称未洗混合分)。

初馏分的产率(对轻苯)约为1.0%～1.2%。其组成大致为(质量%)见表8-14。

表 8-14   初馏分的组成

组分(质量)/%	粗苯初馏分	轻苯初馏分
二硫化碳	15～25	25～40
环戊二烯、二聚环戊二烯	10～15	20～30
其他不饱和化合物	10～15	15～25
苯	30～50	5～15
饱和化合物	3～6	4～8

初馏分要求干点不大于70 ℃,苯含量不大于15%。苯类混合馏分要求初馏点大于82 ℃,溴价小于9 g/100 mL,二硫化碳小于0.087%,不含水。

轻苯连续初馏工艺流程如图8-29所示。轻苯经储槽静止脱水后,用原料泵送入初馏塔进行蒸馏。塔顶蒸出初馏分,温度控制在45～50 ℃,回流比控制为0.8～0.9(对进料)。馏出的初馏分蒸汽经冷凝冷却器,冷却至25～30 ℃后进入油水分离器分成两部分:一部分分离出的油经视镜入初馏分贮槽;另一部分用回流泵送回初馏塔顶作回流。初馏塔底部温度控制在90～95 ℃。由塔底排出混合馏分经冷却器冷却至25～30 ℃后,自流入混合馏分中间槽,作为酸洗净化的原料。

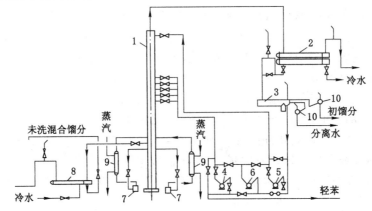

图 8-29 轻苯连续初馏工艺流程

1——初馏塔;2——冷凝冷却器;3——油水分离器;4——原料泵;5——回流泵;

6——备用泵;7——过滤器;8——冷却器;9——初冷塔重沸器;10——视镜

初馏塔由重沸器供热,由于塔底残油中含有不饱和化合物形成的聚合物,进入重沸器之前须经过滤器滤出聚合物,以减轻设备的堵塞。

初馏塔一般采用 35 层的浮阀塔(或泡罩塔),其空塔气速可取 0.6~0.9 m/s,进料层可在 15~23 层之间,根据原料的组成不同而选用不同的进料位置。为了保证混合馏分的质量,降低混合馏分中二硫化碳的含量,降低初馏分的含苯量,可采用提高进料层的方法。

(二)酸洗净化的主要化学反应

1. 清除不饱和化合物的反应

(1) 不饱和化合物的聚合反应

轻苯初步精馏得到的苯类混合馏分中含有沸点与苯族烃相近的不饱和化合物及硫化物,不能用精馏法将他们除去,为了制取合格产品,必须将他们预先除去,除去这些杂质的方法就是选用硫酸处理。用硫酸洗涤时,同时进行多种化学反应,其中主要反应如下:

$$(CH_3)_2=CH_2 + HOSO_3H \longrightarrow (CH_3)_3COSO_3H$$

异丁烯　　　　　　　　　　　　酸式酯

$$(CH_3)_2=CH_2 + (CH_3)_3COSO_3H \longrightarrow (CH_3)_2C=CHC(CH_3) + H_2SO_4$$

异丁烯　　　　酸式酯　　　　　　异丁烯二聚物

此反应还可继续进行,生成深度聚合物。深度聚合物的比重较大,可从已洗混合馏分中分离出来,聚合度低的产物溶于已洗混合馏分中,在下一步精馏时予以分离。呈游离状态的硫酸与混合馏分分离出来,加水稀释后,形成再生酸。

(2) 不饱和化合物的加成反应

硫酸和不饱和化合物的加成反应能生成酸式酯和中式酯。酸式酯溶于硫酸和水中,从而与已洗混合馏分得到分离。中式酯不溶于硫酸和水中,易溶于已洗混合馏分中,在最终精馏时,中式酯分解为二硫化碳、硫化氢、三氧化硫、二氧化碳、某些不饱和化合物及其碳渣。其中二氧化硫等酸性气体会腐蚀设备,其他分解产物将使产品质量变坏。因此,在轻苯初馏时应充分除去初馏分,在酸洗过程中要抑制深度聚合的产生,并使已洗混合馏分在中和后保持微碱性。例如:

$$2(CH_3)_2C-CH_2 + H_2SO_4 \longrightarrow O_2S \begin{matrix} OC(CH_3)_3 \\ OC(CH_3)_3 \end{matrix}$$

异丁烯　　　　　　　　　　　　中式酯

2. 清除硫化物的反应

混合馏分中二硫化碳与硫酸不发生化学反应,其他硫化物的含量又极少,所以酸洗主要是清除噻吩及其同系物。

(1) 噻吩的磺化反应

噻吩及其同系物与硫酸发生磺化反应,生成噻吩磺酸。如下列反应:

$$C_4H_4S + H_2SO_4 \longrightarrow C_4H_3SSO_3H + H_2O$$

噻吩　　　　　　　　　噻吩磺酸

噻吩磺化的反应速度常数与酸的浓度和温度的关系见表 8-15。

表 8-15			噻吩磺化的反应速度常数与酸的浓度、温度的关系		
酸的质量浓度/%	反应速度常数 K		相对反应速度		K_{30}/K_{15}
	15 ℃	30 ℃	15 ℃	30 ℃	
88.7	0.000 5	0.001 2	0.25	0.4	2.4
93.0	0.002	0.003	1.0	1.0	1.5
95.4	0.007	0.014	3.5	4.6	2.0
96.5	0.013	0.029	6.5	9.6	2.2
98.5	0.031	0.056	15.5	18.6	1.8
101.3	0.065	0.098	32.5	32.6	1.5

由表 8-15 可见噻吩磺酸生成相当慢,酸浓度对反应速度的影响比温度显著。为了加快反应必须采用 93% 以上的浓硫酸。生成的噻吩磺酸溶于硫酸和水中,与已洗混合馏分分离。

(2)噻吩与不饱和化合物生成共聚物

噻吩及其同系物与不饱和化合物、特别是与高沸点的不饱和化合物的聚合,在少量硫酸的催化作用下,进行得极为迅速而完全。例如:

噻吩　　茚　　　　共聚物

除上述各类型反应外,在酸洗净化中,吡啶碱类也会与硫酸反应而被除去。所得共聚物一般均溶于已洗混合馏分中,在最终精馏时转入釜底残液。

3. 副反应

上述四种主反应发生的同时,还进行着下述两种会造成苯类产品损失的副反应。

(1)苯族烃与不饱和化合物的共聚反应

在浓硫酸的催化作用下,苯族烃与不饱和化合物发生共聚反应,例如:

$$\bigcirc + CH_2-CHC(CH_3)_3 \longrightarrow CH_3CHC(CH_3)_3$$

叔己烯　　　　叔己基苯

共聚反应的产物为高沸点化合物,多能溶于已洗混合馏分中,并在最终精馏时转入釜底残液。共聚反应不仅降低苯的产率,同时增加焦油残渣和酸焦油的产率。

(2)苯族烃的磺化反应

当进行酸洗时,也发生苯族烃的磺化反应。例如:

$$\bigcirc + H_2SO_4 \longrightarrow \bigcirc-SO_3H + H_2O$$

苯磺酸

酸洗反应温度越高,洗涤时间越长,此类磺化反应进行的越剧烈,硫酸耗量也越大。为了减少此种反应的进行,要求洗涤操作在最短的时间内、酸耗量最少的情况下进行。

（三）酸洗净化的工艺要求和生产流程

1. 酸洗净化工艺要求

酸洗净化操作不仅要求尽可能除去混合馏分中所含的不饱和化合物及硫化物，而且要求硫酸的耗量低、苯族烃损失小、酸焦油生成量少，并使反应尽可能向生成能溶于已洗混合馏分中的聚合物方向进行。因此，需要选择确定适宜的酸洗操作条件。

（1）反应温度

适宜的反应温度为 35～45 ℃。温度过高，苯族烃的磺化反应及不饱和化合物的共聚反应加剧，苯族烃的损失加剧；温度过低净化反应不能进行。酸洗净化反应是放热反应，放出的热量取决于混合馏分中不饱和化合物的含量及组成。如混合馏分中含 2%～3% 的不饱和化合物时，温度升高通常不超过 4～6 ℃；当混合馏分中不饱和化合物含量达到 4% 甚至 5% 以上，温度升高可达 12～20 ℃。考虑到酸洗过程的热效应，混合馏分酸洗前的预热温度一般取 25～30 ℃。

（2）硫酸的浓度

适宜的硫酸浓度 93%～95% 耗量约为 5%（对混合馏分）。浓度过高，磺化反应加剧，苯族烃的损失增加；浓度过低，达不到应有的净化效果。

在实际生产中，应根据轻苯的组成后来确定硫酸的浓度。当轻苯中苯的含量较低、未洗混合馏分的溴价也较低时，用浓度为 93% 的硫酸即可得到良好的净化效果；当轻苯中苯含量高、未洗混合馏分的溴价也较高时，宜用浓度大于 94% 的硫酸。

（3）反应时间

硫酸净化混合器各阶段的净化效果见表 8-16。

表 8-16　　　　　　　　　　　混合馏分在各阶段的净化效果

项　目	净 化 前	泵　后	球形混合器	反 应 器
过程进行时间/s	0	5	60	300
不饱和物	3.27	0.52	0.13	0.11
噻吩	1.32	0.28	0.13	0.11
釜渣	—	—	6.4	4.1
酸焦油产率/%	—	—	2.0	5.07
苯族烃损失/%	—	—	8.1	3.73

延长反应时间，可改善洗涤效果，使已洗混合馏分的比色和溴价均有显著降低。但反应时间过长，同样会加剧磺化反应，导致苯族烃的损失。反应时间不足，只靠加酸来提高反应效果，不仅酸耗量大，而且酸焦油量增加，致使中和困难，酸油分离困难。一般反应时间为 10 min 左右。

在酸洗净化过程中所消耗的酸量不多，大部分还可用加水洗涤再生的方法回收。再生酸的回收率根据洗涤条件及混合馏分的组成波动于 65%～80%，再生酸质量浓度为 40%～50%。酸焦油的生成量越少，则酸的回收率越高。

酸焦油的生成量和稠度同未洗混合馏分的性质和操作条件有关，当混合馏分中二硫化碳含量高时，黏稠的酸焦油生成量增加；反之，生成易于分离的稀酸焦油。对于不同组成的原料所生成的酸焦油数量一般为 0.5％～6％（占原料馏分质量）。

酸焦油组成的质量浓度为：硫酸 15％～30％；苯族烃 15％～30％；聚合物 40％～60％。

2. 酸洗净化工艺流程

除小型焦化厂精苯装置采用间歇式洗涤外，大、中型焦化厂均采用连续洗涤系统，生产流程如图 8-30 所示。

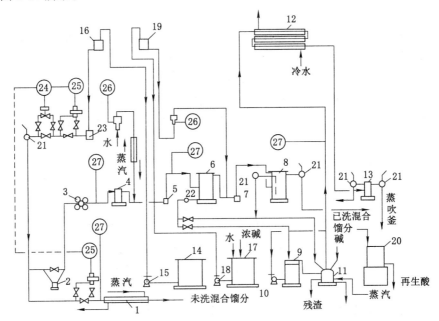

图 8-30　未洗混合馏分连续洗涤工艺流程

1——加热套管；2——连洗泵；3——混合球；4——酸洗反应器；5——加水混合器；6——酸油分离器；
7——碱油混合器；8——碱油分离器；9——再生酸沉淀槽；10——再生酸泵；11——酸焦油蒸吹釜；
12——蒸吹苯冷凝冷却器；13——油水分离器；14——硫酸槽；15——酸泵；16——硫酸高位槽；
17——配碱槽；18——碱泵；19——碱高位槽；20——再生酸储槽；21——视镜；22——放料槽；
23——酸过滤器；24——流量自动调节；25——流量变送指示；26——流量指示；27——温度指示装置

轻苯经初馏得到的未洗混合馏分经加热套管 1 预热至 25～30 ℃，与连洗泵 2 前连续加入浓度为 93％～95％的浓硫酸经初步混合后送往混合球 3，进行主要的酸洗反应，混合球是由两个内衬防酸层的钢制或铸铁制的半球，用法兰盘连接形成。各个混合球之间用短细管连接，彼此互成 90°，流体在球内可达到充分的湍动状态。由于液体在球内仅停留约 1 min，酸洗过程进行得还不完全，需在酸洗反应器 4 中进一步进行酸洗净化反应。液体在反应器内停留 10 min，以使净化反应进行完全。

出酸洗反应器的混合馏分及硫酸进入加水混合器 5，连续加入占未洗混合馏分 3％～4％的水以停止反应和再生硫酸。然后，进入酸油分离器中停留 1 h 进行澄清分离，再生酸和酸焦油沉淀下来，混合馏分由酸油分离器上部排出至碱油混合器 7，在碱油混合器前连续加入浓度为 12％～16％的碱进行混合均匀，使已洗混合馏分呈弱碱性，其中的酚类也转化为酚盐，送入碱油分离器静置分离，分离时间为 1～1.5 h。分离出碱液的油送入已洗混合馏分中间槽，静置分离出残留碱液后作为吹苯塔的原料。从碱油分离器下部排出的碱液用于中和酸焦油。

从酸油分离器底部排出的再生酸进入再生酸沉淀槽,待进一步分出酸焦油后,泵往再生酸贮槽。来自酸油分离器 6 及再生酸沉淀槽的酸焦油排入酸焦油蒸吹釜 11,用由碱油分离器 8 底部排出的碱液进行中和,根据需要进一步加碱中和,用直接蒸汽将其中所含的苯族烃蒸吹出来。蒸吹出来的苯蒸气经冷凝冷却器 12、油水分离器 13 分离,送入已洗或未洗混合馏分中间槽,釜内残渣排放到沉淀池。最后集中送往配煤。

硫酸由酸泵 15 送入硫酸高位槽 16,经酸过滤器 23、酸油配比调节装置 24,加入未洗混合馏分中。配好的碱液由碱泵 18 送入碱高位槽 19,经计量装置加入酸洗后的混合馏分中。

按 100%浓度计算,硫酸的耗量为未洗混合馏分的 4%～5%;按 100%浓度计算,氢氧化钠的耗量低于未洗混合馏分的 0.5%;对每公斤 100%的硫酸,可回收 40%的再生酸 1.7 kg。

已洗混合馏分的质量指标为:比色<0.5、溴价<0.2 g/100 mg,具有微碱性。

三、已洗混合馏分的精馏

已洗混合馏分微带碱性,首先进行吹苯(简单吹苯),然后对吹出的苯(苯族烃混合物)进行最终精馏。根据精苯车间的生产规模有全连续精馏系统和半连续精馏系统。

(一)已洗混合馏分的吹苯

已洗混合馏分送入吹苯塔进行连续蒸吹是一次闪蒸分离过程,其目的是:① 使溶解于混合馏分的中式酯在高温条件分解为二氧化硫、三氧化硫、二氧化碳、碳渣而分离出去。② 使溶解于混合馏分中的各种聚合物作为吹苯残渣排出,以免影响精馏产品的质量和防止设备的堵塞,吹苯残渣可作为生产古马隆树脂的原料。为了防止吹苯时逸出的酸性气体腐蚀精馏设备,吹出的苯蒸气需用碱液洗涤中和。连续吹苯工艺流程如图 8-31 所示。

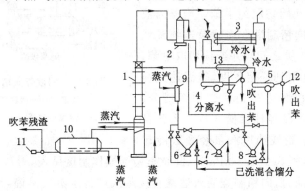

图 8-31　已洗混合馏分连续吹苯工艺流程

1——吹苯塔;2——中和塔;3——冷凝冷却器;4——油水分离器;5——碱油分离器;6——原料泵;
7——备用泵;8——循环碱泵;9——加热器;10——吹苯残渣槽;11——汽泵;12——视镜;13——套管冷却器

已洗混合馏分在中间槽静止分离碱液后,由原料泵送入吹苯塔加热器 9,加热至 105～110 ℃,以气液混合物状态进入吹苯塔 1 上部的闪蒸段,轻馏分被吹出。

从塔顶逸出温度与大气压强有关,当大气压在 101.3 kPa 左右时,该温度为 100～105 ℃的吹出苯蒸气进入中和器 2 的底部,与顶部喷洒的浓度为 12%～16%的氢氧化钠溶液进行接触,吹出苯蒸气中的酸性气体进行中和反应。中和后的苯蒸气经冷凝冷却器 3 冷却至 25～30 ℃,再经油水分离器 4 分离后,流入吹出苯中间槽。吹出苯的质量指标为:比色<0.5,反应为中性。

从中和器 2 底部排出的碱液,经套管冷却器 13 冷却,进入碱油分离器 5,分离出来的油送至吹出苯或已洗混合馏分中间槽,碱液由循环碱泵连续送至中和器循环使用。中和器喷洒的碱液浓度不得低于 4%,以免碱类和苯类产品不易分离。碱液温度要高于 70 ℃,减少苯类蒸汽和水汽在碱液中的冷凝,使碱液浓度不致降低过快,保持较高的碱液温度,还有利于中和反应的进行。废碱液间歇地从中和器中排出,新碱液则同时补充。

吹苯塔底温度为 130～140 ℃,聚合物以残渣形式自塔底排入吹苯残渣槽 10。为使吹出苯的残渣合格(含油、水),塔底除通入直接蒸汽外还设有间接蒸汽加热器。残渣作为生产古马隆树脂的原料。

已洗混合馏分的吹出苯产率为 97.5%,残渣产率为 2.5%。

(二)吹出苯的半连续精馏

半连续精馏是以吹出苯为原料,先将吹出苯连续送入纯苯塔提取纯苯,再用半连续精馏的方法从纯苯残油中提取其他产品。

半连续精馏系统按纯苯残油的进料方式不同,主要有间歇釜式精馏和间断连续精馏两种工艺流程。

1. 间歇釜式精馏

纯苯残油采用间歇釜连续精馏,工艺流程如图 8-32 所示。

纯苯残油由贮槽用原料泵 1 一次装入间歇精馏釜 2 内,用蒸汽加热进行全回流。当釜温达到 124～125 ℃时,开始切取前馏分(苯-甲苯馏分),当塔顶温度达 110 ℃时,开始切取纯甲苯。当釜内液面下降了 1/3 时,开始向精制塔 3 连续泵送纯苯残油(进料位置在 15～23 层之间),并连续切取甲苯。直到釜内高沸点组分富集到一定程度,釜温达到约 145 ℃时停止进料,再相继切取甲苯-二甲苯馏分、二甲苯、轻溶剂油。各产品经计量槽 6 自流入各自的贮槽。釜底排出的精制残油用汽泵经套管冷却器送入贮槽。当大气压强为 101.3 kPa 时,间歇釜精馏操作制度见表 8-17。

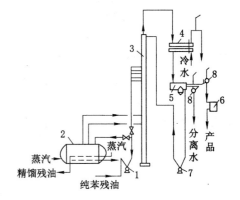

图 8-32　间歇釜式精馏工艺流程

1——原料泵;2——精制釜;3——精制塔;
4——冷凝冷却器;5——油水分离器

切取二甲苯、溶剂油时,向精制釜通入适量直接蒸汽进行水蒸气蒸馏,也可用蒸汽喷射器造成一定的真空度,从而降低精馏温度和减少直接水蒸气耗量。

间歇加料方式,操作灵活性较大,但调节频繁,不便采用自动控制,中间馏分含蒸汽量较高,一般约占纯苯残油的 20%。

表 8-17　　　　　　　　　　　　间歇釜精馏操作制度

项　目	切取甲苯	切取二甲苯(水蒸气蒸馏)
回流比(对馏出液)	2～3	2～3
塔顶温度/ ℃	110±0.5	90～100
塔底/ ℃	145～154	145～160
塔压/MPa(表压)	<0.03	<0.03

注:塔内各温度指标随当地大气压强,设备管路阻力不同而异,表列温度指标是沿海地区焦化厂的操作指标。

2. 间断连续精馏

在间断连续精馏系统中,采用同一连续精馏塔分阶段处理纯苯残油及甲苯残油。

吹出苯用泵由贮槽连续送入纯苯塔。纯苯塔是具有30～35层塔板的浮阀塔,进料板一般在17～21层之间。纯苯塔顶蒸汽温度控制在80 ℃。在此温度下逸出的蒸汽经冷凝冷却和油水分离后,所得纯苯的一部分送往塔顶作回流,回流比控制在1.0～1.5,其余部分作为产品采出。塔底纯苯残油温度为124～128 ℃,连续由塔底排出,经套管冷却器冷却后送入纯苯残油槽。

纯苯残油积累到一定量后,用原料泵连续送入精制塔,进料板一般选在13～19层之间。精制塔底用间接蒸汽加热,从塔顶连续提取纯甲苯。甲苯蒸气经冷凝冷却、油水分离后,一部分送往塔顶作回流,其余部分作为产品采出。塔底排出的甲苯残油,经残油冷却器冷却后,送入甲苯残油贮槽。甲苯残油要求不含甲苯,初馏点大于138 ℃。

待甲苯残油积存一定数量后,停止处理纯苯残油,改为处理甲苯残油。同样用原料泵连续抽送甲苯残油入精制塔,塔底以间接蒸汽加热,同时送入直接蒸汽。由塔顶逸出的二甲苯蒸气经冷凝冷却、油水分离后,一部分二甲苯作为回流,其余部分作为产品采出。间断连续精馏操作制度见表8-18。

表 8-18 　　　　　　　　　　　　间断连续精馏操作制度

项　目	切取甲苯	切取二甲苯(水蒸气蒸馏)
回流比(对原料)	1～1.5	1.5～2.5
塔顶温度/ ℃	110±0.5	89～96
塔底/ ℃	150～155	140～150
塔压/MPa	<0.035	<0.035

注:塔内温度随大气压强及设备管路阻力而异,表中所列温度是沿海地区焦化厂的操作指标。

为了切取轻溶剂油或重溶剂油以及其他规格的馏分,在精制塔进料层上、下各设一组侧线,所切取的馏分经油水分离后送往油库。由塔底排出的精制残油冷却后进入精制残油槽。当处理完甲苯残油时,又改为处理纯苯残油以提取甲苯。该方法操作简便,便于自控,中间馏分含蒸汽量约5%。可纯产品的产率提高,并降低动力消耗,但其操作灵活性不如间歇釜连续精馏系统。

(三)吹出苯的全连续精馏

1. 热油连料全连续精馏流程

(1)工艺流程

热油连料全连续精馏是将未经冷却的纯苯残油和甲苯残油直接用热油泵送到下一精馏塔作精馏原料,其工艺流程如图8-33所示。

吹出苯经纯苯塔储槽1用泵2连续送入纯苯塔3,塔顶纯苯蒸气经冷凝冷却器5冷却、油水分离器6分离后,一部分用泵7送至塔顶作回流,其余做产品。纯苯残油不经冷却直接送入甲苯塔10,塔顶甲苯蒸气经冷凝冷却、油水分离后,一部分用泵送至塔顶作回流,其余作产品采出。塔底甲苯残油同样直接送入二甲苯塔17,塔顶二甲苯蒸气经蒸汽冷凝冷却、油水分离后,一部分用泵送至塔顶作回流,其余作产品采出。塔底二甲苯残油经套管冷却

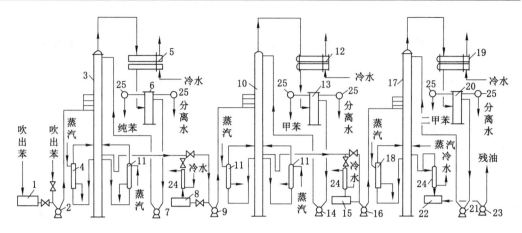

图 8-33　热油连料全连续精馏工艺流程

1——纯苯塔开停工槽;2——纯苯塔原料泵;3——纯苯塔;4——纯苯塔重沸器;5——纯苯塔冷凝冷却器;
6——纯苯油水分离器;7——纯苯回流泵;8——甲苯塔开停工槽;9——甲苯塔热油原料泵;10——甲苯塔;
11——甲苯塔重沸器;12——甲苯冷凝冷却器;13——甲苯油水分离器;14——甲苯回流泵;15——二甲苯开停工槽;
16——二甲苯塔热油原料泵;17——二甲苯塔;18——二甲苯塔重沸器;19——二甲苯冷凝冷却器;
20——二甲苯油水分离器;21——二甲苯回流泵;22——二甲苯残油槽;
23——二甲苯残油泵;24——冷却套管;25——视镜

器冷却 19 后入二甲苯残油储槽 22。各塔均采用重沸器加热。

热油连续工艺要求各塔的原料组成、进料量、回流比、蒸汽压力、塔顶温度及塔底液面相对稳定。若三塔中出现一个产品不合格时,须进行大循环重蒸,同时适当减少吹苯塔进料量或停塔,以免造成物料不平衡。

(2)工艺操作制度

热油连料全连续精馏的操作制度,在吹苯系统及以前与半连续精馏基本相同,纯苯塔及以后的操作制度见表 8-19。

表 8-19　　　　　　　　　　热油连料全连续精馏的操作制度

项　　目	纯苯塔	甲苯塔	二甲苯塔(水蒸气蒸馏)
塔顶温度/℃	80±0.5	110±0.5	89～96
塔底温度/℃	124～128	150～155	140～150
塔压/MPa	<0.035	<0.035	<0.035
回流比(对原料)	1～1.5	1.5～2.0	0.8～1
冷凝冷却器油出口温度/℃	20～30	20～30	20～30
冷凝冷却器水出口温度/℃	<45	<45	<45
塔底液面	1/3～1/2	1/3～1/2	1/3～1/2

注:各塔温度指标是指沿海地区焦化厂的操作情况。中国中西部地区大气压强一般比沿海低,各温度指标将有所不同。

(3)中间产品质量

在连续精馏生产中,为了获得质量合格的苯、甲苯、二甲苯和其他产品,应保证纯苯残油、甲苯残油、二甲苯残油的质量。其质量指标见表8-20。

表 8-20　　　　　　　　　　　　　轻苯精制中间产品质量指标

名　称	质量指标
纯苯残油	初馏点＞113 ℃;比色＜0.5;反应中性;不含苯
甲苯残油	初馏点＞138 ℃;不含甲苯
二甲苯残油	初馏点＞168 ℃;不含二甲苯

2. 气相连料连续精馏

目前,国内一些焦化厂实现了吹苯塔和纯苯塔之间的气相连料生产,从吹苯塔出来的吹苯蒸气直接进入纯苯塔作为精馏原料,纯苯塔以后仍按热油连料进行连续精馏。气相串联连续精馏的优点是操作稳定简单,增大处理能力,减少设备,节省水、电、蒸汽耗量。但纯苯塔易积水,国外有采用管式炉加热塔底残油或用热载体代替蒸汽加热塔底残油,以减少蒸汽用量。

四、初馏分的加工

(一)初馏分的组成、性质和加工方法

初馏分的组成很复杂,依轻苯原料的组成、初馏塔的操作、贮存时间、气温条件等而定,一般波动范围很大,具体参见表8-21。

表 8-21　　　　　　　　　　　　　　初馏分的组成

组　分	粗苯的初馏分体积分数/%	轻苯的初馏分体积分数/%
二硫化碳	15~25	25~40
环戊二烯及二聚环戊二烯	10~15	20~30
其他不饱和化合物	10~15	15~25
苯	30~50	5~15
饱和化合物	3~6	4~8

用色谱法进行分析,发现初馏分含有近40种组分。初馏分在贮存期间,部分环戊二烯会发生聚合作用,因而在初馏分中的含量也会有变化。其含量的变化情况见表8-22。

表 8-22　　　　　　　　　　　　　初馏分中环戊二烯的聚合情况

组　分	新鲜初馏分	贮放 10 d 后	贮放 20 d 后	贮放 28 d 后
环戊二烯	27.5	11.4	7.0	6.6
二聚环戊二烯	—	15.9	19.0	20.1

由于环戊二烯与二硫化碳的沸点仅柜差3.8 ℃,与其他一些烯烃和烷烃的沸点也很接近,只用精馏法难以得到较高纯度的二硫化碳及环戊二烯产品。初馏分的加工方法主要有热聚合法和硫酸洗涤法。硫酸洗涤法因酸洗操作繁重,且不能得到环戊二烯,所以很少用。

（二）热聚合法生产二聚环戊二烯

1. 生产二聚环戊二烯的原理和化学反应

热聚合法生成二聚环戊二烯是根据环戊二烯在加热时能聚合生成二聚环戊二烯，聚合反应方程式如下：

$$2\;\square \longrightarrow \bigwedge$$

聚合过程在室温下即开始发生，当温度提高反应显著加快，温度超过 100 ℃ 时发生解聚反应，二聚物变为单体环戊二烯，同时还会形成三聚物和四聚物。二聚环戊二烯有两种形式：α 型和 β 型。室温下只形成 α 型二聚环戊二烯，在较高温度下 α、β 型式同时形成。α 型二聚物在 100 ℃ 即开始解聚形成单体，到 170 ℃ 解聚结束。β 型二聚环戊二烯解聚反应还不清楚。因此聚合温度控制在 60～80 ℃，以防因温度过高引起突然解聚而发生爆沸。二聚环戊二烯的沸点为 168 ℃，当精馏热聚合后的初馏分时，二聚物呈釜底残液被分离出来。

2. 热聚合法间歇操作工艺流程

二聚环戊二烯生产工艺流程如图 8-34 所示。

初馏分直接装入聚合釜 4，釜内用间接蒸汽加热，在全回流操作条件下进行热聚合，聚合时间约 16～20 h。使环戊二烯聚合成沸点为 168 ℃ 的二聚环戊二烯，聚合操作完成后进行精馏，先切取 40 ℃ 馏分入前馏分槽 13，然后依次切取工业二硫化碳（48 ℃前）、中间馏分（60 ℃前）、轻质苯馏分（78 ℃前）。所得前馏分可送回炉煤气管道中；中间馏分及轻质苯可送回粗苯或轻苯原料中。精馏结束后，釜内残液即为工业二聚环戊二烯，含量质量为 70%～75%，其中还含有 3%～5% 的沸点低于 100 ℃ 的组分、环戊二烯及烯烃等。用直接蒸汽蒸馏釜残液，可得到含量不小于 95% 的二聚环戊二烯馏分。

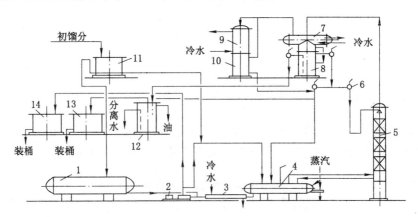

图 8-34 二聚环戊二烯生产工艺流程

1——原料槽；2——汽泵；3——冷却套管；4——聚合釜；5——蒸馏塔；6——视镜；7——冷凝器；8——油水分离器；9——尾气冷凝器；10——气液分离器；11——高位槽；12——控制分离器；13——前馏分槽；14——二聚体槽

各种馏分的提取温度和产率见表 8-23。

表 8-23　　　　　　　　　　　　　各馏分的提取温度和产率

馏分名称	切取温度/℃	产率/%
前馏分	40	7.4
工业二硫化碳	48	19.0
中间馏分	60	5.0
中间馏分(动力苯和苯馏分)	78	10.0
釜底残液	120	31.5
损失(不凝气体)		27.1

聚合操作完成后,精馏过程可提取的各种馏分主要组分如表 8-24。

表 8-24　　　　　　　　　　　热聚合后初馏分中提取的产品及组成

馏分名称	主要组分质量含量/%		
	二硫化碳	不饱和化合物	苯含量
前馏分	35~45	25~30	
工业二硫化碳	70~75	5~15	10~20
中间馏分	25~35	10~15	25~50
动力苯	3~5	10~20	75~80
苯馏分	0.5~1.0	5~10	85~95

工业二硫化碳含有相当数量的易于氧化和树脂化的不饱和化合物,会使产品变坏。为防止此种现象的发生,要往新鲜的二硫化碳中加入 $0.05\%\sim0.06\%$ 的阻氧化剂——二甲酚以稳定产品的质量。也可以二次精馏提高工业二硫化碳的质量。

二聚物是制取单体环戊二烯的原料。方法是将二聚物放在裂解罐内气化,然后送入裂解釜裂解,使单体环戊二烯蒸汽从塔顶逸出,温度为 $42\sim46$ ℃,于骤冷条件下冷凝下来,所得产品中环戊二烯含量可达 90%,冷凝液需在 -12 ℃以下贮存。

环戊二烯是制取二烯系有机氯农药和杀虫剂的重要原料。环戊二烯同植物油在二甲苯或溶剂油中催化共聚时,可得到高质量的塑料薄膜。环戊二烯还可用作取镇静剂及止疼药物、火箭燃料添加剂、汽油抗震剂等的原料。

初馏分中的各组分均为易挥发物,而且还易燃、易爆、有毒,所以生产车间必须实行强制通风,采取防火、防爆、防中毒和防静电积累等措施。

五、催化加氢精制轻苯

轻苯催化加氢制在国外已得到了广泛的运用,从 20 世纪 50 年代起,美国、联邦德国、日本、法国在工业上用加氢精制的方法取代了酸洗法。粗苯加氢精制比酸洗蒸馏精制法得到的苯质量好、收率高,并且克服了酸洗蒸馏法芳烃损失大(约损失 10% 左右)酸焦油处理困难、易造成环境污染的缺点,所以,在国内也将逐渐被广泛采用。

（一）催化加氢的方法

轻苯加氢根据操作条件的不同可分为高温加氢、中温加氢和低温加氢。

高温加氢温度是 $600\sim650$ ℃，使用 $Cr_2O_3—Al_2O_3$ 系催化剂。主要进行脱硫、脱氮、脱氧、加氢裂解和脱烷基等反应，裂解和脱烷基反应所生成的烷烃大多为 C_1、C_2 及 C_4 等低分子烷烃，因而在加氢油中沸点接近芳烃的非芳烃含量很少，仅 0.4% 左右。采用高效精馏法分离加氢油即可得到纯产品。莱托法（Litol）高温催化剂加氢得到的纯苯，其结晶点可达 5.5 ℃ 以上，纯度 99.9%。

中温加氢反应温度为 $500\sim550$ ℃，使用 $Cr_2O_3—MoO_2—Al_2O_3$ 系催化剂。由于反应温度比高温加氢约低 100 ℃，脱烷基反应和芳烃加氢裂解反应弱，因此与高温加氢相比，苯的产率低，苯残油量多，气体量和气体中低分子烃含量低。在加氢油的精制中，提取苯之后的残油可以再精馏提取甲苯。当苯、甲苯中饱和烃含量高时，可以采用萃取精馏分离出饱和烃。

低温加氢反应温度为 $350\sim380$ ℃，使用 $CoO—MoO_2—Fe_2O_3$ 系催化剂，主要进行脱硫、脱氮、脱氧和加氢饱和反应。由于低温加氢反应不够强烈，裂解反应很弱，所以加氢油中含有较多的饱和烃。用普通的精馏方法难以将芳烃中的饱和烃分离出来，需要采用共沸精馏、萃取精馏等方法，才能获得高纯度芳烃产品。

美国、日本采用莱托尔（Litol）高温脱烷基工艺，中国自行设计了中温加氢流程，德国等国家采用鲁奇（Lurgi）低温加氢不脱烷基的工艺。上述三种加氢方法的工艺流程基本相同，本节主要介绍高温和低温加氢精制苯工艺。

（二）催化加氢用催化剂

催化加氢用的催化剂，是一类能够有选择得改变轻苯中某些化合物与氢进行化学反应的反应速度，而自身的组成和数量在反应前后保持不变的物料。值得强调的是，催化剂不能使那些在热力学上不可能进行的反应发生。

1. 催化剂的组成

轻苯加氢用的催化剂所采用的是固体催化剂，由主催化剂（活性组分）、助催化剂和载体组成。

2. 催化剂的性能和作用

对主催化剂，要求其具有使 H_2 与 $C—S$、$C—O$、$C—N$ 键反应的能力；对双烯键有选择性加氢饱和的能力；能尽量减少脱氢和聚合反应；具有抵抗有机硫化物、硫化氢、有机氮化物、金属钒和镍离子毒性的能力；具有抑制游离碳生成的能力。主催化剂主要是元素周期表第Ⅷ族和第ⅥB族过渡元素，如铬、钼、钴、镍、钨、铂和钯等。选用钼—钴、钼—镍、镍—钴双金属体系搭配使用对脱噻吩的硫显示出最大的活性。

助催化剂没有或只有很低的催化作用，但能起到提高或控制活性组分催化能力的作用。助催化剂有金属和金属氧化物，常用的钼—钴—铝系催化剂中的钴为助催化剂。

载体是主催化剂和助催化剂的支承物和分散剂。轻苯加氢用催化剂的载体一般使用经成型、干燥和活化处理后的 γ 型氧化铝。

典型的加氢精制用催化剂的性质见表 8-25。

牌　号	M8—30	M8—10	—	M—116
组成	MoO_3　15% γ-Al_2O_3	MoO_3　13.5% CoO　5% γ-Al_2O_3 (SiO_2　2%)	Cr_2O_3 18%～20% Al_2O_3 (碱金属 0.2%)	Cr_2O_3 MoO_3 Na_2O Al_2O_3
形状	片状,条状	片状,条状	条状	片状,条状
堆密度/g·mL^{-1}	0.7	0.68	—	—
比表面积/m^2·g^{-1}	—	220	50	200～250
使用温度/℃	300～400	200～400	600～630	500～550

表 8-25 加氢用催化剂的性质

3. 催化剂的活化和再生

新制备的催化剂,在使用之前,均为氧化态,活性不高、稳定性不好,选择性也差。因此,需将制成的催化剂在反应炉中进行预硫化处理。硫化剂可采用二硫化碳、硫醇、硫醚及含有少量的硫化氢的氢气。预硫化后的催化剂中的各组分均呈硫化态,如 MoS_2、Co_9S_8 等,具有了活性。

催化剂经长期使用,由于表面沉积了碳质,活性将逐渐下降,直至完全失去活性。因此需要进行再生。催化剂的再生是采用加热器加热沉积物达到燃点温度(约 390～400 ℃)后,小心通入氧气烧去沉积的碳质,然后再使催化剂硫化的方法。如活性不能再生的催化剂,需要更换新催化剂。一般情况下,催化剂的寿命为 3～5 a。

(三) 轻苯加氢的原理及主要反应

轻苯加氢发生的主要化学反应如下:

1. 加氢脱硫

轻苯中的硫化物主要是二硫化碳、噻吩及其同系物。如:

$$CS_2(二硫化碳)+4H_2 \longrightarrow CH_4+2H_2S$$

$$C_4H_4S(噻吩)+4H_2 \longrightarrow C_4H_{10}+H_2S$$

2. 加氢脱氮

3. 加氢脱氧

4. 不饱和烃的加氢

5. 饱和烃的加氢裂解

$$C_6H_5OH+H_2 \longrightarrow C_6H_6+H_2O$$

轻苯中的饱和烃,主要是直链烷烃和环烷烃,加氢裂解后转化为低分子的饱和烃而被分离出去。

$$C_6H_{12}+3H_2 \longrightarrow 3C_2H_6$$
$$C_6H_{12}+2H_2 \longrightarrow 2C_3H_8$$
$$C_7H_{16}+2H_2 \longrightarrow 2C_2H_6+C_3H_8$$

6. 环烷烃的脱氢

环烷烃中大约有 50% 的由于脱氢而生成芳烃和氢气。

$$C_6H_{12} \longrightarrow C_6H_6+3H_2$$
$$C_{10}H_{12} \longrightarrow C_{10}H_8+2H_2$$

7. 加氢脱烷基

原料油进入主反应器,其中苯的同系物将发生某些加氢脱烷基的反应。

$$C_6H_5CH_3+H_2 \longrightarrow C_6H_6+CH_4$$
$$C_6H_5C_2H_5+H_2 \longrightarrow C_6H_6+C_2H_6$$

上述加氢反应,只有脱烷基作用在很高的温度和压力下,才能进行。催化剂对各种反应的强度影响十分重要。根据反应的温度选择满足需要的催化剂。

（四）催化加氢精制工艺

1. 高温加氢工艺流程

轻苯高温加氢工艺流程如图 8-35 所示。

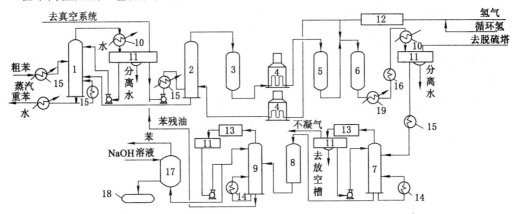

图 8-35　轻苯高温加氢工艺流程

1——预蒸馏塔;2——蒸发器;3——预反应器;4——管式加热炉;5——第一反应器;6——第二反应器;
7——稳定塔;8——白土塔;9——苯塔;10——冷凝冷却器;11——分离器;12——冷却器;13——凝缩器;
14——重沸器;15——预热器;16——热交换器;17——碱洗器;18——中和槽;19——蒸汽发生器

原料粗苯经预热到 90～95 ℃进入预蒸馏塔 1,在约 26.7 kPa 的绝对压力下进行分馏,塔顶蒸汽温度控制不高于 60 ℃,逸出的轻苯油气经冷凝冷却器 10 冷却至 40 ℃,进入油水分离器 11 分离出水,小部分轻苯作回流,大部分轻苯送入加氢装置。塔底重苯经冷却至 60 ℃送往贮槽。轻苯用高压泵经预热器 15 预热至 120～150 ℃后进入蒸发器 2。

氢气经管式炉 4 加热至 400 ℃后送入蒸发器底部的喷射器。蒸发器内操作压力为 5.8～5.9 MPa,操作温度为 175 ℃。轻苯在高温氢气的保护下被蒸吹。器底排出的残油(轻苯质量的 1%～3%)经过过滤后,返回予蒸馏塔 1。

蒸发器顶部排出的芳烃蒸汽和氢气的混合物进入填充有 CoO—MoO₂—Al₂O₃ 系催化剂的预反应器 3 进行选择性加氢(予加氢)。预反应器的操作压力为 5.8～5.9 MPa,操作温度为 200～250 ℃。油气中的苯乙烯加氢生成乙苯反应。预加氢后的油气经加热炉 4 加热至 600～650 ℃,进行主加氢反应。首先进入第一反应器 5 加氢,从器底排出的油气加入适量的冷氢气后称为冷激,再进入第二反应器 6,完成最后的加氢反应。由第二反应器排出的油气经蒸汽发生器 19、换热器 16、冷凝冷却器 10 冷却后,进入高压分离器 11。分离出的气体(氢气和低分子烃类)送去脱硫。分离出的液体统称为加氢油。加氢油在预热器 15 换热升温至 120 ℃后入稳定塔 7 加压蒸馏将其中的 H₂、小于 C₄ 的烃及少量 H₂S 等组分分离出去,使加氢油得到净化。此外,加压蒸馏可以得到温度高的塔底馏出物(179～182 ℃),进入活性白土塔 8,该温度下可使活性白土吸附性充分发挥。稳定塔顶压力约为 0.81 MPa,温度为 155～158 ℃。稳定塔顶馏出物经凝缩器 13 冷凝冷却进入分离器 11,分离出的油作为塔顶回流,未凝气体再经凝缩分离出苯后外送处理。

稳定塔底出来的加氢油,在活性白土塔 8 中除去一些痕量烯烃、高沸点芳烃及微量 H₂S。

白土塔内充填以 SiO₂ 和 Al₂O₃ 为主要成分的活性白土,其真密度为 2.4 g/mL;比表面积 200 m²/g;空隙体积 280 mL/g。白土塔的操作温度为 180 ℃,操作压力约为 0.15 MPa。白土活性下降后可用水蒸气蒸吹进行再生。白土塔一般设置两台正常生产、白土活性再生交替使用。

经过白土塔净化后的加氢油,经调节阀减压进入苯塔 9。

苯塔为筛板塔,塔顶压力控制在 41.2 kPa,温度为 92～95 ℃。纯苯蒸气由塔顶馏出,经缩凝器 13 冷却至 40 ℃后入分离器 11。分离出的液体苯一部分作回流,其余送入碱处理槽 17,用 10% 的 NaOH 溶液洗涤除去其中微量的 H₂S 后,苯产品纯度达 99.9%,凝固点大于 5.45 ℃,全硫小于 1 mg/kg(苯)。分离出的不凝性气体,可以作为燃料使用。苯塔底部的苯残油,返回轻苯贮槽,重新进行加氢处理。

2. 低温加氢工艺流程

原料苯和循环氢气进入换热器 1,与主反应器 6 来的加氢苯进行换热,温度被加热到 185 ℃,然后进入蒸发器 2、预加氢反应器 3,再与加热苯换热后进入加热炉 4,苯被加热到 350 ℃,最后送入串联的主反应器 5 和 6。从主反应器出来的油气在高压分离器 9 中分离,分离出来的气体去脱硫塔,用乙醇胺吸收其中的硫化氢后作为循环气体,脱出的硫化氢作为生成硫酸的原料。

从高压分离器出来的加氢苯经冷却得到中间产品,再通过精馏系统进一步分离得到苯、甲苯、二甲苯和溶剂油。低温加氢工艺流程如图 8-36 所示。

(五)催化加氢主要设备

1. 轻苯加氢反应器

轻苯加氢反应器构造如图 8-37 所示。它中部是圆柱体、两端是两个半球形封头,内衬隔热层和保护层。反应器内依次填充氧化铝球和催化剂。反应器的强度应按压力容器设计。原料进入反应器后,经缓冲器、油气分布器、催化剂床层到油气排出挡筐后离开。反应器的容积以单位体积催化剂在单位时间内处理的物料体积(标准状态下的气体体积即空间速度——简称空速)为计算依据。空间速度低时,物料在催化剂床层中的停留时间长,反应

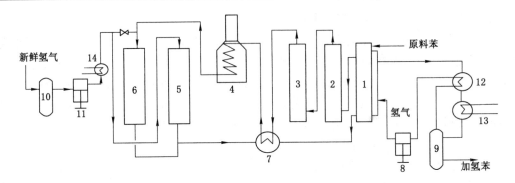

图 8-36 轻苯低温加氢工艺流程

1——换热器；2——蒸发器；3——预加氢反应器；4——加热炉；5,6——主反应器；7,12——换热器；

8——循环气体压缩机；9——分离器；10——新鲜氢气贮罐；11——新鲜氢气压缩机；13——冷却器；14——加热器

物转化率高，但裂解反应也加剧；空间速度高时，物料在催化剂床层中的停留时间短，处理能力大，但反应不彻底。空间速度与催化剂的性能对加氢生成物的质量有影响，需要经过实验和生产实践确定。为了防止反应器在长期使用中因隔热层损坏引起胴体局部过热而造成事故，需要在反应器外壁涂上示温变色漆，以便随时进行监视。

2. 白土塔

白土塔(也称白土塔吸附塔)构造如图 8-38 所示，其塔体由碳钢制作，塔内底部设有格

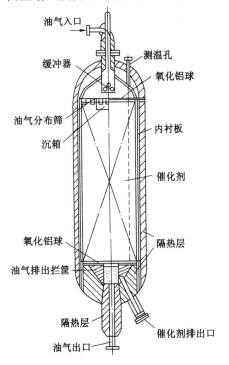

图 8-37 轻苯加氢反应器

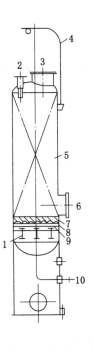

图 8-38 白土塔

1——支撑格栅；2——加氢油入口；3,6——人孔；

4——吊柱；5——白土；7——支承白土层；

8——金属网；9——格栅；

栅和金属网,金属网上填充活性白土。它是以活性白土为吸附剂,从加氢油中吸附微量烯烃、硫化氢等杂质的设备。加氢油由吸附塔顶部进入,经吸附除去杂质后由塔底排出。加氢油在塔内空间速度以 0.8 m/s 为宜。活性白土的活性,随使用时间延长而逐渐降低。用过的活性白土可以用水蒸气定期吹扫进行再生。活性白土的活性经多次使用和再生,其活性不能再恢复时,则需更换新的。活性白土的使用寿命一般为 3 年左右。

第七节　精苯车间主要操作

一、主要操作

轻苯连续精馏的操作包括正常操作、开工操作、停塔操作、特殊操作及产品和中间产品的分析检验等。

(一)正常操作

整个蒸馏系统开工稳定运行后,为保证生产操作正常,应做好以下几项主要工作。

(1)系统正常运行时要保持各精馏塔的原料组成、进料量、回流量、塔顶和塔底采出量的相对稳定,各塔的塔底液面、蒸汽量、蒸汽压力、塔顶温度、塔底温度、各冷凝冷却器及冷却器出口油温等都要力求稳定,上述各项控制指标均应符合技术规定。

(2)当塔底产品质量合格,而塔顶产品短时间内干点偏高时,应适当减少蒸汽量,先不考虑增加回流量;当塔顶产品质量合格,而塔底产品短时间初馏点偏低时,应适当增加蒸汽量,如回流量大,应适当减少回流量;当纯苯塔、甲苯塔、二甲苯塔中有一个塔产品或中间产品质量不合格时,在短时间内又不能调整正常时,各塔均需大循环(即循环至吹苯塔吹出苯贮槽),同时立即减少吹出苯原料或采取停塔措施。避免物料不平衡。

(3)初馏分含苯量高时,应减少采出量。混合馏分溴价高时,应适当增加蒸汽量或加大初馏分采出量。当初馏塔塔顶温度低时,应严格控制初馏分冷却的油温,适当调整回流量,因其他原因影响初馏分采出时,应将混合馏分改循环后,再作处理。

(4)当吹苯残渣含油量大于规定时,要停止排渣,适当增加直接蒸汽或间接蒸汽量。如进料量过大,可适当减少进料量,但塔底液面不得低于窥视镜。

(5)按规定做好产品和中间产品的取样、化验、入库及生产记录工作。

(二)各精馏塔开工操作

1. 开工前的准备工作

检查原料贮槽存量是否够用,并放净水和渣,轻苯贮槽静止放水时间一般不得小于6 h;检查动力系统水、电、蒸汽及压缩空气是否正常良好;检查各塔、塔体和各连接处、各处阀门、各冷凝冷却器、冷却器、各加热系统、油水分离器、计量槽是否符合开工要求;各冷凝冷却器、冷却器应提前通入冷却水;配齐各处实测仪表,并检查校正仪表,使其符合精确度要求且能够准确测量。

2. 一切准备工作就绪,通知有关工序岗位,经生产主管部门同意后,进行开工操作

3. 开工操作步骤

(1)初馏塔开工操作顺序一般为:开原料泵往初馏塔送轻苯,上料后调整进料量符合要求并循环至开停工槽,当开始循环时,缓慢开汽加热,逐渐升温,并调节蒸汽量使塔底温度符合规定;塔顶出油后注意油水分离器液位,待上部液面计见油时,开启回流泵往塔内全回

流,此时应适当调整蒸汽量,保持塔压及各处温度符合规定;当塔顶温度达到技术规定时,并稳定 4 h 以上可采出初馏分和混合馏分进行取样化验,合格后可转入正常操作。

(2)吹苯塔开工操作顺序一般为:开工前向碱油分离器送入浓度为 12%～18% 的碱液,液位保持 1/3～1/2,并提前将碱液循环泵开启,往中和器内送碱液进行循环。同时开塔底间接蒸汽阀门和直接蒸汽阀门进行预热;开已洗混合馏分进料泵,往塔内送料,调整进料量,并调整间接蒸汽和直接蒸汽量及冷却水量,使塔压及各处温度符合要求;吹出苯经冷凝冷却后流至吹出苯贮槽,开塔 4 h 以上开始在塔底取苯渣样分析,化验合格后排渣可转入正常操作;正常操作后,按规定取样分析检验。

(3)纯苯塔、甲苯塔、二甲苯塔串联开工操作顺序一般为:首先开启纯苯原料泵,往纯苯塔送料并调整进料量。刚开工时,纯苯塔顶部、底部产品均循环至开停工槽。当塔底液位达 1/3 以上时,缓慢开蒸汽,调节蒸汽量使塔底逐渐达到规定温度;当纯苯油水分离器液面达 1/2 时,开启纯苯塔回流泵,往纯苯塔顶送回流液。并调整回流比符合规定值,结合蒸汽的调节使塔压和纯苯系统各处温度符合要求;当纯苯残油合格时,开启甲苯原料泵,关闭纯苯残油阀门,由甲苯原料泵往甲苯塔送料,并调节甲苯塔进料和纯苯塔液面,使之稳定且符合规定。甲苯塔底有液面时,可提前开二甲苯塔间接蒸汽进行预热。开甲苯塔和纯苯塔基本相同,开始时塔顶和塔底产品不经计量槽循环至开停工槽,待甲苯残油合格后,开二甲苯塔。如二甲苯塔有液面可提前开间接蒸汽预热;开二甲苯塔和甲苯塔基本相同,开始时塔顶和塔底产品都循环至开停工槽。开二甲苯塔时,当塔底温度达 120 ℃ 以上时,应根据情况适量开直接蒸汽;当三个塔所有产品取样化验合格时,开始采出产品,转入正常操作。

通过冷却水量调节使各冷凝冷却器的油温符合技术规定。

(三)停塔操作

1. 初馏塔停塔一般操作顺序

首先将塔顶初馏分和塔底混合馏分改循环至开停工槽;仪表自动改手动;然后停间接蒸汽和原料泵。当油水分离器液位计无油时停回流泵;停冷却水;冬季停工时应注意防冻;设备是否放空,应根据实际情况决定。

2. 吹苯塔停塔仪表操作顺序

仪表首先自动改手动;停已洗混合馏分原料泵,塔顶不逸出混合馏分时,停间接蒸汽;排除塔底吹苯残渣,并用蒸汽清扫排渣管道;停直接蒸汽和碱液循环泵;停冷却水,冬季停工时应注意防冻;油水分离器和碱油分离器是否放空应根据具体情况而定。

3. 纯苯塔、甲苯塔、二甲苯塔停塔一般操作顺序

停塔顺序为二甲苯塔、甲苯塔、纯苯塔;仪表自动改手动;二甲苯残油和苯改循环,如开一个塔停工时,各塔塔顶和塔底均循环;先停间接蒸汽后停直接蒸汽(二甲苯塔先停直接蒸汽);塔顶不出油时停回流泵;停塔时塔底残油阀门应关闭,以保持塔底液位;停冷却水,冬季注意防冻;各设备是否放空根据实际情况而定。

(四)特殊操作

1. 突然停电操作

立即将各塔塔顶、塔底产品改循环至开停工槽;停直接蒸汽和间接蒸汽;将仪表自动改手动;按停塔顺序停塔。送电后按顺序开塔。

2. 突然停水操作

立即关闭直接蒸汽和间接蒸汽阀门,将塔全部改循环;停吹苯塔原料泵,再停其他各塔原料泵和回流泵。送水后按顺序开塔。

3. 突然停汽操作

立即关闭直接蒸汽和间接蒸汽阀门,将塔全部改循环至开停工槽;停各原料泵,塔顶不出油时停回流泵;按顺序停塔。送汽后按顺序开塔。

（五）产品和中间产品的质量检验分析

轻苯连续精馏系统的产品和中间产品的质量检验分析是检查精馏生产系统操作水平的重要手段,在生产管理上应给予高度重视,因此在各厂及精苯车间(工段)都设立了专门的分析检验机构和检验手段。精苯车间(工段)的产品和中间产品的一般分析检验项目见表8-26。

表 8-26　　　　　精苯车间(工段)的产品和中间产品的一般分析检验项目

名　称	取样地点	分析项目	取样时间
轻苯	轻苯贮槽	干点,三苯含量	泵料前
初馏分	油水分离器,油出口管线	干点,初馏点,含苯	每班一次
未洗混合馏分	冷却器	初馏点,溴价,CS_2 含量	2 h一次
吹出苯	油水分离器,油出口管线	初馏点,干点,比色,反应	每班一次
已洗混合分	碱油分离器,油出口管线	比色,溴价,反应	2 h一次
吹苯残渣	塔残渣排除口	180 ℃前馏出量,含水,反应	每班一次
纯苯	油水分离器,油出口管线	初馏点,干点,比色,反应	2 h一次
	槽车	初馏点,干点,比色,水分	装车时
	纯苯贮槽	按国标	封槽时
纯苯残油	冷却器	初馏点,比色,反应	2 h一次
甲苯	油水分离器,油出口管线	初馏点,干点,比色,反应	2 h一次
	甲苯贮槽	按国标	封槽时
	槽车	初馏点,干点,比色,水分	装车时
甲苯残油	冷却器	初馏点,比色,反应	2 h一次
二甲苯	油水分离器,油出口管线	初馏点,干点,比色,反应	2 h一次
	二甲苯贮槽	按国标	装车时
	槽车	初馏点,干点,比色,水分	封槽时
轻溶剂油	计量槽	初馏点,200 ℃前馏出量,反应	2 h一次
间歇精馏釜釜液	精馏釜	轻组分含量	2 h一次
轻溶剂油	计量槽	初馏点,200 ℃前馏出量,反应	2 h一次
精馏残油	精馏釜	初馏点,水分	精馏结束
	残油冷却器	初馏点	2 h一次

二、精苯车间的油库

（一）原料、产品及中间产品的贮存

精苯车间设置的原料槽、产品槽和中间槽均在油库中。

原料槽是接受本厂回收车间或外厂的轻苯(或粗苯),各产品槽是分别接受精馏系统的各种产品,各中间产品槽分别接受精馏系统的未洗混合馏分、已洗混合馏分、吹出苯等中间产品。

原料、产品及中间产品在贮存过程中,从工艺上应考虑各种料液均匀质量稳定、减少挥发损失和便于贮槽放水等。

1. 原料均匀化

精苯车间除精制轻苯或粗苯原料外,还要处理少量的杂油,杂油包括焦油粗制产生的轻油、重苯、不合格产品、需要重蒸的中间馏分以及放空槽所收集的油类等。规模较大的精苯车间,杂油应收集到专门贮槽,再按比例混入原料中,一次混入量不得过大,以使原料质量稳定。否则会影响精馏系统的正常操作。

2. 贮槽放水及污水控制分离

原料、产品及中间产品一般均需在贮槽中经过静置脱水,分离水以自流方式排出,然后再用泵送往控制分离器,以进一步分离、回收水中所夹带的油。蒸馏部分各油水分离器排出的水,也可进入此控制分离器。由控制分离器流出分离水,含有酚、氰等有害杂质,应排入酚水系统进行处理。

3. 减少挥发损失的工艺措施

油库内贮存的物质均为易挥发物,应考虑采取措施减少挥发损失。

(1)各贮槽外壁应进行保温,其效果较好,设备维护量也较小,但一次性投资较大,实际采用的不多。

(2)贮槽顶部连续或间断喷洒冷水,其投资少,设施简单。但消耗大量的冷却水,动力消耗也较大,设备易腐蚀。

(二)油库的布置

精苯车间的原料产品及中间产品均为易燃易爆液体,因此,在油库内存放时尤其要注意安全防火。在设置油库时应符合建筑设计规范和安全防火的有关规定。

(1)油库设置的门窗均应向外开,油库的泵房靠贮槽一侧的墙一般不应设置门窗。安全出口不应少于两个。

(2)油库中的二硫化碳贮槽宜单独布置,四周应设防火堤,堤内地面与墙角应有放水层,地面保持有水层,槽顶部应有加水管。防火堤内地坪排水应经过水封排放。

(3)在油库中,不保温的露天轻质油槽顶部宜设喷水装置,以作为防火降温用。露天布置的立式贮槽走台不宜通过槽顶。

(4)苯类产品装卸线只允许无火机车进入,否则需采用隔离车厢。装卸动力装置均应符合防火防爆要求。

(5)油库宜布置于地势较低地区,如需布置较高地势地区时,应采用安全防火措施。

(6)盛有易燃液体的油桶不宜露天存放,布置堆放场地应采用避光安全措施,防止日光暴晒液体挥发。

(7)对于总储量小于 500 m^3 的油库和贮槽地下布置的油库,相邻两槽净距离小于 1 m。油库布置应满足所需检修的间距。地下布置的油槽应包沥青油毡两层作防腐处理。

(8)中间产品槽宜集中布置于靠蒸馏工序一侧,初馏分贮槽宜布置在不经常操作的油槽区端头。

（9）油库区应设置防雷电及消防设施。

本章测试题

一、判断题（在题后括号内作记号，"√"表示对，"×"表示错，每题 2 分，共 20 分）

1. 以煤焦油作吸收剂的洗苯塔，通常情况下需要 8～10 理论塔板。　　　　（　　）

2. 温度越高，洗油中与其平衡的粗苯含量则越高。　　　　　　　　　（　　）

3. 洗油中酚的含量不会改变洗油吸收的效果。　　　　　　　　　　　（　　）

4. 终冷上段设氨水喷洒管是为了清除横管外壁的油垢，降低终冷器煤气系统阻力。
　　　　　　　　　　　　　　　　　　　　　　　　　　　　　　（　　）

5. 富油脱苯在较低的温度下就能进行，无需额外加热。　　　　　　　（　　）

6. 脱苯塔顶部温度升高可能是由于回油量小或直接蒸汽量大。　　　　（　　）

7. 甲苯是粗苯中最主要的组分，含量占 55%～80%。　　　　　　　　（　　）

8. 酸洗净化过程中，硫酸浓度越高越好，可以更好地清除硫化物的杂质。（　　）

9. 精苯车间的一切电气设备及照明均应为防爆设备。　　　　　　　　（　　）

10. 循环洗油的吸收能力比新洗油约下降 10%，为了保证循环洗油的质量，在生产过程中，必须对洗油进行再生处理。　　　　　　　　　　　　　　　　（　　）

二、填空题（将正确答案填入题中，每空 1 分，共 20 分）

1. 焦炉煤气中含有苯族烃百分含量为（　　　），经回收后煤气中的苯族烃含量降到（　　　）。

2. 粗苯中主要含有（　　　）、（　　　）、二甲苯和三甲苯等芳香烃。

3. 粗苯是（　　　）色，透明的油状液体，密度比水小，（　　　）溶于水，又因为粗苯易（　　　）、易燃，所以粗苯蒸气在空气中达到（　　　）范围时形成爆炸性混合物。

4. 从焦炉煤气回收苯族烃的方法有（　　　）、（　　　）和深冷凝结。

5. 汽提操作中脱苯塔内总压是一定的，当通入大量的过热蒸汽时，塔内气相中（　　　）分压升高，而（　　　）分压降低，导致在该温度下，气相中粗苯的分压（　　　）该温度下其饱和蒸汽压，从而使粗苯由（　　　）进入（　　　）从而实现粗苯和洗油的分离。这就是所谓的汽提操作。

6. 生产一种产品的工艺流程的产品是（　　　）；生产两种产品的工艺流程的产品是（　　　）和（　　　）；生产三种产品的工艺流程的产品是轻苯、（　　　）和（　　　）。

三、单选题（在题后供选答案中选出最佳答案，将其序号填入题中，每题 2 分，共 10 分）

1. 当其他条件一定时，洗油的相对分子质量越小，其吸收能力就（　　　）。

A. 越小　　　　　B. 越大　　　　　C. 不变　　　　　D. 以上都不对

2. 粗苯的适宜吸收温度是（　　　）。

A. 15 ℃ 以下　　　B. 30 ℃ 以上　　　C. 25 ℃ 左右　　　D. 55 ℃ 左右

3. 粗苯精制包括（　　　）。

（1）酸洗　　　（2）加氢　　　（3）精馏分离　　　（4）初馏分中的环戊二烯的加工

A.（1）（2）　　　B.（1）（2）（3）　　　C.（2）（3）（4）　　　D.（1）（2）（3）（4）

4. 下列选项中不是洗油质量要求的是（　　　）。

A．化学稳定性　　　　　　　　　　B．较好的流动性

C．易于水分离，不生成乳化物　　　D．不易燃

5．螺旋管式换热器的冷、热流体流向是（　　）。

A．逆流　　　　　　B．并流　　　　　　C．错流　　　　　　D．折流

四、问答题（每题 **10** 分，共 **40** 分）

1．洗油为什么要进行再生？

2．简述洗油吸收苯族烃的原理。

3．简述粗苯管式炉结焦的原因及处理方法。

4．简述生产两种苯的工艺流程。

五、计算题（每题 **10** 分，共 **10** 分）

用洗油吸收混合气体中的苯，已知洗油中苯含量 $x_2 = 0.000\ 15$，$y_1 = 0.04$，吸收率为 80%，相平衡关系式为 $Y^* = 0.126X$，混合气量为 $1\ 000$ kmol/h，液气比为最小液气比的1.5倍，问洗油的用量是多少？

第九章　煤焦油加工技术

> 【**本章重点**】煤焦油的初步蒸馏工艺和操作;针状焦生产技术;工业萘和静奈生产技术。
> 【**本章难点**】煤焦油的蒸馏;针状焦及改质沥青的生产技术和工艺。
> 【**学习目标**】了解煤焦油产品的组成;掌握焦油蒸馏各工艺及区别;了解并掌握煤焦油后续产品的体制加工方法。

第一节　煤焦油的组成、性质及主要产品的用途

煤焦油是煤在干馏和气化过程中获得的液体产品。高温炼焦焦油是煤料在炼焦炉炭化室热分解的液态产物,装入炭化室内的煤料,首先析出吸附在煤中的水、二氧化碳和甲烷等。随着煤料温度的升高,煤含氧多的分子结构分解为水、二氧化碳等。当煤层温度达到 300～550 ℃,则发生了煤的大分子侧链和基团的断裂,所得到的产物为初分解产物,称为初焦油。初焦油主要含有脂肪族化合物,烷基取代的芳香族化合物及酚类。初次分解产物,一部分通过炭化室中心的煤层,一部分经过赤热的焦炭层沿着炉墙进入炭化室顶部空间,在 800～1 000 ℃ 的条件下发生深度热分解,所得到的产物为二次分解产物,或称为高温焦油。高温焦油主要含有稠环芳香族化合物。高温焦油是由初焦油在高温作用下经过热化学转化形成的。而且转化过程非常复杂,包括热分解、聚合、缩合、歧化和异构等反应。因此,初焦油和高温焦油在组成上有很大的差别。

焦油的闪点为 96～105 ℃,自燃点为 580～630 ℃,燃烧热为 35 700～39 000 kJ/kg。其密度在 20 ℃时,介于 1.10～1.25 g/cm³,其值随着温度的升高而降低。焦油在 20 ℃ 以上时的密度可按下式确定:

$$d_t = d_{20} - 0.007(t - 20) \tag{9-1}$$

式中　d_{20} 为焦油在 20 ℃时的密度,g/cm³;

　　　t 为实测密度时的温度,℃。

一、焦油的组成

组成煤焦油的主要元素中,碳占 90% 左右,氢占 5% 左右,此外还含有少量的氧、硫、氮及微量的金属元素等。

煤焦油几乎完全都是由芳香族化合物组成的一种非常复杂的混合物,其组分的总数估计大约在 10 000 种以上,现代科技已经可以从中分离并已得到认定的单种化合物约在 500种左右,其含量约占焦油总量的 55%。而且在煤焦油中的含量超过 1% 和接近 1% 的化合物仅仅只有 10 余种,而其含量也只约占煤焦油总量的 30% 左右。因此,可以肯定地说,煤焦油的进一步精加工的远景是非常广阔的。随着科学技术的不断发展,将会有越来越多的

煤焦油副产品问世。煤焦油的主要组成可见表 9-1。

表 9-1　　　　　　　　　　　　　　　煤焦油中主要成分表

序号	名称	焦油中含量/%	序号	名称	焦油中含量/%
1	萘	10	16	吡啶	0.6
2	菲	5	17	α-甲基萘	0.5
3	萤蒽	3.3	18	酚	2.0
4	芘	2.1	19	间-甲酚	0.4
5	苊烯	2.0	20	苯	0.4
6	芴	2.0	21	联油	0.4
7	蒽	1.8	22	甲苯	0.3
8	咔唑	1.5	23	喹啉	0.3
9	β-甲基萘	1.5	24	硫茚	0.3
10	苊	1.0	25	间-二甲苯	0.2
11	氧芴	1.0	26	邻-甲酚	0.2
12	对-甲酚	0.2	27	吡啶	0.02
13	异喹啉	0.2	28	β-甲基吡啶	0.01
14	吲哚	0.2	39	α-甲基吡啶	0.02
15	3.5-二甲酚	0.1	30	γ-甲基吡啶	0.01

二、煤焦油的性质

焦油的闪点为 96～105 ℃,自燃点为 580～630 ℃,燃烧热为 35 700～39 000 kJ/kg。

焦油的蒸发潜热 λ 可用下式计算:

$$\lambda = 494.1 - 0.67t \tag{9-2}$$

式中　t—焦油的温度,℃。

焦油馏分相对分子质量可按下式计算:

$$M = \frac{T_\mathrm{K}}{B} \tag{9-3}$$

式中　M——焦油馏分相对分子质量;

　　　T_K——蒸馏馏分馏出 50% 时的温度,K;

　　　B——系数,对于洗油、酚油馏分为 3.74,对于其余馏分为 3.80。

焦油的相对分子质量可按各馏分相对分子质量进行加和计算确定,焦油、焦油馏分和焦油组分的理化性质参数也可查阅有关图表。

三、煤焦油中各种组分的用途

(1)萘:萘为无色单斜晶体,易升华,不溶于水,能溶于醇、醚、三氯甲烷和二硫化碳,是焦油加工主要产品。萘是非常宝贵的化工原料。我国所生产的工业萘多用于制取邻苯二甲酸酐,以供生产涤纶、工程塑料、塑料、油漆及医疗之用。同时还可以用来制取炸药、植物生长刺激素、橡胶及塑料的抗老化剂等。

(2)酚及同系物:酚是无色结晶体,可溶于水、乙醇、冰醋酸及甘油等。酚广泛用于生产合成纤维、工程塑料、农药、医药、染料中间体及炸药等;甲酚用于生产合成塑料(电木),增塑剂等;二甲酚和高沸点酚可用于制造消毒剂。

(3) 蒽:蒽为无色汽状结晶,不溶于水,能溶于醇、醚、四氯化碳和二硫化碳。主要用于制取蒽醌系染料和各种油漆。

(4) 菲:菲为白色带荧光的片状结晶,能升华,不溶于水,微溶于乙醇、乙醚、可溶于醋酸、苯、二硫化碳等。用在制造还原性染料、炭黑。菲经氧化成菲醌可作农药。

(5) 苊:苊为白色片状结晶,不溶于水,可溶于苯等。用苊氧化制成萘酐是染料的原料。

(6) 沥青:它是焦油蒸馏时的残液,为多种高分子多核环状化合物所组成的混合物。主要有低温沥青、中温沥青和高温沥青。低温沥青(俗称软沥青)用于建筑、铺路、电极碳素材料和炉衬黏结剂,也可用于制作炭黑和作为燃料用。中温沥青用于生产油毡、建筑物防水层、高级沥青漆、改质沥青和沥青焦等产品。经过特殊处理,沥青还可以用来制取针状焦和沥青炭纤维等新型碳素材料。高温沥青主要用在生产电极焦及各种碳素材料的黏结剂等。

(7) 各种油类:焦油蒸馏所得的各种馏分在提取出有关的单组分产品后,即得到各种油类产品。其中洗油馏分脱除了酚和吡啶盐基后,用作吸收煤气中苯类的吸收剂。脱除了粗蒽结晶后的一蒽油是配制防腐油的主要组分等。

焦油加工工艺主要包括焦油加工前预处理和焦油蒸馏工艺。焦油加工前与处理包括焦油的储存和质量均合、焦油脱水、焦油脱盐、焦油脱渣等;焦油的加工工艺包括选择合适的焦油蒸馏工艺。

第二节　焦油加工前预处理

一、焦油的贮存

回收车间所生产的粗焦油,可贮存在钢筋混凝土的地下贮槽或钢板焊制成的直立圆柱形的贮槽中。

现在多数的焦化厂主要是采用钢制圆柱形直立贮槽,其容量按储备 10～15 昼夜的焦油量计算,通常至少要设置 3 个贮槽,一个用作生产操作用,一个槽用于加热升温静置脱水,另一个贮槽则用作接受焦油,3 个贮槽轮换使用,以保证焦油质量的稳定和蒸馏操作的连续性。

焦油贮槽沿壁有蛇形管,管内通入水蒸气作加热之用,使焦油的温度能够保持在 80～90 ℃(指槽内的平均温度),在此温度下,焦油极易流动,且易于和水分离。在贮槽的外壳包以绝热层用来减少热量损失。经过澄清后的水沿贮槽高度方向上安设的带有开闭器的溢流管流出,聚集到收集罐中,并使之与氨水混合,以备加工之用。贮槽设有浮标式液面指示器和温度计,槽顶设有放散管装置。

二、焦油质量的均合

焦油在组成、密度,苯的不溶物或是灰分含量等方面都有较大的差别。另外还可能混入煤气终冷时洗下来的萘,萘溶剂油及轻苯精制时的残渣,开停工时不合格的各种馏分等。即使是同一回收车间的集气管处得到的焦油与初冷器得到的焦油,它的质量也是不相同的。比如集气管处的焦油含萘量为 4%～6%,而初冷器的焦油因冷却程度不同含萘量波动在 12%～25%。

焦油的均匀化是用原料焦油含萘量的波动不大于 1% 作为指标。需要将来自各个回收车间或其他焦油厂的焦油有计划、按比例地混合在焦油大贮槽内,严禁向使用槽内随意加入其他外来的焦油,回配的馏分也不能超过 5%,以保证焦油组成的均匀化。

三、焦油的脱水

焦油在蒸馏前必须脱水。由于水在焦油中能形成稳定的乳浊液,在受热时,乳浊液中的小水滴不能立即蒸发而处于过热状态。当温度连续升高时,这些小水滴急剧蒸发,会造成突沸冲油事故,更因此使整个系统的压力剧增,打乱操作制度,会造成高压,有引起管道、设备破裂而导致火灾的危险。脱水的焦油可以减少蒸馏系统的热耗,增加设备的生产能力,降低蒸馏系统阻力,改善馏分及沥青质量,减轻设备的腐蚀。

(一)传统脱水方法

这种脱水方法分初步脱水和最终脱水,设备简单、技术成熟。

焦油的初步脱水是在焦油的贮槽内进行的。粗焦油中的含水量约为 4%,并且水中还溶解了许多无机盐类,水分子分散在焦油介质中形成了均相体系——乳化液。焦油中还含有甲苯不溶物、喹啉不溶物及其他小的分散微粒,这些微粒吸附在焦油与水的界面上,增加了乳化液的稳定性。采用在贮槽内用水蒸气间接加热,使之维持在 85～95 ℃之间,以降低焦油的黏度,经静止 36 h 以上,水和焦油因比重不同而分离。操作时温度稍高,则有利于乳浊液的分离,但温度过高,则会因为对流作用的增大而影响澄清,并使轻油挥发,损失增大。静止脱水使焦油中水分初步脱至 2%～3%。

焦油的最终脱水,目前广泛采用的方法是在管式炉的对流段及一次蒸发器内进行的。焦油在管式炉对流段被加热到 120～130 ℃,然后,在一次蒸发器内进行闪蒸脱水,焦油水分可脱至 0.5% 以下。

(二)轻油共沸连续脱水

粗焦油与脱水后经换热和预热的高温焦油混合进入脱水塔,塔顶用轻油作回流。水与轻油形成共沸混合物由塔顶逸出,经冷凝冷却后进入油水分离器,分出水后的轻油返回脱水塔。此法的焦油水分可脱至 0.1%～0.2%,其工艺流程如图 9-1 所示。

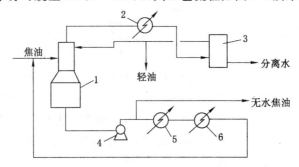

图 9-1　焦油轻油共沸脱水
1——脱水塔;2——冷凝器;3——分离器;4——循环泵;
5——沥青/焦油换热器;6——蒸汽加热器

(三)加压脱水

加压脱水是使焦油在加压(0.3～1.0 MPa)和加热(120～150 ℃)的条件下进行脱水,

静置 30 min,水和焦油便可以分开,下层焦油含水小于 0.5%,加压脱水可破坏乳化水,分离水以液态排出,降低了热耗。

各种脱水方式都有优点,传统的脱水方法设备简单,技术要求低,国内普遍采用,有较成熟的技术经验,能将焦油中水分降低到蒸馏所需要求,轻油共沸连续脱水和加压脱水技术比较先进,脱水能力强,脱水后的焦油含水量很低,但这种方法都必须建专门的设备,技术要求高,成本也较高。结合经济和技术原因,本设计采用国内传统脱水方法,分初步脱水和最终脱水两步将焦油中水分降 4% 以下。

四、焦油的脱盐

焦油中所含的水实即氨水,其中所含的挥发性铵盐在最终脱水阶段既被除去,而占绝大部分的固定铵盐仍留在脱水焦油中。当加热到 220～250 ℃时,固定铵盐会分解成氨和游离酸。例如:

$$NH_4Cl \overset{200\sim250\ ℃}{\rightleftharpoons} HCl + NH_3$$

产生的酸存在于焦油中,会引起管道和设备严重腐蚀。同时,铵盐还会使焦油馏分与水起乳化作用,对萘油馏分的脱酚操作十分不利。因此,焦油必须在蒸馏前进行脱盐处理。焦油的脱盐,是在焦油入管式炉一段最终脱水前加入碳酸钠溶液,使固定铵盐转化为稳定的钠盐,如:

$$2NH_4Cl + Na_2CO_3 \longrightarrow 2NH_3 + 2NaCl + H_2O$$

碱液耗量一般为焦油的 0.05%～0.06%。加入的碱液量可按下式计算:

$$A = \frac{3.1 \times 1.25 \times Q \times C}{10 \times B \times \rho} \tag{9-4}$$

式中　A——碳酸钠溶液消耗量,L/h;

　　　Q——进入管式炉一段的焦油量,kg/h;

　　　C——按固定铵盐含量,换算为每千克焦油中含氨克数,g/kg(一般为 0.03～0.04g/kg);

　　　3.1——按化学反应计算求得的碳酸钠理论需要量,即焦油中固定铵含量换算为每克氨所耗碳酸钠克数;

　　　B——碳酸钠溶液的质量浓度,kg/L;

　　　ρ——碳酸钠溶液的密度,kg/L。

生产中,是将高置槽来的 8%～12% 的碳酸钠溶液经转子流量计加入一段焦油泵的吸入管中,通过泵的叶轮搅拌及管道混合作用而达均匀。控制质量分数为 8%～12% 的原因是,若碳酸钠溶液浓度太高时,则加入量就减少了,不易和煤焦油混合均匀,使得固定铵盐不能完全除去;若碳酸钠溶液浓度太低时,则加入量要多,给煤焦油带来大量水分。另外,加碱量不宜过多,因为焦油脱盐处理后生成的钠盐留在焦油中,最后残留在沥青内成为沥青灰分,会影响沥青的质量,特别是炼制沥青焦时影响沥青焦质量。因此,必须加强初步脱水,使最终脱水前焦油含水少,固定铵盐相应含量也少了。另外还可以采用一些新技术对焦油脱盐,例如德国吕特格公司在焦油蒸馏前,用水洗脱固定铵盐,然后用药剂脱水;我国首套 30 万 t/a 煤焦油蒸馏装置则采用后加碱技术,即先将沥青分离出来,再用碱中和焦油中的铵盐,这些新工艺可以保证沥青的质量,但国内还未普遍采用。脱盐后的焦油中,固定铵盐含量应小于 0.01 g/kg,才能保证管式炉的正常操作。

第三节 煤焦油蒸馏工艺

蒸馏是利用液体混合物中各组分挥发度的差别,使液体混合物部分汽化并随之使蒸汽部分冷凝,从而实现其所含组分的分离。煤焦油加工的主要任务是获得萘、酚、蒽等工业纯产品和洗油、沥青等粗产品。由于焦油中各组分含量都不太多,且组成复杂,不可能通过一次蒸馏加工而获得所需的纯产品。所以,焦油加工都是先在蒸馏中切取富集某些组分的窄馏分,再进一步从窄馏分中提取所需的纯产品。

焦油蒸馏时,每个组分应富集于相应的馏分中,即每个组分在相应馏分中集中度较高,如萘油中萘的集中度用下式计算:

$$萘在萘油中的集中度 = \frac{萘油馏分中萘含量}{原料焦油中含萘量} \tag{9-5}$$

焦油蒸馏按生产规模不同可分为间歇蒸馏和连续蒸馏。后者分离效果好,各种馏分产率高,酚和萘可高度集中在一定的馏分中。因此,生产规模较大的焦油车间均采用管式炉连续蒸馏装置。

一、间歇式煤焦油蒸馏工艺

在间歇蒸馏是装料、加热、分馏和排渣等工序依次周期性循环进行的蒸馏过程,它是根据蒸发原理进行的,采用煤气加热蒸馏釜,加热到一定的温度范围,蒸发出一种馏分。间歇蒸馏有减压和常压两种。煤焦油减压间歇蒸馏工艺流程如图 9-2 所示。

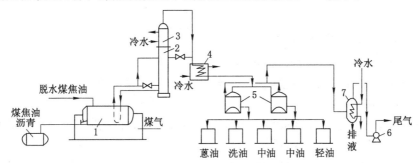

图 9-2 间歇式蒸馏工艺流程

1——蒸馏釜;2——塔;3——分缩器;4——冷凝冷却器;
5——油水分离器;6——计量槽;7——馏分槽

脱水煤焦油装入蒸馏釜,用煤气加热,缓慢升温,首先蒸出残余水分和少量轻油,逐渐升高釜内油温,根据馏出物的密度和结晶情况以及蒸馏柱顶油气温度,由低至高依次切取轻油馏分(170 ℃前馏出物)、中油馏分(170～240 ℃之间馏出物)、洗油馏分(240～300 ℃之间馏出物)、蒽油馏分(300～360 ℃之间馏出物)。釜底残渣为煤焦油沥青(简称沥青)。中油馏分和洗油馏分蒸气自釜顶升气管进入蒸馏柱,经分凝器和冷凝冷却器冷却后的液体到真空计量槽,由此放入各自的接受槽。在蒸出残余水分、轻油馏分和蒽油馏分时,油气不通过蒸馏柱和分凝器,自釜顶经交通管到冷凝冷却器。釜顶升汽管温度达 170 ℃时开始自计量槽抽真空,逐渐增大真空度,直到蒽油馏分切取完毕为止。在切取中油馏分的后期,即将馏出洗油馏分时开始往釜内通入蒸汽。当洗油馏分切取完了之后蒸馏釜停止加热,利用釜内余热和增大真空度继续蒸馏,切取蒽油馏分,直至沥青软化点合格后停釜,放出沥青。

间歇焦油蒸馏设备比较简单,投资少,易于上马,适用于焦油处理量不大的中小型厂。间歇蒸馏的主要缺点是:处理量小;对环境污染严重;焦油在高温下加热时间长,造成馏分分解,使沥青产量增加,各种馏分产率降低;大量焦油同时加热,有失火的危险;蒸馏出的各种馏分质量不高,提取纯产品操作发生困难,而酚和萘的集中度也较低;燃料耗量大,不经济;劳动条件差,难以采用自动控制及自动调节装置。

二、连续式焦油蒸馏流程

连续式蒸馏是根据凝缩原理进行的,即焦油经加热炉加热,到一次蒸发温度 400 ℃ 左右,这时系统中压力增高,低沸点组分过热,但不能完全蒸发,当焦油的气液混合物进入蒸发器后,由于空间突然扩大,系统压力急降,除沥青外,焦油中低沸点成分立即进行闪蒸,在蒸发器中产生的蒸气进入一个或数个分馏塔内,由于沸点不同而逐渐顺次冷凝下来获得各种馏分。

现代焦油蒸馏均选择管式炉连续式蒸馏。连续式焦油蒸馏与间歇蒸馏相比有以下优点:处理量大,适用于大型焦化厂的焦油处理;对环境污染相对小;生产的馏分质量好,能使各馏分明确分开;焦油在管式炉停留时间短,焦油馏分分解变质少,因而馏分产率高,沥青产率相对少了;能充分利用燃烧废气来加热焦油和最终脱水,故热效率较高;炉管内的焦油存量少,故减少了火灾的危险;自动化程度高,便于管理,产品质量稳定,提高了劳动生产率。但是,连续蒸馏工艺设备多,投资大,工艺相对复杂。

近年来,焦油加工的主要目的大致有两类:一是对焦油分馏,将沸点接近的化合物集中到相应的馏分中,以便分离出单体产品;二是以获得电极生产所需原料(电极焦、电极黏结剂)为目的。所以,焦油连续蒸馏工艺也有多种流程。下面介绍几种典型的工艺流程。

(一)常压两塔式焦油连续蒸馏流程

煤焦油常压两塔式焦油连续蒸馏工艺流程如图 9-3 所示。

原料焦油在贮槽中加热静置初步脱水后,用一段焦油柱塞泵 26 送入管式炉 1 的对流段,在一段泵入口处加入浓度 8%～12% 的 Na_2CO_3 溶液进行脱盐。焦油在对流段被加热到 120～130 ℃ 后进入一段蒸发器 2,在此,粗焦油中的大部分水分和轻油蒸发出来,混合蒸汽自蒸发器顶逸出,经冷凝冷却器 6 得到 30～40 ℃ 的冷凝液,再经一段轻油油水分离器分离后得到一段轻油和氨水。氨水流入氨水槽,一段轻油可配入回流洗油中。一段蒸发器排出的无水焦油进入器底的无水焦油槽,以其中满流的无水焦油进入满流槽 16。由此引入二段焦油泵前管路中。

无水焦油用二段焦油柱塞泵 27 送入管式炉辐射段加热至 400～410 ℃ 后,进入二段蒸发器 3 一次蒸发,使馏分与煤焦油沥青分离。沥青自底部排出,馏分蒸汽自顶部溢出进入蒽塔 4 下数第 3 层塔板,塔顶用洗油馏分打回流,塔底排出二蒽油。自 11、13、15 层塔板的侧线切取一蒽油。一蒽油和二蒽油分别经理入式冷却器冷却后,放入各自贮槽,以备送去处理。

自蒽塔 4 顶逸出的油气进入馏分塔 5(又称洗塔)下数第 5 层塔板。洗油馏分自塔底排出,萘油馏分从第 18、20、22、24 层塔板侧线采出;酚油馏分从第 36、38、40 层塔板采出。这些馏分经冷却后进入各自贮槽。

自馏分塔顶出来的轻油和水的混合蒸汽冷凝冷却和油水分离后,水导入酚水槽,用来配制洗涤脱酚时所需的碱液;轻油入回流槽,部分用作回流液,剩余部分送粗苯工段处理。

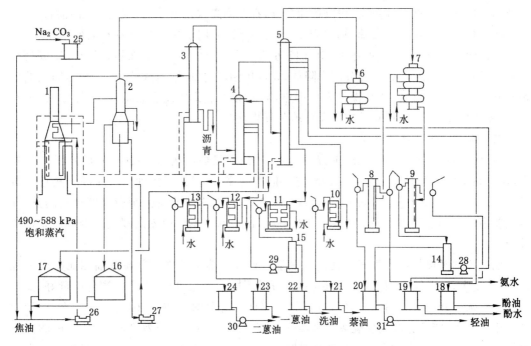

图 9-3　两塔式焦油蒸馏流程

1——焦油管式炉;2——一段蒸发器及无水焦油槽;3——二段蒸发器;4——蒽塔;5——馏塔;6——一段轻油冷凝冷却器;7——馏分塔轻油冷凝冷却器;8——一段轻油油水分离器;9——馏分塔轻油油水分离器;10——萘油埋入式冷却器;11——洗油埋入式冷却器;12——蒽油冷却器;13——二蒽油冷却器;14——轻油回流槽;15——洗油回流槽;16——无水焦油满流槽;17——焦油循环槽;18——酚油接受槽;19——酚水接受槽;20——轻油接受槽;21——萘油接受槽;22——洗油接受槽;23——蒽油接受槽;24——二蒽油接受槽;25——碳酸钠高位槽;26——一段焦油泵;27——二段焦油泵;28——轻油回流泵;29——洗油回流泵;30——二蒽油泵;31——轻油泵

蒸馏用直接蒸汽经管式炉辐射段加热至 450 ℃,分别送入各塔底部。

我国有些焦化厂,在馏分塔中将萘油馏分和洗油馏分合并一起切取,叫做两混馏分。此时塔底油称为范油馏分,含范量大于 25%。这种切取两混馏分的操作可使萘较多地集中在两混馏分中,萘的集中度达 93%～96%,从而可提高工业萘的产率。同时,洗油馏分中的重组分已在切取范油馏分时除去,也提高了洗油质量。

两塔式连续蒸馏的主要操作指标如下:

一段焦油出口温度	120～130 ℃	洗油馏分(塔底)温度	225～235 ℃
二段焦油出口温度	400～410 ℃	两混馏分侧线温度	196～200 ℃
一段蒸发器顶部温度	105～110 ℃	一蒽油馏分侧线温度	280～295 ℃
二段蒸发器顶部温度	370～374 ℃	二蒽油馏分(塔底)温度	330～355 ℃
蒽塔顶部温度	250～265 ℃	一段蒸发器底部压力(表压)	≤29.4 kPa
馏分塔顶部温度	95～115 ℃	二段蒸发器底部压力(表压)	≤49 kPa
酚油馏分侧线温度	160～170 ℃	各塔底部压力(表压)	≤49 kPa
萘油馏分侧线温度	198～200 ℃		

两塔式连续蒸馏所得各馏分的产率(对无水焦油)和质量见表 9-2:

表 9-2　　　　　　　　　两塔式焦油蒸馏馏分产率和质量指标

馏分名称	产率(对无水焦油)/%		密度/g·m⁻³	组分含量(质量分数)/%		
	窄馏分	两混馏分		酚	奈	蒽
轻油馏分	0.3～0.6	0.3～0.6	≤0.88	<2	<0.15	
酚油馏分	1.5～2.5	1.5～2.5	0.98～1.0	20～30	<10	
奈油馏分	11～12	16～17	1.01～1.03	<6	70～80	
洗油馏分	5～6	—	1.035～1.055	<3	<10	
蒽油馏分	—	2～3	1.07～1.09			>25
一蒽油馏分	19～20	17～18	1.12～1.13	<0.4	<1.5	
二蒽油馏分	4～6	3～5	1.15～1.19	<0.2	<1.0	
中温沥青	54～56	54～56	1.25～1.35	软化点 80～90 ℃(环球法)		

（二）常压一塔式焦油连续蒸馏工艺流程

常压一塔式焦油连续蒸馏工艺流程如图 9-4 所示。该流程是从两塔式连续蒸馏改进发

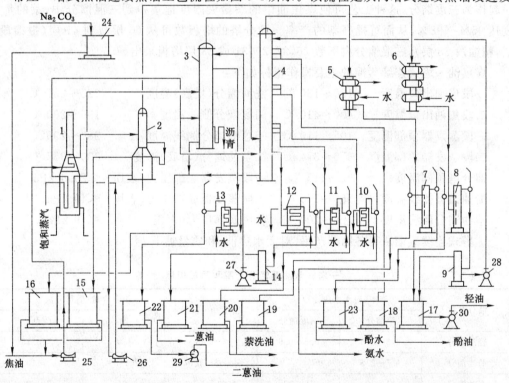

图 9-4　常压一塔式焦油连续蒸馏工艺流程

1——焦油管式炉；2——一段蒸发器及无水焦油槽；3——二段蒸发器；4——馏分塔；5——轻油冷凝冷却器；
6——馏分塔轻油冷凝冷却器；7——馏分塔轻油冷凝冷却器；8——馏分塔轻油冷凝冷却器；9——轻油回流槽；
10——奈油埋入式冷却器；11——洗油埋入式冷却器；12——蒽油冷却器；13——二蒽油冷却器；14——一蒽油回流槽；
15——无水焦油满流槽；16——焦油循环槽；17——轻油接受槽；18——酚油接受槽；19——奈油接受槽；
20——洗油接受槽；21——一蒽油接受槽；22——二蒽油接受槽；23——酚水接受槽；24——碳酸钠溶液高位槽；
25——一段焦油泵；26——二段焦油泵；27——一蒽油回；28——轻油回流泵；29——二蒽油泵；30——轻油泵

展而来的,两种流程的最大不同之处是:一塔式流程取消了蒽塔;二段蒸发器改由两部分组成,上部为精馏段,下部为蒸发段。

经静置脱水后的原料焦油用一段泵 25 打入管式炉 1 的对流段,在泵前加浓度为 8%～12% 的 Na_2CO_3 溶液脱盐,在管式炉一段焦油被加热到 120～130 ℃ 后进入一段蒸发器 2 进行脱水。分离出的无水焦油通过二段泵 26 送入管式炉辐射段加热至 300～400 ℃ 后进入二段蒸发器 3 进行蒸发分馏,沥青由塔底排出,油气升入上部精馏段。二蒽油从上数第 4 层塔板侧线引出,经冷却器 13 冷却后送入二蒽油接受槽 22。其余馏分混合蒸汽自顶部溢出进入馏分塔 4 的下数第 3 层塔板。自馏分塔 5 底部排出的一蒽油,经一蒽油冷却器 12 冷却后,一部分回流入二段蒸发器(回流量为每吨无水焦油 0.15～0.2 t,以保持二段蒸发器顶部温度),其余送去处理。由第 15,17,19 层塔板侧线采出洗油馏分;由第 33,35,37 层切取萘油馏分;由第 51,53,55 层切取酚油馏分。各种馏分分别经各自的冷却器冷却后引入各自的中间槽,再送去处理。由塔顶出来的轻油和水的混合蒸汽经冷凝冷却器 6 和馏分塔轻油油水分离器 8 分离后,部分轻油回流入塔(回流量为每吨焦油 0.35～0.4 t),其余送入粗苯工段处理。

国内有些化工厂对一塔式流程做了如下改进:将酚油馏分,萘油馏分和洗油馏分合并一起作为三混馏分,这种工艺可使煤焦油中的萘最大限度地集中到三混馏分中,萘的集中度达 95%～98%,从而可提高萘的产率。馏分塔的塔板数可从 63 层减到 41 层(提馏段 3 层,精馏段 38 层),三混馏分自下数 25,27,29,31 或 33 层塔板采出。

煤焦油一塔式连续蒸馏的主要操作指标如下:

一段焦油出口温度	120～130 ℃	洗油馏分(塔底)温度	225～235 ℃
二段焦油出口温度	400～410 ℃	两混馏分侧线温度	196～200 ℃
一段蒸发器顶部温度	105～110 ℃	一蒽油馏分侧线温度	280～295 ℃
二段蒸发器顶部温度	370～374 ℃	二蒽油馏分(塔底)温度	330～355 ℃
馏分塔顶部温度	95～115 ℃	一段蒸发器底部压力(表压)	≤29.4 kPa
酚油馏分侧线温度	160～170 ℃	二段蒸发器底部压力(表压)	≤49 kPa
萘油馏分侧线温度	198～200 ℃	各塔底部压力(表压)	≤49 kPa

一塔式连续蒸馏所得各馏分产率(对无水焦油)和质量见下表 9-3:

表 9-3 一塔式焦油蒸馏分产率和质量指标

馏分名称	产率(对无水焦油)/%		密度/g·m^{-3}	组分含量(质量分数)/%	
	窄馏分	两混馏分		酚	萘
轻油馏分	0.3～0.5	0.3～0.6	≤0.88	<2	<0.15
酚油馏分	1.5～2.5		0.98～1.0	20～30	<10
萘油馏分	11～12	18～23	1.01～1.03	<6	70～80
	5～6		1.035～1.055	<3	<10
			1.028～1.032	6～8	45～55
一蒽油馏分			1.12～1.13	<0.4	<1.5
二蒽油馏分			1.15～1.19	<0.2	<1.0
中温沥青			1.25～1.35	软化电 80～90 ℃ (环球法)	

（三）煤焦油常—减压连续蒸馏流程

煤焦油常—减压连续蒸馏工艺流程如图 9-5 所示。煤焦油依次与甲基萘油馏分、一蒽油馏分和煤焦油沥青多次换热到 120～130 ℃进入脱水塔。煤焦油中的水分和轻焦油馏分从塔顶逸出，经冷凝冷却和油水分离后得到氨水和轻油馏分。脱水塔顶部送入轻油回流，塔底的无水焦油送入管式炉加热到 250 ℃左右，部分返回脱水塔底循环供热，其余送入常压馏分塔。酚油蒸汽从常压馏分塔逸出，进入蒸汽发生器，利用其热量产生 0.3 kPa 的蒸汽供本装置加热用。

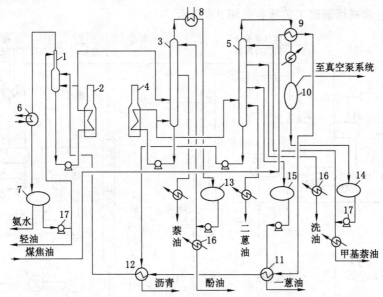

图 9-5　煤焦油常—减压连续蒸馏流程

1——脱水塔；2——脱水塔管式炉；3——常压馏分塔；4——常压馏分塔管式炉；5——减压馏分塔；
6——轻油冷凝冷却器；7——油水分离器；8——蒸汽发生器；9——甲基萘油换热器；10——气液分离器；
11——一蒽油换热器；12——沥青换热器；13——酚油回流槽；14——甲基萘油回流槽；
15——一蒽油中间槽；16——馏分冷却器；17——油泵

冷凝的酚油馏分部分送回塔顶作回流，从塔侧线切取萘油馏分。塔底重质煤焦油送入常压馏分塔管式炉加热到 360 ℃左右，部分返回常压馏分塔底循环供热，其余送入减压馏分塔。减压馏分塔顶逸出的甲基萘油馏分蒸汽在换热器中与煤焦油换热后冷凝，经气液分离器分离得到甲基萘油馏分，部分作为回流送入减压馏分塔顶部，从塔侧线分别切取洗油馏分、一蒽油馏分和二蒽油馏分。各馏分流入相应的接受槽，分别经冷却后送出，塔底沥青经沥青换热器与煤焦油换热后送出。气液分离器顶部与真空泵连接，以造成减压蒸馏系统的负压。

常减压蒸馏的主要操作指标如下：

沥青换热器煤焦油出口温度	120～130 ℃	脱水塔顶部温度	100～110 ℃
脱水塔管式炉煤焦油出口温度	250～260 ℃	常压馏分塔顶部温度	170～185 ℃
常压馏分塔管式炉重质煤焦油出口温度	360～370 ℃		
萘油馏分侧线温度	200～210 ℃	减压馏分塔顶部压力	<26.6 kPa

各种馏分对无水焦油的产率（质量），%

轻油馏分	0.5～1.0	酚油馏分	2.0～2.5
萘油馏分	11～12	甲基萘馏分	2～3
洗油馏分	4～5	一蒽油馏分	14～16
二蒽油馏分	6～8	沥青	54～55(软化点 80～90 ℃环球法)

(四)煤焦油连续减压蒸馏流程

因为液体的沸点随着压力的降低而降低,所以煤焦油在负压下蒸馏可降低各组分的沸点,避免或减少高沸点物质的分解和结焦现象,提高轻重组分间的相对挥发度,有利于蒸馏分离。煤焦油连续减压蒸馏工艺流程如图 9-6 所示。

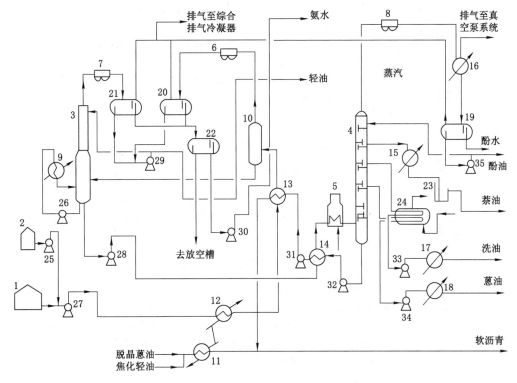

图 9-6 焦油连续减压蒸馏工艺流程

1——焦油槽;2——Na₂CO₃ 槽;3——脱水塔;4——分馏塔;5——加热炉;6——1 号轻油冷凝冷却器;7——2 号轻油冷凝冷却器;8——酚油冷凝器;9——脱水塔重沸器;10——预脱水塔;11——脱晶蒽油加热器;12——焦油预热器;13——软沥青热交换器 A;14——软沥青热交换器 B;15——萘油冷却器;16——酚油冷却器;17——洗油冷却器;18——蒽油冷却器;19——主塔回流槽;20——1 号轻油分离器;21——2 号轻油分离器;22——3 号轻油分离器;23——萘油液封罐;24——蒸汽发生器;25——Na₂CO₃ 装入泵;26——脱水塔循环泵;27——焦油装入泵;28——脱水塔底抽出泵;29——脱水塔回流泵;30——氨水输送泵;31——软沥青升压泵;32——主塔底抽出泵;33——洗油输送泵;34——蒽油输送泵;35——酚油输送泵(主塔回流泵)

原料焦油用泵 27 送入焦油预热器 12(用 784 kPa 蒸汽加热)后进入软沥青热交换器 13 与软沥青换热,再进入预脱水塔 10。进塔焦油温度由焦油含水量和轻油质量来确定,用预热蒸汽量来调节。焦油中大部分水分和部分轻油汽化后从塔顶逸出,经冷凝冷却和油水分离后,轻油回流入脱水塔 3 顶部。预脱水塔 10 底部出来的焦油靠液柱压力自流入脱水塔 3。

脱水塔塔底焦油用循环泵 26 压送入重沸器 9 加热后返回塔内,供给脱水塔所需热量。重沸器用 3 920 kPa 的蒸汽加热。脱水塔顶温度用回流量来调节。塔顶流出的水和轻油蒸汽经冷凝冷却和油水分离后,轻油部分打回流,其余送入轻油槽。全部分离水经再次油水分离后,送入氨水槽。

脱水塔底的焦油用泵 28 送入软沥青热交换器 14 换热后进入管式加热炉 5。焦油出管式炉的温度由原料性质、处理量及分馏塔操作压力等因素而确定。管式加热炉用焦炉煤气作燃料,其流量根据分馏塔 4 入口焦油温度调节。

经管式炉加热后的焦油进入分馏塔 4 被分馏成各种馏分,塔顶馏出酚油,从侧线依次采出萘油、洗油和蒽油馏分,塔底得到软沥青。分馏塔顶操作压力为 13.3 kPa,由减压系统通入真空槽的氮气来调节。

自馏分塔 4 顶部蒸出的酚油气被空气冷却器 8 冷凝冷却后,又在水冷却器 16 中冷却到大约 40 ℃,进入回流槽 19,水冷却器内的未凝酚油气被引入减压系统。回流槽内的酚油大部分回流入塔,其余部分送入酚油槽。馏分塔顶温度由酚油质量而定,并根据塔顶温度来调节回流量。

萘油馏分经用 60～65 ℃ 的温水在萘油冷却器 15 冷却至 80 ℃ 进入萘油液封槽 23。洗油馏分和蒽油馏分,先通过蒸汽发生器 24 降温至 106 ℃,再分别用泵 33,34 送入冷却器 17,18 冷却后,送入各自的贮槽。

馏分塔底设有液面调节器以控制软沥青的送出量。塔底排出的软沥青先通过软沥青热交换器 14 与脱水塔来的焦油换热,被冷却到 200 ℃,再经软沥青热交换器 13 与原料焦油换热,又被冷却到 140～150 ℃。为了保持软沥青热交换器内沥青的流速一定,防止管内壁沉积污垢,从与原料焦油换热后的软沥青中引出一小部分循环到升压泵吸入侧,其余部分在管道内配油,调整软化点后送入软沥青贮槽。

馏分塔底排出的软沥青的软化点为 60～65 ℃。为了制取生产延迟焦、型煤的黏结剂以及高炉炮泥的原料,要加入脱晶蒽油、焦化轻油进行调配得到软化点为 35～40 ℃ 的软沥青。所以,脱晶蒽油及焦化轻油先经加热器加热至 90 ℃,再进入温度保持为 130 ℃ 的软沥青输送管道中,调整沥青的软化点。

减压焦油蒸馏各种馏分对无水焦油的产率(质量)%

轻油馏分	0.5%	酚油馏分	1.8%
萘油馏分	13.2%	洗油馏分	6.4%
蒽油馏分	16.9%	软沥青	61%(软化点 60～65 ℃ 环球法)

其主要操作指标如下:

1 号软沥青换热器

焦油出口温度	130～135 ℃	预脱水塔顶部温度	110～120 ℃
脱水塔顶部温度	100 ℃	脱水塔底部温度	185 ℃
管式炉焦油出口温度	330～335 ℃	分馏塔顶部温度	118～120 ℃
萘油馏分侧线温度	152 ℃	洗油馏分侧线温度	215 ℃
蒽油馏分侧线温度	264 ℃	分馏塔底部温度	325～330 ℃
分馏塔顶部压力	13.3 kPa	分馏塔底部压力	33～41 kPa

（五）焦油分馏和电极焦生产工艺流程

生产用于制造电极焦和电极黏结剂的沥青的焦油分馏工艺流程如图9-7所示。煤焦油经预热器2预热至140 ℃进入脱水塔10脱水，塔顶采出的水和轻油混合蒸汽经冷凝冷却和油水分离后，部分轻油回流至脱水塔顶板，其余去轻油槽。塔底排出的脱水焦油在萃取器4内用脂肪族烃（正己烷、石脑油等）和芳香族烃（萘油、洗油等）的混合溶剂进行萃取，可使喹啉不溶物分离，并在重力作用下沉淀下来。

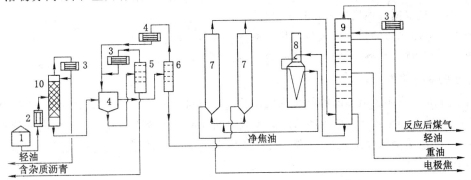

图9-7　焦油分馏和电极焦生产工艺流程

1——焦油槽；2——预热器；3——冷凝器；4——萃取器；5,6——溶剂蒸出器；
7——焦化塔；8——管式炉；9——分馏塔；10——脱水塔

脱水焦油与溶剂混合后分为两相，上部为净焦油，下部为含喹啉不溶物的焦油。含杂质的焦油在溶剂蒸发器5的器顶蒸出的溶剂和轻馏分经冷凝器3后返回萃取器，器底排除软化点为35 ℃含有杂质的沥青，这种沥青可用于制取筑路焦油和高炉用燃料焦油。

萃取器上部的净焦油送入溶剂蒸出器6，蒸出溶剂的净焦油用泵送入馏分塔9底部，分馏成各种馏分和沥青。沥青从馏分塔9的底部排出并泵入管式炉，加热至500 ℃再进入并联的延迟焦化塔7中的一个塔，焦化所产生的挥发性产品和油气从塔顶返回馏分塔内，并供给所需的热源。焦化塔内得到的主要产品是延迟焦，它对软沥青的产率约为64%。所得延迟焦再经煅烧后即得成品沥青焦。沥青焦对延迟焦的产率约为86%，其质量规格为：硫含量（质量）0.3%～0.4%，灰分含量（质量）0.1%～0.2%；挥发分<0.5%，重金属（主要是钒）<5 mg/kg；真密度1 960～2 040 kg/m³

馏分塔顶引出的煤气（占焦油4%），经冷凝后所得冷凝液返回塔顶板；自二段塔板引出的是含酚、萘的油；从塔中段采出的是含蒽的重油。

第四节　煤焦油蒸馏主要设备及操作

一、管式加热炉

目前，国内煤焦油加工企业焦油蒸馏装置都采用管式加热炉，其中圆筒式管式炉最为常见，它主要由燃烧室、对流室和烟囱三部分组成，其构造如图6-23所示类似，在此不再赘述。

圆筒管式加热炉的规格依生产能力的不同而不同，炉管均为单程，辐射段炉管和对流段光管的材质均为1Cr5Mo合金钢。辐射段炉管沿炉壁圆周等距直立排列，无死角，加热均匀。对流段光管在燃烧室顶水平排列，兼受对流及辐射两种传热方式作用。蒸汽过热管设置在对流段和辐射段，其加热面积应满足将所需蒸汽加热至 450 ℃。辐射段炉管加热强度取为 75 400 ～ 92 100 kJ/(m² · h)，对流管采用光管时，加热强度取为 25 200 ～ 41 900 kJ/(m² · h)。

二、蒸发器

（一）一段蒸发器

一段蒸发器为塔式圆筒形设备，作用是快速蒸出煤焦油中所含水分和部分轻油。如图 9-8 所示。塔体由碳素钢或灰铸铁制成。煤焦油从塔中部沿切线方向进入。为了保护设备内壁不受冲激磨损腐蚀，在焦油入口处装有可拆卸的保护板。入口的下部有 2～3 层分配锥。焦油入口至捕雾层有高为 2.4 m 以上的蒸发分离空间，顶部设钢质拉西环捕雾层，塔底为无水焦油槽。气相空塔速度一般取 0.2 m/s。

（二）二段蒸发器

二段蒸发器的作用是将 400～410 ℃的过热无水焦油闪蒸并使馏分与沥青分离。在两塔式流程中所用二段蒸发器不带精馏段，构造较简单。而一塔式流程中所用的蒸发器带有精馏段，其构造如图 9-9 所示。

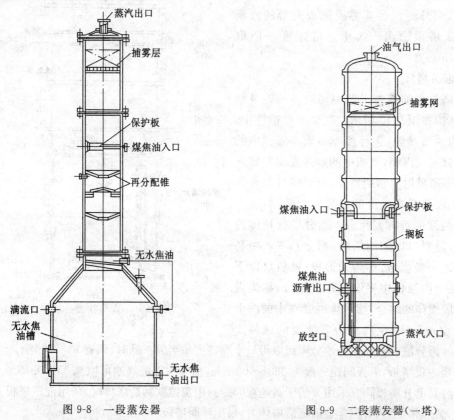

图 9-8 一段蒸发器　　　　　图 9-9 二段蒸发器(一塔)

二段蒸发器的塔体是由若干灰铸铁或不锈钢塔段组成的圆筒形设备。加热后的无水焦油气液混合油由蒸发段上部沿切线方向进入塔内闪蒸。为了减缓焦油冲击力和热腐蚀作用，在焦油入口部位设有缓冲板。焦油沿缓冲板在进料塔板上形成环流，并由周边汇入中央大降液管,越过降液管齿形堰,沿降液管内壁形成环状油膜流至下层溢流板。在此板上沿径向向四周外缘流动。再越过齿形边堰及环形降液管外壁形成环状油膜流至器底。这两层塔板的大降液管也是上升气体的通道,因此这两个降液管就形成汽、液两相间进行传热与传质的表面积。所蒸发的油气和进入的直接蒸汽一起进入精馏段,沥青聚于器底。

二段蒸发器精馏段装有4~6层泡罩塔板。塔顶加入一蒽油作为回流液。由蒸发段上升的蒸汽汇同闪蒸的馏分蒸汽与回流液体在精馏段各塔板上传热、传质,从精馏段最下层塔板侧线排出二蒽油馏分,油气从塔顶排出,送入馏分塔底部。

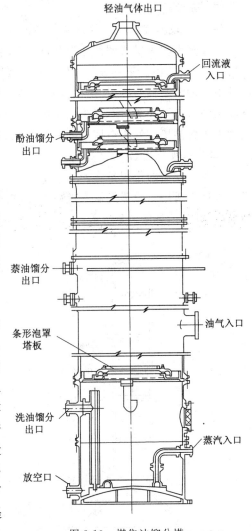

在精馏段与蒸发段之间也设有两层溢流塔板,其作用是捕集上升蒸汽所夹带的沥青液滴,并将液滴中的馏分蒸汽充分蒸发出去。

无精馏段的蒸发器中,焦油入口以上有高于4 m的分离空间,顶部有不锈钢或钢质拉西环捕雾层,馏分蒸汽经捕雾层除去夹带的液滴后,全部从塔顶逸出。气相空塔速度一般取0.2~0.3 m/s。

三、馏分塔

馏分塔是焦油蒸馏工艺中切取各种馏分的设备,其结构如图9-10所示。在整个精馏塔中,汽、液两相逆流接触,进行相际传质。液相中的易挥发组分进入汽相,汽相中的难挥发组分转入液相。对不形成恒沸物的物系,只要设计和操作得当,馏出液将是高纯度的易挥发组分,塔底产物将是高纯度的难挥发组分。馏分塔分精馏段和提馏段:进料口以上的塔段,把上升蒸汽中易挥发组分进一步提浓,称为精馏段;进料口以下的塔段,从下降液体中提取易挥发组分,称为提馏段。两段操作的结合,使液体混合物中的两个组分较完全地分离,生产出所需纯度的两种产

图9-10 煤焦油馏分塔

品。当使 n 组分混合液较完全地分离而取得 n 个高纯度单组分产品时,须有 $n-1$ 个塔。

馏分塔内设塔板,塔板间距一般为350~500 mm,相应的空塔气速可取0.35~0.45 m/s。进料塔板与其上升塔板间宜采用2倍于其他板间距。用灰铸铁制造塔体时,采用泡罩塔板,泡罩有条形、圆形和星形等;用合金钢制造塔体时,采用浮阀塔板。

馏分塔内各馏分分布规律如下:

(1) 温度是进料口处最高,并沿塔高向上逐渐下降,各侧线出口处应有适当的温度分布,塔顶出口温度125 ℃左右,酚油150 ℃左右,萘油200 ℃左右,洗油230 ℃左右,一蒽油出口温度为310 ℃左右。

（2）萘、酚分布很广，而在某一位置集中度最大，酚集中度最高部位的酚含量占酚总含量的 30%～35%，该处可提取酚油馏分，作为侧线位置。萘集中度可达 75%～80%，常根据温度计指示结合取样化验确定适当的萘油侧线位置。

（3）塔内压力也是沿着高度反向逐渐变化的，一般进料口压力不大于 29 400 Pa（表压），塔顶出口约 14 700～19 800 Pa（表压）。

影响馏分塔操作的因素很多，主要有以下几个方面的因素：

（1）原料油的性质与组成；

（2）焦油泵流量；

（3）冷凝冷却系统操作；

（4）塔顶轻油回流量及性质；

（5）各侧线位置及开度；

（6）塔底过热蒸汽等。

馏分塔的塔板数及切取各馏分的侧线位置见表 9-4：

表 9-4　　　　　　煤焦油馏分塔塔板层数和切取各馏分的侧线位置

项目名称		两塔式流程		一塔式流程	
		切取窄馏分	切取两混馏分	切取窄馏分	切取三混馏分
塔板总层数		47	47	63	41
精馏段塔板层数		44	44	60	38
提馏段塔板层数		3	3	3	3
侧线位置（塔板层数自下向上数）	轻油馏分	塔顶	塔顶	塔顶	塔顶
	酚油馏分	36～42	36～42	51～57	25～35
	萘油馏分	18～26	切取两混馏分（18～26）	33～39	
	洗油馏分	塔底	塔底（蒽油）	15～21	备用 15～19
	一蒽油馏分			塔底	塔底

四、煤焦油焦油蒸馏主要生产操作

（一）管式炉对流段及一段蒸发器操作

该段的主要任务是将原料焦油最终脱水，使所得无水焦油剩余水分保持在 0.5% 以下。技术上规定：

（1）原料焦油的温度 80～90 ℃；

（2）原料焦油的水分 4% 以下；

（3）一段泵出口压力 ≤6×10⁵ Pa；

（4）管式炉一段出口温度 120～130 ℃。

管式炉对流段的焦油进入一次蒸发器，在器内与水分同时蒸发时，约占焦油重量 0.2%～0.3% 的轻油及微量的酚、萘也被蒸发出来。控制对流段温度不超过 130 ℃ 的目的就是减少酚和萘随水分和轻油夹带出去。

在操作过程中，要控制对流段的焦油处理比辐射段的处理量多 0.5～1.0 m³/h，以使无水焦油满足辐射段处理的需要。但两者不宜相差过大,否则多余的无水焦油送回原料焦油槽,将重新混入水分,并导致焦油灰分增加和热量的浪费。

(二)管式炉辐射段及二段蒸发器的操作

该段的任务是将焦油加热到规定的温度,使一次气化过程充分完成,并得到软化点合格的沥青产品。所以必须很好地控制辐射段焦油出口温度,其温度为(400±5)℃;经常检查,观察炉膛火焰,防止火焰直接灼烧炉管或砌体,及时检查煤气耗量,各部位温度和焦油流量,力保稳定操作。

二段焦油泵的压力是考察辐射段工作情况的重要指标。焦油脱水不好,处理量增加或加热温度提高,均会造成二段泵后压力的升高。当炉管内结焦或泄漏时,泵后压力也显著波动。二段焦油泵出口压力应不超过 1.176 MPa。

要控制二段蒸发器通入的过热蒸气量和温度,直接水蒸气可降低一次气化温度,通常每增加 1% 的过热蒸汽可降低一次汽化温度约 15 ℃。直接水蒸气量过多,易夹带油渣,使沥青软化点升高,使一部分高沸点焦油馏分进入蒽油馏分,降低蒽油及其他馏分的质量。为保证焦油一次汽化温度不降低,蒸汽的温度必须过热至 400 ℃。

两塔式流程的二段蒸发器顶部的捕焦层,经常会被沥青等物质堵塞造成压力升高,应定期清扫。而一塔式流程二段蒸发器上部有几层精馏塔板,并有一蒽油回流,堵塞现象基本消除。但这些塔板无提馏作用,若对回流控制不当,将使侧线采出的二蒽油含萘量偏高,有时甚至会使一蒽油含萘,萘损失加大,因此控制蒽塔塔顶温度及侧线位置也是很重要的。

二段蒸发器技术操作规定如下:

(1)送入管式炉二段的焦油水分≤0.05%;

(2)二段泵焦油流量应比一段泵焦油流量<0.5~1.0 m³/h;

(3)二段泵出口压力≤6×10⁵ Pa;

(4)二段泵固定氨盐含量≤0.01 g/kg 焦油;

(5)管式炉二段出口温度 390~400 ℃;

(6)管式炉过热蒸汽出口温度 400~450 ℃;

(7)管式炉的炉膛温度≤750 ℃;

(8)管式炉烟道吸力 90~110 Pa;

(9)管式炉烟道废气温度 150~200 ℃。

(三)蒽塔和馏分塔的操作

操作过程中应保证塔具有良好的分离效率,提高萘的集中度,使出塔的各馏分都符合质量指标要求。由于馏分切取的方法不同,各种流程操作制度和工艺指标也各不相同。但主要都是控制与调节塔顶温度、回流量、过热蒸汽量、馏分采出量及侧线位置等。

在两塔式流程中蒽塔操作的主要任务是保证一蒽油质量,并正确地确定塔顶温度以保证洗油质量,蒽塔塔顶温度一般为 250~260 ℃,洗油回流量为 0.15~0.25 m³/m³ 无水焦油。

馏分塔的主要任务是最大限度地提高萘的集中度,尽量减少酚油、洗油、蒽油等馏分的含萘量。对洗油主要是保证蒸馏试验合格。各馏分采出量及侧线位置对它们质量互有影响,所以应根据情况及时正确进行调节,确保生产操作稳定进行。

蒽塔和馏分塔的技术操作指标如下:

(1)蒽塔塔顶油气温度 250~260 ℃;

（2）馏分塔塔顶油气温度 110～120 ℃；

（3）入馏分塔过热蒸汽温度≥400 ℃；

（4）蒽塔洗油回流量 2～4 m³/h；

（5）馏分塔轻油回流量 5～7 m³/h；

（6）各塔塔压≤5×10⁴ Pa；

（7）各冷凝冷却器及冷却器油出口温度：

轻油:25～35 ℃;酚油:50～60 ℃;奈油:85～95 ℃;洗油:50～60 ℃;一蒽油:80～90 ℃;二蒽油:80～90 ℃;

（8）各冷却设备冷却水出口温度≤45 ℃。

（四）馏分塔的轻油回流

一段蒸发器顶部溢出的一段轻油与馏分塔顶逸出的二段轻油的质量有明显的不同。一段轻油主要与管式炉对流段加热温度有关,温度越高,质量越差,含萘可高达 40%以上,干点增高,密度增大,分离后油易带水。如将一段轻油和二段轻油合并作为回流,易引起馏分塔温度波动,恶化产品质量,增加酚和萘的损失。因此,在操作上,一段轻油不能混入二段轻油中,宜将一段轻油配入原料焦油重蒸。

（五）直接蒸汽量的控制

直接蒸汽在常压焦油蒸馏操作中的作用是进行汽提,降低沸点,并作为操作调节手段。在热量基本满足要求的条件下,宜将气量尽量减少,仅作为调节塔低产品气量之用。这样既有利于提高分馏效率,又可提高设备生产能力,减少酚水的外排量。

二段蒸发器用直接蒸汽量与一次蒸发温度有关,在对沥青软化和馏分产率等同样要求前提下,增加气量,可以降低一次蒸发温度;而减少气量就需要提高一次蒸发温度。

由管式炉出来的过热蒸汽,由于气量小,管线长,降温较大,易使进塔过热蒸汽温度偏低,故宜加强管道和设备保温措施,并提高管式炉出口过热蒸汽温度不低于 400 ℃。

五、焦油蒸馏开工、停工特殊操作

（一）开工步骤

1. 开工前的准备

检查各贮槽存量及质量,煤气及动力系统情况。用蒸汽按工艺流程吹扫管线,检查管道的堵塞和漏油情况,确认一切具备开工条件后,向管式炉过热器送蒸汽,并放散于空气,冷却器和冷凝冷却器通冷水。

2. 进行冷循环。

开动一段泵向管式炉一段送焦油,待无水焦油槽半槽油时开动二段泵向管式炉二段打焦油,其量比一段少 0.5～1.0 m³/h,多余的焦油满流至中间槽。这时冷却循环路线为:原料焦油槽──→一段泵──→管式炉一段加热管──→一段蒸发器──→无水焦油槽──→二段泵──→管式炉二段加热管──→二段蒸发器──→原料槽。正常情况下须进行 3～4 h。

3. 进行热循环

（1）循环前的准备工作:将烟道阀板全开,使其吸力量大,关闭防爆孔、清扫孔、窥视孔,对煤气进行爆炸实验至合格,用蒸汽清扫炉膛驱赶炉内空气,以免点火时爆炸。

（2）在冷循环没有问题时,可点燃专用的煤气弯管,然后依次伸入火嘴内点燃（应先将弯管伸入火嘴内,然后开煤气）,由窥视孔检查各火嘴燃烧情况,并加以调节。

(3)管式炉开始加热后,停止过热蒸气放散,并通向馏分塔下部加热器,预热各塔至切换沥青为止。

(4)在预热塔的同时以50~60 ℃/h的升温速度提高二段蒸发器出口温度,并使其升至正常操作温度。

(5)在热循环中进一步检查泵,管道、设备、仪表等情况。发现异常情况要及时处理。

4.转入正常操作

(1)确定热循环没有问题时转入正常操作,当二段蒸发器温度达360~380 ℃切取沥青,停止热循环,向二段蒸发器通入过热蒸汽。取沥青试样分析软化点来调整二段蒸发器出口温度及气量。当沥青流出后,即可提取二蒽油。

(2)二蒽油是在二段蒸发器上部提取,顶部用一蒽油打回流来控制二蒽油质量。

(3)当馏分塔顶温度稳定后,可先提取萘油再提取酚油。

(4)当二蒽油提取后,可在馏分塔内提取洗油和一蒽油。

(二)正常的调节手段

(1)一段焦油出口温度可用管式炉隔墙通风道和清扫孔的进风量来调节。

(2)烟道吸力、废气温度和空气过剩系数靠炉后烟道、闸板调节。

(3)各塔塔顶温度用回流来调节。

(4)二蒽油质量可用一蒽油打回流来调节。

(5)一蒽油质量可用一蒽油侧线的开度来调节。

(6)洗油质量可用馏分塔底过热蒸汽量及萘油侧线开度调节。

(7)萘油酚油质量可用馏分塔塔顶温度及二段出口温度调节。

(8)沥青质量可用二次蒸发器底部过热蒸汽量及二段出口温度调节。

(三)停工操作

(1)准备工作:将中间槽抽空,在停工前4 h关闭一蒽油侧线进行洗塔,关火停止加热。

(2)当二段出口温度降至280~300 ℃时,将二段蒸发器焦油流向中间槽,用蒸汽吹扫一段加热器中焦油至一次蒸发器,蒸汽连续1~2 h。

(3)当过热蒸汽降至360 ℃时,停止向各塔通蒸汽,多余汽放散。

(4)当馏分塔塔顶温度降至110 ℃时,停止轻油回流改用洗油回流,使塔顶温度下降。

(5)当蒽塔塔顶温度降至230 ℃时,停止回流,用蒸汽扫通回流泵入口管道。

(6)任何一种馏分,当其断流时即关闭侧线,并用蒸汽吹扫管道。

第五节　沥青的冷却、加工及针状焦的生产

一、沥青的冷却和用途

(一)沥青的冷却

由二段蒸发器底部出来的沥青温度一般为350~380 ℃,这样的沥青在空气中能着火燃烧,必须使其冷却至常温,主要有如下两种冷却方式:

(1)自然冷却。将沥青放入密闭的卧式或立式冷却贮槽(仅通过放散管与大气相通)中,进行自然冷却(夏季6~8 h,冬季3~4 h),将其冷却至150~200 ℃,再放入沥青池中。该方法简单,但对环境污染严重,劳动条件差,故很少采用。

（2）自然冷却和直接水冷却。由二段蒸发器底排出的温度为 370 ℃左右的沥青，经冷却贮槽冷却至 150～200 ℃，然后进入沥青高位槽静置并自然冷却 8 h，再经给料器放入浸于水中的链板输送机冷却——沥青与冷却水直接接触冷却，沥青凝固成条状固体，由水池中带出后经漏嘴放至胶带输送机，装车或卸入沥青贮槽。链板输送机移动速度为 10 m/min，沥青在水池中停留时间为 2～3 min。由高位槽顶及给料器放出的沥青烟雾被引入吸收塔用洗油喷洒吸收，除去沥青烟的气体捕集液滴后排入大气。洗油可循环利用但必须定期更换。这种方法是机械化操作，劳动条件有很大改善，得到广泛应用，但仍存在污染环境的问题。

目前，许多焦化厂对第二种冷却方法也进行了改造，采用了间接水冷却和直接水冷却方式。主要改进是：以冷却沥青用汽化冷却器代替第二种方法中的自然冷却，在沥青烟捕集装置中，增设了洗油喷射器，工艺流程如图 9-11 所示。

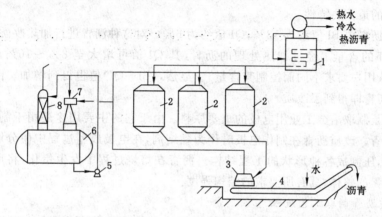

图 9-11　沥青冷却工艺流程
1——冷却沥青用汽化冷却器；2——沥青高置槽；3——沥青布料器；4——链板运输机；
5——洗油循环泵；6——洗油循环槽；7——喷射器；8——洗涤塔

温度为 350～400 ℃的沥青，经冷却沥青用汽化冷却器 1，冷却至 220～240 ℃，然后进入沥青高置槽 2 静置并自然冷却 8 h，经带吸气罩的沥青布料器 3，将沥青以条状分布在浸入水池中的链板运输机 4 上，在输送过程中沥青被冷却固化，并将冷却成条状固体的沥青输送至卸料仓。在卸料仓装车或送入沥青仓库。

由高置槽顶及布料分配器放出的沥青烟雾被洗油喷射器 7 吸入，并用洗油洗涤吸收，在洗油循环槽 6 上部空间进行汽、液分离，尾气经洗涤塔 8 后，由烟囱排入大气。喷射器和洗涤塔的洗油由洗油循环泵 5 提供。洗油循环使用，一般每两个月更换新洗油一次。

（二）沥青的用途

沥青的用途非常广泛。软化点为 40～60 ℃的软沥青用于铺设路面和防水工程；软化点为 75～95 ℃（环球法）的中温沥青用于生产油毡和建筑防水层，还可以用于制取高级沥青漆；软化点为 95～130 ℃的硬沥青用于制取炭黑和铺路；用沥青生产无灰沥青焦，用于制造石墨电极等。

二、改质沥青的生产

（一）沥青改质处理的意义与质量要求

为了适应工业发展的需要，中国自行研制的改质沥青工业生产装置于 20 世纪 80 年代初在一些焦化厂建成投产,从而开辟了沥青加工利用的一条新途径。

以中温沥青为原料进行加热改质处理时,沥青中的芳烃发生热聚合和缩合,产生氢气、甲烷和水。同时,沥青中原有的β—树脂的一部分转化为二次 α 树脂,苯不溶物的一部分转化为二次 β 树脂。这种沥青称为改质沥青。

煤焦油或煤沥青成分十分复杂,用苯萃取后的苯不溶物(即煤焦油或煤沥青中不溶于苯的成分)含量,用 BI 表示;苯不溶物再用喹啉萃取后又产生喹啉不溶物,其含量用 QI 表示;喹啉不溶物(QI)相当于 α 树脂,主要是一些炼焦时形成的细分散的焦油渣及无机盐等;将苯不溶减去喹啉不溶物(即 BI—QI)的组分相当于 β 树脂。β 树脂是不溶苯而溶于喹啉的中分子芳烃聚合物,含碳率高,是具有非常好的黏结性的组分。这种黏结性芳烃聚合物(大部分是相对分子质量为 400 以上的中分子化合物)的存在及所含数量,是煤焦油沥青作为电极黏结剂的最重要特性。

普通中温沥青中 BI 值约为 18%,QI 值约为 6%。对这种沥青进行加热改质处理时,可有效地增加 BI 的含量。经过加热处理的沥青,其 QI 值可增大至 8%~16%,BI 值增至 25%~37%(依用户要求不同而控制其含量)。显然,(BI—QI)值也得到增加。因黏结性组分有了增加,沥青即得到了改质。

改质沥青是制取冶金工业用电极的重要原料。由于它的主要用途是用于制作电极,有时也称电极沥青。改质沥青在制作电极时作为黏结剂,在电极成型过程中使分解的碳质原料形成塑料糊,压制成各种形状的工程结构。沥青在焙烧过程中发生焦化,将原来分散的碳质黏结成碳素的整体,具有所要求的结构强度。

(二)改质沥青制取工艺流程

制取改质沥青的工艺流程有多种,其中有以中温沥青为原料的,也有以煤焦油为原料的。

1. 以中温沥青为原料制取改质沥青

以中温沥青为原料制取改质沥青的工艺流程如图 9-12 所示。

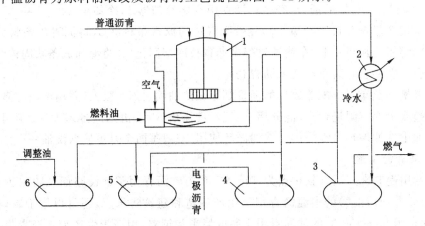

图 9-12 中温沥青制改质沥青工艺流程

1——反应釜;2——冷凝冷却器;3——馏出物槽;4——电极沥青槽;5——调整槽;6——调整油槽

将普通中温沥青连续泵入反应釜,在搅拌下经热反应形成改质沥青。馏出的挥发物经冷却后入储槽,改质沥青则连续引入相应的储槽内。未冷凝的气体($4\ m^3/t$ 中温沥青)热值约为 1.46 kJ/m³,可用作燃料。改质沥青的规格可通过改变加热温度及釜内反应时间加以变更。改质沥青的软化点可通过添加调整油(顶部馏出物或一葱油)加以调整。

2. 以煤焦油为原料制取改质沥青

以煤焦油为原料制取改质沥青工艺流程如图 9-13 所示。原料煤焦油先经脱水塔脱水后,送入低压脱水器,使其残留的水分和轻油靠蒸发作用与煤焦油分离。经再次脱水的焦油进入管式加热炉,加热至 400~420 ℃,再送入反应器。热煤焦油在设有特殊搅拌器的反应器内,保持温度为 400 ℃左右,并在 0.9 MPa 的压力下停留 5 h。此时,煤焦油内的不稳定组分即在高温高压下发生聚合和缩合,形成改质沥青。反应后的煤焦油由反应器底进入闪蒸塔内,由于压力的解除,馏分油气即闪蒸出来,液体沥青聚于塔底,并通过通入过热蒸汽来调整其软化点。最后由闪蒸塔底部排出的即为改质沥青,其性质为软化点(水银法)65~110 ℃,苯不溶分 25%~38%,树脂 20%~25%,改质沥青收率约 60。闪蒸塔内分出的馏分油气经塔上部精馏段分馏成轻油和重油。轻油自塔顶逸出,经冷凝冷却和油水分离后,部分轻油送闪蒸塔打回流,部分送储槽。重油自精馏段底部侧线引出,经冷却后送储槽。轻油和重油收率总计约 39,反应气收率约 0.6。这种改质沥青主要用于做超高功率电极及电解制铝极板的黏结剂,也可掺入配煤中供型煤炼焦用。

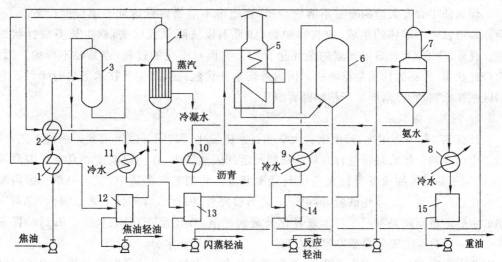

图 9-13 煤焦油制改质沥青工艺流程

1,2,10——换热器;3——脱水塔;4——低压脱水器;5——管式炉;6——反应器;
7——闪蒸塔;8,9,11——冷凝冷却器;12,13,14——油水分离器;15——中间槽

三、针状焦的生产

(一)针状焦简介

针状焦是一种优质的碳素原料,其表面呈明显的条状纹路,破碎时多为长条形针状碎片,在显微镜下可观察到纤维状结构,因而称为针状焦。针状焦的特点是在 2 000 ℃以上的高温下容易石墨化,用于制造石墨电极时,不仅石墨电极的比电阻较低,而且热膨胀系数较小,因此针状焦是生产超高功率电极、特种碳素材料、炭纤维及其复合材料等高端碳素制品的原料。根据生产原料的不同,针状焦可分为油系针状焦和煤系针状焦两种,分别以石油渣油和精制的煤焦油沥青为原料,经延迟焦化、煅烧而制得,其结构具有明显的各向异性层

状结构。石油系以美国为代表,煤系则以日本为代表。日本的三菱化成和新日化公司的生产装置于 20 世纪 70 年代末和 80 年代初投产。美国大湖碳素公司却在 1950 年首先开发成功。1964 年,美国联合碳化物公司成功地以针状焦为原料制造出超高功率电极。我国从"六五"期间起将针状焦列为国家重点科技攻关项目。2009 年,焦化行业运行信息发布暨市场形势研讨会也指出,要在符合产业政策的范围内给予煤沥青制针状焦积极争取财政资金,加大技术改造,支持企业技术改造。国内针状焦技术开发工作起步较晚,但市场需求巨大,近年来,随着国内电炉炼钢工业的发展和电极生产技术的进步,针状焦需求量逐年增加。日前,我国已经掌握了超高功率石墨电极的制造方法,但是针状焦原料及工业化生产技术仍然不如美国、日本和英国等发达国家。

(二)煤系针状焦生产工艺

煤系针状焦是以煤焦油沥青为原料,经原料预处理、延迟焦化和煅烧三个工艺过程制取。针状焦的形成可分为两个阶段:其一是芳香性物质煤焦油或石油重油经液相炭化生产中间相小球,小球增长,融并成各向异性高、流动性好的中间相体;其二是此种中间相小球体进一步炭化,炭化过程中产生的轻组分的逸出使的已平行排列的芳香性分子进一步排列形成所谓针状结构,同时固化获得针状焦。

煤焦油中含有大量的喹啉不溶物杂质,当喹啉不溶物含量达到一定程度(3% 以上)就会妨碍沥青中小球体的生成、成长和融合,如果不设法降低或除去,就生长不成针状沥青焦。此外,含有 O、N、S 等元素的杂环化合物会妨碍石墨化的过程,也是要不得的。因此,生产针状焦,原料的优质是重要的。国内外煤系针状焦的生产工艺技术主要有 4 种。它们的区别在原料预处理,即生产精制沥青原料。

1. 闪蒸—缩聚法

1985 年,鞍山焦耐院、鞍山钢铁大学和石家庄焦化厂共同开发了闪蒸—缩聚工艺,并申请了中国专利。该法是将混合原料油送到特定的闪蒸塔内,在一定温度和真空下闪蒸出闪蒸油,闪蒸油进入缩聚釜进行聚合得到缩聚沥青。此工艺收率适中,工艺简单。国内鞍山沿海化肥厂曾投入工业化试验,但由于工艺不够完善,因此也就停顿下来。国内,煤系针状焦的主要质量指标是参照了日本新日化公司的标准:真比重 $\geqslant 2.13$、灰分 $\leqslant 0.1\%$、挥发分 $\leqslant 0.5\%$、硫分 $\leqslant 0.5\%$、热膨胀系数 CTE $1 \times 10^{-6} / ℃$ 和水分 $\leqslant 0.2\%$。

日本大阪煤气公司用重质残油,我国鞍山焦化耐火材料设计研究院等用软沥青闪蒸油作原料,采用闪蒸缩聚法制取针状焦的原料,采用这种方法可以得到几乎不含一次喹啉不溶物的精制沥青。工艺流程图如图 9-14 所示,熔融的软沥青用泵送入管式炉加热到 400 ℃ 左右入真空闪蒸塔。在此生成的高温沥青从底部流入高温沥青槽,塔顶逸出的馏分气经冷凝冷却后流入澄清油接受槽,再排入中间槽,缩聚沥青流入接受槽。

在缩聚沥青接受槽的缩聚沥青用真空泵送入加热炉加热,然后送入延迟焦化塔,延迟焦化塔有两个,以便切换,当沥青焦充满延迟焦化塔后,把热料切换入相邻的备用塔,然后将塔的上、下盖打开。用 14.7 MPa 高压水分别从下面和上面冲入塔内,把焦块打碎冲出,放入塔底的焦坑内。然后封好上、下盖,将邻塔出来的热煤气通入灼热,以便下次装料。

将焦坑内的焦炭取出,破碎到 50 mm 以下,放入脱水仓脱水,然后将含水 10% 以下的延迟焦装入料仓,由此用计量装料器按量连续装入煅烧炉,在还原气氛下以 1 300 ℃ ~ 1 400 ℃ 的高温煅烧。烧成的焦炭在熄焦器内洒水熄灭,然后送至成品仓库。

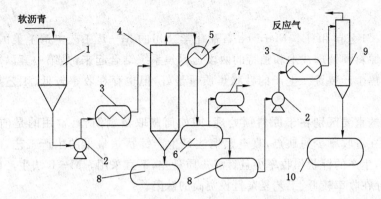

图 9-14 真空闪蒸—加压缩聚法生产流程

1——煤系软沥青接受槽;2——计量泵;3——管式炉;4——真空闪蒸塔;5——冷凝冷却器;6——澄清油接受槽;
7——澄清池中间槽;8——缩聚反应器;9——缩聚沥青接受槽;10——高温沥青接受槽

2. 溶剂萃取法

1981 年,LCI 公司用溶剂处理方法除去沥青中的喹啉不溶物(QI)成分的方法申请了美国专利,即先用助聚剂液体使 QI 凝聚,凝聚体在重力沉降器内被分离。该处理技术类似于日本新日化公司用煤焦油沥青生产针状焦的工业化装置。溶剂处理技术所得针状焦的收率高,质量好,但工艺较复杂,投资也较高。

我国鞍山热能研究院采用溶剂法处理煤沥青调制针状焦原料,溶剂处理法的工艺流程如图 9-15,煤系软沥青和脂肪烃与芳香烃的混合溶剂按比例送入混合器,充入混合溶解后,静置分离。残渣从底部排出,轻相经加热炉加热后进入闪蒸塔。闪蒸塔顶馏出的气体经冷凝冷却,进入溶剂回收槽循环使用。蒸馏塔底排出精制沥青,作为制取针状焦的原料。延迟焦化和煅烧工序与真空闪蒸—加压缩聚法相似。

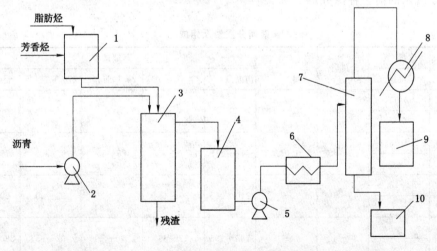

图 9-15 溶剂处理法工艺流程

1——混合溶剂槽;2——沥青泵;3——混合器;4——轻相槽;5——轻相泵;
6——加热炉;7——闪蒸塔;8——冷凝冷却器;9——溶剂回收槽;10——精制沥青槽

3. M—L 法

1985 年,LCI 公司和日本 Mardzen 石油化学公司的 M—L 工艺申请了美国专利,该工艺是把特殊的原料预处理技术和独特的两段延迟焦系统结合起来,是第一套以煤焦油沥青为原料的针状焦生产装置。生产的针状焦质量最好,但也存在收率较低、工艺复杂和投资高的问题。

四种工艺的重要区别在于原料预处理,即如何制取精制沥青,常用的是前两种工艺。后两种工艺存在着收率少的缺点,真空蒸馏法是生产针状焦最早的生产工艺,此工艺的缺点是工艺简单,生产的针状焦收率少且针状焦质量差,不宜采用。M—L 法生产的针状焦质量较好,但也存在收率较低、工艺复杂且投资高的缺陷。

我国多家研究院及企业主要以闪蒸—缩聚法和溶剂萃取法生产工艺为主体进行研究,并取得了一定的成就。这两种工艺投资少,工艺适中,适合大型化生产,是生产针状焦的首选工艺。但是由于针状焦的原料预处理中的产品收率低,控制中间相小球体的形成难度较大,严重影响针状焦生产的成本和产品质量。根据针状焦研究专家意见,开发针状焦应持审慎的态度,先进行中试,取得关键指标后,再进行工业化扩大生产。虽然目前有过针状焦的工业化试验,但均不成熟,仍不能跨过中试这一步。我国年需要大体 15~20 万 t,针状焦长期依赖进口,严重地影响了我国碳素工业的发展。

第六节　工业萘的生产

一、生产工业萘的原料与产品质量

1. 生产工业萘的原料

从焦油蒸馏的各种流程中所得的含萘较高馏分均可作为生产工业萘的原料,常用的原料如表 9-5 所示的前三种馏分。

表 9-5　　　　　　　　　　　　含萘馏分质量及组成

序号	馏分	含酚/% 含吡啶碱/%	含萘/%	密度(20 ℃)/kg·L⁻¹	蒸馏试验				
					初馏点/℃	230 ℃前/%	24 ℃前/%	270 ℃前/%	干点/℃
1	萘油馏分	2.95 2.6	>70	1.01~1.03	215	—	—	—	<260
2	萘洗二混馏分	2.9~3.3 —	55~65	1.032	217~219	—	75~85	—	275~282
3	酚萘洗三混馏分	6.0~8.0 —	45~50	—	210~215	30~45	—	75~90	290±5
4	轻酚萘洗四混馏分	— —	37~43	—	185~195	62~66	—	92~95	280~285

不管哪种馏分,均含有酸性组分、碱性组分、中性组分等。其中有的沸点与萘的沸点相近,精馏时易混入工业萘中而影响产品质量。为保证工业萘的质量,在精馏前都需进行碱洗和酸洗处理。经过碱洗和酸洗处理的馏分叫做已洗萘油馏分或已洗萘洗二混馏分或已

洗酚萘洗三混馏分。这些已洗馏分均可作工业萘生产的原料。

　　但在实际生产中,若用只经碱洗不经酸洗的混合馏分进行精馏,原料中的吡啶碱类大多转入酚油和精馏残油(洗油)中,而工业萘中仅有0.1%左右,基本上不影响萘的质量,因此某些焦化厂采用碱洗后的馏分精馏生产工业萘,对切取出酚油、洗油,再分别进行酸洗提取重吡啶碱类。当生产规模较小不需要提取重吡啶类产品时,也可不用硫酸洗涤。

　　由于目前工业萘大部分用于制取邻苯二甲酸酐(苯酐),随着苯酐生产的工艺改进,含有少量不饱和化合物的工业萘,对苯酐产品质量及触媒催化剂性能均无不良影响。因此,现在许多焦化厂都用只经碱洗的原料馏分提取工业萘。

　　2. 工业萘的质量

　　工业萘的质量标准见表9-6。

表 9-6　　　　　　　　　　　　　　工业萘的质量标准

指标名称	指标		
	优等品	一等品	合格品
外观	白色,允许带微红或微黄粉状、片状结晶		
结晶点/℃	≥78.3	≥78.0	≥77.5
不挥发物/%	≤0.04	≤0.06	≤0.08
灰分/%	≤0.01	≤0.01	≤0.02

　　注:1. 不挥发物按生产厂出厂检验数据为准。

　　　　2. 工业萘按液体供货时,不挥发物指标由供需双方规定。

二、工业萘生产工艺流程

(一)双炉双塔工业萘连续精馏流程

　　所谓双炉双塔,是指该流程中采用了两台管式炉、两座精馏塔(初馏塔和精馏塔)。其生产工艺流程如图9-16所示。

　　经碱洗后温度为80～90 ℃的原料,经静置脱水后,由原料泵2从原料槽1中抽出,打入原料与工业萘换热器3,与从精馏塔5顶部来的温度为218 ℃的萘蒸汽进行热交换使温度升至210～215 ℃,再进入初馏塔4。

　　原料在初馏塔中的初步分离,是靠管式炉6提供热量产生沿塔上升的蒸汽,靠冷凝冷却器9,油水分离器得到的酚油作回流进行分馏的,原料中所含的酚油以190～200 ℃汽态从初馏塔顶部溢出,进入酚油冷凝冷却器9被水冷凝冷却至30～35 ℃,再进入酚油油水分离器10,冷凝液中的分离水从分离器底部排入酚水槽(以待脱酚),冷凝液中的酚油则从分离器上部满流入酚油回流槽11,由回流泵12抽出,打入初馏塔4的顶部,以控制塔顶温度,其余酚油从回流槽上部满流入酚油槽13,送洗涤工序回收加工。

　　原料中所含的萘油和洗油馏分以液态混入热循环油,一起流入初馏塔底贮槽,再由初馏塔热油循环油泵7抽出,一部分打入初馏塔管式炉6,被燃料燃烧加热至265～270 ℃部分汽化后,再回到初馏塔下部,供作初馏的热量,另一部分则以230～235 ℃的温度打入精馏塔5。

　　精馏塔中的萘油、洗油混合馏分靠管式炉6循环加热而进行分馏,其中的萘以218 ℃的

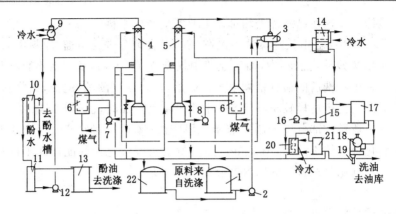

图 9-16 双炉双塔工业萘连续精馏流程

1——原料槽；2——原料泵；3——原料与工业萘换热器；4——初馏塔；5——精馏塔；6——管式炉；
7——初馏塔热油循环泵；8——精馏塔热油循环泵；9——酚油冷凝冷却器；10——油水分离器；
11——酚油回流槽；12——酚油回流泵；13——酚油槽；14——工业萘汽化冷凝冷却器；15——工业萘回流槽；
16——工业萘回流泵；17——工业萘贮槽；18——转鼓结晶机；19——工业萘装袋自动称量装置；
20——洗油冷却器；21——洗油计量槽；22——中间槽

气态从精馏塔顶部溢出，经换热器 3 进行热交换后，再进入工业萘汽化冷凝冷却器 14 被水冷却至 100～110 ℃，以液态进入工业萘回流槽 15，部分工业萘由回流槽底被工业萘回流泵 16 抽出，打入精馏塔 5 的顶部，以控制塔顶温度，其余工业萘从回流槽上部满流入工业萘贮槽 17，再放入转鼓结晶机 18，便得到含萘＞95％的工业萘。

流入精馏塔底贮槽的残油为 245～250 ℃温度，被精馏塔热油循环泵抽出，一部分打入精馏塔管式炉 6，被加热至 275～282 ℃部分汽化后，又回入精馏塔内部，供作精馏的热量。多余的另一部分残油则打入洗油冷却器 20。被水冷却后的洗油放入油库。

其生产操作指标见表 9-7。

表 9-7   工业萘的操作指标

项目与指标	已洗萘油		已洗萘洗混合分		已洗酚萘洗混合分	
	初馏系统	精馏系统	初馏系统	精馏系统	初馏系统	精馏系统
原料含萘量/%	＞70		65～68			
原料水分/%	0.5		0.5			
原料温度/℃	80～90		80～90			
管式炉温度/℃	200～210	252～256	210～215	241～250		
管式炉出口温度/℃	252～254	274～278	265～270	275～282		
塔顶温度/℃	185～190	218～220	192～194	218～219		220
塔底温度/℃	232～238	252～256	248～250	268～270	242～245	268～272
酚油冷却器出口温度/℃	60～70		80～85			
汽化器出口温度/℃	110～120	110～120		103～104		
塔底气相压力(9.8×10⁴ Pa)	0.4	0.8	0.4	0.8		
回流比	1.5～2.5	1～1.3				
煤气耗量(m³/t 工业萘)			4.85			

对于常压和真空精馏,生产操作指标与当地大气压强及生产中采用的设备和管路的阻力密切相关。表中给出的一些指标是中国东南沿海地区焦化厂的指标。

为了稳定管式炉的操作和工业萘的质量,还须注意以下几点:

(1) 进料量要均匀稳定;

(2) 原料水分稳定并小于 0.5%,为了减少水分,操作中尽量避免停泵换槽。

(3) 初馏塔和精馏塔残液应连续稳定排放,保持塔底液位稳定,排放量不宜频繁改变,一般为原料量的 20%~25%。若排放量过少,塔底液位上升,会造成物料和热量不平衡;反之,亦然。

(4) 严格控制初馏塔温度。若塔顶、塔底温度偏低,则酚油切割不尽,影响精馏塔操作,若塔顶、塔底温度偏高,则酚油中含萘量增加,既降低了萘的精制率,又容易堵塞酚油管道,一般按初馏塔切割的酚油含萘量应小于 10%~15%。

(5) 严格控制精馏塔温度。从塔顶切割工业萘中萘含量应大于 95%,从塔底侧线切割而得低萘洗油中含萘量应小于 5%,从塔底排出的残油含萘量应小于 2%。

该工艺流程的特点是:从初馏塔切取酚油,从精馏塔顶切取含萘>95%的工业萘及低萘洗油,萘的精制率达 90%左右,热效率高,操作费用和成本较低,而且操作稳定。

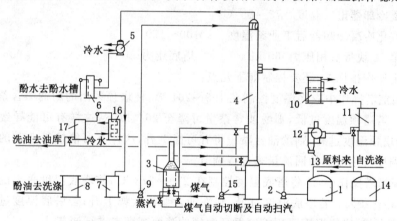

图 9-17 单炉单塔生产工业萘精馏流程

1——原料槽;2——原料泵;3——管式炉;4——工业萘精馏塔;5——馏分冷凝冷却器;6——油水分离器;
7——酚油回流槽;8——酚油槽;9——酚油回流泵;10——工业萘汽化冷凝冷却器;
11——工业萘贮槽;12——转鼓结晶机;13——工业萘装袋自动称量装置;14——中间槽;
15——热油循环泵;16——洗油冷却器;17——洗油计量槽

(二) 单炉单塔生产工业萘精馏流程

已洗的萘油、洗油混合分在原料槽 1 中间接加热至 80~90 ℃,再静置脱水,然后由原料泵 2 抽出送入管式炉 3 的第一组炉管中预热至 240~250 ℃,从第 26 层塔盘进入精馏塔 4,塔顶汽相温度控制在 199~201 ℃,塔顶逸出的气体经酚油冷凝冷却器 5 冷凝冷却后进入油水分离器 6,与水分离后的酚油进入回流槽 7,所得含酚 10%以下、含萘 35%以下的酚油从回流槽底部用酚油回流泵 9 进行塔顶回流。

从油水分离器 6 的底部间歇排出少量的酚油和水至酚油槽 8,酚油槽中积累的油水混合物用倒油泵倒入洗涤器脱水后,即得酚油,再将其与焦油蒸馏所得的酚油混合脱酚,脱酚后的净酚油送往油库酚油成品槽。

塔底的洗油用热油循环泵 15 抽出,经管式炉 3 的第二组炉管加热到 297～300 ℃后打回塔内,从热油循环泵 15 的出口分出一部分洗油,经冷却器 16 冷却后通过计量槽 17 流入洗油油库。成品洗油含萘量应小于 10%,供粗苯工段煤气洗苯用。

从工业萘精馏塔的第 46 层塔盘侧线采出温度为 219 ℃(含萘大于 95%)的液体工业萘,经工业萘汽化冷凝冷却器 10 冷却至 120 ℃左右,流入工业萘贮槽 11,再经转鼓结晶机 12 冷却结晶,即可得到白色片状结晶——工业萘。

开停工时,塔内油及水可从塔底放至地下放空槽。工业萘不合格时,可由汽化冷凝冷却器后窥视镜下切换至中间槽。中间槽中的油可用倒油泵倒回原料槽处理。

单炉单塔生产工业萘时操作指标规定如下:(中国东部沿海地区焦化厂特定设备的指标)

原料槽温度	80～90 ℃	原料泵出口压力	200～300 kPa
热油循环泵出口压力	200～250 kPa	原料出管式炉油温度	240～250 ℃
循环油出炉温度	297～300 ℃	管式炉炉膛温度	<850 ℃
煤气支管压力	>800 Pa	萘精馏塔顶温度	199～201 ℃
精馏塔第 46 块塔板温度	218～220 ℃	精馏塔底循环油槽温度	268～272 ℃
馏分冷凝冷却器出口温度	75～85 ℃		
工业萘汽化冷凝冷却器后工业萘温度		100～120 ℃	
精馏塔第 12 块板汽相压力 60 kPa		塔底压力	90～100 kPa

除了以上操作指标外,还要控制如下几点:

(1) 在精馏塔操作中应将温度控制在 199～201 ℃,使塔顶采出的酚油中含萘量保持在 26%～30%。若塔顶温度过低,则酚油含萘量可降至 26%以下,这样有可能导致工业萘质量不合格;若塔顶温度过高,则酚油含萘量将有可能上升,这样有可能使工业萘的产量有所下降。塔顶温度可用酚油的回流量来进行调节。

(2) 在精馏塔操作中,应将塔底温度控制在 270～273 ℃,使塔底温度采出的洗油中含萘量保持在 3%～8%。若塔底温度过低,则洗油含萘将大幅上升;若塔底温度过高则工业萘质量也会不合格,塔底温度可用控制循环油槽的液面高度来进行调节。

(3) 单塔生产时,由于同时连续地采出酚油、工业萘和洗油三种产品,因此,按原料组成中各产品的含量比例采出,以稳定生产,保持萘塔操作的稳定和较高的萘精制率。

(4) 精馏塔在稳定状态下,塔顶、塔底和侧线各处温度波动范围不大,由塔底至塔顶 70 层浮阀塔盘的温度降为 75～78 ℃,即每块塔盘的温度降平均在 1 ℃左右,因此塔底或塔顶的温度波动会影响全塔温度梯度的变化。因此,在操作中调节单一因素要考虑全塔温度的影响,切勿单项大幅度调节,而应精心细调,仔细观察全塔的变化情况。

该工艺流程的特点是:采用萘油或混合馏分为原料,在设有管式炉的精馏塔的设备系统中进行精馏,从精馏塔中切取酚油、含萘大于 95%的工业萘和低萘洗油。它与双炉双塔工艺比较,简化了流程,降低了动力消耗,减少了设备,但操作稳定性略差一些,同时操作控制的难度较大。

(三)单炉双塔加压连续精馏

因采用的原料馏分不同,各厂具备的条件不同,单炉双塔加工工艺有所不同,对于以萘油馏分为原料,且有氮气供给条件的加工厂所用工艺流程如图 9-18 所示。其特点是:精馏塔(萘塔)在加压条件下操作,以萘蒸汽冷凝冷却器作为初馏塔的再沸器——被称之为双效精馏。

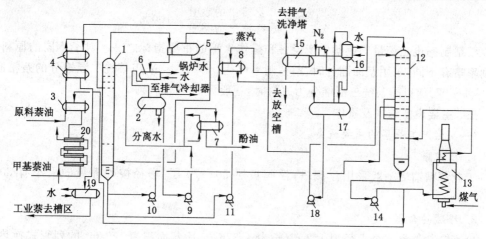

图 9-18　单炉双塔加压连续精馏流程

1——初馏塔;2——初馏塔回流液槽;3——第一换热器;4——第二换热器;5——初馏塔第一凝缩器;
6——初馏塔第二凝缩器;7——冷凝器;8——重沸器;9——初馏塔回流泵;10——初馏塔底抽出泵;
11——初馏塔重沸器循环泵;12——萘塔;13——加热炉;14——萘塔底液抽出泵;15——安全阀喷出气凝缩器;
16——萘塔排气冷却器;17——萘塔回流液槽;18——萘塔回流泵;
19——工业萘冷却器;20——甲基萘油冷却器

　　脱酚后的萘油经换热器 3、4 后进入初馏塔 1。由初馏塔顶逸出的酚油气经初馏塔第一凝缩器 5,将热量传递给锅炉给水使其产生蒸汽。冷凝液再经初馏塔第二凝缩器 6 而进入初馏塔回流槽 2。在此,大部分作为回流返回初馏塔塔顶,少部分经冷却后作脱酚的原料。初馏塔底液体被分成两路,一部分用泵送入萘塔 12;另一部分用循环油泵 11 送入重沸器 8,与萘塔顶逸出的蒸汽换热后返回初馏塔,以供初馏塔热量。为了利用萘塔顶萘蒸汽的热量,萘塔采用加压操作。压力是靠调节阀自动调节加入系统内的氮气量和向系统外排出的气体量而实现的。从萘塔顶逸出的萘蒸汽经初馏塔重沸器 8,冷凝后入萘回流槽 17。在此,一部分送到萘塔顶作回流,另一部分送入第二换热器 4 和甲基萘油冷却器 20 冷却后作为产品排入贮槽。回流槽的未凝气体排入排气冷却器冷却后,用压力调节阀减压至接近大气压,再经安全阀喷出气凝缩器 15 而进入排气洗净塔。在萘塔排气冷却器 16 冷凝的萘液流入回流槽。萘塔底的甲基萘油,一部分与初馏原料换热,再经冷却排入贮槽;另外大部分通过加热炉加热后返回萘塔,供给精馏塔所必需的热量。该工艺操作指标见表 9-8。

表 9-8　　　　　　　　　　　单炉双塔加压连续精馏制工业萘工艺操作指标

初馏系统		精馏系统	
第一换热器萘油温度/℃	125	萘塔顶部压力/Pa	225
第二换热器萘油温度/℃	190	萘塔顶温度/℃	276
初馏塔顶温度/℃	198	第二换热气工业萘温度/℃	193
初馏塔重沸器出口温度/℃	255	冷却器出口工业萘温度/℃	90
第一凝缩器酚油温度/℃	169	加热炉出口温度/℃	301
第二凝缩器酚油温度/℃	130	循环冷却水温度/℃	80

在上述制取工业萘的生产中,萘的回收效果以萘精制率表示,其定义为:

$$萘精制率=\frac{工业萘中的萘量}{原料油中的萘量}\times100\%$$

萘精制率也是衡量工业萘生产设备和操作水平的重要指标之一。对于不同的原料,萘精制率略有不同,采用萘油馏分时,萘精制率可达 97% 以上,采用萘洗二混馏分的萘精制率为 96%～97%,以酚萘洗三混馏分为原料时,一般为 94%～95%。

三、主要设备结构及操作

(一) 生产工业萘的主要设备

1. 精馏塔

工业萘精馏塔一般采用浮阀塔,浮阀板层 50～70 层,塔径按处理量的大小有 800～1 200 mm。

2. 冷凝冷却器

冷凝冷却器是一个直径为 1.2 m,长为 3.376 m,冷却面积为 122 m² 的列管式换热器,生产时冷却水走管内,萘蒸汽以 138～140 ℃ 的温度从器顶进入管间,换热后再以 80～90 ℃ 的温度从器底呈液体流出。冷却水从器底进入,器上部以 40～50 ℃ 温度流出。

3. 转鼓结晶机

其结构如图 9-19 所示。转鼓结晶机是将熔融状态萘连续冷却成固态散状萘的机器。转鼓结晶机由机壳、保温池、转鼓、刮刀、冷却水管和传动装置组成。刮刀材料为铸铝青铜合金,以防摩擦产生火花。钢转鼓应在鼓面上镀硬质铬。转鼓空心轴内装有冷却水管,并与装在鼓内顶部且与鼓面平行的数根喷水管连接。冷却水喷向转鼓内壁的上部以冷却鼓壁。

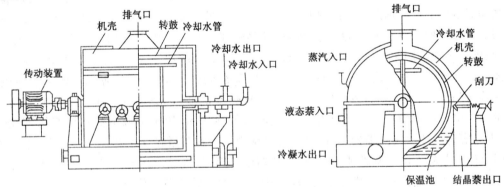

图 9-19 转鼓结晶机

合格的液态工业萘放入通间接蒸汽的保温池内,转鼓下表面浸入液态萘中,随着转鼓的转动,萘被鼓内的水冷却而结晶,附着在转鼓的外壁上,凝固在转鼓面上的物料由刮刀成片状刮下漏入漏斗。刮刀通过弹簧由手轮压紧。为改善萘升华损失及操作环境,当连续放入热料时,可停止供汽或少供汽。

转鼓的转速可由三组皮带轮更换选用,分别为 5 r/min、10 r/min 和 15 r/min。

转鼓结晶机有直径 1.2 m,长 1.2 m,生产能力 1.6～1.2 t/h 及直径为 0.8 m,长 0.8 m,生产能力为 0.5 t/h 两种型号。

4. 工业萘汽化冷凝冷却器

汽化冷凝冷却器由上、下两部分组成,其结构如图 9-20 所示。

进入经换热器换热后的工业萘蒸汽和液体混合物进入下部(下段)列管管间,冷凝并冷却至 100~105 ℃的液体工业萘由汽化器底部排出。在下部列管中存有约 2/3 的水,水被工业萘蒸汽和热液体的混合物间接加热而产生水蒸气。水蒸气由外部导管 13 上升到汽化冷凝冷却器上部。在上部的列管管间水蒸气被冷凝成水,再进一步冷却后经外部另一导管 12 自动流到设备下部。这样,水在下部进行加热汽化,在上部进行冷凝冷却,构成了水与蒸汽的闭路循环。在设备上部的列管内通入冷却水间接冷凝冷却列管外闭路循环的水蒸气。

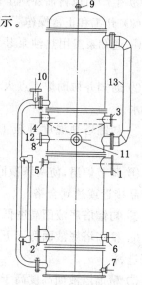

图 9-20 工业萘汽化冷凝冷却器
1——萘蒸汽入口;2——液萘出口;
3——冷却水入口;4——冷却水出口;
5,9——放气口;6——蒸汽清扫口;
7——放空口;8——安全阀接口;
10——放散口;11——补充水入口;
12,13——外部导管

这种过程的原理是既利用水的汽化潜热,又利用水温升高的显热。这样就可利用较小的水量来进行工业萘的冷凝冷却。此外,由于采用了将水的汽、液两态的转变分开进行的设备,使供水设备无须采用高压水泵,从而简化了流程,由于水与水蒸气的闭路循环系统中,不需经常补充新鲜水,因此不易产生水垢。上部的冷却水出口温度控制在 40 ℃以下,水垢的生成也可大为减轻。

冷凝冷却器总高 4 147 mm,直径 1 216 mm,管数 760 根,水压 250 kPa,管内水折流 4 次。在设备中部的短节内有一锅底形隔板,以供上部水能折流 4 次。

设备下部管内是冷凝水汽化,管外空间是工业萘蒸汽的冷凝冷却,换热面积为 90 m²,列管的管径 φ 25×2.5 mm,管长为 1 410 mm,管数为 859 根,萘蒸汽压力 30 kPa 以下。设备使用温度不超过 250 ℃,下部应保温。在设备底部节内存在闭路循环热水。

(二)生产工业萘的操作:

双炉双塔生产工业萘的主要操作过程如下:

1. 开车

(1)开车前的准备

① 检查水、电、汽、煤气系统是否符合开车的调节和要求。

② 检查系统所属设备、管道、仪表、安全设备是否完好齐全,对停车检修设备、管道、阀门必须按要求试压试漏合格。

③ 检查阀门开闭,管线走向是否正确。

④ 用蒸汽吹扫管线(包括夹套、伴随管),保证畅通,无泄漏。扫汽时要注意窥镜和流量检查装置的管路,蒸汽必须走旁路;凡需过泵扫汽的管路,过泵时间不宜过长,扫通后应立即关闭蒸汽阀,一般情况下严禁扫汽入塔。

⑤ 制备工业萘汽化冷却器循环软水,并保持一定水温。

⑥ 备好初馏塔脱酚油回流液。

⑦ 做好前后工序联系工作,平衡好原料的来源、供应及产品的贮存和输送工作。

⑧ 生产用原料油加热至规定温度取样分析。

（2）开工和正常操作

① 通知泵工用热油泵装塔,塔底液面比正常操作液面高 300 mm,然后两塔进行热油循环。

② 通知并协助炉工点火升温。塔顶有油气后,关闭放散小阀门。冷凝冷却器要适时适量供水。

③ 初馏塔顶温度升至 190 ℃时,开始打回流。精馏塔顶温度升至 210 ℃时,开始打回流。

④ 调节炉温,使两塔顶回流量增加到规定的范围内,单塔进行运转的时间一般情况下,使产品接近或达到合格。

⑤ 初馏塔底液面高度低于操作液面下限时,初馏塔进料。

⑥ 精馏塔底液面低于下限,初馏塔底温度 245 ℃时,液面高度高于正常操作液面时,精馏塔进料。

⑦ 精馏塔液面高度高于正常操作液面,一般温度高于 275 ℃时,开始排残油。

⑧ 有关仪表在适当的时候投入运转。

⑨ 根据取样分析结果,按照技术指标的要求,调整各部操作,使生产操作正常稳定。

⑩ 正常操作过程中,经常检查冷凝冷却器的温度,及时调节供水量。发现仪表有问题,及时与仪表工联系修理。改变与其他岗位有关的操作事前联系。

2. 停车

（1）正常停车

① 通知泵工停原料泵,通知炉工降温灭火。

② 工业萘不合格时,及时通入原料槽。

③ 逐步减少塔顶回流,停止精馏塔进料。

④ 残油不合格时,及时通入原料槽,一般情况停进料后停排残油。

⑤ 逐渐减少冷凝冷却器的给水量。

⑥ 初馏塔顶温度降至 150 ℃时,精馏塔顶温度降至 200 ℃时,停两塔回流。当塔底温度降至 200 ℃时,打开塔顶放散小门。

⑦ 停两塔热油循环泵。把初馏塔底油经 3# 热油泵倒入原料槽。精馏塔底的油（含萘量不高）存入塔中。

⑧ 各冷凝冷却器停止供水,油要放空。各工艺管道,用蒸汽清扫畅通。各夹套管、伴随管停止供汽。

⑨ 停工过程中,自动调节仪表要改为手动,停后仪表停空气、停电。

⑩ 各设备要处于停工状态。

（2）紧急停车,暂时停车

① 紧急停车。停电或加热炉炉管泄漏,设备严重泄漏应立即熄灭,用蒸汽清扫初馏塔、精馏炉炉管（扫汽要密切观察管路压力缓慢递增）,其他按正常停车处理。

② 系统停水、停汽、停煤气可作暂时停车,待恢复供汽、供水、供煤气后再复原,操作按正常停、开车程序进行。

3．正常操作

① 按照操作技术规程控制好温度、压力、流量、液位等指标。

② 保证系统物料平衡，操作要维持稳定。

③ 每小时进行一次工业萘流样测定（结晶点）。

④ 每小时按规定做好各岗位的原始记录。

4．不正常现象及其处理办法见表 9-9。

表 9-9　　　　　　　　工业萘生产过程中不正常现象及其处理方法

故障现象		故障产生的原因	处理措施
初馏精馏系统	塔温升高	1．突然停水 2．原料供给不足	1．降低炉温，加大回流量。使塔顶无馏出后停回流泵，清扫回流管路，供水恢复后系统还原 2．原料供给量加大
	塔液泛	进料量太大	适当降温，增大回流量，减少处理量，液泛消除后，据产品质量按工艺标准重新调整控制指标
	塔压升高	1．加热系统供热过多 2．回流带水或原料水分增加 3．供水系统水不足 4．冷凝器或相关管路，放散堵塞	1．加热系统适当降温 2．及时脱水 3．降泵荷处理 4．及时清通，若情况严重作暂时停车处理
管式炉操作系统	炉温突变	突然停电停水	打开烟囱翻版，向炉膛通入消火蒸汽降温，并对炉管清扫
	炉膛内火大，油流量变小	油管漏油	迅速关闭煤气阀熄火，用蒸汽清扫炉膛，避免事态扩大
	炉温突然升高	1．热油循环泵出故障 2．仪表失灵 3．泵的驱动电机跳闸	1．换备用泵，及时修复，备用泵也无法使用时，紧急停车，不得延误 2．检查原因及时处理 3．开备用泵，对跳闸者，查明原因，并修复待用

第七节　精萘生产

精萘是粗萘（工业萘）进一步提纯制得的含萘 98.45％以上的萘产品。根据化验得知，工业萘中的杂质主要是与萘沸点较接近的四氢萘、硫杂茚、二甲酚等。为了制造纯度更高的精萘，就要利用萘与这些杂质熔点不同的物理性质进行分离，或者利用化学方法来改变它们的化学组成，因此提出了精萘的一些生产方法，主要有熔融—结晶法、加氢法、酸洗蒸馏法、溶剂结晶法、升华法和甲醛法等。本节主要介绍区域熔融法和分步结晶法制取精萘的工艺过程。

一、区域熔融法制取精萘

区域熔融法制取精萘主要是以工业萘为原料，利用固体萘与其他杂质熔点的差别，于精制机内用区域熔融法进行提纯,再将所得已提纯的萘送蒸馏塔去精馏,进一步除去高沸点及低沸点杂质后,即得精萘产品。

（一）区域熔融法精制萘的原理

由物理化学知识可知,当把一个熔融液体混合物冷却时,若在部分结晶温度区内,结晶出来的固体是固态溶液,则该固体溶液中各组分的百分比与原来液体混合物有所不同,在固体溶液中高熔点组分的含量将增大。若将所得到的固体溶液反复进行熔融—结晶—液固分离,则最终得到的固体溶液中高熔点组分的百分含量就会愈来愈高。区域熔融法生产精萘就是基于这种原理。

若 A、B 两种熔点不同的组分能生成任意组成的固态溶液,其相图如图 9-21 所示。

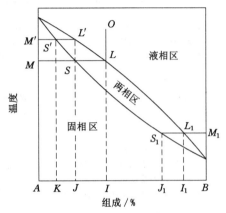

图 9-21　能生成任意组成固体溶液系统的相图

由图可见,当组成为 I 的液体混合物从 O 点开始冷却降温,降温至 L 点,将有固体溶液析出,如 S 点所示,S 点的固相组成变为 J,即固体中含有的 A 组分比原来液体中所含的要多,但仍含有 B 组分;当将 J 组成的固体升温至 L' 以上变成液态,再将此液态冷却到 L' 点,又有固相在 S' 点析出,S' 处的固体组成变为 K,即固体中含有的 A 组分比液体在 L' 处又增多了,亦即更纯了。由图可知,将任何熔融液混合物降温至两相区,或将固态溶液升温至两相区,总能得到平衡的固相和液相,固相中高熔点组分 A 更富集,液相中组分 B 更富集。

对于具有这样相图的混合物（如工业萘）,在说明区域熔融精制有关问题时,常用理论分配系数（K）的概念,其定义为:

$$K = \frac{\text{析出固体中杂出固体}}{\text{原来液体中杂来液体}}$$

如图 9-21 左端所示,设原来液体组成为 I,则在第一次冷却结晶后的 $K_i = MS/ML$;第二次冷却结晶后的 $K_i = M'S'/M'L'$。在这种情况下,I 组成的混合物被认为是组分 A（高熔点组分）的溶液中含有杂质 B（低熔点组分）,杂质 B 使主要组分的熔点下降,K 即小于1。

再如图 9-21 右端所示,设原来液体组成为 I_1,低熔点组分 B 为混合物中的主要组分,当其冷却结晶时,析出的固体组成为 J_1,其中杂质 A 组分的含量显然增大,$K = M_1 S_1 / M_1 L_1$,杂质 A 使主要组分的熔点上升,则 K 大于1。

由上可见,对于符合以上相图的液体—工业萘来说,不管组成如何,析出固体中所含萘组分总要比原来液体中为多。把析出的固体（如工业萘）,在两相区内经多次熔融—结晶—

液固分离处理后,纯组分萘可以从精制装置一端得到,而工业萘中绝大部分杂质则从装置的另一端排出。这与精馏原理是类似的。

从精制设备得到的萘在纯度上一般可以达到要求,为了进一步清除杂质,改善其表面色泽在精馏塔中再精馏一次可分出少量塔底塔顶馏分,塔侧线得到精萘产品。

（二）工艺流程

萘区域熔融法又称连续式多组分结晶法,其工艺流程如图 9-22 所示。由萘储槽来的温度约 82～85 ℃的工业萘,用装入泵 20 送入萘精制机管Ⅰ,被管外夹套中的温水冷却而析出结晶。结晶由螺旋输送器刮下,并送往靠近立管的左端（热端）。残油则向右端（冷端）移动,并通过连接管进入精制管Ⅱ的热端,在向精制管Ⅱ的冷端移动的过程中,又不断析出结晶。结晶又被螺旋输送器刮下,并送回热端,并经过连接管下沉到管Ⅰ的冷端,在残液和结晶分别向冷、热端逆向移动过程中,固、液两相始终处于充分接触,不断相变的状态,以使结晶逐步提纯。富集杂质的残液叫晶析残油,最终从精制管Ⅱ冷端排出,去制取工业萘的原料槽 2,从精制管Ⅰ的热端排出的结晶下沉到精制管Ⅲ。管Ⅲ下部有用低压蒸汽作热源的加热器,由上部沉降下来的结晶在此熔化。熔化的液体一部分作回流液沿管Ⅲ上浮与下沉的结晶层逆流接触,另一部分是作为精制产品,称为晶析萘,温度约 85～90 ℃,自流入中间贮槽 3。

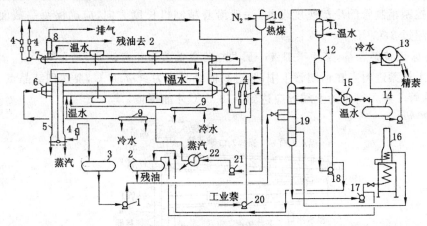

图 9-22　区域熔融法制取精萘工艺流程

1——蒸馏塔原料泵；2——晶析残油中间槽；3——晶析萘中间槽；4——流量计；5——萘精制机管Ⅲ；
6——萘精制机管Ⅰ；7——萘精制机管Ⅱ；8——晶析残油罐；9——冷却水夹套；10——热媒膨胀槽；11——凝缩器；
12——回流槽；13——转鼓结晶机；14——精萘槽；15——冷却器；16——加热炉；17——循环槽；18——回流泵；
19——蒸馏塔；20——装入泵；21——热媒循环泵；22——加热器

精制管Ⅰ和管Ⅱ夹套用的温水,是从温水槽供给的。用后的温水经冷却到规定温度后,返回温水槽循环使用。精制管Ⅰ、Ⅱ、Ⅲ中心的中空轴用热媒（热载体）循环。热媒装入高置槽,依靠液位差压入热媒循环泵 21 入口,经泵加压后,在加热器中被加热至 85 ℃,在冷却夹套中 9,再用冷却水调整温度,使热媒分别以不同温度送入精制管Ⅰ、Ⅱ的中空转动轴中,都是从热端进入,冷端排出。以控制精制机的温度梯度,用后的热媒循环进入泵 21 的吸入口。

晶析萘由原料泵 1 送入蒸馏塔 19,进料温度由蒸汽加套管加热到 140 ℃。塔顶馏出的 220 ℃油气冷凝冷却至 114 ℃进入回流槽 12,其中一部分作为轻质不纯物送到晶析残油中间槽2,其余作为回流。侧线采出的液体精萘温度约220 ℃,经冷却后流入精萘贮槽14,再送入转鼓结晶机13结晶,即为精萘产品。塔底油一部分经加热炉16循环,加热至227 ℃作为蒸馏塔热源,一部分作为重质不纯物送到晶析残油中间槽2。

该工艺在操作控制上最重要的有以下几点:

1. 温度分布合理

沿结晶管的长度方向,热媒入口温度高,出口温度低,以确保结晶管Ⅰ、Ⅱ内物料沿管长方向管内壁上,能析出结晶并和液体逆流,在沿结晶管管内壁上,能析出结晶并和液体逆流,在沿结晶管的任一横截面的径向方向上,中空转动轴内热端温度高,夹套管内温水温度低,这样既保证固、液正常对流,又能使夹套冷却面处结晶不熔化。

2. 回流量适宜

回流量系指从管Ⅲ底部熔化器上升高纯度液萘量。这部分液萘与下降的结晶进行逆流接触时,可以将结晶表面熔化,使杂质从结晶表面排出,提高了结晶的纯度。一般回流量与进料量的比值控制在0.5左右,过小不利于结晶纯度的提高,过大则易产生偏流短路现象。

3. 冷却速度较慢

要获得较大颗粒结晶,减少不纯物在结晶表面的吸附,晶析母液的过饱和度以小为好,所以必须控制精制管的冷却速度慢些,一般沿着精制机长度方向,应确保每一截面流体冷却速度不超过3 ℃/h。

4. 要保证精萘合格,立管下部液—固共存的最低截面处应达到79.5 ℃

因为工业萘进料点在精制管Ⅰ中部,进料的结晶点为≥77.5 ℃,要达到结晶点79.5 ℃的要求,从管Ⅰ进入管Ⅲ的上端处应达到>78.5 ℃才能保证。

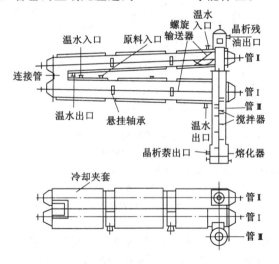

图9-23 区域熔融精制机

(三)主要设备——区域熔融精制机

区域熔融精制机(如图9-23所示)是由两个相互平行的水平横管Ⅰ、Ⅱ和一个垂直立管Ⅲ及传动机构等部件组成。工业萘进入的横管称为管Ⅰ,向与立管Ⅲ连接方向倾斜。排出晶析残油的横管称为管Ⅱ,向与管Ⅰ连接处倾斜。垂直立管称为管Ⅲ,在其底部有一个结晶融化器,晶析萘从此处排出。

管Ⅰ和管Ⅱ外有温水冷却夹套,内部有中空转动轴,轴上附有带刮刀的三线螺旋输送器和支承转动轴的中间轴承。管Ⅰ和管Ⅱ由转换导管连接,其中间有调节结晶满流的调节挡板。管Ⅲ内部有立式搅拌器,管外缠绕通蒸汽的铜保护管。螺旋输送器和立式搅拌器各由驱动装置带动。

区域熔融法为连续生产过程,产品质量稳定。但是一个焦油加工厂不可能只生产精萘,而不生产工业萘,这是因为硫杂茚等杂质又随晶析萘油(残油)返回与脱酚含萘原料按比例混合作为工业萘生产的原料。于是再保证精萘质量的同时,还要求生产工业萘的原料中,硫杂茚含量不能太高。因此,再生产精萘的同时,必须生产相当数量的工业萘,且随原料馏分中所含硫杂茚数量不同,二者生产的比例也有所不同,一般情况是精萘产量约占20%~30%,工业萘产量约70%~80%。因其基建投资和操作费用高,操作条件要求较严。所以在我国目前还没有得到普遍应用。

二、分步结晶法制取精萘简介

(一)分布结晶法制取精萘工艺流程

分布结晶法最先应用在捷克马尔克斯焦化厂,实际上这是一种间隙式区域熔融法,也是利用固体萘与杂质熔点的差别,而实现分离的,其工艺流程如图 9-24 所示:

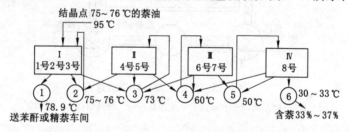

图 9-24 分步结晶法制取精萘工艺流程

1~8 号——结晶箱;1~6——萘油槽(温度为结晶点)

本工艺所用原料为结晶点在 71.5~73 ℃的萘油馏分,经碱洗脱酚后的馏分在 60 块塔板的精馏塔内精馏,从 50 层塔板引出结晶点为 75~76 ℃的萘油作为结晶的原料。

分步结晶过程设有 8 个结晶箱,分四个步骤进行:

(1)萘油(结晶点 75~76 ℃)首先进入 1,2,3 号结晶箱Ⅰ。以 2.5 ℃/h 的速度根据需要进行冷却或加热。萘油温度降低时有结晶析出,当降低至 63 ℃时,放出不合格萘油(其结晶点为 73 ℃)至萘油槽 3。将结晶箱Ⅰ升温至 75 ℃,再放出熔化的萘油(其结晶点为 75 ℃)至萘油槽 2。将结晶箱Ⅰ连续升温至剩下的结晶全部熔化,须得到液体产品为工业萘,结晶点不小于 78.9 ℃,放入萘油槽 1,作为生产萘酚或精萘的原料。

(2)来自上步Ⅰ和下一步Ⅲ的结晶点为 73 ℃,温度为 90 ℃的萘油,在 4、5 号结晶箱Ⅱ中以 5 ℃/h 的速度冷却或加热。当温度降至 56 ℃时,放出结晶点为 60 ℃的萘油至槽 4,作为第Ⅲ步的原料。再将结晶箱Ⅱ升温至 71 ℃放出结晶点为 73 ℃的萘油返回槽 3 使用。最后升温至全部熔化,得到结晶点为 75~76 ℃的萘油再返回第Ⅰ步生产工业萘。

(3)结晶点为 60 ℃,温度为 85 ℃的萘油装入 6 号和 7 号结晶箱Ⅲ,以 6 ℃/h 的速度冷却或加热,当冷却至 48~49 ℃时,放出结晶点为 50 ℃的萘油至槽 5,作为第Ⅳ步的原料。再将箱Ⅲ升温至 57~58 ℃,放出结晶点为 60 ℃的萘油返回槽 4 使用。最后升温至全部熔化,得到结晶点为 73 ℃ 的萘油作为第Ⅱ步原料。

(4) 结晶点为 50 ℃,温度为 80 ℃ 的萘油装入 8 号结晶箱Ⅳ,以 0.5~2 ℃/h 的速度冷却或加热。当冷却至 28~32 ℃ 时,放出结晶点为 30~33 ℃ 的萘油至槽 6,含萘 33%~37%。这部分萘油硫杂茚含量高,可作为提取硫杂茚的原料或作为燃料油使用。然后升温,放出结晶点为 40~45 ℃ 的萘油返回槽 5 使用。最后升温至全部熔化,得结晶点为 60 ℃ 的萘油至槽 4 作为第Ⅲ步的原料。

结晶箱升温和降温的实现过程如图 9-25 所示。冷却时,用泵使结晶箱管片内的水或残油经冷却器冷却,再送回结晶箱管片内,使管片内的萘油逐渐降温结晶;加热时,停供冷水,由加热器供蒸汽,通过泵循环使水或残油升温,管片间的萘结晶又吸热熔化。

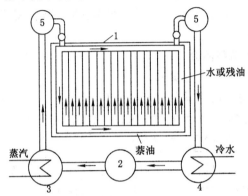

图 9-25   萘结晶箱升降温示意图

1——结晶箱;2——泵;3——加热器;4——冷却器;5——汇总管

(二) 分布结晶法制取精萘的特点

(1) 原料单一,不需要辅助原料。

(2) 工艺流程和设备及操作都比较简单,设备投资少。

(3) 操作时仅需泵的压送、冷却结晶、加热熔融,操作费用和能耗都比较低。

(4) 生产过程中不产生废水、废气、废渣,对环境无污染。

(5) 原料可用工业萘也可用萘油馏分,产品质量可用结晶循环次数加以调节,灵活性较大。

(6) 生产工艺较成熟,产品质量稳定,也可用于生产工业萘。

本章测试题

一、判断题(在题后括号内作记号,"√"表示对,"×"表示错,每题 2 分,共 20 分)

1. 焦油的闪点为 96~105 ℃,自燃点为 580~630 ℃。   (   )

2. 焦油蒸馏时将 240 ℃ 前馏出物称为轻油馏分。   (   )

3. 萘易升华,不溶于水,能溶于醇、醚、三氯甲烷和二硫化碳。   (   )

4. 为了防止突沸冲油事故,焦油在蒸馏之前必须脱水。   (   )

5. 焦油贮槽沿壁有蛇形管,管内一般通入水蒸气作加热之用。   (   )

6. 精萘是粗萘(工业萘)进一步提纯制得的含萘 98.45% 以上的萘产品。   (   )

7. 区域熔融法制取精萘主要是以工业萘为原料,利用固体萘与其他杂质熔点的差别进

行的分离。　　　　　　　　　　　　　　　　　　　　　　　　（　　）

8. 一段蒸发器作用是快速蒸出煤焦油中所含水分和部分轻油。　　（　　）

9. 二段蒸发器的作用是将 500～700 ℃的过热无水焦油闪蒸并使馏分与沥青分离。
　　　　　　　　　　　　　　　　　　　　　　　　　　　　（　　）

10. 针状焦经原料预处理、延迟焦化和煅烧三个工艺过程制取。　　（　　）

二、填空题（将正确答案填入题中，每空 2 分，共 20 分）

1. 煤焦油的预处理包括：储存、（　　）、（　　）和（　　）。

2. 焦化厂一般设置 3 个贮槽，一个用作（　　）用，一个槽用于（　　），另一个贮槽则用作接受焦油，3 个贮槽轮换使用。

3. 焦油初步蒸馏最常用的方法为（　　）的主要产物为：（　　）、（　　）、（　　）、蒽油馏分和（　　）。

三、单选题（在题后供选答案中选出最佳答案，将其序号填入题中，每题 2 分，共 20 分）

1. 焦油储槽的容量一般约为储备（　　）昼夜的焦油量。
A. 10～15　　　　　　B. 15～20　　　　　　C. 20～25

2. 中油馏分是指（　　）之间馏出物。
A. 240～310 ℃　　　B. 100～170 ℃　　　C. 170～240 ℃

3. 洗油馏分是指（　　）之间馏出物。
A. 180～240 ℃　　　B. 240～300 ℃　　　C. 300～360 ℃

3. 蒽油馏分是指（　　）之间馏出物。
A. 180～240 ℃　　　B. 240～300 ℃　　　C. 300～360 ℃

5. 进料口以上的塔段，把上升蒸汽中易挥发组分进一步提浓，称为（　　）。
A. 蒸馏段　　　　　　B. 提馏段　　　　　　C. 精馏段

6. 进料口以下的塔段，从下降液体中提取易挥发组分，称为（　　）。
A. 蒸馏段　　　　　　B. 提馏段　　　　　　C. 精馏段

7. 根据生产原料的不同，针状焦可分为油系（　　）针状焦和煤系针状焦两种。
A. 油系　　　　　　　B. 煤油系　　　　　　C. 以上都不是

8. 蒸馏是利用液体混合物中各组分（　　）的差别，使液体混合物部分汽化并随之使蒸汽部分冷凝，从而实现其所含组分的分离。
A. 熔点　　　　　　　B. 沸点　　　　　　　C. 挥发度

9. 蒸馏各温度段所得的产品称为（　　）。
A. 馏分　　　　　　　B. 蒸发分　　　　　　C. 挥发分

10. 蒸馏塔的塔板数的确定：当使 n 组分混合液较完全地分离而取得 n 个高纯度单组分产品时，须有（　　）个塔。
A. n　　　　　　　　B. $n-1$　　　　　　　C. $n-2$

四、简答题（每题 10 分，共 40 分）

1. 简述馏分塔内各馏分分布规律。

2. 简述煤系针状焦及其形成阶段。

3. 煤焦油蒸馏工艺流程有哪些？

4. 工业萘生产工艺流程有哪些？

综合试题 A

一、判断题(在题后括号内作记号,"√"表示对,"×"表示错:每题 2 分,共 20 分)

1. 煤主要是由碳、氢、氧、氮、硫、磷等元素组成的混合物。　　　　　（　　）

2. 焦炉发展方向为大型、环保、节能、高效。　　　　　　　　　　　（　　）

3. 炭化室内的煤气压力,在整个结焦期间的任何情况下,应保持负压。　（　　）

4. 煤的干馏分为低温干馏、中温干馏、高温干馏。它们的主要区别在于干馏的最终温度不同。　　　　　　　　　　　　　　　　　　　　　　　　　　　　（　　）

5. 现代焦炉炉体是由炉顶区、炭化室、燃烧室、斜道区、蓄热室、小烟道等组成。（　　）

6. 在回收车间煤气冷却净化过程中,电捕焦油器可放在鼓风机前。　　（　　）

7. 以含氨煤气为原料生产无水氨工艺过程包括吸收、解吸和精馏三个工序。（　　）

8. 脱除焦炉煤气中硫化氢的方法主要有干法和湿法。　　　　　　　（　　）

9. 在富油脱苯工艺中,必须对少量洗油进行再生处理。　　　　　　（　　）

10. 粗苯精制的方法主要有酸洗精制法和加氢精制法。　　　　　　（　　）

二、填空题(将正确答案填入题中,每空 1 分,共 10 分)

1. 1 m^3 煤气燃烧后的产物中水呈气态时的发热值称为（　　）。

2. 将粒度＞（　　）mm 的焦炭称为冶金焦。

3. 炼焦中常用的黏结剂为（　　）和（　　）。

4. 生产上采用（　　）法测量炉柱的弯曲度。

5. 焦炉机械主要包括装煤车、（　　）、（　　）和（　　）。

6. 粗苯中主要含有（　　）、（　　）、二甲苯和三甲苯等芳香烃。

三、单选题(在题后供选答案中选出最佳答案,将其序号填入题中,每题 2 分,共 20 分)

1. 焦炉机、焦侧的宽度之差称为锥度,其值一般为（　　）mm。

A. 70　　　　　　　　B. 60　　　　　　　　C. 50

2. 煤料被粉碎后（　　）mm 粒度的煤的质量,占全部煤料的百分率,称为配合煤的细度。

　　A. 0～5　　　　　　B. 0～2　　　　　　C. 0～3

3. 干法熄焦的熄焦物质一般为（　　）。

A. 水　　　　　　　　B. 空气　　　　　　C. 惰性气体

4. 焦炉煤气的主要成分为（　　）。

A. 氢气　　　　　　　B. 甲烷　　　　　　C. 一氧化碳

5. 看火孔的压力为（　　）。

A. 0～5 Pa　　　　　　B. 5～10 Pa　　　　　C. 10 Pa 以上。

6. 单热式焦炉用（　　）煤气加热。

A. 一种　　　　　　　　B. 两种　　　　　　　　C. 三种

7. 换热和回收余热用（　　　）。

A. 蓄热室　　　　　　　B. 炭化室　　　　　　　C. 燃烧室

8. 煤气中的硫主要以某些化合物形式存在,其以无机化合物存在主要形式是（　　　）。

A. SO_2　　　　　　　　B. CS_2　　　　　　　　C. H_2S

9. 当其他条件一定时,洗油的相对分子质量越小,其吸收能力就（　　　）。

A. 越小　　　　　　　　B. 越大　　　　　　　　C. 不变

10. 粗苯的适宜吸收温度是（　　　）。

A. 15 ℃ 以下　　　　　B. 30 ℃ 以上　　　　　C. 25 ℃ 左右

四、简答题(每题 10 分,共 40 分)

1. 什么是配煤炼焦？配煤炼焦的原则有哪些？

2. 简要说明炼焦车间的工艺流程？

3. 请写出炭化室为 36 孔的焦炉的"5-2"推焦串序？

4. 说明下列主要操作控制指标：

(1) 洗苯塔前、后煤气的苯族含量；(2) 富油和贫油含苯量；(3) 粗苯回收率；(4) 富油脱苯工艺流程中入脱苯塔的富油温度,富油再生量。

综合试题 B

一、判断题（在题后括号内作记号，"√"表示对，"×"表示错：每题 2 分，共 20 分）

1. 炉顶空间温度的高低，将影响化学产品的产率和质量以及炉顶石墨生成情况。
（　　）

2. 设备运转中严禁清扫。（　　）

3. 解决高向加热均匀性的较好方法为废气循环。（　　）

4. 商品煤最常用的取样方法为三点法和八点法。（　　）

5. 护炉设备主要利用可调节的弹簧势能连续向砌体施加保护性压力。（　　）

6. 粗苯吸收石油洗油比焦油洗油的吸苯能力强。（　　）

7. 煤气中的氨可采用冷却冷凝法分离回收。（　　）

8. 弗萨姆法回收氨是利用硫酸作吸收剂。（　　）

9. 饱和器法生产硫铵一定比无饱和器法生产的硫铵的颗粒大。（　　）

10. 洗油吸收粗苯时，洗油温度应高于煤气温度。（　　）

二、填空题（将正确答案填入题中，每空 2 分，共 20 分）

1. 高炉炼铁原理为（　　）。

2. 焦炭在高炉炼铁中的作用为（　　）、（　　）、（　　）。

3. 炭化室结焦的五大状态层为：湿煤层、干煤层、（　　）、（　　）和（　　）。

4. 焦炉的主要的筑炉材料为（　　）。

5. 焦炉煤气中含有苯族烃百分含量为（　　），经回收后煤气中的苯族烃含量降到（　　）。

三、单选题（在题后供选答案中选出最佳答案，将其序号填入题中，每题 2 分，共 20 分）

1. 当煤气主管压力低于（　　）时，必须停止加热。

A. 50 Pa　　　　　B. 500 Pa　　　　　C. 5 000 Pa

2. 相邻两个炭化室的推焦时间间隔称为（　　）。

A. 结焦时间　　　B. 周转时间　　　C. 操作时间

3. 焦炉按照火道形式的不同分为二分式焦炉和（　　）焦炉。

A. 双联式　　　　B. 单联式　　　　C. 都不是

4. 来煤接受与储存的注意事项不包括（　　）。

A. 煤种核实

B. 取样分析

C. 保证储量，大中型焦化厂保证 100 d 的储量

5. 重介质选煤是利用（　　）的不同进行选煤。

A. 比重　　　　　B. 浮力　　　　　C. 外观

6. 蓄热室连接燃烧室的通道是（　　　）。

A. 小烟道　　　　　　B. 水平烟道　　　　　　C. 斜道

7. 计划推焦系数是（　　　），它反映了由于炉温、机械等原因影响下的推焦。

A. K_1　　　　　　　B. K_2　　　　　　　C. K_3

8. 生产硫酸铵时母液的酸度因工艺不同而异，喷淋式饱和器正常操作时酸度保持在（　　　）。

A. 4‰～6‰　　　　　B. 3‰～4‰　　　　　C. 18.5‰

9. 不属于离心式鼓风机的组成的一项（　　　）。

A. 导叶轮　　　　　　B. 外壳　　　　　　C. 降尘室

10. 富油脱苯时各组分的蒸出率与下列哪些因素有关（　　　）。

① 塔底油温下各组分的饱和蒸汽压　② 塔内操作总压力

③ 提留段塔板数塔板数 n　④ 直接蒸汽量和温度　⑤ 循环洗油量

⑥ 富油出管式炉温度

A. ①②③　　　　　　B. ③④⑤　　　　　　C. ①②③④⑤⑥

四、简答题（每题 10 分，共 40 分）

1. 简述炼焦的工艺流程。

2. 简述减少炼焦热耗，提高焦炉热工效率的途径。

3. 简述饱和器法生产硫铵的工艺流程。

4. 简述开泵操作步骤。

参 考 文 献

[1] 李哲浩. 炼焦生产问答[M]. 北京:冶金工业出版社,1982.

[2] 徐一. 炼焦与煤气精制[M]. 北京:冶金工业出版社,1985.

[3] 苏宜春. 炼焦工艺学[M]. 北京:冶金工业出版社,1994.

[4] 姚仁仕. 焦炉煤气脱硫脱氰生产[M]. 北京:冶金工业出版社,1994.

[5] 范伯云,李哲浩. 焦化厂化产生产问答(第二版)[M]. 北京:冶金工业出版社,1999.

[6] 徐振刚,刘随芹. 型煤技术[M]. 北京:煤炭工业出版社,2001.

[7] 肖瑞华. 煤焦油化工学[M]. 北京:冶金工业出版社,2002.

[8] 肖瑞华. 煤化学产品工艺学[M]. 北京:冶金工业出版社,2003.

[9] 郑文华,刘洪春,周科. 中国焦化工业的现状及发展思路[J]. 煤化工,2003,104(1):
11-16.

[10] 贺永德. 现代煤化工技术手册[M]. 北京:化学工业出版社,2004.

[11] 张双全. 煤化学[M]. 徐州:中国矿业大学出版社,2004.

[12] 姚昭章. 炼焦学[M]. 北京:冶金工业出版社,2004.

[13] 张健. 炼焦企业一线工人操作技能及安全生产管理使用手册[M]. 合肥:安徽文化
音像出版社,2004.

[14] 杨桦,等. 提高大焦化焦炭质量的途径. 山东冶金,2005,S1:13-15.

[15] 许世森,李春虎,郜时旺. 煤气净化技术[M]. 北京:化学工业出版社,2006.

[16] 李志锋,李艳青,孙业新. 国内外沥青针状焦生产现状分析[J]. 莱钢科技,2007,
127(1):48-50.

[17] 于振东,等. 现代焦化生产技术手册[M]. 北京:冶金工业出版社:2010.

[18] 郑明东. 煤焦化可持续发展的新技术研究进展. 苏、鲁、皖、赣、冀五省金属学会第
十五届焦化学术年会论文集(上册)[C],2010,1-6.

[19] 郭艳玲,胡俊鸽,周文涛. SCOPE21的研发与工业应用现状[J]. 冶金丛刊,2011,
192(2):44-46.

[20] 何建平. 炼焦化学产品回收与加工[M]. 北京:化学工业出版社,2011.

[21] 孙思伟,郑文华. "十二五"我国焦化工业的发展[J]. 第八届(2011)中国钢铁年会
论文集,2011.

[22] 杨敏建,等. 焦炉煤气利用现状及发展方向[J]. 煤矿现代化,2011,105(6):1-3.

[23] 郭树才,胡浩权. 煤化工工艺学(第三版)[M]. 北京:化学工业出版社,2012.

[24] 王利斌. 焦化技术[M]. 北京:化学工业出版社,2012.